Introduzione al lensing gravitazionale

Massimo Meneghetti

Introduzione al lensing gravitazionale

Con esempi in Python

 Springer

Massimo Meneghetti
Bologna, Italy

ISBN 978-3-031-96503-6   ISBN 978-3-031-96504-3 (eBook)
https://doi.org/10.1007/978-3-031-96504-3

Competing Interests The author has no competing interests to declare that are relevant to the content of this manuscript.

Indice

Parte II Applicazioni

Parte I
Concetti generali

Capitolo 1
Una breve storia del lensing gravitazionale

In questo capitolo riassumiamo brevemente le scoperte che hanno contribuito a rendere il lensing gravitazionale uno strumento fondamentale per lo studio della struttura e dell'evoluzione dell'Universo. Nei capitoli successivi, approfondiremo l'argomento con un approccio più rigoroso.

1.1 Teoria corpuscolare della luce

L'idea che la luce possa essere deviata dalla gravità ha radici antiche. Nel XVIII secolo il dibattito sulla natura della luce era particolarmente acceso. Secondo la *teoria corpuscolare*, formulata da Sir Isaac Newton (1642–1726), la luce era costituita da *particelle* che, emesse da un corpo luminoso, si propagavano lungo traiettorie rettilinee, secondo le leggi della meccanica classica (Newton 1704). Se dotate di massa, tali particelle avrebbero potuto subire l'attrazione gravitazionale di altri corpi celesti, con un'intensità che diminuisce con il quadrato della distanza, in accordo con la legge di gravitazione universale.

Questa visione contrastava con la *teoria ondulatoria* di Christian Huygens (1629–1695), secondo cui la luce si propagava come un'onda attraverso un mezzo ipotetico chiamato *etere* (Huygens 1690). Il dibattito proseguì fino ai primi anni del XIX secolo, quando gli esperimenti di interferenza e diffrazione condotti da Thomas Young (1802) e successivamente da Augustin-Jean Fresnel (1819) confermarono la natura ondulatoria della luce.

Nonostante ciò, l'ipotesi di Newton suscitò l'interesse di diversi studiosi. Nel 1784, John Michell (1784), in una lettera indirizzata al chimico e fisico scozzese Henry Cavendish, suggerì che fosse possibile stimare la massa di una stella misurando la riduzione della velocità della luce da essa emessa a causa della sua attrazione gravitazionale. Un'idea analoga fu riproposta indipendentemente da Pierre-Simon de Laplace (1796). Probabilmente ispirato da questo scambio di idee, Cavendish calcolò l'effetto della gravità di una stella sulla traiettoria di una particella di luce. Applicando i principi della meccanica classica, egli ottenne il seguente risultato: un

M. Meneghetti, *Introduzione al lensing gravitazionale*,
https://doi.org/10.1007/978-3-031-96504-3_1

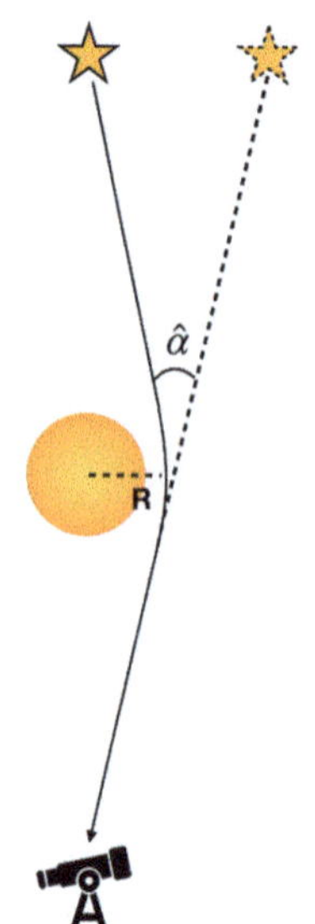

Figura 1.1 Schema della deflessione di un raggio di luce che passa a distanza R da una massa M

raggio di luce che passa a una distanza R da una massa M subisce una deflessione pari all'angolo

$$\hat{\alpha}(R) = \frac{2GM}{c^2 R},\qquad(1.1)$$

dove G è la costante di gravitazione universale, il cui valore approssimato è $G = 6.67 \times 10^{-11}\,\mathrm{N\,m^{-2}\,kg^{-2}}$, mentre $c = 299\,792\,\mathrm{km\,s^{-1}}$ è la velocità della luce nel vuoto.

Questa quantità è nota come *angolo di deflessione*. Tuttavia, gli appunti in cui Cavendish descrisse il calcolo rimasero inediti fino ai primi anni del XX secolo (Will 1988), motivo per cui il risultato viene spesso attribuito al matematico e astronomo tedesco Johann von Soldner, che lo pubblicò nel 1802 (von Soldner 1802).

La formula dell'angolo di deflessione permette di calcolare la deviazione subita da un raggio di luce che passa in prossimità del Sole. Considerando un raggio solare di $\sim 695\,700$ km e una massa di $\sim 1.989 \times 10^{30}$ kg, si ottiene un angolo di deflessione di *circa 0.875 secondi d'arco*.

1.2   La rivoluzione di Einstein

Come accennato, nei primi anni del XIX secolo fu dimostrata la natura ondulatoria della luce. Di conseguenza, l'idea che la luce potesse risentire degli effetti gravitazionali fu accantonata e non venne più discussa per oltre un secolo. Tuttavia, nel 1907 Albert Einstein formulò il *Principio di Equivalenza* (Einstein 1908), che in seguito sarebbe diventato uno dei pilastri fondamentali della sua *Teoria del-*

la Relatività Generale. Questo principio può essere illustrato attraverso il celebre esperimento mentale dell'*ascensore di Einstein*.

Immaginiamo una persona all'interno di un ascensore in caduta libera da un edificio. Poiché sia l'ascensore sia la persona al suo interno subiscono la stessa accelerazione, $\vec{g}$, essa non percepirà alcuna forza e avrà l'impressione di fluttuare, proprio come se l'ascensore si trovasse in assenza di gravità. Viceversa, un astronauta nello spazio, se accendesse i motori della sua navicella imprimendole un'accelerazione pari a $\vec{g}$, proverebbe la stessa sensazione di una persona ferma sulla superficie terrestre.

Sulla base di questo ragionamento, Einstein concluse che non è possibile distinguere gli effetti della gravità da quelli dell'accelerazione e formulò il Principio di Equivalenza, secondo il quale la massa gravitazionale è identica alla massa inerziale. Applicando tale principio e assumendo che la velocità della luce sia costante, postulò inoltre che la luce deve essere influenzata dalla gravità. Torniamo ora all'esempio dell'ascensore. Supponiamo di praticare un foro su una delle pareti laterali dell'ascensore e di farvi entrare un raggio di luce nel momento in cui l'ascensore inizia a cadere. L'osservatore interno vedrebbe la luce propagarsi a velocità costante lungo una traiettoria rettilinea fino a raggiungere la parete opposta. Per il Principio di Equivalenza, la stessa osservazione si avrebbe in un ascensore isolato nello spazio, dove la luce viaggerebbe in linea retta. Se fosse presente un foro d'uscita sulla parete opposta, il raggio di luce lo attraverserebbe senza deviazioni apparenti.

Consideriamo ora un osservatore esterno all'ascensore. Egli vedrebbe la luce entrare nell'ascensore quando questo si trova a una certa altezza rispetto al suolo e la vedrebbe uscire dalla parete opposta dopo un certo tempo, durante il quale l'ascensore è caduto più in basso. Per spiegare questa osservazione, è necessario concludere che la gravità non solo causa la caduta dell'ascensore, ma curva anche la traiettoria della luce. Il tempo necessario affinché la luce attraversi la cabina sarebbe estremamente breve, e la differenza tra l'altezza di ingresso e di uscita sarebbe altrettanto ridotta. Einstein propose questo esperimento mentale per dimostrare intuitivamente l'effetto della gravità sulla luce.

Nel 1911, Einstein pubblicò il calcolo dell'angolo di deflessione di un raggio di luce che passa vicino a una massa (Einstein 1911), basandosi sulla *Teoria della Relatività Ristretta*. Il valore ottenuto coincideva con quello derivato in precedenza da Cavendish e Soldner. Tuttavia, nel 1915 Einstein sviluppò la *Teoria della Relatività Generale*, secondo cui la gravità è una manifestazione della curvatura dello spazio-tempo indotta dalla presenza di massa ed energia (Einstein 1916).

All'interno di questo nuovo framework, Einstein ripeté il calcolo dell'angolo di deflessione, ottenendo un valore doppio rispetto a quello precedentemente calcolato. La deflessione di un raggio di luce che passa a una distanza R da una massa M è data da:

$$\hat{\alpha}(R) = \frac{4GM}{c^2 R}. \tag{1.2}$$

Nel caso di un raggio di luce che sfiora la superficie del Sole, l'angolo di deflessione previsto dalla *Teoria della Relatività Generale* è di circa 1.75 secondi d'arco.

1.3 Come dimostrare la deflessione della luce?

A partire dal 1912, Einstein cercò conferme osservative per la deflessione della luce. Nella sua corrispondenza con Sir George Ellery Hale, allora Direttore dell'Osservatorio di Mount Wilson, chiese consigli su come misurare le posizioni delle stelle situate nelle vicinanze del Sole alla luce del giorno. Confrontando queste posizioni con quelle osservate di notte, quando il Sole si trova altrove, sarebbe stato possibile quantificare l'effetto della gravità solare sulla traiettoria della luce. Hale rispose che tali misurazioni non erano realizzabili alla luce del Sole, ma che un'eclissi totale rappresentava un'opportunità promettente.

Diversi tentativi furono effettuati per misurare la deflessione della luce durante le eclissi solari (vedi, ad esempio, Coles 1999; Crelinsten 2006; Ellis 2010; Will 2015). L'astronomo tedesco Erwin Finlay-Freundlich, su suggerimento di Einstein, organizzò una spedizione a Feodosia per l'eclissi del 1914, ma fu arrestato dall'esercito russo a causa dello scoppio della Prima Guerra Mondiale. Anche l'astronomo William Wallace Campbell, direttore dell'Osservatorio di Lick, tentò la misurazione, ma fallì a causa del maltempo. Solo nel 1919, grazie alle spedizioni guidate da Sir Arthur Eddington, si ottennero le prime conferme sperimentali del fenomeno.

1.4 Le spedizioni di Eddington

Einstein presentò la sua *Teoria della Relatività Generale* all'Accademia Prussiana delle Scienze nel novembre del 1915, in un periodo in cui la Prima Guerra Mondiale rendeva particolarmente difficoltoso lo scambio di informazioni, anche scientifiche, tra l'Inghilterra e la Germania. Tuttavia, ciò non impedì a Sir Arthur Eddington, Plumian Professor presso l'Università di Cambridge, di ottenere le pubblicazioni scientifiche tedesche grazie alla collaborazione del matematico, fisico e astronomo olandese Willem de Sitter. In questo modo, Eddington riuscì ad accedere agli scritti di Einstein.

Nel 1917, insieme all'Astronomo Reale Frank Dyson, convinse la Royal Astronomical Society a finanziare delle spedizioni per verificare le previsioni della *Teoria della Relatività Generale*. Un'opportunità unica si presentò il 29 maggio 1919, quando un'eclissi solare avrebbe oscurato il Sole lungo una fascia che si estendeva dall'Africa al Sud America. Come osservato da Dyson, la particolarità dell'evento era che, durante l'eclissi, il Sole si sarebbe trovato davanti all'ammasso stellare delle Iadi. Questo avrebbe permesso di osservare numerose stelle vicine al disco solare oscurato dalla Luna, fornendo agli astronomi l'occasione ideale per misurare l'eventuale deflessione della luce prevista dalla teoria di Einstein. A causa della turbolenza atmosferica, la luce delle stelle lontane subisce deviazioni casuali di ampiezza comparabile, se non superiore, a quella dovuta alla massa del Sole. Tuttavia, essendo queste fluttuazioni di natura stocastica, il loro effetto si riduce mediando le misure su molte sorgenti.

Figura 1.2 Il cablogramma
pubblicato dal New York
Times il 10 novembre 1919,
che annunciava il trionfo
della *Teoria della Relatività
Generale* di Einstein dopo
la pubblicazione dei risultati
delle spedizioni di Eddington.
Dominio pubblico

LIGHTS ALL ASKEW
IN THE HEAVENS

**Men of Science More or Less
Agog Over Results of Eclipse
Observations.**

EINSTEIN THEORY TRIUMPHS

**Stars Not Where They Seemed
or Were Calculated to be,
but Nobody Need Worry.**

A BOOK FOR 12 WISE MEN

No More in All the World Could
Comprehend It, Said Einstein When
His Daring Publishers Accepted It.

Eddington organizzò due spedizioni: una diretta sull'isola di Principe, al largo della costa occidentale dell'Africa, a cui partecipò personalmente con il suo assistente Edwin Cottingham, e l'altra a Sobral, nel nord del Brasile, guidata dall'astronomo Andrew Crommelin, accompagnato da Charles Davidson.

Le misurazioni effettuate a Principe furono ostacolate dal maltempo, ma il team di Eddington riuscì comunque a ottenere un valore di deflessione pari a 1.60 ± 0.31 secondi d'arco per le stelle prossime al disco solare, un risultato in accordo con le previsioni della teoria di Einstein. A Sobral, invece, le misure indicarono un valore di 1.98 ± 0.12 secondi d'arco. Tuttavia, Eddington considerò questi dati meno affidabili. Studi recenti hanno evidenziato che gli strumenti usati a Sobral furono soggetti ad alterazioni a causa di un brusco cambiamento di temperatura tra la notte e il giorno dell'eclissi (Kennefick 2012).

I risultati delle spedizioni, che confermavano le previsioni di Einstein, furono presentati da Frank Dyson in una storica conferenza alla Royal Astronomical Society e alla Royal Society di Londra il 6 novembre 1919. Successivamente, furono pubblicati in Dyson et al. (1920) e suscitarono un'enorme risonanza mediatica. In Fig. 1.2, è mostrato un cablogramma del New York Times, che celebrò il successo della teoria di Einstein con il titolo *"Lights all askew in the heavens"*.

Il quotidiano riportò le dichiarazioni di numerosi studiosi, tutti concordi nell'affermare che le misurazioni di Eddington rappresentavano un'importante conferma della teoria di Einstein. Tuttavia, vi erano opinioni divergenti sul possibile impatto di tali risultati nella vita quotidiana. La relatività era infatti considerata da molti scienziati dell'epoca un argomento estremamente complesso e di difficile comprensione. Il New York Times concluse l'articolo menzionando una frase attribuita a

Einstein, secondo la quale non più di dodici persone al mondo sarebbero state in grado di comprendere la sua teoria. Misurazioni successive, effettuate in occasione di altre eclissi solari, confermarono i risultati ottenuti nel 1919.

1.5 Successive intuizioni

Dopo la conferma sperimentale della sua teoria, lo stesso Einstein non sembrava particolarmente convinto che le lenti gravitazionali potessero avere applicazioni scientifiche rilevanti. Tuttavia, nel 1936, fu persuaso dall'appassionato di scienza Rudi Mandl a esplorare le conseguenze della deflessione della luce da parte di corpi massivi nell'Universo. Mandl, intuendo la somiglianza tra le lenti gravitazionali e le lenti ottiche, suggerì che stelle vicine potessero amplificare la luce di stelle più lontane. Secondo questa idea, quando due stelle sono ben allineate, la luce della stella più distante potrebbe essere focalizzata meglio sull'osservatore, come attraverso una lente di ingrandimento, rendendola più luminosa, come se fosse osservata con un telescopio gravitazionale.

Einstein, incuriosito, pubblicò un breve articolo sulla rivista Science in cui presentò i calcoli effettuati su richiesta di Mandl (Einstein 1936). Analizzò il caso di due stelle perfettamente allineate con un osservatore terrestre, dimostrando che la stella più lontana apparirebbe come un anello luminoso. Tuttavia, concluse: *"Ovviamente, non c'è speranza di osservare questo fenomeno direttamente"*, data la piccola dimensione dell'anello e la bassa probabilità di un allineamento perfetto.

In realtà, poco più di un decennio prima, il fisico russo Orest Chwolson aveva già discusso gli effetti osservabili quando una stella funge da lente per un'altra stella più distante (Chwolson 1924). Chwolson descrisse la possibilità che la sorgente più lontana potesse apparire più volte o, in caso di allineamento perfetto, come un anello. Questo fenomeno si verifica perché la luce può raggiungere l'osservatore seguendo percorsi diversi nello spazio-tempo curvo. Tale regime di lensing gravitazionale, in cui si formano immagini multiple e distorsioni significative della sorgente, è noto come *lensing forte*. Se si forma un anello, esso viene chiamato *Anello di Einstein*, sebbene, forse, il termine *Anello di Chwolson* sarebbe più appropriato.

Il pessimismo di Einstein sulla possibilità di osservare le lenti forti si rivelò infondato. Circa sessant'anni dopo, si scoprì che esistono regioni del cielo così dense di stelle che non è impossibile trovarne alcune sufficientemente ben allineate da produrre amplificazioni osservabili anche con telescopi di medie dimensioni. Inoltre, Einstein aveva trascurato l'esistenza di lenti gravitazionali molto più massicce delle stelle. Dal 1924, grazie alle osservazioni di Edwin Hubble, si sapeva che esistevano altre galassie al di fuori della Via Lattea, e che queste si trovavano a grandi distanze dalla Terra. Studi successivi mostrarono che le galassie possono aggregarsi in grandi ammassi contenenti centinaia o migliaia di membri, legati dalla gravita'.

Nel 1937, l'astronomo americano Fritz Zwicky pubblicò un breve articolo intitolato *"Nebulae as Gravitational Lenses"* (Zwicky 1937a). In esso, spiegò che la deflessione della luce da parte di oggetti massicci come galassie e ammassi di galassie sarebbe stata molto più intensa rispetto a quella prodotta da singole stelle. Zwicky intuì che queste *grandi lenti naturali* avrebbero permesso di osservare galassie a distanze molto maggiori di quelle raggiungibili con i telescopi terrestri, grazie all'effetto di amplificazione già discusso da Einstein. Fu inoltre il primo a suggerire un'ulteriore applicazione moderna delle lenti gravitazionali: la possibilità di utilizzarle per studiare la distribuzione della materia nelle lenti (Zwicky 1937b). Analizzando i moti delle galassie nell'ammasso della Chioma, Zwicky si rese conto che la massa luminosa (le stelle) non era sufficiente a spiegare le elevate velocità con cui le galassie si muovevano negli ammassi. Per rendere conto di queste velocità, ipotizzò l'esistenza di una grande quantità di massa invisibile, che chiamò *massa mancante*, capace di generare una forza gravitazionale molto maggiore di quella attribuibile alla sola materia visibile. Oggi questa materia è nota come *materia oscura*. Zwicky intuì che questa enorme massa avrebbe prodotto effetti di lente gravitazionale.

Nei decenni successivi, il campo del lensing gravitazionale non progredì significativamente. Negli anni '60, diversi scienziati studiarono la teoria matematica delle lenti gravitazionali e cercarono di individuare i candidati ideali per l'osservazione di questi fenomeni.

All'inizio degli anni '60, l'astronomo olandese Maarten Schmidt scoprì i *quasar*, oggetti puntiformi di straordinaria luminosità, visibili anche a grandi distanze (Schmidt 1963). Gli astronomi ipotizzarono che i quasar potessero essere candidati ideali per subire effetti di lensing gravitazionale da parte di galassie vicine.

Yuri Klimov studiò il lensing prodotto da galassie su altre galassie, descrivendo la formazione di immagini multiple e di anelli (Klimov 1963). Sydney Liebes Liebes (1964) esaminò vari scenari in cui il lensing gravitazionale poteva essere osservato, inclusi effetti di lente da parte di stelle nella Via Lattea su stelle nel bulge galattico o nella galassia di Andromeda, da ammassi globulari, e persino da oggetti non stellari come asteroidi e pianeti.

L'astrofisico norvegese Sjur Refsdal (1964) analizzò un'altra importante conseguenza del lensing gravitazionale, oltre alla formazione di immagini multiple e amplificazioni. Come vedremo più avanti, la luce accumula un *ritardo temporale* quando viene deviata da una lente gravitazionale. In caso di immagini multiple, ciascuna immagine potrebbe mostrare lo stesso evento a distanza di tempo.

Negli anni '70, molte applicazioni delle lenti gravitazionali furono concepite, ma rimasero ipotesi teoriche senza riscontri osservativi. La ragione principale era la mancanza di strumenti adeguati per individuare questi eventi, che richiedono un perfetto allineamento tra sorgente, lente e osservatore. Inoltre, le lenti gravitazionali più massicce si trovano a miliardi di anni luce di distanza, rendendo necessario l'uso di telescopi molto potenti per rivelarle. Con il progresso tecnologico, tali osservazioni sarebbero diventate una realtà nei decenni successivi.

1.6 Prime scoperte osservative

L'avanzamento tecnologico nella costruzione di telescopi sempre più potenti, capaci di raccogliere luce da vaste regioni del cielo, rese possibile la scoperta delle prime lenti gravitazionali. L'introduzione dei Charged-Coupled Devices (CCD) in astronomia rivoluzionò le osservazioni, aumentando drasticamente la sensibilità delle camere astronomiche e soppiantando le tradizionali lastre fotografiche.

Il primo evento di lente gravitazionale fu identificato nel 1979, quando un gruppo di astronomi scoprì due quasar separati da sei secondi d'arco nel cielo (Walsh et al. 1979). I due quasar mostravano caratteristiche identiche, inclusi spettri e redshift ($z = 1.413$), suggerendo che non si trattava di due oggetti distinti, bensì di immagini multiple di un'unica sorgente. Come previsto dalla teoria, il primo esempio di lente gravitazionale coinvolse un quasar. La luminosità della sorgente era così dominante da rendere difficile l'identificazione della lente, che solo l'anno successivo fu riconosciuta come un piccolo gruppo di galassie con un redshift di $z = 0.355$ (Young et al. 1980). Questo sistema, noto come Q0957+561, è mostrato in Fig. 1.3 in un'osservazione recente effettuata con il telescopio spaziale Hubble. Le distanze della lente e della sorgente sono stimate rispettivamente in circa 3.7 e 8.7 miliardi di anni luce.

Figura 1.3 Un'osservazione recente con il telescopio spaziale Hubble dei quasar gemelli QSO 0957+561, il primo esempio di lente gravitazionale extragalattica scoperta nel 1979. Crediti: ESA/Hubble & NASA

Figura 1.4 Un esempio di galassia che funge da lente su un quasar distante: Q2237+0305, noto come "Croce di Einstein". Crediti: ESA/Hubble & NASA

Successivamente, furono scoperte altre lenti gravitazionali. Nel 1985, quattro immagini multiple del quasar Q2237+0305 (Fig. 1.4) furono osservate attorno a una galassia lente (Huchra et al. 1985). Questa configurazione, dovuta a un allineamento quasi perfetto tra lente e sorgente, fu denominata "Croce di Einstein". In questo caso, la distribuzione della materia nella lente, inclusa la materia oscura, gioca un ruolo fondamentale nella formazione della configurazione osservata. Nei capitoli successivi, approfondiremo come la geometria delle immagini multiple dipenda dalla distribuzione di massa della lente. Poco dopo, furono scoperti altri quasar soggetti ad effetti di lensing, con immagini doppie e triple.

Poiché i quasar sono sorgenti puntiformi, le immagini multiple prodotte dalle lenti gravitazionali appaiono anch'esse puntiformi e facilmente distinguibili. Al contrario, quando la sorgente è una galassia, ovvero un oggetto esteso, l'effetto di lente può distorcerne e allungarne le immagini fino a farle fondere, dando origine ai cosiddetti *archi gravitazionali*.

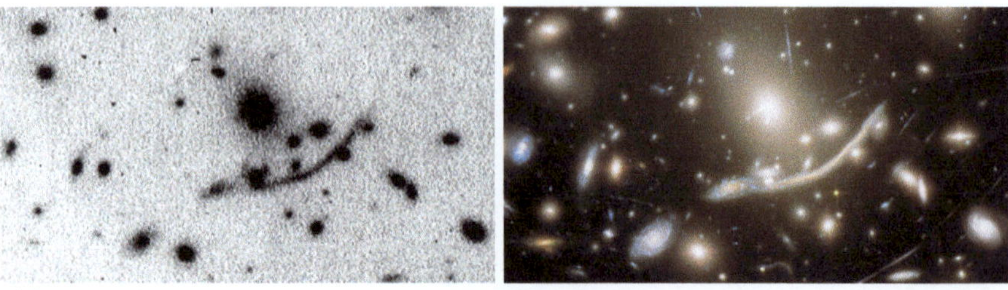

Figura 1.5 Uno dei primi archi gravitazionali mai osservati, rilevato nell'ammasso Abell 370. Il pannello di sinistra mostra un'immagine storica nella banda I dall'archivio pubblico del Canada-France-Hawaii-Telescope, mentre il pannello di destra presenta una visione più recente ottenuta con il telescopio spaziale Hubble. Crediti Canada-France-Hawaii-Telescope e ESA/Hubble & NASA

Figura 1.6 Una galleria di anelli di Einstein osservati dal telescopio spaziale Hubble nell'ambito del programma Sloan Lens ACS (SLACS) (Bolton et al. 2006). Crediti: NASA, ESA A. Bolton (Harvard-Smithsonian CfA) e il team SLACS

Nel 1986, Lynds e Petrosian (1986) e Soucail et al. (1987) annunciarono la scoperta di immagini ad arco in alcuni ammassi di galassie, tra cui Abell 370 (Fig. 1.5). All'epoca, non era chiaro se questi archi fossero membri dell'ammasso o se fossero sorgenti più lontane, distorte dall'effetto di lente gravitazionale. Tuttavia, Soucail et al. (1988) misurò il redshift della sorgente vista come arco ($z = 0.724$) e lo confrontò con quello dell'ammasso ($z = 0.37$), dimostrando che si trattava effettivamente del primo esempio di arco gravitazionale. Gli anelli di Einstein mostrati in Fig. 1.6 sono ulteriori esempi di lensing su sorgenti estese, ma in quei casi le lenti sono galassie piuttosto che ammassi.

1.7 Le prime osservazioni di microlensing

Come già accennato, Einstein nel 1936 concluse che gli effetti di lente gravitazionale prodotti da stelle su altre stelle più distanti sarebbero stati impossibili da osservare. Tuttavia, questa previsione si rivelò errata. I suoi calcoli mostravano che una stella lente avrebbe generato immagini multiple della stella sorgente su scale angolari estremamente piccole, al di sotto della risoluzione di qualsiasi telescopio dell'epoca. Einstein, però, trascurò un aspetto cruciale: la dinamica stellare.

Le stelle della nostra Galassia non sono immobili, ma partecipano alla rotazione galattica con velocità che variano in funzione della distanza dal centro. Di conseguenza, le stelle si muovono le une rispetto alle altre e, in rare occasioni, il loro moto relativo può determinare un allineamento perfetto con un osservatore terrestre per un periodo di alcune settimane o mesi. Durante questo intervallo, la stella sorgente subisce un effetto di lente gravitazionale, che si manifesta sotto forma di amplificazione della sua luminosità. Le immagini multiple previste dalla teoria rimangono irrisolte a causa delle dimensioni angolari estremamente ridotte della lente, ma l'effetto di amplificazione è misurabile.

Eventi di questo tipo rientrano nel regime noto come *microlensing gravitazionale*, un termine che evidenzia come l'effetto avvenga su scale angolari piccole, inferiori a un milliarcosecondo.

Bohdan Paczynski (1986) fu il primo a suggerire che il microlensing gravitazionale potesse essere utilizzato per rilevare oggetti compatti invisibili nell'alone della Via Lattea, candidati a costituire la materia oscura. Questi oggetti, noti come *Massive Astrophysical Compact Halo Objects* (MACHOs), sarebbero stati rilevabili attraverso il monitoraggio prolungato della luminosità di milioni di stelle nelle Nubi di Magellano.

Le prime osservazioni di microlensing furono effettuate nel 1993 da due gruppi di ricerca indipendenti (Alcock et al. 1993; Aubourg et al. 1993). Seguendo l'intuizione di Paczynski, gli astronomi monitorarono per anni la luminosità delle stelle nella Grande Nube di Magellano, identificando tre candidati eventi di microlensing.

Un esempio di evento di microlensing è illustrato in Fig. 1.7. I pannelli di sinistra mostrano due immagini della stessa regione del cielo riprese con un telescopio dell'Osservatorio di Mount Stromlo, in Australia. La prima, scattata a febbraio 1993, mostra una stella molto luminosa al centro dell'immagine. Nella seconda, ottenuta a gennaio 1994, la stella è scomparsa, segno che la sua luminosità era temporaneamente aumentata a causa dell'effetto di lente gravitazionale.

L'immagine a destra è un'osservazione successiva della stessa regione ottenuta con il telescopio spaziale Hubble, dotato di una risoluzione spaziale significativa-

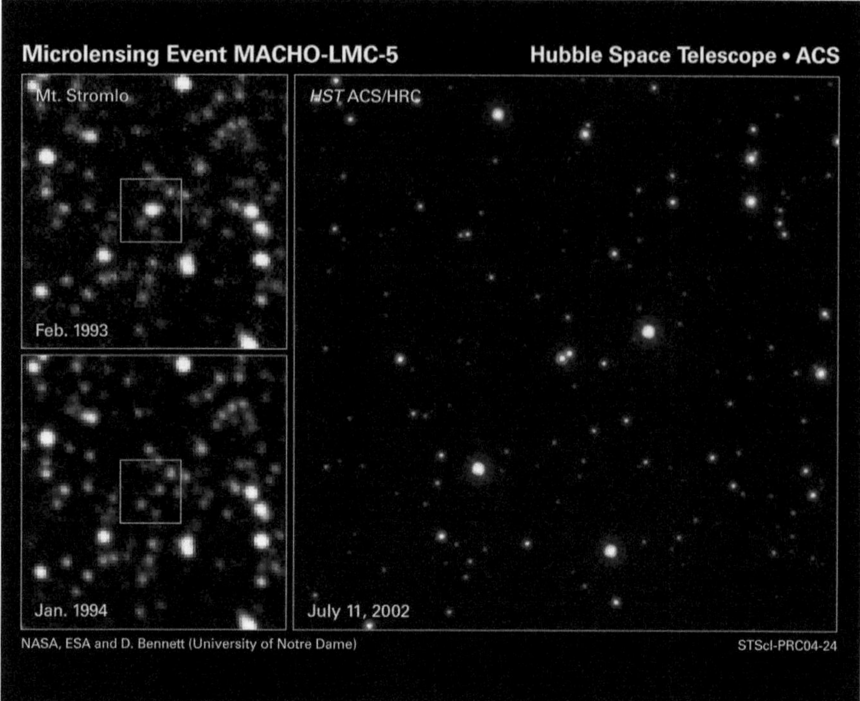

Figura 1.7 Un evento di microlensing verificatosi tra il 1993 e il 1994 è mostrato nei pannelli di sinistra. Le osservazioni furono effettuate presso l'Osservatorio di Mt. Stromlo, monitorando una regione della Grande Nube di Magellano. Al centro dell'immagine superiore, scattata nel febbraio 1993, si nota una sorgente luminosa che non è più visibile nell'immagine inferiore, ottenuta meno di un anno dopo. La lente, una stella nell'alone della nostra Galassia, non è rilevabile in entrambe le immagini. Fu osservata solo nel 2002 con il telescopio spaziale Hubble, come mostrato nel pannello di destra (stella rossastra), che è un ingrandimento della regione indicata in verde nelle altre due immagini. Crediti: NASA, ESA e D. Bennett (University of Notre Dame)

mente maggiore rispetto al telescopio di Mount Stromlo. Al centro è visibile una stella rossastra, la lente gravitazionale, ovvero l'oggetto compatto che, transitando davanti alla sorgente di fondo, ne ha amplificato temporaneamente la luminosità. Una volta cessato l'allineamento, l'effetto di amplificazione è scomparso, come evidenziato dall'immagine del 1994.

Il miglioramento della sensibilità osservativa e l'uso di ampi monitoraggi del cielo hanno reso il microlensing gravitazionale uno strumento prezioso non solo per la ricerca di oggetti compatti nell'alone galattico, ma anche per lo studio degli esopianeti e della struttura della Via Lattea stessa. Nei capitoli successivi, approfondiremo ulteriormente le applicazioni moderne di questa tecnica.

1.8 L'osservazione del lensing debole

Il lensing forte genera effetti spettacolari, come archi gravitazionali e immagini multiple di sorgenti lontane, visibili attorno a lenti gravitazionali come galassie o ammassi di galassie. Tuttavia, è un fenomeno relativamente raro, poiché richiede un allineamento preciso tra osservatore, lente e sorgente.

La teoria della Relatività Generale di Einstein prevede che l'angolo di deflessione della luce sia inversamente proporzionale alla distanza dalla lente e direttamente proporzionale alla sua massa. Pertanto, oggetti estremamente massicci come gli ammassi di galassie, con masse dell'ordine di $\sim 10^{15} \, M_\odot$, possono generare effetti di lente gravitazionale rilevabili anche a distanze significative dal loro centro.

Infatti, Tyson et al. (1990) osservarono che galassie lontane apparivano debolmente ma sistematicamente allungate e distorte in modo tangenziale attorno agli ammassi Abell 1689 e CL1409+52. Questo effetto, noto come *lensing debole*, è caratterizzato da una distorsione lieve ma coerente delle immagini delle galassie di sfondo. L'intensità della distorsione diminuisce con la distanza dalla lente ed è oggi misurata attorno a numerosi ammassi di galassie.

Come vedremo nei capitoli successivi, il lensing debole è uno strumento essenziale per studiare la distribuzione della materia su vaste scale cosmologiche, non solo in prossimità degli ammassi di galassie. In particolare, il segnale del lensing debole può essere rilevato su scale cosmologiche molto ampie, dando origine a un effetto noto come *cosmic shear*. Sebbene di ampiezza molto ridotta, questo effetto è stato identificato per la prima volta nei primi anni 2000 (Bacon et al. 2000; Van Waerbeke et al. 2000; Wittman et al. 2000). Oggi il *cosmic shear* è considerato uno degli strumenti più potenti per indagare la natura dell'energia oscura e rappresenta un elemento centrale in numerosi esperimenti cosmologici di nuova generazione.

Riferimenti bibliografici

Alcock, C., Akerlof, C. W., Allsman, R. A., Axelrod, T. S., Bennett, D. P., Chan, S., & Sutherland, W. (1993). Possible gravitational microlensing of a star in the Large Magellanic Cloud. *Nature, 365*(6447), 621–623. https://doi.org/10.1038/365621a0. arXiv: astro-ph/9309052 [astro-ph].

Aubourg, E., Bareyre, P., Bréhin, S., Gros, M., Lachièze-Rey, M., Laurent, B., & Gry, C. (1993). Evidence for gravitational microlensing by dark objects in the Galactic halo. *Nature, 365*(6447), 623–625. https://doi.org/10.1038/365623a0.

Bacon, D. J., Refregier, A. R., & Ellis, R. S. (2000). Detection of weak gravitational lensing by large-scale structure. *MNRAS, 318*(2), 625–640. https://doi.org/10.1046/j.1365-8711.2000.03851.x. arXiv: astro-ph/0003008 [astro-ph].

Bolton, A. S., Burles, S., Koopmans, L. V. E., Treu, T., & Moustakas, L. A. (2006). The sloan lens ACS survey. I. A large spectroscopically selected sample of massive early-type lens galaxies. *ApJ, 638*(2), 703–724. https://doi.org/10.1086/498884. arXiv: astro-ph/0511453 [astro-ph].

Chwolson, O. (1924). Über eine mögliche Form fiktiver Doppelsterne. *Astronomische Nachrichten, 221*, 329.

Coles, P. (1999). *Einstein and the total eclipse*. Icon.

Crelinsten, J. (2006). *Einstein's jury: The race to test relativity*. Princeton University Press.

de Laplace, P. S. (1796). *Exposition du système du monde*. https://doi.org/10.3931/e-rara-497.

Dyson, F. W., Eddington, A. S., & Davidson, C. (1920). Ix. a determination of the deflection of light by the sun's gravitational field, from observations made at the total eclipse of may 29, 1919. *Philosophical Transactions of the Royal Society of London. Series A, Containing Papers of a Mathematical or Physical Character, 220*(571–581), 291–333.

Einstein, A. (1908). Über das Relativitätsprinzip und die aus demselben gezogenen Folgerungen.*Jahrbuch der Radioaktivität und Elektronik, 4,* 411–462.

Einstein, A. (1911). Über den Einfluß der Schwerkraft auf die Ausbreitung des Lichtes. *Annalen der Physik, 340*(10), 898–908. https://doi.org/10.1002/andp.19113401005.

Einstein, A. (1916). Die Grundlage der allgemeinen Relativitätstheorie. *Annalen der Physik, 354*(7), 769–822. https://doi.org/10.1002/andp.19163540702.

Einstein, A. (1936). Lens-Like Action of a Star by the Deviation of Light in the Gravitational Field. *Science, 84*(2188), 506–507. https://doi.org/10.1126/science.84.2188.506.

Ellis, R. S. (2010). Gravitational lensing: A unique probe of dark matter and dark energy. *Philosophical Transactions of the Royal Society A: Mathematical, Physical and Engineering Sciences, 368*(1914), 967–987. https://doi.org/10.1098/rsta.2009.0209.

Fresnel, A. (1819). *Memoire sur la diffraction de la lumiere.*

Huchra, J., Gorenstein, M., Kent, S., Shapiro, I., Smith, G., Horine, E., & Perley, R. (1985). 2237+0305: A new and unusual gravitational lens. *AJ, 90,* 691–696. https://doi.org/10.1086/113777.

Huygens, C. (1690). *Traité de la lumière*. Leiden: Pieter van der Aa.

Kennefick, D. (2012). Not only because of theory: Dyson, Eddington, and the competing myths of the 1919 eclipse expedition. In *Einstein and the changing worldviews of physics* (pp. 201–232). Springer.

Klimov, Y. G. (1963). The Deflection of Light Rays in the Gravitational Fields of Galaxies. *Soviet Physics Doklady, 8,* 119.

Liebes, S. (1964). Gravitational Lenses. *Physical Review, 133*(3B), 835–844. https://doi.org/10.1103/PhysRev.133.B835.

Lynds, R., & Petrosian, V. (1986). Giant luminous arcs in galaxy clusters. In *Bulletin of the American astronomical society* (Vol. 18, p. 1014).

Michell, J. (1784). On the means of discovering the distance, magnitude, &c. of the fixed stars, in consequence of the diminution of the velocity of their light, in case such a diminution should be found to take place in any of them, and such other data should be procured from observations, as would be farther necessary for that purpose. By the Rev. John Michell, B. D. F. R. S. In a Letter to Henry Cavendish, Esq. F. R. S. and A. S. *Philosophical Transactions of the Royal Society of London Series I, 74,* 35–57.

Newton, I. (1704). *Opticks*. Dover Press.

Paczynski, B. (1986). Gravitational microlensing by the galactic halo. *ApJ, 304,* 1–5. https://doi.org/10.1086/164140.

Refsdal, S. (1964). On the possibility of determining Hubble's parameter and the masses of galaxies from the gravitational lens effect. *MNRAS, 128,* 307. https://doi.org/10.1093/mnras/128.4.307.

Schmidt, M. (1963). 3C 273: A star-like object with large red-Shift. *Nature, 197*(4872), 1040. https://doi.org/10.1038/1971040a0.

Soucail, G., Fort, B., Mellier, Y., & Picat, J. P. (1987). A blue ring-like structure in the center of the A 370 cluster of galaxies. *A & A, 172,* L14–L16.

Soucail, G., Mellier, Y., Fort, B., Mathez, G., & Cailloux, M. (1988). The giant arc in a 370-spectroscopic evidence for gravitational lensing from a source at z = 0.724. *Astronomy and Astrophysics, 191,* L19–L21.

Tyson, J. A., Valdes, F., & Wenk, R. A. (1990). Detection of systematic gravitational lens galaxy image alignments: mapping dark matter in galaxy clusters. *ApJL, 349,* L1. https://doi.org/10.1086/185636.

Van Waerbeke, L., Mellier, Y., Erben, T., Cuilland re, J. C., Bernardeau, F., Maoli, R., & Schneider, P. (2000). Detection of correlated galaxy ellipticities from CFHT data: First evidence for gravitational lensing by large-scale structures. *A & A, 358*, 30–44. arXiv: astro-ph/0002500[astro-ph].

von Soldner, J. (1802). Ueber die Ablenkung eines Lichtstrals von seiner geradlinigen Bewegung, durch die Attraktion eines Weltkörpers, an welchem er nahe vorbei geht. *Astronomisches Jahrbuch für das Jahr 1804*, Astronomisches Jahrbuch für das Jahr 1804.

Walsh, D., Carswell, R. F., & Weymann, R. J. (1979). 0957+561 A, B: Twin quasistellar objects or gravitational lens? *Nature, 279*, 381–384. https://doi.org/10.1038/279381a0.

Will, C. M. (1988). Henry Cavendish, Johann von Soldner, and the deflection of light. *American Journal of Physics, 56*(5), 413–415. https://doi.org/10.1119/1.15622.

Will, C. M. (2015). The 1919 measurement of the deflection of light. *Classical and Quantum Gravity, 32*(12), 124001. https://doi.org/10.1088/0264-9381/32/12/124001.

Wittman, D. M., Tyson, J. A., Kirkman, D., Dell'Antonio, I., & Bernstein, G. (2000). Detection of weak gravitational lensing distortions of distant galaxies by cosmic dark matter at large scales. *Nature, 405*(6783), 143–148. https://doi.org/10.1038/35012001. arXiv: astro-ph/0003014 [astro-ph].

Young, P., Gunn, J. E., Kristian, J., Oke, J. B., & Westphal, J. A. (1980). The double quasar Q0957+561 A, B: A gravitational lens image formed by a galaxy at z=0.39. *ApJ, 241*, 507–520. https://doi.org/10.1086/158365.

Young, T. (1802). The Bakerian Lecture: On the theory of light and colours. *Philosophical Transactions of the Royal Society of London Series I, 92*, 12–48.

Zwicky, F. (1937a). Nebulae as gravitational lenses. *Physical Review, 51*(4), 290–290. https://doi.org/10.1103/PhysRev.51.290.

Zwicky, F. (1937b). On the masses of nebulae and of clusters of nebulae. *ApJ, 86*, 217. https://doi.org/10.1086/143864.

Capitolo 2
Deflessione della luce

In questo capitolo ci concentreremo sulla deflessione della luce. Inizieremo con una massa puntiforme e deriveremo l'angolo di deflessione nei limiti Newtoniano e Relativistico. Successivamente, generalizzeremo il risultato ai casi di insiemi di masse puntiformi e distribuzioni di massa estese.

2.1 Deflessione di un corpuscolo di luce

Come detto all'inizio del capitolo precedente, l'idea che la gravità potesse piegare la luce risale al diciottesimo secolo. Fu menzionata da Isaac Newton alla fine del suo libro *Optiks*, pubblicato in quattro edizioni tra il 1704 e il 1730, e spiegata nel contesto della "Teoria Corpuscolare della Luce" (Newton 1704).

Nel contesto di questa teoria, la derivazione dell'angolo di deflessione di un fotone da parte di un corpo con massa M è relativamente semplice (Congdon e Keeton 2018). Dobbiamo assumere che i fotoni siano corpuscoli con massa non specificata e, quindi, siano in grado di subire l'attrazione gravitazionale del corpo di cui sopra, seguendo le leggi della gravità newtoniana. Inoltre, dobbiamo assumere che si muovano con una certa velocità iniziale c.

La legge della gravità di Newton afferma che la forza gravitazionale tra un corpuscolo con massa m e un corpo con massa M (entrambi assunti puntiformi) è

$$\vec{F} = -m\vec{\nabla}\Phi \, , \tag{2.1}$$

dove $\Phi = -GM/r$ è il potenziale gravitazionale della massa M, r è la distanza tra i corpi e G è la costante gravitazionale.

Invece, la seconda legge di Newton afferma che

$$\vec{F} = m\vec{a} \, , \tag{2.2}$$

dove a è l'accelerazione del corpuscolo.

© The Editor(s) (if applicable) and The Author(s), under exclusive license to Springer Nature Switzerland AG 2025

M. Meneghetti, *Introduzione al lensing gravitazionale*,
https://doi.org/10.1007/978-3-031-96504-3_2

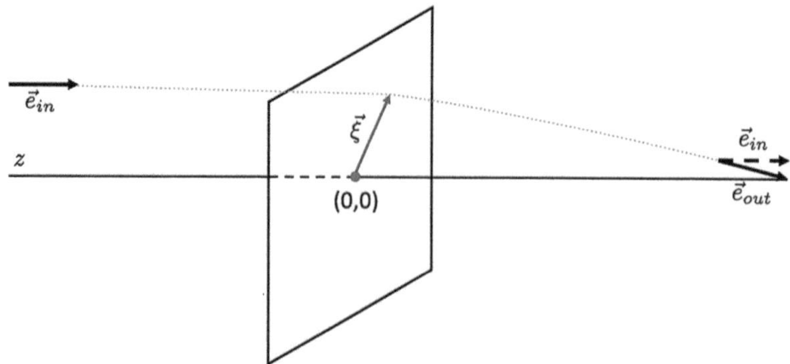

Figura 2.1 Deflessione della luce da parte di una lente puntiforme

Pertanto, a causa della gravità, l'accelerazione del corpuscolo sarà

$$\vec{a} = -\vec{\nabla}\Phi \; , \tag{2.3}$$

il che significa che acquisirà una velocità aggiuntiva $\Delta\vec{v}$,

$$\Delta\vec{v} = \int_{t_s}^{t_o} \vec{a}\, dt \tag{2.4}$$

durante l'interazione con il corpo di massa M tra i tempi t_s e t_o.

Supponiamo, come mostrato in Fig. 2.1, che il corpuscolo si muova inizialmente parallelo a un asse di riferimento z. Posizioniamo il corpo di massa M all'origine di un sistema di riferimento in $(\xi, z) = (0, 0)$, dove ξ è la coordinata lungo l'asse perpendicolare a z. Il vettore $\vec{\xi}$ indica anche il parametro d'impatto del corpuscolo rispetto al corpo di massa M. Quindi, $r = \sqrt{\xi^2 + z^2}$. Possiamo esprimere z in funzione del tempo t, $z = ct$, in modo che $dz = c\,dt$, e supponiamo che la deflessione del corpuscolo sia piccola. Allora, l'integrale temporale può essere approssimato dall'integrale lungo la direzione iniziale di movimento del corpuscolo come

$$\Delta\vec{v} \approx \frac{1}{c}\int_{z_s}^{z_o} \vec{a}\, dz = -\frac{1}{c}\int_{z_s}^{z_o} \nabla\Phi\, dz \; . \tag{2.5}$$

Il gradiente del potenziale gravitazionale può essere scomposto nelle due componenti lungo z e ξ:

$$\vec{\nabla}\Phi = \frac{d\Phi}{dz}\vec{e}_z + \frac{d\Phi}{d\xi}\vec{e}_\xi \; . \tag{2.6}$$

Analogamente, la variazione di velocità avrà anch'essa due componenti lungo z e ξ. Iniziamo con il calcolare

$$\Delta v_{\parallel} = -\frac{1}{c} \int_{z_s}^{z_o} \frac{d\Phi}{dz} dz$$

$$= \frac{1}{c} [\Phi(z_s, \xi) - \Phi(z_o, \xi)] \ . \tag{2.7}$$

Possiamo ragionevolmente supporre che il fotone arrivi da molto lontano e si muova verso un osservatore anch'esso posto a grande distanza dalla massa M. Pertanto, $|z_s| = |z_o| = \infty$. Poiché $\lim_{|z| \to \infty} \Phi = 0$, l'integrale sopra è nullo, e il corpuscolo non acquisisce una velocità aggiuntiva lungo la direzione iniziale di movimento. La velocità lungo l'asse z continua ad essere c.

Per la componente lungo $\vec{\xi}$, otteniamo:

$$\Delta v_{\perp} = -\frac{1}{c} \int_{z_s}^{z_o} \frac{d\Phi}{d\xi} dz$$

$$= -\frac{GM\xi}{c} \int_{z_s}^{z_o} (\xi^2 + z^2)^{-3/2} dz \ . \tag{2.8}$$

L'integrale può essere risolto mediante il cambio di variabile $\tan\theta = z/\xi$, e supponendo ancora che $|z_s| = |z_o| = \infty$. In queste condizioni,

$$\Delta v_{\perp} = -\frac{GM}{c\xi} \int_{-\pi/2}^{\pi/2} \cos\theta d\theta$$

$$= -\frac{2GM}{c\xi} \ . \tag{2.9}$$

Pertanto, mentre il corpuscolo si muove inizialmente con velocità

$$\vec{v}_{in} = c\vec{e}_z = c\vec{e}_{in} \ , \tag{2.10}$$

dopo l'interazione con il corpo di massa M, si muoverà con velocità

$$\vec{v}_{out} = v\vec{e}_{out} = c\vec{e}_{in} - \frac{2GM}{c\xi} \vec{e}_{\xi} \ . \tag{2.11}$$

Notiamo che

$$v_{out} = \sqrt{c^2 + \frac{4G^2M^2}{c^2\xi^2}} \approx c \ . \tag{2.12}$$

Pertanto, la deflessione del corpuscolo, definita come la differenza tra la direzione iniziale e finale di moto, è

$$\hat{\vec{\alpha}}(\xi) = \vec{e}_{in} - \vec{e}_{out} = \frac{2GM}{c^2\xi} \vec{e}_{\xi} \ . \tag{2.13}$$

Se il parametro d'impatto del fotone è $\xi = R_\odot$, l'Eq. 2.13 si riduce a

$$\hat{\alpha} = \frac{2GM}{c^2 R_\odot} \approx 0.875'' \, , \qquad (2.14)$$

dal momento che la massa e il raggio del sole sono $M = M_\odot = 1.989 \times 10^{30}$ kg e $R_\odot = 6.96 \times 10^8$ m. Pertanto, usando la gravità newtoniana e assumendo che i fotoni siano corpuscoli di luce, otteniamo che un fotone che sfiora la superficie del Sole subisce una deflessione di $0.875''$. Vedremo tra poco che questo valore è esattamente la metà di quanto previsto da Einstein nel contesto della sua Teoria della Relatività Generale.

2.2 Deflessione della luce secondo la Relatività Generale

2.2.1 *Principio di Fermat e deflessione della luce*

La deflessione della luce può essere calcolata studiando le curve geodetiche a partire dalle equazioni del campo della relatività generale. Può però essere descritta in modo equivalente dal principio di Fermat, come nell'ottica geometrica. Questo risultato sarà il nostro punto di partenza.

Cerchiamo di trattare la deflessione della luce nell'ambito della relatività generale come un problema di rifrazione. Abbiamo bisogno di un indice di rifrazione n perché il principio di Fermat afferma che la luce seguirà il percorso che rende estremo il tempo di percorrenza,

$$t_{\text{travel}} = \int \frac{n}{c} \, dl \, . \qquad (2.15)$$

In relatività generale questo implica che la luce segue una geodetica nello spazio-tempo curvo.

Come nell'ottica geometrica, quindi, cerchiamo il percorso, $\vec{x}(l)$, per il quale

$$\delta \int_A^B n(\vec{x}(l)) \, dl = 0 \, , \qquad (2.16)$$

dove il punto di partenza A e il punto finale B sono fissati.

Figura 2.2 Percorso della luce nello spazio-tempo perturbato

Deflessione nello spazio-tempo perturbato di Minkowski

Per trovare l'indice di rifrazione, partiamo da una prima approssimazione: assumiamo che la lente sia debole e piccola rispetto alle dimensioni del sistema ottico composto dalla sorgente, la lente e l'osservatore. Per "lente debole", intendiamo una lente il cui potenziale gravitazionale newtoniano Φ è molto più piccolo di c^2, cioè $\Phi/c^2 \ll 1$. Si noti che questa approssimazione è valida praticamente in tutti i casi di interesse astrofisico. Consideriamo, ad esempio, un ammasso di galassie: il suo potenziale gravitazionale è $|\Phi| < 10^{-4}c^2 \ll c^2$. Inoltre, assumiamo che la deflessione della luce avvenga in una regione abbastanza piccola da poter trascurare l'espansione dell'universo.

A causa del principio di equivalenza, possiamo scegliere un sistema di riferimento localmente inerziale in cui lo spazio-tempo è piatto e descritto dalla metrica di Minkowski:

$$\eta_{\mu\nu} = \begin{pmatrix} 1 & 0 & 0 & 0 \\ 0 & -1 & 0 & 0 \\ 0 & 0 & -1 & 0 \\ 0 & 0 & 0 & -1 \end{pmatrix}, \tag{2.17}$$

la cui forma dell'elemento di linea è

$$ds^2 = \eta_{\mu\nu}dx^\mu dx^\nu = c^2 dt^2 - (dx^2 + dy^2 + dz^2) = c^2 dt^2 - (d\vec{x})^2 . \tag{2.18}$$

Ora, consideriamo una lente debole che perturba questa metrica, tale che

$$\eta_{\mu\nu} \to g_{\mu\nu} = \begin{pmatrix} 1 + \frac{2\Phi}{c^2} & 0 & 0 & 0 \\ 0 & -(1 - \frac{2\Phi}{c^2}) & 0 & 0 \\ 0 & 0 & -(1 - \frac{2\Phi}{c^2}) & 0 \\ 0 & 0 & 0 & -(1 - \frac{2\Phi}{c^2}) \end{pmatrix} . \tag{2.19}$$

In questo caso, l'elemento di linea diventa

$$ds^2 = g_{\mu\nu}dx^\mu dx^\nu = \left(1 + \frac{2\Phi}{c^2}\right)c^2 dt^2 - \left(1 - \frac{2\Phi}{c^2}\right)(dx^2 + dy^2 + dz^2) . \tag{2.20}$$

Esempio 2.1 (Metrica di Schwarzschild nel limite di campo debole) Assumendo un potenziale sfericamente simmetrico e statico, le equazioni del campo di Einstein possono essere risolte per ottenere la *metrica di Schwarzschild*. L'elemento di linea è scritto in coordinate sferiche come

$$ds^2 = \left(1 - \frac{2GM}{Rc^2}\right)c^2 dt^2 - \left(1 - \frac{2GM}{Rc^2}\right)^{-1} dR^2 - R^2(\sin^2\theta d\phi^2 + d\theta^2) . \tag{2.21}$$

Per ottenere un'espressione più semplice, è conveniente introdurre la nuova coordinata radiale r, definita tramite

$$R = r\left(1 + \frac{GM}{2rc^2}\right)^2 , \tag{2.22}$$

e le coordinate cartesiane $x = r\sin\theta\cos\phi$, $y = r\sin\theta\sin\phi$, e $z = r\cos\theta$, in modo che $dl^2 = dx^2 + dy^2 + dz^2$. Dopo alcuni calcoli algebrici, la metrica può essere scritta nella forma

$$ds^2 = \left(\frac{1 - GM/2rc^2}{1 + GM/2rc^2}\right)^2 c^2 dt^2 - \left(1 + \frac{GM}{2rc^2}\right)^4 (dx^2 + dy^2 + dz^2) . \tag{2.23}$$

Nel limite di campo debole, $\Phi/c^2 = -GM/rc^2 \ll 1$,

$$\left(\frac{1 - GM/2rc^2}{1 + GM/2rc^2}\right)^2 \approx \left(1 - \frac{GM}{2rc^2}\right)^4$$
$$\approx \left(1 - \frac{2GM}{rc^2}\right)$$
$$= \left(1 + \frac{2\Phi}{c^2}\right) \tag{2.24}$$

e

$$\left(1 + \frac{GM}{2rc^2}\right)^4 \approx \left(1 + 2\frac{GM}{rc^2}\right)$$
$$= \left(1 - \frac{2\Phi}{c^2}\right) . \tag{2.25}$$

Pertanto, la metrica di Schwarzschild (nel limite di campo debole) diventa

$$ds^2 = \left(1 + \frac{2\Phi}{c^2}\right)c^2 dt^2 - \left(1 - \frac{2\Phi}{c^2}\right)dl^2 , \tag{2.26}$$

recuperando così l'Eq. 2.20.

Indice di rifrazione effettivo

La luce si propaga a tempo proprio nullo, $ds = 0$, da cui otteniamo

$$\left(1 + \frac{2\Phi}{c^2}\right)c^2 dt^2 = \left(1 - \frac{2\Phi}{c^2}\right)(d\vec{x})^2 . \tag{2.27}$$

La velocità della luce nel campo gravitazionale è quindi

$$c' = \frac{|\mathrm{d}\vec{x}|}{\mathrm{d}t} = c\sqrt{\frac{1 + \frac{2\Phi}{c^2}}{1 - \frac{2\Phi}{c^2}}} \approx c\left(1 + \frac{2\Phi}{c^2}\right) , \qquad (2.28)$$

dove abbiamo utilizzato l'approssimazione $\Phi/c^2 \ll 1$. L'indice di rifrazione è quindi

$$n = c/c' = \frac{1}{1 + \frac{2\Phi}{c^2}} \approx 1 - \frac{2\Phi}{c^2} . \qquad (2.29)$$

Con $\Phi \leq 0$, $n \geq 1$, e la velocità della luce c' è inferiore rispetto alla velocità in assenza del potenziale gravitazionale.

Angolo di deflessione

L'indice di rifrazione n dipende dalla coordinata spaziale $\vec{x}$ e forse anche dal tempo t. Sia $\vec{x}(l)$ un percorso della luce. Allora, il tempo di viaggio della luce è

$$t_{travel} \propto \int_A^B n[\vec{x}(l)]\mathrm{d}l , \qquad (2.30)$$

e il percorso della luce può essere trovato imponendo

$$\delta \int_A^B n[\vec{x}(l)]\mathrm{d}l = 0 . \qquad (2.31)$$

Questo è un problema variazionale standard, che porta alle note equazioni di Eulero. Nel nostro caso scriviamo

$$\mathrm{d}l = \left|\frac{\mathrm{d}\vec{x}}{\mathrm{d}\lambda}\right|\mathrm{d}\lambda , \qquad (2.32)$$

con un parametro di curva λ che è ancora arbitrario, e otteniamo

$$\delta \int_{\lambda_A}^{\lambda_B} \mathrm{d}\lambda \, n[\vec{x}(\lambda)]\left|\frac{\mathrm{d}\vec{x}}{\mathrm{d}\lambda}\right| = 0 \qquad (2.33)$$

L'espressione

$$n[\vec{x}(\lambda)]\left|\frac{\mathrm{d}\vec{x}}{\mathrm{d}\lambda}\right| \equiv L(\dot{\vec{x}}, \vec{x}, \lambda) \qquad (2.34)$$

assume il ruolo di Lagrangiana (supponiamo che λ sia il tempo), con

$$\dot{\vec{x}} \equiv \frac{\mathrm{d}\vec{x}}{\mathrm{d}\lambda} \tag{2.35}$$

che rappresenta una velocità generalizzata. Infine, abbiamo

$$\left|\frac{\mathrm{d}\vec{x}}{\mathrm{d}\lambda}\right| = |\dot{\vec{x}}| = (\dot{\vec{x}}^2)^{1/2} \ . \tag{2.36}$$

L'equazione di Eulero si scrive:

$$\frac{\mathrm{d}}{\mathrm{d}\lambda}\frac{\partial L}{\partial \dot{\vec{x}}} - \frac{\partial L}{\partial \vec{x}} = 0 \ . \tag{2.37}$$

Ora,

$$\frac{\partial L}{\partial \vec{x}} = |\dot{\vec{x}}|\frac{\partial n}{\partial \vec{x}} = (\vec{\nabla} n)|\dot{\vec{x}}| \ , \ \frac{\partial L}{\partial \dot{\vec{x}}} = n\frac{\dot{\vec{x}}}{|\dot{\vec{x}}|} \ . \tag{2.38}$$

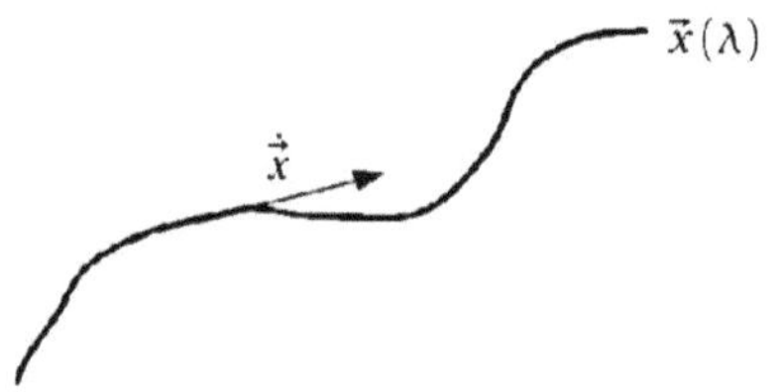

Evidentemente, $\dot{\vec{x}}$ è un vettore tangente al percorso della luce, che possiamo assumere normalizzato con una scelta appropriata per il parametro di curva λ. Assumiamo quindi $|\dot{\vec{x}}| = 1$ e scriviamo $\vec{e} \equiv \dot{\vec{x}}$ per indicare il vettore unitario tangente al percorso della luce. Abbiamo quindi

$$\frac{\mathrm{d}}{\mathrm{d}\lambda}(n\vec{e}) - \vec{\nabla} n = 0 \ , \tag{2.39}$$

e

$$n\dot{\vec{e}} + \vec{e} \cdot [(\vec{\nabla} n)\dot{\vec{x}}] = \vec{\nabla} n \ ,$$
$$\Rightarrow n\dot{\vec{e}} = \vec{\nabla} n - \vec{e}(\vec{\nabla} n \cdot \vec{e}) \ . \tag{2.40}$$

Il secondo termine a destra è la derivata di n lungo il percorso della luce, quindi l'intero secondo membro dell'equazione è il gradiente di n perpendicolare al percorso della luce. Così

$$\dot{\vec{e}} = \frac{1}{n}\vec{\nabla}_\perp n = \vec{\nabla}_\perp \ln n \ . \tag{2.41}$$

Poiché $n = 1 - 2\Phi/c^2$ e $\Phi/c^2 \ll 1$, si ha quindi che $\ln n \approx -2\Phi/c^2$, e

$$\dot{\vec{e}} \approx -\frac{2}{c^2}\vec{\nabla}_\perp\Phi \ . \tag{2.42}$$

L'angolo totale di deflessione della luce lungo il suo percorso è ora l'integrale di $-\dot{\vec{e}}$ lungo il percorso della luce,

$$\hat{\vec{\alpha}} = \vec{e}_{in} - \vec{e}_{out} = \frac{2}{c^2}\int_{\lambda_A}^{\lambda_B}\vec{\nabla}_\perp\Phi\mathrm{d}\lambda \ , \tag{2.43}$$

oppure, in altre parole, l'integrale del gradiente del potenziale gravitazionale perpendicolare al percorso della luce. Nota che $\vec{\nabla}\Phi$ punta lontano dal centro della lente, quindi $\hat{\vec{\alpha}}$ punta nella stessa direzione.

Approssimazione di Born

Così com'è, l'equazione per $\hat{\vec{\alpha}}$ non è utile, poiché dovremmo integrare lungo il vero percorso della luce. Tuttavia, poiché $\Phi/c^2 \ll 1$, ci aspettiamo che l'angolo di deflessione sia piccolo. Possiamo quindi adottare l'*approssimazione di Born*, familiare dalla teoria dello scattering, e approssimare il potenziale gravitazionale lungo la traiettoria deflessa con il potenziale lungo la traiettoria non deflessa. Questa approssimazione ci permette di integrare il gradiente lungo il percorso della luce non perturbato, cioè lungo z.

Supponiamo, quindi, che un raggio di luce si propaghi nella direzione $+\vec{e}_z$ e passi attraverso una lente in $z = 0$, con parametro d'impatto ξ. L'angolo di deflessione

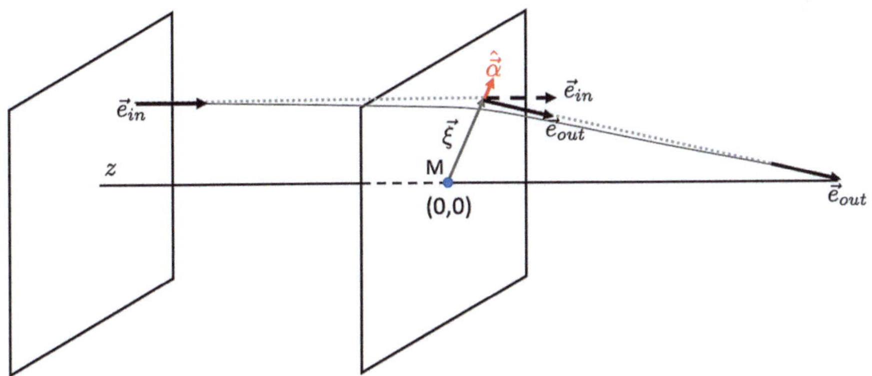

Figura 2.3 Usando l'approssimazione di Born, approssimiamo il potenziale gravitazionale lungo la traiettoria deflessa (linea curva solida) con il potenziale lungo la traiettoria non deflessa (linea tratteggiata)

è quindi dato da

$$\hat{\vec{\alpha}}(\xi) = \frac{2}{c^2} \int_{-\infty}^{+\infty} \vec{\nabla}_\perp \phi(\xi, z) \mathrm{d}z \tag{2.44}$$

Per una massa puntiforme, $\Phi = -GM \sqrt{\xi^2 + z^2}$, quindi,

$$\hat{\vec{\alpha}}(\xi) = \frac{4GM}{c^2 \xi} \vec{e}_\xi = \frac{4GM}{c^2 \xi^2} \vec{\xi} \,. \tag{2.45}$$

Questa equazione differisce dall'Eq. 2.13 solo per un fattore di 2.

2.2.2 Deflessione della luce nel limite di campo forte

Per la stragrande maggioranza delle lenti gravitazionali nell'universo, il limite di campo debole è valido. Tuttavia, oggetti compatti come le stelle di neutroni e i buchi neri possono anche agire come lenti. In questi casi, le approssimazioni introdotte sopra non sono valide, poiché i fotoni viaggiano attraverso campi gravitazionali molto forti. Nella sezione seguente, discuteremo brevemente l'angolo di deflessione di una lente compatta statica (cioè non rotante).

Per una metrica generale statica, stazionaria e sfericamente simmetrica della forma

$$\mathrm{d}s^2 = A(R)\mathrm{d}t^2 - B(R)\mathrm{d}R^2 - C(R)(\mathrm{d}\theta^2 + \sin^2\theta \mathrm{d}\phi^2) \tag{2.46}$$

l'analisi delle equazioni geodetiche porta alla seguente espressione per l'angolo di deflessione:

$$\hat{\alpha} = -\pi + \frac{2G}{c^2} \int_{R_m}^{\infty} u \sqrt{\frac{B(R)}{C(R)[C(R)/A(R) - u^2]}} \mathrm{d}R \,, \tag{2.47}$$

dove u è il parametro d'impatto del fotone non perturbato e R_m è la distanza minima del fotone deflesso dalla lente (Bozza 2010). Si può dimostrare che

$$u^2 = \frac{C(R_m)}{A(R_m)} \,. \tag{2.48}$$

Si noti che, nel caso della metrica di Schwarzschild, $A(R) = 1 - 2GM/Rc^2$, $B(R) = A(R)^{-1}$, e $C(R) = R^2$.

Nel limite di campo debole ($R \geq R_m \gg 2GM/c^2$, cioè per parametri d'impatto molto più grandi del raggio di Schwarzschild della lente), l'Eq. 2.47 si riduce alla ben nota equazione

$$\hat{\alpha} = \frac{4GM}{c^2 u} \,. \tag{2.49}$$

La soluzione esatta dell'Eq. 2.47 nel caso della metrica di Schwarzschild è stata calcolata da Darwin (1959) ed è

$$\hat{\alpha} = -\pi + 4\frac{G}{c^2}\sqrt{R_m/s}\,F(\varphi, m)\,, \tag{2.50}$$

dove $F(\phi, m)$ è l'integrale ellittico del primo tipo,

$$F(\phi, m) = \int_0^\phi \frac{d\varphi}{\sqrt{1 - m\sin^2\varphi}}\,, \tag{2.51}$$

e

$$s = \sqrt{(R_m - 2M)(R_m + 6M)} \tag{2.52}$$

$$m = (s - R_m + 6M)/2s \tag{2.53}$$

$$\varphi = \arcsin\sqrt{2s/(3R_m - 6M + s)} \tag{2.54}$$

La Fig. 2.4 mostra che l'angolo di deflessione varia in funzione del parametro d'impatto del fotone. A grandi distanze, l'Eq. 2.50 è ben approssimata dalla soluzione nel limite di campo debole. Per piccoli parametri d'impatto, le soluzioni nei limiti di campo forte e debole differiscono in modo significativo. In particolare, l'angolo di deflessione nell'Eq. 2.50 diverge per $u = 3\sqrt{3}GM/c^2$ (o $R_m = 3GM/c^2$). Prima di raggiungere questo limite, l'angolo di deflessione supera 2π, il che significa che il fotone fa un giro completo attorno alla lente prima di allontanarsi.

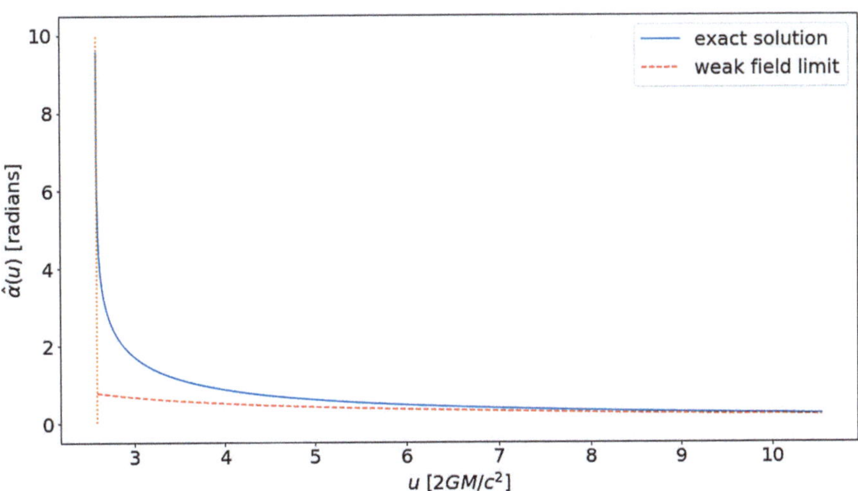

Figura 2.4 Angolo di deflessione da parte di una lente compatta in funzione del parametro d'impatto del fotone. Sono mostrate la soluzione esatta delle equazioni geodetiche per una metrica di Schwarzschild (linea continua) e la soluzione nell'approssimazione di campo debole (linea tratteggiata). La linea verticale tratteggiata mostra il parametro d'impatto, $u = 3\sqrt{3}GM/c^2$, per il quale la soluzione esatta diverge, indicando che il fotone continua a girare attorno alla lente

2.3 Deflessione da un insieme di masse puntiformi

L'angolo di deflessione nell'Eq. 2.45 dipende linearmente dalla massa M. Questo risultato è stato ottenuto linearizzando le equazioni della relatività generale nel limite di campo debole. In queste circostanze, il principio di sovrapposizione è valido, e possiamo calcolare l'angolo di deflessione di un insieme di lenti come la somma di tutti i contributi di ciascuna lente.

Supponiamo di avere una distribuzione sparsa di N masse puntiformi su un piano, le cui posizioni e masse sono $\vec{\xi}_i$ e M_i, con $1 \leq i \leq N$. L'angolo di deflessione di un raggio luminoso che attraversa il piano in $\vec{\xi}$ sarà:

$$\hat{\vec{\alpha}}(\vec{\xi}) = \sum_i \hat{\vec{\alpha}}_i(\vec{\xi} - \vec{\xi}_i) = \frac{4G}{c^2} \sum_i M_i \frac{\vec{\xi} - \vec{\xi}_i}{|\vec{\xi} - \vec{\xi}_i|^2} \ . \tag{2.55}$$

La formula sopra è simile a quella utilizzata per calcolare la forza gravitazionale tra masse puntiformi nel piano. Mentre la forza dipende dall'inverso del quadrato della distanza tra le masse, l'angolo di deflessione varia come ξ^{-1}. Nel caso di molte lenti, il calcolo dell'angolo di deflessione usando l'Eq. 2.55 può diventare molto costoso dal punto di vista computazionale, poiché ha un costo di $O(N^2)$. Tuttavia, come viene fatto di solito per risolvere numericamente i problemi a N corpi, algoritmi che utilizzano griglie o gerarchie (come i cosiddetti algoritmi ad albero (Barnes e Hut 1986)) possono ridurre significativamente il costo dei calcoli (ad esempio, a $O(N \log N)$). Per alcune applicazioni di questi algoritmi nel calcolo degli angoli di deflessione, si rimanda il lettore ai lavori di Aubert et al. (2007) e Meneghetti et al. (2017).

2.4 Deflessione da una distribuzione di massa estesa

Ora consideriamo modelli di lente più realistici, cioè distribuzioni tridimensionali di materia. Anche nel caso di lensing da parte di ammassi di galassie, la dimensione fisica della lente è generalmente molto più piccola delle distanze tra osservatore, lente e sorgente. La deflessione, quindi, si verifica lungo una breve sezione del percorso della luce. Per questa ragione, possiamo usare l'*approssimazione dello schermo sottile*: possiamo approssimare la lente come una distribuzione planare di materia, il piano della lente.

All'interno di questa approssimazione, la distribuzione di materia della lente è completamente descritta dalla sua densità superficiale,

$$\Sigma(\vec{\xi}) = \int \rho(\vec{\xi}, z) \, \mathrm{d}z \ , \tag{2.56}$$

dove $\vec{\xi}$ è un vettore bidimensionale nel piano della lente e ρ è la densità tridimensionale.

Finché l'approssimazione dello schermo sottile è valida, possiamo ottenere l'angolo totale di deflessione sommando i contributi di tutti gli elementi di massa $\Sigma(\vec{\xi})\mathrm{d}^2\xi$:

$$\hat{\vec{\alpha}}(\vec{\xi}) = \frac{4G}{c^2} \int \frac{(\vec{\xi} - \vec{\xi}')\Sigma(\vec{\xi}')}{|\vec{\xi} - \vec{\xi}'|^2}\, \mathrm{d}^2\xi' \, . \tag{2.57}$$

Questa equazione mostra che il calcolo dell'angolo di deflessione è formalmente una convoluzione della densità superficiale $\Sigma(\vec{\xi})$ con la funzione kernel

$$\vec{K}(\vec{\xi}) \propto \frac{\vec{\xi}}{|\vec{\xi}|^2} \, . \tag{2.58}$$

Ciò consente il calcolo del campo di angolo di deflessione nello spazio di Fourier come il prodotto delle trasformate di Fourier di Σ e K:

$$\tilde{\hat{\alpha}}_i(\vec{k}) \propto \tilde{\Sigma}(\vec{k})\tilde{K}_i(\vec{k}) \, , \tag{2.59}$$

dove $\vec{k}$ è la variabile coniugata a $\vec{\xi}$ e la tilde denota le trasformate di Fourier. L'indice $i \in [1, 2]$ indica le due componenti lungo i due assi nel piano della lente (ricordate che $\hat{\alpha}$ è un vettore!).

2.5 Applicazioni Python

2.5.1 *Deflessione della luce da parte di un buco nero*

Nella nostra prima applicazione Python, scriveremo uno script per produrre la Fig. 2.4. Un breve tutorial su Python può essere trovato nel Capitolo 8.

Dobbiamo implementare le Eq. 2.48 e 2.50. Successivamente, confronteremo l'angolo di deflessione risultante con quello nel limite di campo debole descritto dall'Eq. 2.45.

Iniziamo importando alcuni pacchetti utili:

```python
import numpy as np # operazioni efficienti su vettori e matrici
from scipy import special as sy
```

Importiamo il modulo `special` dal pacchetto `scipy` per calcolare l'integrale ellittico del primo tipo nell'Eq. 2.50. Maggiori dettagli possono essere trovati nella documentazione del modulo `special`[1].

Il nostro obiettivo è produrre un grafico. Impostiamo i caratteri e la dimensione del testo, quindi importiamo la libreria `matplotlib`. Useremo questa

---

[1] https://docs.scipy.org/doc/scipy/reference/special.html.

libreria in modo estensivo per scopi di visualizzazione in questo libro. In particolare, useremo spesso il framework di plotting simile a MATLAB fornito da `matplotlib.pyplot`:

```python
font = {'family' : 'sans',
        'weight' : 'normal',
        'size' : 20}

import matplotlib
matplotlib.rc('font', **font)

import matplotlib.pyplot as plt
```

Quando sarà conveniente, adotteremo anche uno stile di programmazione orientato agli oggetti, utilizzando le classi per definire oggetti. Ad esempio, possiamo creare una classe per gli oggetti buchi neri come segue:

```python
class point_bh:

    def __init__(self,M):
        self.M=M

    # funzioni che definiscono la metrica.
    def A(self,r):
    return(1.0-2.0*self.M/r)

    def B(self,r):
        return (self.A(r)**(-1))

    def C(self,r):
        return(r**2)

    # calcola u da r_m
    def u(self,r):
        u=np.sqrt(self.C(r)/self.A(r))
        return(u)

    # funzioni che concorrono al calcolo dell'angolo di deflessione
    def ss(self,r):
        return(np.sqrt((r-2.0*self.M)*(r+6.0*self.M)))

    def mm(self,r,s):
        return((s-r+6.0*self.M)/2/s)

    def phif(self,r,s):
        return(np.arcsin(np.sqrt(2.0*s/(3.0*r-6.0*self.M+s))))

    # l'angolo di deflessione
    def defAngle(self,r):
        s=self.ss(r)
        m=self.mm(r,s)
        phi=self.phif(r,s)
        F=sy.ellipkinc(phi, m) # utilizzando la funzione elipkinc
                               # di scipy.special
        return(-np.pi+4.0*np.sqrt(r/s)*F)
```

Un oggetto buco nero è un'istanza della classe `point_bh`. L'unico parametro di input richiesto per inizializzare l'oggetto (vedi il metodo `__init__`) è la massa del buco nero. La classe contiene diversi metodi (o funzioni), che verranno utilizzati per calcolare l'angolo di deflessione del buco nero. Ad esempio, contiene le funzioni $A(R)$, $B(R)$ e $C(R)$. Le usiamo per convertire la distanza minima R_m in u. Contiene anche le funzioni per calcolare s, m, φ, che dipendono dalla massa del buco nero e dalla distanza minima R_m. Infine, la funzione defAngle consente di calcolare l'angolo di deflessione utilizzando l'Eq. 2.50. Questa funzione utilizza il metodo elipkinc da scipy.special per calcolare l'integrale ellittico incompleto del primo tipo, $F(\varphi, m)$. Si noti che φ e m sono array numpy e non scalari, cioè elipkinc restituisce l'integrale per più valori di (φ, m) con una sola chiamata.

Seguendo lo stesso approccio, costruiamo un'altra classe che si occupa di lenti puntiformi nel limite di campo debole, cioè usando l'Eq. 2.45:

```python
class point_mass:

    def __init__(self,M):
        self.M=M

    # la formula classica
    def defAngle(self,u):
        return(4.0*self.M/u)
```

Ora possiamo utilizzare le due classi sopra per costruire due oggetti, ovvero una lente buco nero e una lente puntiforme. In entrambi i casi, la massa della lente è fissata a $3M_\odot$. Per una massa di questa grandezza, il raggio di Schwarzschild è $R_s \sim 9$km:

```python
bh=point_bh(3.0)
pm=point_mass(3.0)
```

Usiamo il metodo linspace del pacchetto numpy per inizializzare un array di distanze minime R_m, che useremo per calcolare $\hat{\alpha}$. Utilizziamo la funzione u(r) di point_bh per convertire R_m in un array di parametri d'impatto u:

```python
r=np.linspace(3.0/2.0,10,1000)*2.0*bh.M
u=bh.u(r)/2.0/bh.M
```

L'angolo di deflessione in funzione di u o R_m può essere calcolato nei casi della soluzione esatta e nel limite di campo debole utilizzando il metodo defAngle applicato a bh e pm:

```python
a=bh.defAngle(r)
b=pm.defAngle(u*2.0*bh.M)
```

Si noti che u è in unità di raggio di Schwarzschild e assumiamo $G/c^2 = 1$.
Per visualizzare i risultati, utilizziamo il seguente codice:

```python
# inizializza figura e assi
# (grafico singolo, 15" per 8" di dimensione)
fig,ax=plt.subplots(1,1,figsize=(15,8))
# traccia la soluzione esatta in ax
ax.plot(u,a,'-',label='soluzione esatta')
# traccia la soluzione nel limite di campo debole
ax.plot(u,b,'--',label='limite di campo debole',color='red')
# imposta le etichette per gli assi x e y
```

```
ax.set_xlabel(r'$u$ $[2GM/c^2]$')
ax.set_ylabel(r'$\hat\alpha(u)$ [radianti]')
# aggiungi la legenda
ax.legend()
```

Vogliamo anche mostrare l'asintoto verticale a $u_{lim} = 3\sqrt{3}/2$:

```
 # traccia una linea verticale tratteggiata a u=3\sqrt(3)/2
uvert = 3.0*np.sqrt(3.0)/2.0
ax.axvline(x=uvert,linestyle=':')
```

Per concludere, salviamo la figura in un file .png:

```
# salva la figura in formato png fig.savefig('bhalpha.png')
```

2.5.2   *Deflessione della luce da parte di una distribuzione di massa estesa*

In questo esempio, implementeremo il calcolo dell'angolo di deflessione da parte di una lente estesa. Una mappa bidimensionale della densità superficiale della lente è fornita dal file fits `kappa_2.fits`. La mappa è stata ottenuta proiettando la distribuzione di massa di un alone di materia oscura derivato da una simulazione N-body (Meneghetti et al. 2010). Per essere precisi, questa è la densità superficiale divisa per una costante che dipende dai redshift della lente e della sorgente (di questa costante parleremo nel prossimo capitolo). Questa quantità è chiamata *convergenza*, κ. Nel prossimo capitolo, mostreremo che possiamo riscrivere l'Eq. 2.57 in termini della convergenza come:

$$\vec{\alpha}(\vec{x}) = \frac{1}{\pi} \int \kappa(\vec{x}') \frac{\vec{x} - \vec{x}'}{|\vec{x} - \vec{x}'|^2} d^2 x' \; . \tag{2.60}$$

Come abbiamo sottolineato nella Sez. 2.4, questa integrazione è una convoluzione. Nello spazio di Fourier, essa diventa una moltiplicazione:

$$\tilde{\vec{\alpha}}(\vec{k}) = \frac{1}{\pi} \tilde{\kappa}(\vec{k}) \tilde{\vec{K}}(\vec{k}) \tag{2.61}$$

dove $\tilde{\vec{\alpha}}(\vec{k})$, $\tilde{\kappa}(\vec{k})$, e $\tilde{\vec{K}}(\vec{k})$ sono le Trasformate di Fourier dell'angolo di deflessione, della convergenza e della funzione kernel,

$$\vec{K}(\vec{x}) = \frac{\vec{x}}{|\vec{x}|^2} \; . \tag{2.62}$$

Consideriamo una mappa di convergenza di dimensione $n_{pix} \times n_{pix}$ pixel, cioè la funzione da convolvere è campionata in un certo numero di posizioni su una griglia regolare, dove il pixel nella m-esima riga e nella n-esima colonna è identificato dalla coppia di indici (m, n). Utilizzeremo le Trasformate di Fourier Discrete (DFT) per implementare la convoluzione. Ad esempio, la DFT della mappa di convergenza è

$$\tilde{\kappa}_{kl} = \sum_{m=0}^{n_{pix}-1} \sum_{n=0}^{n_{pix}-1} \kappa_{mn} \exp\left\{-2\pi i\left(\frac{km}{n_{pix}} + \frac{ln}{n_{pix}}\right)\right\}, \qquad (2.63)$$

con $(k, l) \in (1, ..., n_{pix})$.

Un algoritmo comune per calcolare le DFT è l'algoritmo Fast-Fourier-Transform (FFT) (Cooley e Tukey 1965), che è implementato in molti pacchetti Python. Qui, usiamo il modulo numpy.fft:

```python
import numpy as np
import numpy.fft as fftengine
```

Per gestire le lenti descritte da mappe di convergenza, definiamo una classe chiamata deflector. Questa classe, mostrata di seguito, contiene alcuni metodi che verranno descritti nel dettaglio più avanti. Essi permettono di:

- costruire la funzione kernel $K(\vec{x})$;
- calcolare la mappa dell'angolo di deflessione convolvendo la convergenza con il kernel;
- eseguire la cosiddetta operazione di "zero-padding";
- ritagliare le mappe.

Inizializziamo un oggetto deflector leggendo il file .fits contenente la mappa di convergenza della lente. A tal fine, importiamo il modulo astropy.io.fits di astropy.

```python
import astropy.io.fits as pyfits

class deflector(object):

    """
    inizializza il deflettore usando una mappa di densità superficiale
    (convergenza) la variabile booleana pad indica se viene usato o meno
    lo zero-padding
    """
    def __init__(self,filekappa,pad=False):
        kappa,header=pyfits.getdata(filekappa,header=True)
        self.kappa=kappa
        self.nx=kappa.shape[0]
        self.ny=kappa.shape[1]
        self.pad=pad
        if (pad):
            self.kpad()
        self.kx,self.ky=self.kernel()

    """
    implementa la funzione kernel K
    """
    def kernel(self):
        x=np.linspace(-0.5,0.5,self.kappa.shape[0])
        y=np.linspace(-0.5,0.5,self.kappa.shape[1])
        kx,ky=np.meshgrid(x,y)
```

```python
        norm=(kx**2+ky**2+1e-12)
        kx=kx/norm
        ky=ky/norm
        return(kx,ky)

    """
    calcola le mappe degli angoli di deflessione convolvendo
    la densità superficiale con la funzione kernel
    Nota che i valori restituiti saranno in unità di pixel
    """
    def angles(self):
        # FFT della densità superficiale e delle due componenti del
        # kernel
        kappa_ft = fftengine.rfftn(self.kappa,axes=(0,1))
        kernelx_ft = fftengine.rfftn(self.kx,axes=(0,1),
                              s=self.kappa.shape)
        kernely_ft = fftengine.rfftn(self.ky,axes=(0,1),
                              s=self.kappa.shape)
        # eseguiamo la convoluzione nello spazio di Fourier e trasformiamo
        # il risultato di nuovo nello spazio reale. Nota che è necessario
        # applicare un shift utilizzando fftshift
        alphax = 1.0/np.pi*\
              fftengine.fftshift(fftengine.irfftn(kappa_ft*kernelx_ft))
        alphay = 1.0/np.pi*\
              fftengine.fftshift(fftengine.irfftn(kappa_ft*kernely_ft))
        # dividiamo per il numero di pixels
        return(alphax/self.kappa.shape[0],alphay/self.kappa.shape[1])

    """
    restituisce la densità superficiale (convergenza) del deflettore
    """
    def kmap(self):
        return(self.kappa)

    """
    esegue il zero-padding
    """
    def kpad(self):
        # aggiungi zeri attorno all'array originale
        def padwithzeros(vector, pad_width, iaxis, kwargs):
            vector[:pad_width[0]] = 0
            vector[-pad_width[1]:] = 0
            return vector
        # usa il metodo pad di numpy.lib per aggiungere zeri (padwithzeros)
        # in un frame con spessore self.kappa.shape[0]
        self.kappa=np.lib.pad(self.kappa, self.kappa.shape[0],
                            padwithzeros)

    """
    ritaglia le mappe per rimuovere le aree con zero-padding e tornare alla
    regione originale.
    """
    def mapCrop(self,mappa):
        xmin=int(0.5*(self.kappa.shape[0]-self.nx))
        ymin=int(0.5*(self.kappa.shape[1]-self.ny))
        xmax=xmin+self.nx
        ymax=ymin+self.ny
        mappa=mappa[xmin:xmax,ymin:ymax]
        return(mappa)
```

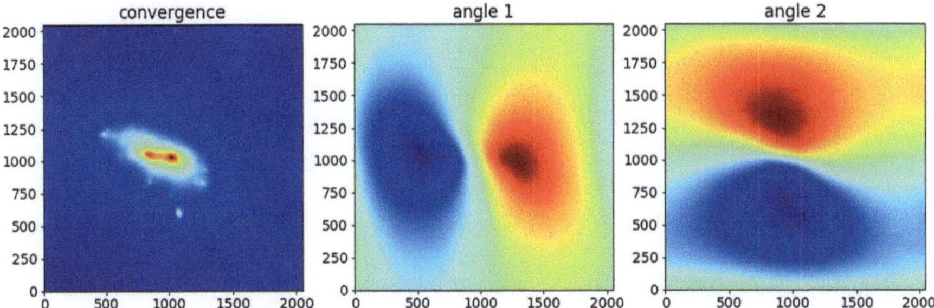

Figura 2.5 Pannello a sinistra: la mappa della densità superficiale (convergenza) della lente. Pannelli centrale e destro: mappe delle due componenti degli angoli di deflessione

Cominciamo costruendo un deflettore e utilizziamolo per calcolare gli angoli di deflessione impiegando il metodo `angles`:

```
df=deflector('data/kappa_2.fits')
angx_nopad,angy_nopad=df.angles()
kappa=df.kmap()
```

La funzione `kmap` restituisce la mappa di convergenza letta dal file .fits come un array numpy. Visualizziamo questa mappa e le mappe delle due componenti degli angoli di deflessione come in Fig. 2.5 usando le seguenti istruzioni:

```
import matplotlib.pyplot as plt

fig,ax = plt.subplots(1,3,figsize=(16,8))
ax[0].imshow(kappa,origin="lower")
ax[0].set_title('convergenza')
ax[1].imshow(angx_nopad,origin="lower")
ax[1].set_title('angolo 1')
ax[2].imshow(angy_nopad,origin="lower")
ax[2].set_title('angolo 2')
```

Nota che, quando abbiamo creato l'istanza `df` di `deflector`, non abbiamo modificato il valore predefinito della variabile chiave `pad`, che è quindi impostata su `False`. Ora spieghiamo l'uso di questa variabile. Il calcolo delle DFT assume condizioni al contorno periodiche. In altre parole, possiamo immaginare che la distribuzione di massa della lente venga replicata all'esterno dei confini della mappa in modo indefinito e periodico. Altre lenti identiche circondano virtualmente la lente, e ognuna di esse contribuisce alla deflessione della luce. Poiché la regione intorno alla lente considerata in questo esempio è relativamente piccola, ci aspettiamo che gli angoli di deflessione non siano corretti vicino ai bordi, dove i raggi luminosi possono percepire l'attrazione della massa fuori dalla mappa. I tre pannelli in Fig. 2.5 mostrano le mappe della convergenza e delle due componenti degli angoli di deflessione ottenute con questa impostazione.

Per mitigare questo disturbo, possiamo utilizzare un metodo chiamato *zero-padding*. Lo zero-padding consiste nel creare un buffer attorno alla mappa di convergenza, dove la convergenza è impostata a zero. In questo modo, aumentiamo la dimensione della mappa originale, ma ci aspettiamo di aumentare l'accuratezza

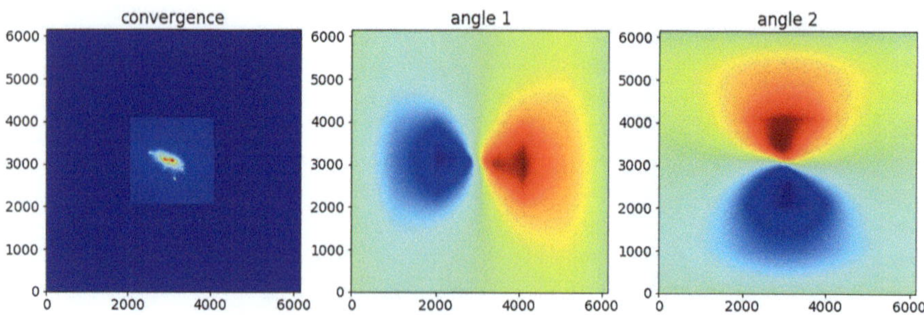

Figura 2.6 Come nella Fig. 2.5, ma mostrando la mappa di convergenza con zero-padding e le due corrispondenti mappe delle componenti dell'angolo di deflessione

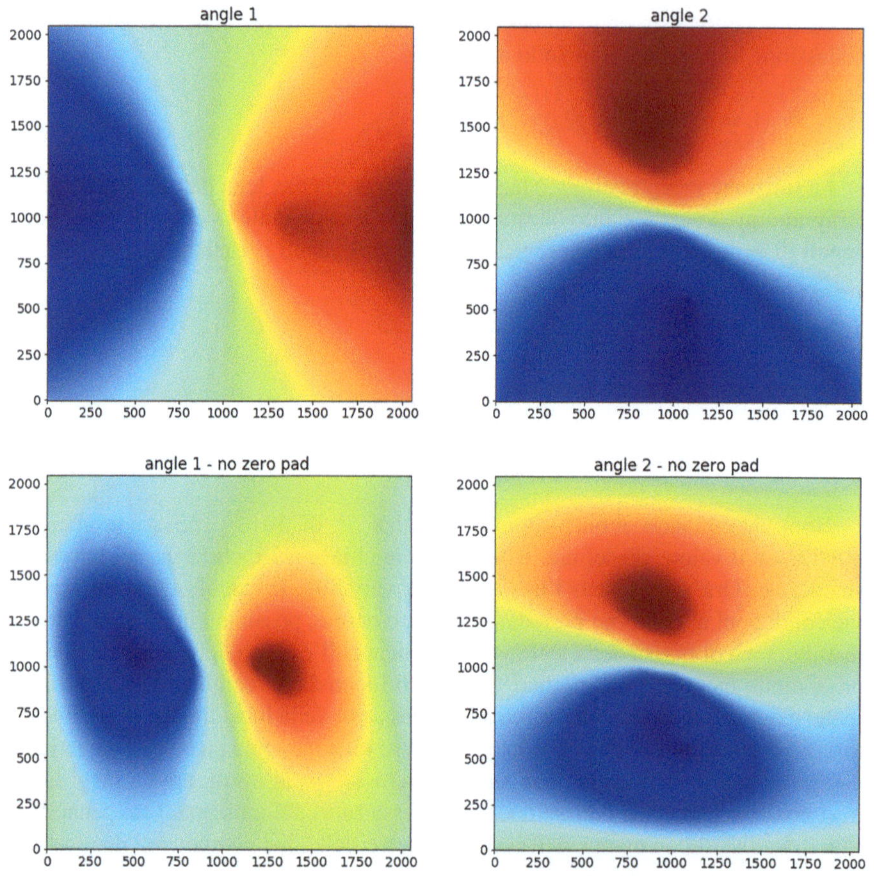

Figura 2.7 I pannelli superiori mostrano le stesse due mappe visualizzate nei pannelli centrale e destro della Fig. 2.6, ritagliate per corrispondere alla dimensione originale della mappa di convergenza in ingresso. I pannelli inferiori mostrano le mappe ottenute senza padding, a titolo di confronto

dei calcoli vicino ai bordi, perché le condizioni periodiche sono meglio riprodotte in questa configurazione. Attiviamo lo zero-padding impostando la variabile `pad=True` durante l'inizializzazione del deflettore. Quindi, la funzione `kpad` applica lo zero-padding:

```
ddf=deflector('data/kappa_2.fits',pad=True)
angx,angy=ddf.angles()
kappa=ddf.kmap()
```

Nell'esempio mostrato in Fig. 2.6, aumentiamo diligentemente la dimensione della mappa di un fattore 3 in ogni dimensione. Non siamo interessati a questa grande area con zero-padding, quindi possiamo eliminare i valori al di fuori della mappa di convergenza originale utilizzando la funzione `mapCrop`:

```
angx=ddf.mapCrop(angx)
angy=ddf.mapCrop(angy)
```

Mostriamo le mappe degli angoli di deflessione ritagliate nei pannelli superiori della Fig. 2.7. Per confronto, mostriamo anche le mappe ottenute senza zero-padding nei pannelli inferiori. Come previsto, vediamo che le mappe differiscono significativamente lungo i bordi. È imperativo eseguire lo zero-padding quando si utilizza il metodo descritto in questo esempio per calcolare gli angoli di deflessione.

Riferimenti bibliografici

Aubert, D., Amara, A., & Metcalf, R. B. (2007). Smooth particle lensing. *MNRAS, 376*, 113–124. https://doi.org/10.1111/j.1365-2966.2006.11296.x. eprint: astro-ph/0604360.

Barnes, J., & Hut, P. (1986). A hierarchical O(N log N) force-calculation algorithm. *Nature, 324*, 446–449. https://doi.org/10.1038/324446a0.

Bozza, V. (2010). Gravitational lensing by black holes. *General Relativity and Gravitation, 42*, 2269–2300. https://doi.org/10.1007/s10714-010-0988-2. arXiv: 0911.2187 [gr-qc].

Congdon, A. B., & Keeton, C. (2018). *Principles of gravitational lensing: light deflection as a probe of astrophysics and cosmology*. Springer International Publishing.

Cooley, J. W., & Tukey, J. W. (1965). An algorithm for the machine calculation of complex Fourier series. *Mathematics of computation, 19*(90), 297–301.

Darwin, C. (1959). The gravity field of a particle. *Proceedings of the Royal Society of London Series A, 249*, 180–194. https://doi.org/10.1098/rspa.1959.0015.

Meneghetti, M., Rasia, E., Merten, J., Bellagamba, F., Ettori, S., Mazzotta, P., & Marri, S. (2010). Weighing simulated galaxy clusters using lensing and X-ray. *A & A, 514*, A93. https://doi.org/10.1051/0004-6361/200913222. arXiv: 0912.1343.

Meneghetti, M., Natarajan, P., Coe, D., Contini, E., De Lucia, G., Giocoli, C., & Zitrin, A. (2017). The Frontier Fields lens modelling comparison project. *MNRAS, 472*(3), 3177–3216. https://doi.org/10.1093/mnras/stx2064. arXiv: 1606.04548 [astro-ph.CO].

Newton, I. (1704). *Opticks*. Dover Press.

Capitolo 3
La lente generale

In questo capitolo discuteremo le conseguenze della deflessione della luce da parte di corpi massivi. In primo luogo, mostreremo che le posizioni apparenti e intrinseche delle sorgenti che subiscono l'effetto delle lenti sono diverse. In particolari circostanze, la deflessione della luce causa anche la formazione di più immagini della stessa sorgente. Discuteremo anche di come una lente gravitazionale influenzi la forma delle immagini osservate, distorcendole e cambiandone le dimensioni apparenti. Infine, mostreremo che la lente gravitazionale ritarda l'arrivo dei fotoni emessi da sorgenti distanti sul rivelatore dell'osservatore.

3.1 Equazione della lente

3.1.1 *Posizione intrinseca e apparente della sorgente*

In assenza della lente, la luce emessa da una sorgente distante raggiunge un osservatore senza subire deflessioni. Quest'ultimo vede la sorgente in una posizione angolare in cielo, $\vec{\beta}$, detta posizione *intrinseca*. Al contrario, se la luce viene deflessa da una lente gravitazionale, l'osservatore riceve i fotoni emessi dalla sorgente da una direzione diversa, che sottende un angolo che indicheremo con $\vec{\theta}$. Tale angolo corrisponde alla posizione *apparente* (o *osservata*) della sorgente, o meglio della sua immagine.

La Fig. 3.1 illustra un tipico sistema di lente gravitazionale, costituito da un osservatore, una lente, e una sorgente. Posizioniamo una massa a redshift z_L, corrispondente a una distanza di diametro angolare D_L dall'osservatore. Questa lente deflette i raggi luminosi provenienti da una sorgente a redshift z_S (o distanza di diametro angolare D_S). In basso nel diagramma, un osservatore raccoglie i fotoni dalla sorgente distante. La distanza di diametro angolare tra la lente e la sorgente è D_{LS}.

© The Editor(s) (if applicable) and The Author(s), under exclusive license to Springer Nature Switzerland AG 2025
M. Meneghetti, *Introduzione al lensing gravitazionale*,
https://doi.org/10.1007/978-3-031-96504-3_3

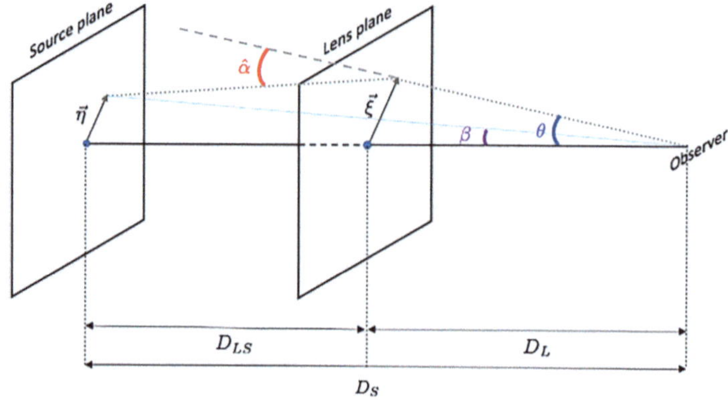

Figura 3.1 Schema di un tipico sistema di lente gravitazionale

Osservazione 3.1 La distanza di diametro angolare D_A è definita come il rapporto tra la dimensione fisica trasversale di un oggetto e la sua dimensione angolare (in radianti). Pertanto, possiamo usarla per convertire le separazioni angolari nel cielo in separazioni fisiche sul piano delle sorgenti.

Questa distanza non cresce indefinitamente con il redshift, ma raggiunge un picco a $z \sim 1$ e poi diminuisce. A causa dell'espansione dell'universo, la distanza angolare tra z_1 e z_2 (con $z_2 > z_1$) non è la differenza tra le due distanze angolari individuali:

$$D_A(z_1, z_2) \neq D_A(z_2) - D_A(z_1) \tag{3.1}$$

tranne che per quelle situazioni in cui l'espansione dell'universo può essere trascurata (cioè per lenti e sorgenti nella nostra galassia). Discussioni più approfondite possono essere trovate nel Capitolo 9 e in diversi libri di cosmologia (vedi ad esempio Weinberg 1972).

3.1.2 *Approssimazione di schermo sottile*

Se la dimensione fisica della lente è piccola rispetto alle distanze D_L, D_{LS} e D_S, l'estensione della lente lungo la linea di vista può essere trascurata nel calcolo della deflessione della luce. Possiamo quindi supporre che tale deflessione avvenga su un piano, chiamato il *piano della lente*.

Osservazione 3.2 Poiché la posizione apparente della sorgente, o posizione dell'immagine, si origina su questo piano, il piano della lente è spesso detto anche *piano dell'immagine*.

Similmente, possiamo supporre che tutti i fotoni emessi dalla sorgente provengano dalla stessa distanza D_S, il che significa che la sorgente si trova sul *piano della sorgente*. L'approssimazione della lente e della sorgente come distribuzioni piane di massa e luce è chiamata *approssimazione di schermo sottile*.

3.1.3   Relazione tra le posizioni intrinseca e apparente della sorgente

Definiamo prima un asse ottico, indicato in Fig. 3.1 dalla linea tratteggiata, perpendicolare ai piani della lente e della sorgente e che passa attraverso l'osservatore. Poi misuriamo le posizioni angolari sui piani della lente e della sorgente rispetto a questa direzione di riferimento.

Consideriamo una sorgente alla posizione angolare intrinseca $\vec{\beta}$, che si trova sul piano della sorgente a una distanza $\vec{\eta} = \vec{\beta} D_S$ dall'asse ottico. La sorgente emette fotoni (possiamo ora usare il termine "raggi luminosi") che impattano sul piano della lente a $\vec{\xi} = \vec{\theta} D_L$, vengono deflessi dall'angolo $\hat{\vec{\alpha}}$, e infine raggiungono l'osservatore. L'ampiezza della deflessione è data dalla Eq. (2.44).

A causa della deflessione, l'osservatore riceve la luce proveniente dalla sorgente come se fosse emessa dalla posizione angolare apparente $\vec{\theta}$. Abbiamo utilizzato dei vettori per identificare le posizioni della sorgente e dell'immagine sui rispettivi piani, sia in unità angolari che fisiche.

Se $\vec{\theta}$, $\vec{\beta}$ e $\hat{\vec{\alpha}}$ sono piccoli, la posizione vera della sorgente e la sua posizione osservata nel cielo sono legate da una relazione molto semplice, che può essere facilmente ottenuta dal diagramma in Fig. 3.1. Questa relazione è chiamata *equazione della lente* ed è scritta come

$$\vec{\theta} D_S = \vec{\beta} D_S + \hat{\vec{\alpha}} D_{LS} \, , \tag{3.2}$$

dove D_{LS} è la distanza angolare tra la lente e la sorgente.

Definendo l'angolo di deflessione ridotto

$$\vec{\alpha}(\vec{\theta}) \equiv \frac{D_{LS}}{D_S} \hat{\vec{\alpha}}(\vec{\theta}) \, , \tag{3.3}$$

dalla Eq. (3.2), otteniamo

$$\vec{\beta} = \vec{\theta} - \vec{\alpha}(\vec{\theta}) \, . \tag{3.4}$$

Questa equazione, chiamata *equazione della lente*, è lineare in $\vec{\beta}$. Ad ogni posizione dell'immagine $\vec{\theta}$ corrisponde una sola posizione della sorgente $\vec{\beta}$. Tuttavia, $\vec{\alpha}(\vec{\theta})$ può essere una funzione piuttosto complessa di $\vec{\theta}$, il che implica che, per una data posizione della sorgente, possono esistere più di una immagine. In molti casi, possiamo risolvere l'equazione nell'incognita $\vec{\theta}$ solo numericamente.

È molto comune e utile scrivere l'Eq. (3.2) in forma adimensionale. Questo può essere fatto definendo una scala di lunghezza ξ_0 sul piano della lente e una corrispondente scala di lunghezza $\eta_0 = \xi_0 D_S / D_L$ sul piano della sorgente. Si introducono poi i vettori adimensionali

$$\vec{x} \equiv \frac{\vec{\xi}}{\xi_0} \; ; \quad \vec{y} \equiv \frac{\vec{\eta}}{\eta_0} \, , \tag{3.5}$$

così come l'angolo di deflessione adimensionale

$$\vec{\alpha}(\vec{x}) = \frac{D_L D_{LS}}{\xi_0 D_S} \hat{\vec{\alpha}}(\xi_0 \vec{x}) \, . \tag{3.6}$$

Effettuando alcune sostituzioni, la Eq. (3.2) può finalmente essere scritta come

$$\vec{y} = \vec{x} - \vec{\alpha}(\vec{x}) \, . \tag{3.7}$$

3.1.4 Soluzione dell'equazione della lente

A partire dalle Eq. 3.4 e 3.7, è evidente che conoscendo la posizione intrinseca della sorgente e l'angolo di deflessione della lente $\vec{\alpha}(\vec{\theta})$, possiamo determinare le posizioni delle immagini risolvendo l'equazione della lente rispetto a $\vec{\theta}$. Come verrà discusso più avanti, è possibile risolvere analiticamente questa equazione solo per distribuzioni di massa della lente molto semplici. Infatti, l'equazione è tipicamente altamente non lineare. Quando esistono più soluzioni, la sorgente viene osservata sotto forma di *immagini multiple*.

Quando si osserva una lente gravitazionale, la posizione intrinseca della sorgente è sconosciuta, mentre è possibile misurare la posizione delle sue immagini. A questo punto, si può recuperare la posizione intrinseca della sorgente usando un modello per la distribuzione di massa della lente, ovvero risolvendo l'equazione della lente rispetto a $\vec{\beta}$. Questo compito è molto più semplice da eseguire, poiché l'equazione della lente è lineare in $\vec{\beta}$: per ciascuna immagine esiste una soluzione unica. Pertanto, se possiamo identificare immagini multiple della stessa sorgente e il modello di massa della lente è corretto, dovremmo ottenere la stessa soluzione dell'equazione della lente per tutte le immagini.

3.2　Potenziale gravitazionale del lensing

Una distribuzione estesa di materia è caratterizzata dal suo *potenziale gravitazionale efficace di lensing*, che si ottiene proiettando il potenziale newtoniano tridimensionale sul piano della lente e riscalandolo opportunamente:

$$\hat{\Psi}(\vec{\theta}) = \frac{D_{LS}}{D_L D_S} \frac{2}{c^2} \int \Phi(D_L \vec{\theta}, z) \mathrm{d}z \, . \tag{3.8}$$

Il potenziale gravitazionale di lensing soddisfa due proprietà fondamentali:

1. **Il gradiente di $\hat{\Psi}$ corrisponde all'angolo di deflessione ridotto**:

$$\vec{\nabla}_\theta \hat{\Psi}(\vec{\theta}) = \vec{\alpha}(\vec{\theta}) \, . \tag{3.9}$$

Infatti, calcolando il gradiente del potenziale gravitazionale della lente si ottiene:

$$\begin{aligned}
\vec{\nabla}_\theta \hat{\Psi}(\vec{\theta}) = D_L \vec{\nabla}_\perp \hat{\Psi} &= \vec{\nabla}_\perp \left(\frac{D_{LS}}{D_S} \frac{2}{c^2} \int \hat{\Phi}(\vec{\theta}, z) \mathrm{d}z \right) \\
&= \frac{D_{LS}}{D_S} \frac{2}{c^2} \int \vec{\nabla}_\perp \Phi(\vec{\theta}, z) \mathrm{d}z \\
&= \vec{\alpha}(\vec{\theta})
\end{aligned} \tag{3.10}$$

Si noti che, usando una notazione adimensionale,

$$\vec{\nabla}_x = \frac{\xi_0}{DL} \vec{\nabla}_\theta \, . \tag{3.11}$$

Da ciò si ricava:

$$\vec{\nabla}_x \hat{\Psi}(\vec{\theta}) = \frac{\xi_0}{D_L} \vec{\nabla}_\theta \hat{\Psi}(\vec{\theta}) = \frac{\xi_0}{D_L} \vec{\alpha}(\vec{\theta}) \, . \tag{3.12}$$

Moltiplicando entrambi i membri per D_L^2 / ξ_0^2, otteniamo:

$$\frac{D_L^2}{\xi_0^2} \vec{\nabla}_x \hat{\Psi} = \frac{D_L}{\xi_0} \vec{\alpha} \, . \tag{3.13}$$

Questo consente di introdurre la controparte adimensionale di $\hat{\Psi}$:

$$\Psi = \frac{D_L^2}{\xi_0^2} \hat{\Psi} \, . \tag{3.14}$$

Sostituendo Eq. 3.14 in Eq. 3.13, si ottiene:

$$\vec{\nabla}_x \Psi(\vec{x}) = \vec{\alpha}(\vec{x}) \, . \tag{3.15}$$

2. **Il laplaciano di $\hat{\Psi}$ è il doppio della _convergenza_ κ**:

$$\Delta_\theta \hat{\Psi}(\vec{\theta}) = 2\kappa(\vec{\theta}) \, . \tag{3.16}$$

La _convergenza_ è definita come una densità superficiale adimensionale

$$\kappa(\vec{\theta}) \equiv \frac{\Sigma(\vec{\theta})}{\Sigma_{cr}} \quad \text{con } \Sigma_{cr} = \frac{c^2}{4\pi G} \frac{D_S}{D_L D_{LS}} \, , \tag{3.17}$$

dove Σ_{cr} è detta *densità superficiale critica*, una quantità che caratterizza il sistema lente e dipende dalle distanze angolari tra lente e sorgente.

L'Eq. 3.16 si ricava dall'equazione di Poisson:

$$\Delta\Phi = 4\pi G\rho \ .$$

$$(3.18)$$

La densità di massa superficiale è

$$\Sigma(\vec{\theta}) = \frac{1}{4\pi G} \int_{-\infty}^{+\infty} \Delta\Phi \, dz$$

$$(3.19)$$

e

$$\kappa(\vec{\theta}) = \frac{1}{c^2} \frac{D_L D_{LS}}{D_S} \int_{-\infty}^{+\infty} \Delta\Phi \, dz \ .$$

$$(3.20)$$

Introduciamo ora un laplaciano bidimensionale

$$\Delta_\theta = \frac{\partial^2}{\partial\theta_1^2} + \frac{\partial^2}{\partial\theta_2^2} = D_L^2 \left(\frac{\partial^2}{\partial\xi_1^2} + \frac{\partial^2}{\partial\xi_2^2} \right) = D_L^2 \left(\Delta - \frac{\partial^2}{\partial z^2} \right) ,$$

$$(3.21)$$

che porta a

$$\Delta\Phi = \frac{1}{D_L^2} \Delta_\theta \Phi + \frac{\partial^2\Phi}{\partial z^2} \ .$$

$$(3.22)$$

Inserendo l'Eq. 3.22 nell'Eq. 3.20, si ottiene

$$\kappa(\vec{\theta}) = \frac{1}{c^2} \frac{D_{LS}}{D_S D_L} \left[\Delta_\theta \int_{-\infty}^{+\infty} \Phi \, dz + D_L^2 \int_{-\infty}^{+\infty} \frac{\partial^2\Phi}{\partial z^2} \, dz \right] \ .$$

$$(3.23)$$

Se la lente è gravitazionalmente in equilibrio, $\partial\Phi/\partial z = 0$ ai bordi, e il secondo termine al membro destro svanisce. A partire dalle Eq. 3.8 e 3.14, si trova

$$\kappa(\theta) = \frac{1}{2} \Delta_\theta \hat{\Psi} = \frac{1}{2} \frac{\xi_0^2}{D_L^2} \Delta_\theta \Psi \ .$$

$$(3.24)$$

Poiché

$$\Delta_\theta = D_L^2 \Delta_\xi = \frac{D_L^2}{\xi_0^2} \Delta_x \ ,$$

$$(3.25)$$

usando quantità adimensionali, l'Eq. 3.24 diventa

$$\kappa(\vec{x}) = \frac{1}{2} \Delta_x \Psi(\vec{x})$$

$$(3.26)$$

Integrando l'Eq. (3.16), il potenziale gravitazionale efficace della lente può essere scritto in termini della convergenza come:

$$\Psi(\vec{x}) = \frac{1}{\pi} \int_{\mathbf{R}^2} \kappa(\vec{x}') \ln|\vec{x} - \vec{x}'| \mathrm{d}^2 x' \, , \tag{3.27}$$

da cui si ricava che l'angolo di deflessione adimensionale è

$$\vec{\alpha}(\vec{x}) = \frac{1}{\pi} \int_{\mathbf{R}^2} \mathrm{d}^2 x' \kappa(\vec{x}') \frac{\vec{x} - \vec{x}'}{|\vec{x} - \vec{x}'|} \, . \tag{3.28}$$

3.3 Lens mapping al primo ordine

Una delle principali conseguenze del lensing gravitazionale è la distorsione delle immagini. Questa distorsione è particolarmente evidente quando la sorgente ha dimensioni estese. Ad esempio, le galassie lontane possono apparire come lunghi archi quando subiscono gli effetti di lensing gravitazionale di ammassi di galassie o di altre galassie.

La distorsione si verifica perché i fasci di luce provenienti da una sorgente vengono deflessi in modo differenziale. Immaginiamo cha la sorgente estesa sia rappresentabile con un insieme di punti luminosi. Potremmo risolvere l'equazione della lente per ciascuno di questi punti, ottenendo una collezione di altri punti sul piano della lente che a loro volta ci permetterebbero di descrivere le immagini estese della sorgente di partenza.

Consideriamo due punti così vicini sul piano della lente, che l'angolo di deflessione si possa assumere variare linearmente tra le loro posizioni. Questa situazione è illustrata nella Fig. 3.2. Consideriamo un punto sul piano della lente (o delle immagini) alla posizione $\vec{\theta}_0$, dove l'angolo di deflessione è $\vec{\alpha}_0$. Se l'angolo di deflessione soddisfa le condizioni sopra menzionate, in una posizione vicina $\vec{\theta} = \vec{\theta}_0 + \mathrm{d}\vec{\theta}$, la

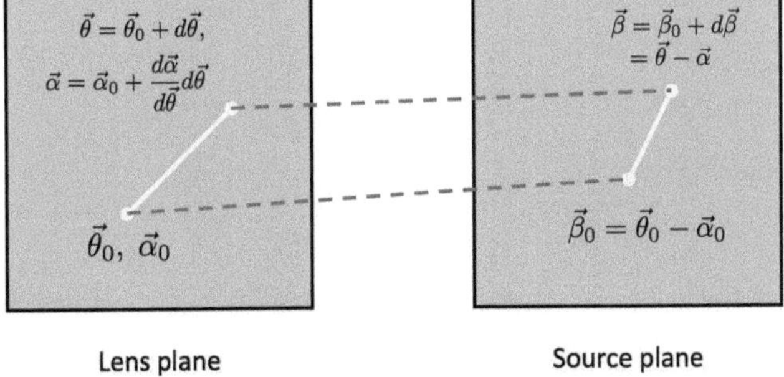

Figura 3.2 Mappatura tra il piano della lente e quello della sorgente, assumendo un angolo di deflessione che varia linearmente in funzione della posizione sul piano della lente

deflessione sarà:

$$\vec{\alpha} \simeq \vec{\alpha}_0 + \frac{\mathrm{d}\vec{\alpha}}{\mathrm{d}\vec{\theta}}\mathrm{d}\vec{\theta} \; . \tag{3.29}$$

Utilizzando l'equazione di lente, i punti $\vec{\theta}_0$ e $\vec{\theta}$ vengono mappati sui punti $\vec{\beta}_0$ e $\vec{\beta} = \vec{\beta}_0 + \mathrm{d}\vec{\beta}$ sul piano della sorgente. Tramite questa mappatura, il vettore $(\vec{\beta} - \vec{\beta}_0)$ è dato da:

$$(\vec{\beta} - \vec{\beta}_0) = \left(I - \frac{\mathrm{d}\vec{\alpha}}{\mathrm{d}\vec{\theta}} \right)(\vec{\theta} - \vec{\theta}_0) \; . \tag{3.30}$$

In altre parole, la distorsione delle immagini può essere descritta *localmente* dalla matrice Jacobiana:

$$A \equiv \frac{\partial \vec{\beta}}{\partial \vec{\theta}} = \left(\delta_{ij} - \frac{\partial \alpha_i(\vec{\theta})}{\partial \theta_j} \right) = \left(\delta_{ij} - \frac{\partial^2 \hat{\Psi}(\vec{\theta})}{\partial \theta_i \partial \theta_j} \right) \; , \tag{3.31}$$

dove θ_i indica la i-esima componente di $\vec{\theta}$ sul piano della lente.

L'Eq. (3.31) mostra che possiamo scrivere gli elementi della matrice Jacobiana come combinazioni delle derivate seconde del potenziale gravitazionale della lente. Per brevità, useremo la notazione compatta:

$$\frac{\partial^2 \hat{\Psi}(\vec{\theta})}{\partial \theta_i \partial \theta_j} \equiv \hat{\Psi}_{ij} \; . \tag{3.32}$$

Possiamo ora sottrarre la parte isotropa dalla Jacobiana per ottenere la parte senza traccia:

$$\begin{aligned}
\left(A - \frac{1}{2}\mathrm{tr}A \cdot I \right)_{ij} &= \delta_{ij} - \hat{\Psi}_{ij} - \frac{1}{2}(1 - \hat{\Psi}_{11} + 1 - \hat{\Psi}_{22})\delta_{ij} \\
&= -\hat{\Psi}_{ij} + \frac{1}{2}(\hat{\Psi}_{11} + \hat{\Psi}_{22})\delta_{ij} \\
&= \begin{pmatrix} -\frac{1}{2}(\hat{\Psi}_{11} - \hat{\Psi}_{22}) & -\hat{\Psi}_{12} \\ -\hat{\Psi}_{12} & \frac{1}{2}(\hat{\Psi}_{11} - \hat{\Psi}_{22}) \end{pmatrix} \; .
\end{aligned} \tag{3.33}$$

Questo ci permette di definire il *tensore di shear*:

$$\Gamma = \begin{pmatrix} \gamma_1 & \gamma_2 \\ \gamma_2 & -\gamma_1 \end{pmatrix} \; , \tag{3.34}$$

le cui componenti sono

$$\gamma_1 = \frac{1}{2}(\hat{\Psi}_{11} - \hat{\Psi}_{22}) \tag{3.35}$$

$$\gamma_2 = \hat{\Psi}_{12} = \hat{\Psi}_{21} \; . \tag{3.36}$$

Lo shear è chiaramente un tensore simmetrico. Esso quantifica la proiezione del campo mareale gravitazionale (il gradiente della forza gravitazionale), che descrive le distorsioni delle sorgenti lontane.

Gli autovalori del tensore di shear sono:

$$\pm\sqrt{\gamma_1^2 + \gamma_2^2} = \pm\gamma \,, \tag{3.37}$$

dove γ è spesso chiamato modulo dello shear. Esiste quindi una rotazione $R(\varphi)$ tale che il tensore di shear (e quindi la Jacobiana) può essere scritto in forma diagonale. Ricordiamo che i tensori si trasformano per rotazioni come:

$$A \to A' = R(\varphi)^T A R(\varphi) \,, \tag{3.38}$$

dove T indica la matrice trasposta. Questo mostra che le componenti dello shear si trasformano per rotazioni come:

$$\begin{aligned}
\gamma_1 &\to \gamma_1' = \gamma_1 \cos(2\varphi) + \gamma_2 \sin(2\varphi) \\
\gamma_2 &\to \gamma_2' = -\gamma_1 \sin(2\varphi) + \gamma_2 \cos(2\varphi) \,.
\end{aligned} \tag{3.39}$$

Poiché le componenti dello shear sono invarianti per rotazioni di multipli di $\varphi = \pi$, esse formano un tensore di spin-2. I vettori, invece, sono invarianti per rotazioni di multipli di $\varphi = 2\pi$, e quindi hanno spin-1.

Le Eq. 3.38 e 3.39 danno:

$$\begin{aligned}
\Gamma' = \begin{pmatrix} \gamma & 0 \\ 0 & -\gamma \end{pmatrix} &= R(\varphi)^T \Gamma R(\varphi) \\
&= R(\varphi)^T \begin{pmatrix} \gamma_1 & \gamma_2 \\ \gamma_2 & -\gamma_1 \end{pmatrix} R(\varphi) \,,
\end{aligned} \tag{3.40}$$

e

$$\begin{aligned}
\gamma &= \gamma_1 \cos 2\varphi + \gamma_2 \sin 2\varphi \\
0 &= -\gamma_1 \sin 2\varphi + \gamma_2 \cos 2\varphi \,.
\end{aligned} \tag{3.41}$$

Da queste ultime equazioni si ricava facilmente che le componenti dello shear possono essere scritte in termini dell'angolo φ come:

$$\begin{aligned}
\gamma_1 &= \gamma \cos 2\varphi \\
\gamma_2 &= \gamma \sin 2\varphi \,.
\end{aligned} \tag{3.42}$$

Possiamo quindi scrivere il tensore di shear come:

$$\Gamma = \begin{pmatrix} \gamma_1 & \gamma_2 \\ \gamma_2 & -\gamma_1 \end{pmatrix} = \gamma \begin{pmatrix} \cos 2\varphi & \sin 2\varphi \\ \sin 2\varphi & -\cos 2\varphi \end{pmatrix} ;. \tag{3.43}$$

Osservazione 3.3 Il fattore 2 davanti all'angolo φ ci ricorda che le componenti dello shear sono elementi di un tensore 2×2 e non di un vettore. Spesso, in letteratura, lo shear è indicato come un pseudo-vettore, $\vec{\gamma} = (\gamma_1, \gamma_2)$, il che può essere fuorviante.

Osservazione 3.4 L'angolo φ denota la direzione degli autovettori del tensore di shear con autovalore γ rispetto all'asse θ_1. Di conseguenza, ogni vettore $\vec{v}_\gamma$ sul piano della lente, che sia un autovettore di Γ con autovalore γ, è mappato su un vettore parallelo $\vec{v}_\gamma^s = \gamma\vec{v}_\gamma$ sul piano della sorgente. Viceversa, un vettore $\vec{v}_\gamma^s$ sul piano della sorgente parallelo a $\vec{v}_\gamma$ è mappato, tramite la trasformazione inversa Γ^{-1}, sul vettore $\vec{v}_\gamma = \gamma^{-1}\vec{v}_\gamma^s$.

Analogamente, un vettore $\vec{u}_\gamma$ sul piano della lente perpendicolare a $\vec{v}_\gamma$ è un autovettore di Γ con autovalore $-\gamma$. Esso è mappato, tramite il tensore di shear, sul vettore $\vec{u}_\gamma^s = -\gamma\vec{u}_\gamma$ sul piano della sorgente. Ovviamente, la trasformazione inversa è data da $\vec{u}_\gamma = -\gamma^{-1}\vec{u}_\gamma^s$.

Il resto della matrice Jacobiana è:

$$\left(\frac{1}{2}\mathrm{tr}A \cdot I\right)_{ij} = \left[1 - \frac{1}{2}(\hat{\Psi}_{11} + \hat{\Psi}_{22})\right]\delta_{ij} \tag{3.44}$$

$$= \left(1 - \frac{1}{2}\Delta\hat{\Psi}\right)\delta_{ij} = (1 - \kappa)\delta_{ij} \ . \tag{3.45}$$

Pertanto, possiamo scrivere la matrice Jacobiana in termini della convergenza e dello shear come:

$$A = \begin{pmatrix} 1 - \kappa - \gamma_1 & -\gamma_2 \\ -\gamma_2 & 1 - \kappa + \gamma_1 \end{pmatrix}$$

$$= (1 - \kappa)\begin{pmatrix} 1 & 0 \\ 0 & 1 \end{pmatrix} - \gamma\begin{pmatrix} \cos 2\varphi & \sin 2\varphi \\ \sin 2\varphi & -\cos 2\varphi \end{pmatrix} \ . \tag{3.46}$$

L'ultima equazione spiega il significato di convergenza e shear. La convergenza descrive una trasformazione isotropa, cioè le immagini sono semplicemente riscalate di un fattore costante $1/(1 - \kappa)$ in tutte le direzioni. Lo shear, invece, allunga la forma intrinseca della sorgente lungo una direzione particolare, corrispondente all'angolo φ, comprimendola nella direzione perpendicolare.

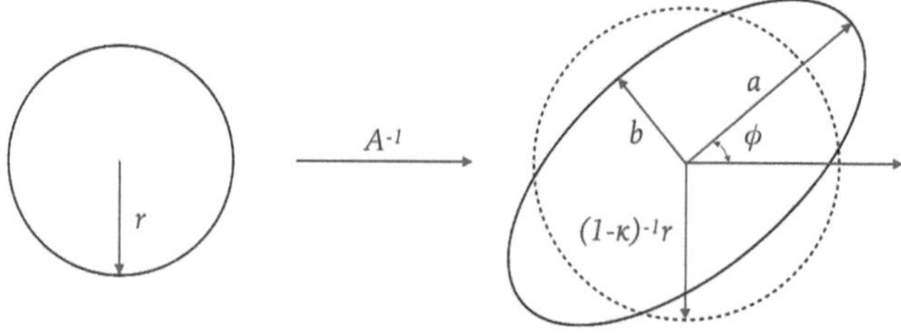

Figura 3.3 Effetti di distorsione dovuti alla convergenza e allo shear su una sorgente circolare

3.3.1 *Lensing al primo ordine di una sorgente circolare*

Gli autovalori della matrice Jacobiana sono

$$\lambda_t = 1 - \kappa - \gamma \tag{3.47}$$

$$\lambda_r = 1 - \kappa + \gamma \, . \tag{3.48}$$

Consideriamo il sistema di riferimento in cui la matrice Jacobiana è diagonale (ovvero ruotata di un angolo φ, con l'asse θ_1 allineato nella stessa direzione degli autovettori di Γ con autovalore γ). In tal caso, si ha:

$$A = \begin{pmatrix} 1 - \kappa - \gamma & 0 \\ 0 & 1 - \kappa + \gamma \end{pmatrix} . \tag{3.49}$$

Consideriamo una sorgente circolare, centrata in $\vec{\beta}_0$ e con raggio r. I punti $(\vec{\beta} - \vec{\beta}_0) = (\beta_1 - \beta_{0,1}, \beta_2 - \beta_{0,2})$ sul suo contorno soddisfano l'equazione $(\beta_1 - \beta_{0,1})^2 + (\beta_2 - \beta_{0,2})^2 = r^2$. Il centro della sorgente $\vec{\beta}_0$ corrisponde al centro dell'immagine $\vec{\theta}_0$ tramite l'equazione della lente. Supponiamo $\vec{\beta}_0 = \vec{\theta}_0 = (0,0)^1$. In tal caso, le componenti β_i di $\vec{\beta}$ possono essere espresse come

$$\beta_i \simeq \sum_j A_{ij} \theta_j = \sum_j \frac{\partial \beta_i}{\partial \theta_j} \theta_j \, , \tag{3.50}$$

dove θ_j sono le componenti di $\vec{\theta}$ e $(i, j) \in (1, 2)$.

Utilizzando l'Eq. 3.49, otteniamo che i punti sul contorno dell'immagine soddisfano l'equazione

$$r^2 = \beta_1^2 + \beta_2^2 = (1 - \kappa - \gamma)^2 \theta_1^2 + (1 - \kappa + \gamma)^2 \theta_2^2 \, , \tag{3.51}$$

che rappresenta l'equazione di un'ellisse sul piano della lente.

Pertanto, una sorgente circolare viene mappata in un'ellisse quando κ e γ sono entrambi diversi da zero, come mostrato in Fig. 3.3. Questo risultato è valido se possiamo utilizzare l'approssimazione al primo ordine per il lensing, cioè se la dimensione della sorgente è sufficientemente piccola rispetto alla scala tipica su cui il campo di deflessione della lente varia significativamente.

Gli assi maggiore e minore dell'ellisse sono dati da

$$a = \frac{r}{1 - \kappa - \gamma} \, , \quad b = \frac{r}{1 - \kappa + \gamma} \, . \tag{3.52}$$

L'ellitticità è definita come

$$\epsilon = \frac{a - b}{a + b} = \frac{\gamma}{1 - \kappa} \, , \tag{3.53}$$

---

[1] Questo equivale a spostare i sistemi di riferimento sui piani della sorgente e della lente in modo che le origini coincidano con le posizioni della sorgente e dell'immagine.

un risultato che sarà molto importante quando discuteremo il regime di lensing debole nei Capitoli 6 e 7. Ovviamente, l'ellisse si riduce a un cerchio se $\gamma = 0$. La quantità

$$g = \frac{\gamma}{1 - \kappa} \tag{3.54}$$

è chiamata *shear ridotto*.

Come detto nella sezione precedente, in un sistema di riferimento arbitrario, gli assi dell'ellisse saranno allineati con gli autovettori del tensore di shear. Notiamo che:

- se $\gamma_1 > 0$ e $\gamma_2 = 0$, l'asse maggiore dell'ellisse sarà lungo l'asse θ_1;
- se $\gamma_1 = 0$ e $\gamma_2 > 0$, l'asse maggiore dell'ellisse formerà un angolo $\pi/4$ con l'asse θ_1;
- se $\gamma_1 < 0$ e $\gamma_2 = 0$, l'asse maggiore dell'ellisse sarà perpendicolare all'asse θ_1;
- se $\gamma_1 = 0$ e $\gamma_2 < 0$, l'asse maggiore dell'ellisse formerà un angolo $3\pi/4$ con l'asse θ_1.

La Fig. 3.4 mostra l'orientamento dell'ellisse per diversi valori delle due componenti di shear.

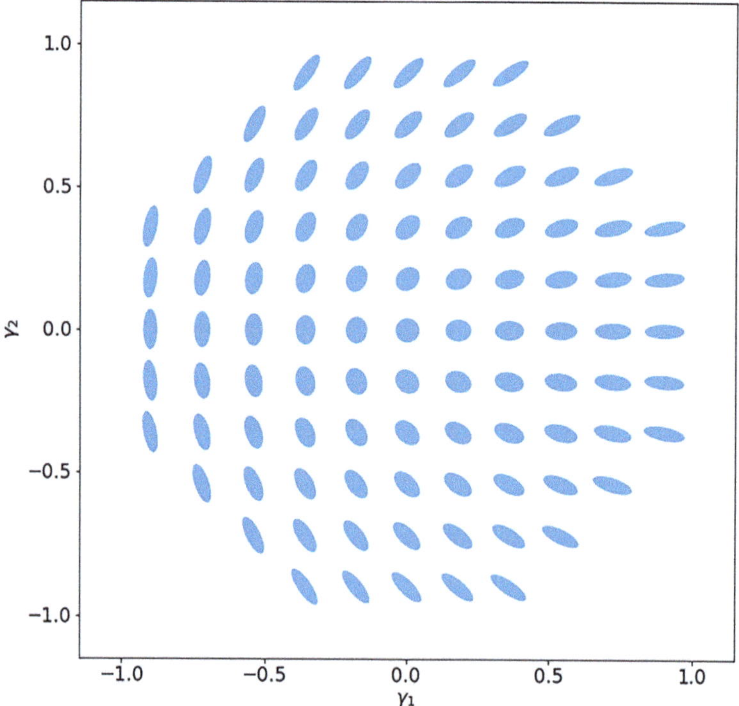

Figura 3.4 Orientamento delle immagini di una sorgente circolare per diversi valori di γ_1 e γ_2

3.4 Magnificazione

Una conseguenza importante della distorsione gravitazionale è la magnificazione (o amplificazione). Tramite l'equazione della lente, l'elemento di angolo solido $\delta\beta^2$ (o equivalentemente l'elemento di superficie $\delta\eta^2$ o δy^2, se consideriamo unità fisiche o adimensionali) viene mappato nell'angolo solido $\delta\theta^2$ (o nell'elemento di superficie $\delta\xi^2$ o δx^2). Grazie al teorema di Liouville, in assenza di emissione e assorbimento di fotoni, la brillanza superficiale della sorgente è conservata nonostante la deflessione della luce. Pertanto, la variazione dell'angolo solido sotto il quale la sorgente è osservata implica che il flusso ricevuto sia amplificato (o de-amplificato).

Data l'Eq. (3.31), la *magnificazione* è data dall'inverso del determinante della matrice Jacobiana. Per questa ragione, la matrice $M = A^{-1}$ è chiamata *tensore di magnificazione*. Definiamo quindi

$$\mu \equiv \det M = \frac{1}{\det A} = \frac{1}{(1-\kappa)^2 - \gamma^2} \ . \tag{3.55}$$

Gli autovalori del tensore di magnificazione (o l'inverso degli autovalori della matrice Jacobiana) misurano l'amplificazione nella direzione degli autovettori del tensore di shear. Per una lente circolare, queste direzioni sono orientate tangenzialmente e radialmente rispetto ai contorni di iso-densità superficiale della lente. Pertanto, le quantità

$$\mu_{\mathrm{t}} = \frac{1}{\lambda_{\mathrm{t}}} = \frac{1}{1-\kappa-\gamma} \tag{3.56}$$

$$\mu_{\mathrm{r}} = \frac{1}{\lambda_{\mathrm{r}}} = \frac{1}{1-\kappa+\gamma} \tag{3.57}$$

sono spesso chiamate rispettivamente fattori di magnificazione *tangenziale* e *radiale*.

La magnificazione diverge dove $\lambda_{\mathrm{t}} = 0$ e dove $\lambda_{\mathrm{r}} = 0$. Queste due condizioni definiscono due curve sul piano della lente, chiamate rispettivamente *linee critiche tangenziali* e *linee critiche radiali*.

3.5 Lens mapping al secondo ordine

Estendiamo ora l'equazione della lente 3.50 includendo termini di secondo ordine e discutiamo come una sorgente circolare venga distorta in questo limite. I punti sul suo contorno hanno coordinate

$$\beta_i \simeq \sum_j \frac{\partial\beta_i}{\partial\theta_j}\theta_j + \frac{1}{2}\sum_j\sum_k \frac{\partial^2\beta_i}{\partial\theta_j\partial\theta_k}\theta_j\theta_k \ . \tag{3.58}$$

Possiamo osservare che il termine di secondo ordine può essere descritto utilizzando il tensore

$$D_{ijk} = \frac{\partial^2 \beta_i}{\partial \theta_j \, \partial \theta_k} = \frac{\partial A_{ij}}{\partial \theta_k} \, . \tag{3.59}$$

Quindi, l'Eq. 3.58 può essere scritta come

$$\beta_i \simeq \sum_j A_{ij} \theta_j + \frac{1}{2} \sum_j \sum_k D_{ijk} \theta_j \theta_k \tag{3.60}$$

Con semplici passaggi algebrici, possiamo ricavare che

$$D_{ij1} = \begin{pmatrix} -2\gamma_{1,1} - \gamma_{2,2} & -\gamma_{2,1} \\ -\gamma_{2,1} & -\gamma_{2,2} \end{pmatrix} , \tag{3.61}$$

e

$$D_{ij2} = \begin{pmatrix} -\gamma_{2,1} & -\gamma_{2,2} \\ -\gamma_{2,2} & 2\gamma_{1,2} - \gamma_{2,1} \end{pmatrix} . \tag{3.62}$$

Pertanto, gli effetti del lensing al secondo ordine possono essere espressi in termini delle derivate dello shear (o in termini delle derivate terze del potenziale).

3.5.1   Notazione complessa

È particolarmente utile utilizzare la notazione complessa per rappresentare vettori o pseudo-vettori sul piano complesso. In questo caso, è possibile anche sfruttare operatori differenziali complessi per scrivere in modo sintetico alcune relazioni tra le grandezze caratteristiche del lensing gravitazionale.

Nella notazione complessa, qualsiasi vettore o pseudo-vettore $\vec{v} = (v_1, v_2)$ è scritto come:

$$v = v_1 + i v_2 \, . \tag{3.63}$$

Pertanto, possiamo definire l'angolo di deflessione complesso $\alpha = \alpha_1 + i\alpha_2$ e lo shear complesso $\gamma = \gamma_1 + i\gamma_2$.

È anche possibile definire alcuni operatori differenziali complessi. Ad esempio, possiamo definire gli operatori

$$\partial = \partial_1 + i \partial_2 \tag{3.64}$$

e

$$\partial^\dagger = \partial_1 - i \partial_2 \, . \tag{3.65}$$

Utilizzando questo formalismo, possiamo facilmente osservare che

$$\partial\hat{\Psi} = \partial_1\hat{\Psi} + i\,\partial_2\hat{\Psi} = \alpha_1 + i\alpha_2 = \alpha \ . \tag{3.66}$$

Inoltre:

$$\partial^\dagger\partial = \partial_1^2 + \partial_2^2 = \Delta \ . \tag{3.67}$$

Pertanto:

$$\partial^\dagger\partial\hat{\Psi} = \Delta\hat{\Psi} = 2\kappa \ . \tag{3.68}$$

Si noti che, mentre $\hat{\Psi}$ è un campo scalare a spin-0, l'applicazione dell'operatore ∂ restituisce l'angolo di deflessione, ovvero un campo vettoriale a spin-1. Al contrario, l'operatore $\partial^\dagger$ applicato al campo di deflessione restituisce un altro campo scalare a spin-0 (la convergenza). Pertanto, gli operatori ∂ e $\partial^\dagger$ agiscono rispettivamente come operatori di aumento e diminuzione dello spin.

Applicando due volte l'operatore di aumento, otteniamo:

$$\frac{1}{2}\partial\partial\hat{\Psi} = \frac{1}{2}\partial\alpha = \gamma \ : \tag{3.69}$$

il campo di shear è infatti un tensore a spin-2, invariante per rotazioni di angoli multipli di π.

Inoltre, possiamo vedere che

$$\partial^{-1}\partial^\dagger\gamma = \frac{1}{2}\partial^{-1}\partial^\dagger\partial\partial\hat{\Psi} = \partial^\dagger\partial\hat{\Psi} = \kappa \ . \tag{3.70}$$

Possiamo usare gli operatori di aumento e diminuzione per definire due nuove quantità:

$$F = \frac{1}{2}\partial\partial^\dagger\partial\hat{\Psi} = \partial\kappa \tag{3.71}$$

$$G = \frac{1}{2}\partial\partial\partial\hat{\Psi} = \partial\gamma \tag{3.72}$$

Dopo semplici passaggi algebrici, si ottiene che:

$$F = F_1 + iF_2 = (\gamma_{1,1} + \gamma_{2,2}) + i(\gamma_{2,1} - \gamma_{1,2}) \tag{3.73}$$

e

$$G = G_1 + iG_2 = (\gamma_{1,1} - \gamma_{2,2}) + i(\gamma_{2,1} + \gamma_{1,2}) \ . \tag{3.74}$$

Le quantità F e G sono chiamate rispettivamente *prima flessione* e *seconda flessione* (Goldberg e Natarajan 2002). È facile dimostrare che D_{ijk} può essere espresso

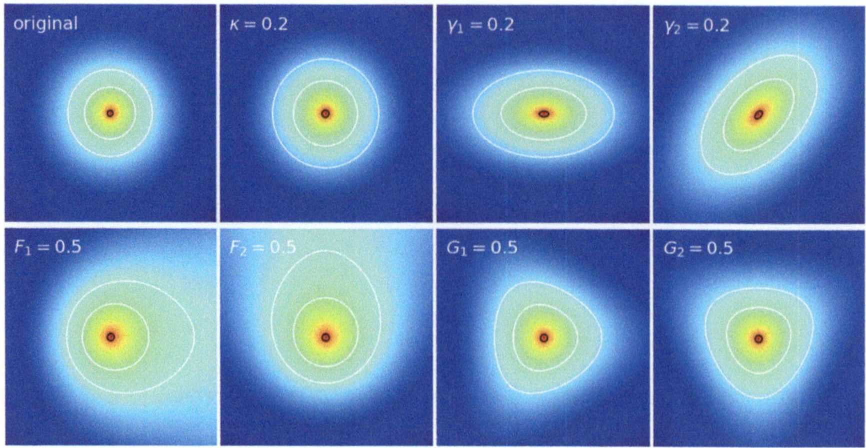

Figura 3.5 Distorsioni di primo e secondo ordine sull'immagine di una sorgente circolare. La sorgente non affetta da effetti di lensing (ossia nella sua forma intrinseca) è mostrata nel pannello in alto a sinistra. La convergenza cambia semplicemente la dimensione (secondo pannello a sinistra in alto), mentre lo shear deforma l'immagine rendendola ellittica (terzo e quarto pannello in alto). La prima e la seconda flessione introducono curvature e altre distorsioni (pannelli in basso)

in termini di F e G. Pertanto, queste grandezze descrivono le distorsioni di secondo ordine delle immagini delle sorgenti lente. Si noti che F è un campo vettoriale a spin-1. Infatti:

$$\vec{F} = \vec{\nabla}\kappa \ . \tag{3.75}$$

Pertanto esso descrive trasformazioni invarianti sotto rotazioni di angoli multipli di 2π. Infatti, F allunga le immagini lungo una direzione particolare, introducendo asimmetrie nella loro forma.

Al contrario, G è un campo tensoriale a spin-3. Le trasformazioni descritte da G sono invarianti sotto rotazioni di angoli multipli di $2\pi/3$. Questo si manifesta nel pattern "triangolare" delle forme delle immagini, come mostrato in Fig. 3.5.

3.6 Superficie del ritardo temporale

3.6.1 Ritardi gravitazionale e geometrico

La deflessione dei raggi luminosi causa un ritardo nel tempo di viaggio della luce tra la sorgente e l'osservatore. Questo ritardo temporale ha due componenti:

$$t = t_{\text{grav}} + t_{\text{geom}} \tag{3.76}$$

La prima è il *ritardo gravitazionale*, noto anche come ritardo di Shapiro (Shapiro 1964). Possiamo derivarlo confrontando il tempo necessario affinché la luce attraversi lo spazio-tempo con e senza un potenziale gravitazionale perturbante, assumendo che le *traiettorie siano le stesse.*
Sia $n = 1 - 2\Phi/c^2$ l'indice di rifrazione efficace. Abbiamo che

$$t_{\text{grav}} = \int \frac{dz}{c'} - \int \frac{dz}{c} = \frac{1}{c} \int (n-1)dz = -\frac{2}{c^3} \int \Phi dz \ . \tag{3.77}$$

Utilizzando la definizione del potenziale del lensing, questo può essere scritto come

$$t_{\text{grav}} = -\frac{D_L D_S}{D_{LS}} \frac{1}{c} \hat{\psi} \ . \tag{3.78}$$

La seconda componente del ritardo temporale è chiamata *ritardo geometrico* ed è dovuta alla diversa lunghezza del percorso seguito dai raggi luminosi deflessi rispetto a quelli non perturbati. Questo ritardo è proporzionale al quadrato della separazione angolare tra la posizione intrinseca della sorgente e la posizione della sua immagine.

Questo risultato può essere derivato attraverso una semplice costruzione geometrica, mostrata in Fig. 3.6. La linea tratteggiata rappresenta il percorso di un raggio di luce emesso dalla sorgente S, deflesso di un angolo $\hat{\alpha}$ e che raggiunge l'osservatore O. Questo percorso deve essere confrontato con la linea continua che connette S e O, rappresentante il tragitto che la luce seguirebbe in assenza della lente. È possibile tracciare due cerchi centrati in S e O, tangenti nel punto H lungo la linea $\overline{SO}$. Il percorso aggiuntivo della luce in presenza della lente è dato da

$$\Delta l \approx \xi \hat{c} \ , \tag{3.79}$$

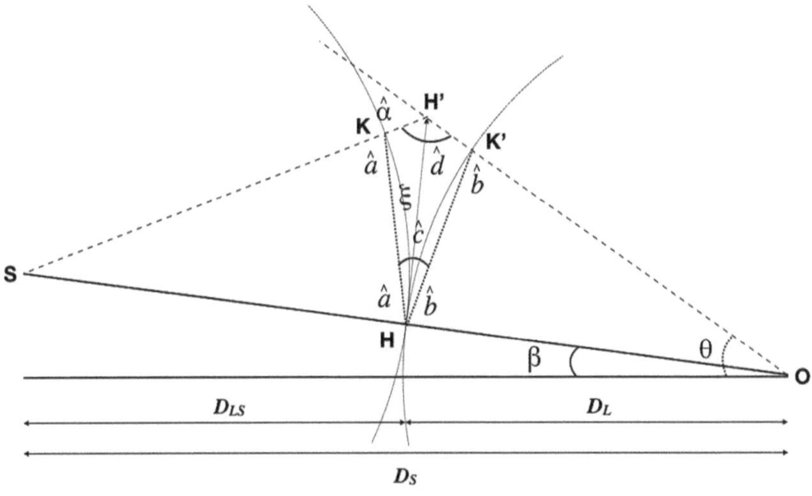

Figura 3.6 Illustrazione del ritardo geometrico

usando la notazione della figura. D'altra parte, dato che i triangoli SHK e OHK' sono isosceli, si può facilmente dimostrare che valgono le seguenti relazioni:

$$\hat{d} = \pi - \hat{\alpha} \ ,$$
$$\hat{a} + \hat{b} + \hat{c} = \pi \ ,$$
$$\hat{a} + \hat{b} = \hat{c} + \hat{d} \ . \tag{3.80}$$

Pertanto, l'angolo $\hat{c}$ può essere scritto in termini dell'angolo di deflessione $\hat{\alpha}$ come

$$\hat{c} = \frac{\hat{\alpha}}{2} \ . \tag{3.81}$$

Inserendo questo risultato nell'Eq. 3.79, otteniamo

$$\Delta l \approx \xi \frac{\hat{\vec{\alpha}}}{2} = (\vec{\theta} - \vec{\beta}) \frac{D_L D_S}{D_{LS}} \frac{\vec{\alpha}}{2} = \frac{1}{2} (\vec{\theta} - \vec{\beta})^2 \frac{D_L D_S}{D_{LS}} \ , \tag{3.82}$$

e il corrispondente *ritardo geometrico* è dato da

$$t_{\text{geom}} = \frac{\Delta l}{c} \ . \tag{3.83}$$

Sia il ritardo gravitazionale che quello geometrico si originano sul piano della lente, perciò devono essere moltiplicati per un fattore $(1 + z_L)$ per tener conto dell'espansione dell'universo. Il ritardo temporale totale introdotto dal lensing gravitazionale nella posizione $\vec{\theta}$ sul piano della lente è dunque[2]

$$t(\vec{\theta}) = \frac{(1 + z_L)}{c} \frac{D_L D_S}{D_{LS}} \left[\frac{1}{2} (\vec{\theta} - \vec{\beta})^2 - \hat{\Psi}(\vec{\theta}) \right]$$
$$= \frac{D_{\Delta t}}{c} \tau(\vec{\theta}) \ . \tag{3.84}$$

Le quantità

$$D_{\Delta t} = (1 + z_L) \frac{D_S D_L}{D_{LS}} \tag{3.85}$$

e

$$\tau(\vec{\theta}) = \frac{1}{2} (\vec{\theta} - \vec{\beta})^2 - \hat{\Psi}(\vec{\theta}) \ , \tag{3.86}$$

sono spesso chiamate rispettivamente *distanza del ritardo temporale* e *potenziale di Fermat*.

---

[2] La forma adimensionale del ritardo temporale può essere ottenuta moltiplicando e dividendo per il fattore $(\xi_0 / D_L)^2$.

3.6.2 Immagini multiple e magnificazione

Attraverso il potenziale del lensing effettivo, l'equazione della lente può essere scritta come

$$(\vec{\theta} - \vec{\beta}) - \nabla \hat{\Psi}(\vec{\theta}) = \nabla \left[\frac{1}{2}(\vec{\theta} - \vec{\beta})^2 - \hat{\Psi}(\vec{\theta}) \right] = 0 \, . \qquad (3.87)$$

Le Eq. (3.84) e (3.87) implicano che laddove di formano le immagini della sorgente sia soddisfatto il Principio di Fermat, ossia $\nabla t(\vec{\theta}) = 0$. Le immagini si trovano quindi nei punti stazionari della superficie di ritardo temporale data dall'Eq. (3.84). Gli elementi della matrice Hessiana di questa superficie sono

$$T_{ij} = \frac{\partial^2 t(\vec{\theta})}{\partial \theta_i \, \partial \theta_j} \propto (\delta_{ij} - \hat{\Psi}_{ij}) = A_{ij} \qquad (3.88)$$

Dato che la matrice Hessiana della superficie di ritardo temporale è proporzionale alla Jacobiana del lensing e che l'amplificazione è $\mu = \det A^{-1}$, è chiaro che la curvatura della superficie di ritardo temporale nella posizione dell'immagine è inversamente proporzionale all'amplificazione dell'immagine. In particolare, una superficie di ritardo temporale piatta implica una magnificazione infinita, mentre una grande curvatura significa che la magnificazione è piccola.

La curvatura della superficie del ritardo temporale può essere misurata lungo una direzione specifica, fornendo così un criterio per quantificare le distorsioni dell'immagine e determinare il grado di amplificazione lungo quella direzione. Di conseguenza, la geometria della superficie del ritardo temporale nelle vicinanze dei punti stazionari offre preziose informazioni sulla forma delle immagini.

Le immagini multiple possono essere classificate in tre tipologie principali:

1. Immagini di tipo I: si generano nei minimi della superficie del ritardo temporale, dove entrambi gli autovalori della matrice hessiana sono positivi. In questo caso, $\det A > 0$ e $\operatorname{tr} A > 0$, il che implica una magnificazione positiva;
2. Immagini di tipo II: si formano nei punti di sella della superficie del ritardo temporale, caratterizzati da autovalori con segni opposti. Poiché in questi punti $\det A < 0$, le immagini risultano avere una magnificazione negativa;
3. Immagini di tipo III: si originano nei massimi della superficie del ritardo temporale, dove gli autovalori della matrice hessiana sono entrambi negativi. Anche in questo caso, $\det A > 0$, ma $\operatorname{tr} A < 0$, portando a una magnificazione positiva.

Osservazione 3.5 Una magnificazione negativa non significa che l'immagine sia de-magnificata. Il valore assoluto della magnificazione, infatti, ci dice quanto sia il rapporto tra gli angoli solidi sottesi dall'immagine e dalla sorgente non distorta. Di conseguenza, l'immagine è de-magnificata solo se $|\mu| < 1$. Il segno della magnificazione, invece, indica la *parità* dell'immagine. Quando si afferma che un'immagine ha parità negativa rispetto alla sorgente, si intende che l'orientazione dell'immagine è ribaltata rispetto a quella della sorgente. In termini più specifici, parità positiva significa che l'immagine mantiene la stessa configurazione della sorgente originale, ovvero, i dettagli dell'immagine (ad esempio, una struttura o una forma) appaiono con la stessa orientazione rispetto a un sistema di riferimento scelto. Parità negativa, invece, implica che l'immagine è invertita. Questo ribaltamento può essere pensato come un riflesso speculare rispetto a un asse o un piano, il che causa un cambiamento nella configurazione dell'immagine rispetto alla sorgente. In particolare, gli assi di simmetria lungo i quali la parità può cambiare sono determinati dagli autovettori della Jacobiana del lensing.

3.6.3   *Esempi*

L'Eq. 3.84 mostra che la superficie di ritardo temporale si ottiene sommando due funzioni bidimensionali: una funzione $\propto (\vec{\theta} - \vec{\beta})^2$, che rappresenta un paraboloide con un minimo nella posizione della sorgente, e una superficie definita come $S(\vec{\theta}) = -\hat{\Psi}(\vec{\theta})$. Il potenziale del lensing di una lente con profilo di densità di massa decrescente presenta un minimo al centro della lente. Di conseguenza, a causa del segno negativo, $S(\vec{\theta})$ presenta un massimo al centro della lente, indipendentemente dalla posizione della sorgente.

Per semplicità, adottiamo un sistema di coordinate (θ_1, θ_2) tale che il centro della lente sia posizionato in $(0, 0)$ e analizziamo come la forma della superficie di ritardo temporale varia al variare della posizione della sorgente $\vec{\beta}$.

Lenti a simmetria assiale: caso unidimensionale

Consideriamo una lente con simmetria assiale. Per semplicità, trascuriamo momentaneamente la natura bidimensionale della funzione di ritardo temporale $t(\vec{\theta})$ e analizziamo il taglio azimutale lungo una direzione arbitraria che attraversa il centro della lente e la posizione della sorgente. Come esempio, prendiamo in esame il potenziale di una lente con profilo radiale descritto da

$$\hat{\Psi}(\theta) \propto \frac{1}{\sqrt{\theta^2 + \theta_c^2}} \ . \tag{3.89}$$

Come vedremo nel Capitolo 5, questo potenziale corrisponde a una lente isoterma con nucleo. La presenza del raggio del nucleo, θ_c, impedisce che il potenziale diverga per $\theta \to 0$.

La Fig. 3.7 illustra le componenti geometrica e gravitazionale del ritardo temporale, oltre alla loro combinazione, per diverse posizioni della sorgente rispetto alla lente, indicate dalle linee tratteggiate verticali. Poiché β definisce la forma della superficie di ritardo temporale, adotteremo la notazione $t(\theta) \equiv t(\theta, \beta)$.

Per $\beta = 0$ (pannello in alto a sinistra), la funzione di ritardo temporale $t(\theta, 0)$ presenta un massimo locale in $\theta_0 = 0$ e due minimi simmetrici su entrambi i lati

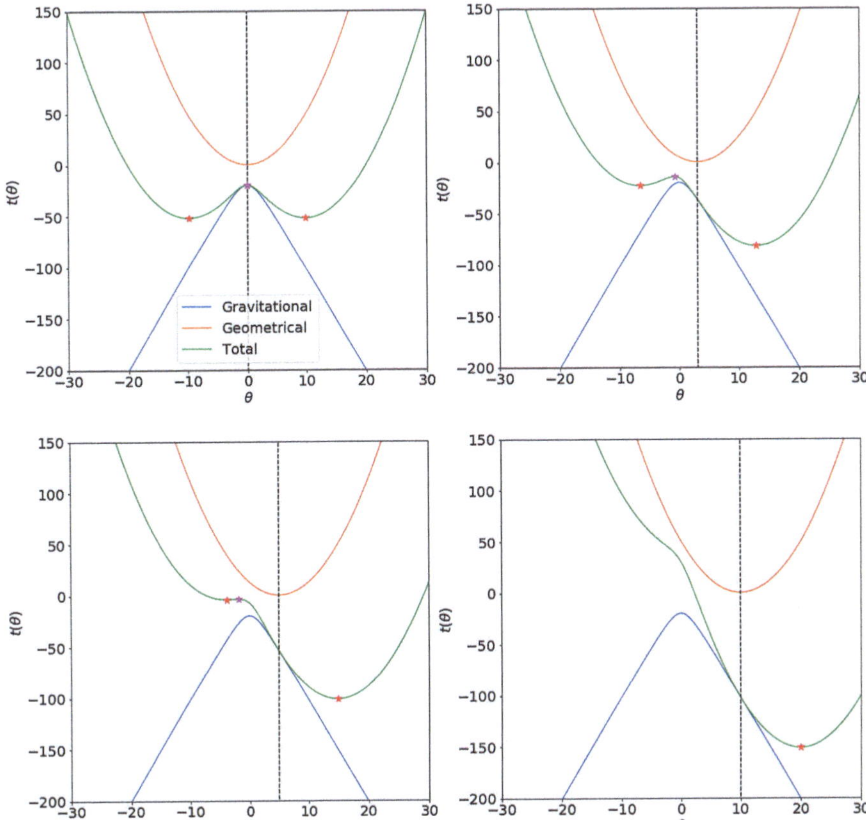

Figura 3.7 Funzioni di ritardo temporale unidimensionali per un potenziale isotermo non singolare. Ogni pannello corrisponde a una diversa posizione della sorgente rispetto alla lente (linea tratteggiata). Le due componenti del ritardo temporale sono mostrate separatamente e poi combinate. Le posizioni delle immagini sono indicate da stelle

dell'origine, indicati con θ_- e θ_+, dove $\theta_- = -\theta_+$. In questa configurazione, la sorgente genera tre immagini situate in θ_0, θ_- e θ_+. In questo caso unidimensionale non ci sono punti di sella.

Spostando la sorgente lungo l'asse positivo di θ, la simmetria della funzione di ritardo temporale si rompe. Nel pannello in alto a destra, il massimo si trova ora in $\theta_0 < 0$, sull'asse negativo di θ. Uno dei due minimi, θ_+, si allontana dall'origine seguendo la sorgente (lungo l'asse positivo di θ), mentre l'altro, θ_-, si avvicina al massimo. Inoltre, la differenza tra i ritardi temporali delle immagini θ_0 e θ_-, $t(\theta_0, \beta) - t(\theta_-, \beta)$, si riduce rispetto al caso $\beta = 0$, mentre il ritardo in θ_+ diminuisce, $t(\theta_+, \beta) < t(\theta_+, 0)$.

La curvatura della funzione $t(\theta, \beta)$ mostra un comportamento interessante: con lo spostamento della sorgente lungo l'asse positivo, $t(\theta, \beta)$ si appiattisce tra θ_- e θ_0,

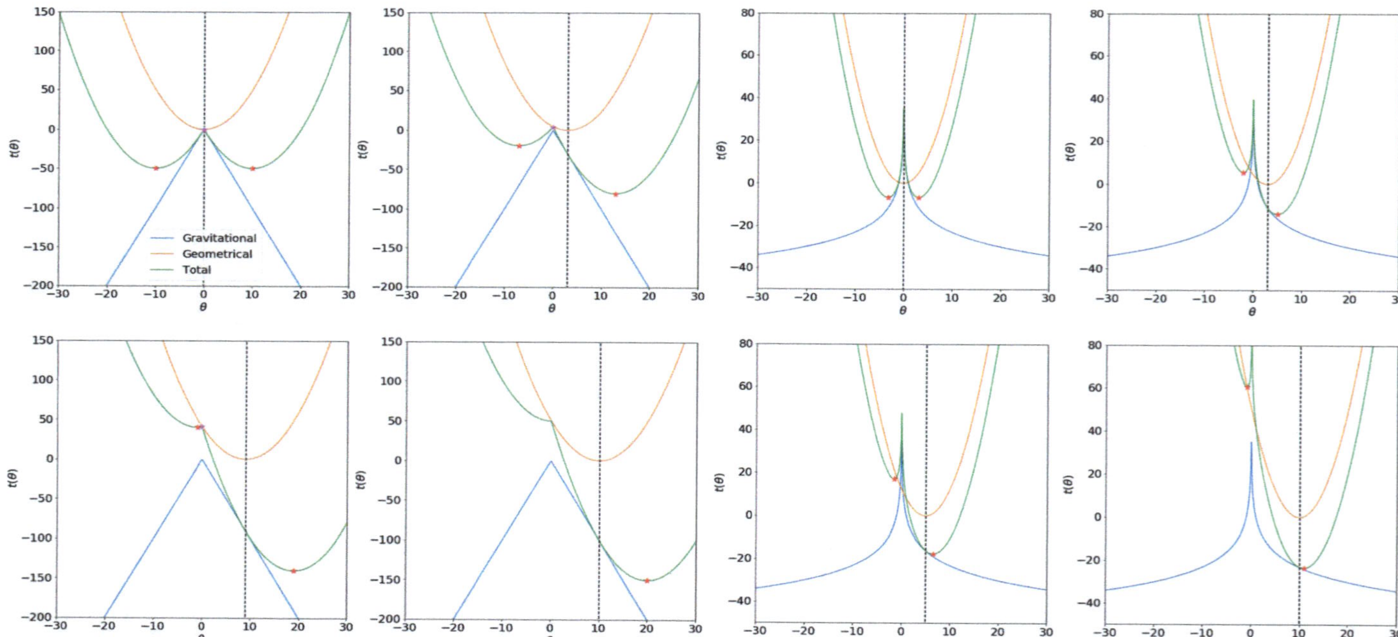

Figura 3.8 Funzioni di ritardo temporale unidimensionali per potenziali isotermi singolari (pannelli di sinistra) e di massa puntiforme (pannelli di destra). Ogni pannello corrisponde a una diversa posizione della sorgente rispetto alla lente (linea tratteggiata). Le due componenti del ritardo temporale sono mostrate separatamente e poi combinate. Le posizioni delle immagini sono indicate da stelle

suggerendo un aumento della magnificazione lungo la direzione che collega queste due immagini. Di conseguenza, le immagini appaiono allungate l'una verso l'altra.

Allontanando ulteriormente la sorgente dalla lente, si arriva al punto in cui le due immagini θ_0 e θ_- si fondono in un'unica posizione. In questa situazione, la funzione $t(\theta, \beta)$ presenta un unico minimo, che corrisponde all'immagine in θ_+. Quando β diventa molto grande (pannello in basso a destra), l'immagine in θ_+ segue la posizione della sorgente lungo l'asse positivo.

La forma del profilo del potenziale del lensing influenza significativamente i risultati. La Fig. 3.8 mostra esempi ottenuti impostando il raggio del nucleo a $\theta_c = 0$ (pannelli a sinistra) e utilizzando un potenziale nella forma

$$\hat{\psi} \propto \ln |\theta| \, . \tag{3.90}$$

Questo profilo rappresenta il potenziale di una lente con massa puntiforme (pannelli a destra).

In entrambi i casi, la singolarità centrale rende la funzione $t(\theta, \beta)$ non continuamente deformabile. Per qualsiasi valore di β, l'immagine centrale θ_0 corrisponde a un punto di curvatura infinita della superficie di ritardo temporale, con una amplificazione $\mu = 0$. Nel caso della lente con massa puntiforme, ci sono sempre due minimi su lati opposti della lente. Tuttavia, quando $\beta \to \infty$, la curvatura in $t(\theta_-, \beta)$ aumenta progressivamente, indicando che l'immagine corrispondente è sempre più de-magnificata.

Lenti a simmetria assiale: caso bidimensionale

La rappresentazione più accurata del ritardo temporale è tramite una superficie bidimensionale, non una funzione unidimensionale. La Fig. 3.9 illustra l'analogo bidimensionale della Fig. 3.7, dove le superfici di ritardo temporale sono mostrate per diverse posizioni della sorgente lungo l'asse β_1, che in proiezione coincide con θ_1 (con $\beta_2 = 0$). Sono inoltre rappresentate la proiezione delle superfici sui piani (θ_1, θ_2) e le sezioni lungo l'asse θ_1 (cioè per $\theta_2 = 0$).

Nel pannello in alto a sinistra, è mostrata la superficie di ritardo temporale $t(\vec{\theta}, 0)$. In questa rappresentazione bidimensionale, i minimi $\vec{\theta}_-$ e $\vec{\theta}_+$ non sono punti isolati ma appartengono a un anello, a causa della simmetria assiale della lente. Questo anello, noto come anello di Einstein, rappresenta un'immagine della sorgente che appare completamente circolare. L'immagine centrale, $\vec{\theta}_0$, coincide con il centro della lente. Pertanto, una sorgente puntiforme perfettamente allineata con una lente a simmetria assiale viene vista come un'immagine centrale in $\vec{\theta}_0$ e come un anello che circonda la lente. Lungo l'anello, la curvatura della superficie di ritardo temporale è zero, il che significa che la magnificazione è infinita. Questa condizione è soddisfatta sulle linee critiche della lente. Più precisamente, l'anello di Einstein corrisponde alla linea critica tangenziale della lente. L'anello è l'immagine di una sorgente a $\vec{\beta} = (0, 0)$. Quindi, questo punto sul piano della sorgente è la caustica tangenziale della lente.

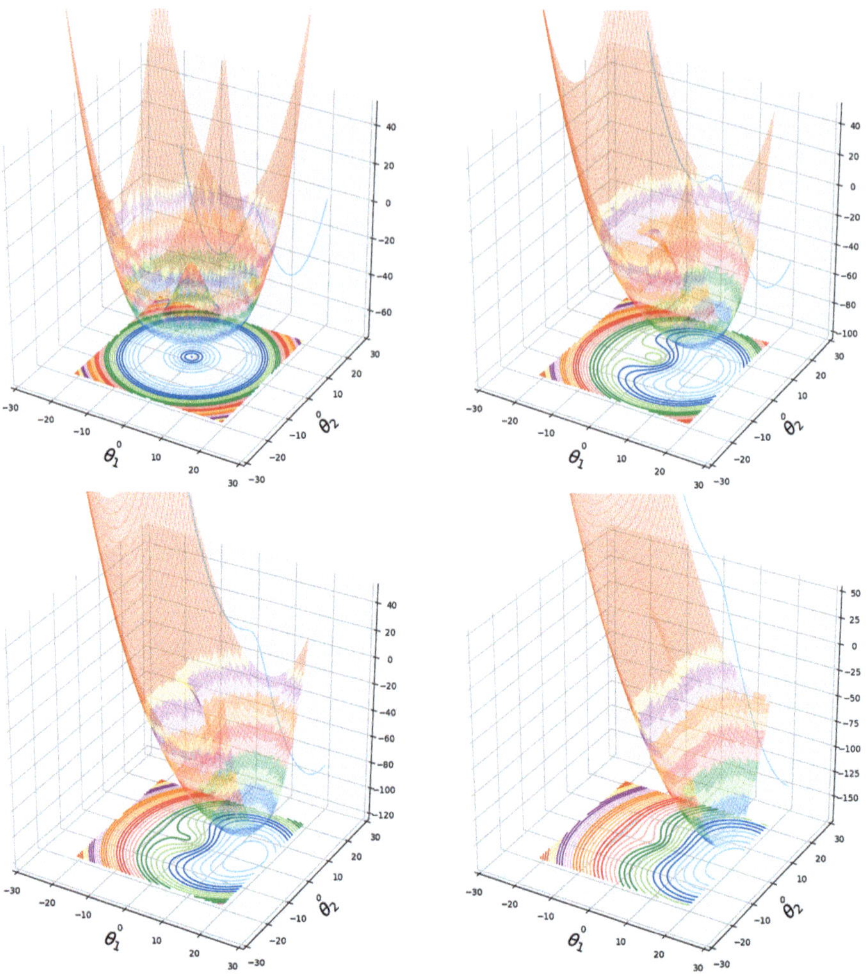

Figura 3.9 Superfici di ritardo temporale per la stessa lente utilizzata nella Fig. 3.7. Pannelli diversi corrispondono a posizioni diverse della sorgente rispetto alla lente. Le superfici sono proiettate sul piano (θ_1, θ_2) sul fondo di ogni pannello. Le curve blu sul piano verticale dietro le superfici mostrano le sezioni delle superfici lungo l'asse θ_1 a $\theta_2 = 0$

Quando la sorgente si sposta rispetto al centro della lente, la simmetria della superficie di ritardo temporale si rompe. Come mostrato nel pannello in alto a destra della Fig. 3.9, il minimo $\vec{\theta}_-$ non è più tale, ma diventa un punto di sella. Con l'aumentare della distanza della sorgente dalla lente, i punti di sella e i punti massimi si avvicinano progressivamente. Tra questi due punti stazionari, la curvatura radiale di $t(\vec{\theta}, \vec{\beta})$ diminuisce, rendendo la superficie sempre più piatta. Quando i due punti coincidono, la superficie di ritardo temporale è perfettamente piatta lungo la direzione radiale (pannello in basso a sinistra). In questo caso, le immagini $\vec{\theta}_-$ e $\vec{\theta}_0$ si fondono su una linea critica radiale, corrispondente alla posizione della sorgente $\vec{\beta} = \vec{\beta}_{rad}$. Sul piano della sorgente, questa posizione definisce una caustica radiale, che per una lente a simmetria assiale è una circonferenza con raggio β_{rad}.

Quando la sorgente è molto lontana dalla lente, l'unica immagine visibile è quella associata al minimo della superficie di ritardo temporale, $\vec{\theta}_+$, che segue la posizione della sorgente lungo la direzione radiale.

Adottando potenziali singolari, come discusso in precedenza, la superficie di ritardo temporale diventa non continuamente deformabile. In tali casi, non si verificano configurazioni in cui la superficie può diventare radialmente piatta, il che implica che queste lenti non possiedono una linea critica radiale.

Nel caso di una sfera isoterma singolare (SIS, $\theta_c = 0$), esiste una particolare distanza β_{cut} della sorgente dal centro della lente per cui $\vec{\theta}_- = 0$. Questa distanza definisce un cerchio sul piano della sorgente noto come cut. Una lente con un potenziale di questo tipo produce due immagini solo se la sorgente si trova all'interno del cut. Al di fuori di esso, esiste una sola immagine.

Potenziali ellittici

Mentre le lenti a simmetria assiale possono produrre fino a tre immagini multiple, a seconda della posizione relativa della sorgente rispetto alla lente, le lenti ellittiche mostrano comportamenti più complessi che studieremo in questa sezione.

È possibile introdurre ellitticità nei potenziali delle lenti precedentemente discussi utilizzando la sostituzione:

$$|\theta| \rightarrow \sqrt{\frac{\theta_1^2}{1 - \epsilon} + \theta_2^2(1 - \epsilon)} \, . \tag{3.91}$$

Questa modifica genera lenti con contorni iso-potenziali ellittici, con l'asse maggiore orientato lungo l'asse θ_2.

Osservazione 3.6 Le lenti con potenziali ellittici non sono vere e proprie lenti ellittiche. Infatti, le loro mappe di convergenza non presentano contorni ellittici regolari, bensì forme tipicamente simili ad "arachidi" o "manubri". Una forte ellitticità nel potenziale può persino condurre a convergenze negative, che non hanno senso dal punto di vista fisico. Per questa ragione, le lenti con potenziali ellittici sono definite pseudo-ellittiche.

Quando il potenziale pseudo-ellittico si combina con il paraboloide che descrive il ritardo temporale geometrico, la superficie risultante può presentare fino a cinque punti stazionari, a seconda del profilo radiale del potenziale e della posizione relativa tra lente e sorgente.

La Fig. 3.10 illustra un esempio di lente pseudo-ellittica con un potenziale isotermo con nucleo e un'ellitticità $\epsilon = 0.4$. I pannelli superiori mostrano le mappe del

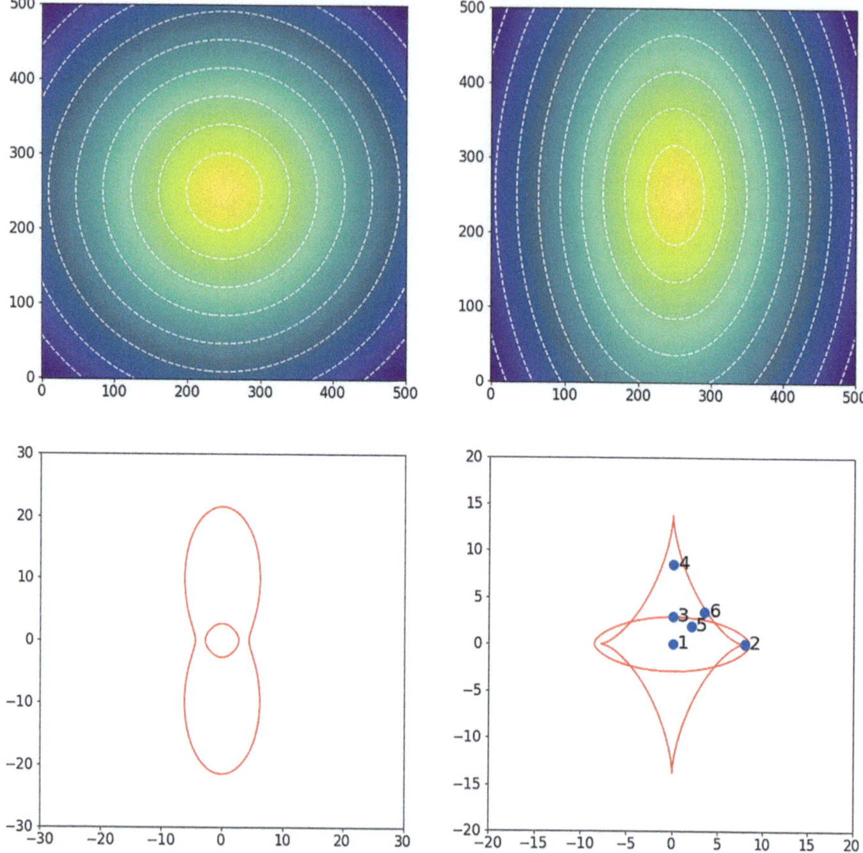

Figura 3.10 Lente pseudo-ellittica. Pannelli superiori: il potenziale del lensing prima e dopo l'introduzione dell'ellitticità $\epsilon = 0.4$. Pannelli inferiori: linee critiche (a sinistra) e caustiche (a destra). I punti blu indicano le posizioni delle sorgenti utilizzate per generare le superfici di ritardo temporale mostrate in Fig. 3.11

potenziale della lente prima e dopo l'introduzione dell'ellitticità, mentre i pannelli inferiori rappresentano le linee critiche (a sinistra) e le caustiche (a destra). Le posizioni delle sorgenti, utilizzate per generare le superfici di ritardo temporale mostrate nella Fig. 3.11, sono indicate con punti blu nel pannello in basso a sinistra.

Nella Fig. 3.11, ogni pannello illustra una superficie di ritardo temporale corrispondente a una posizione diversa della sorgente rispetto alla lente:

1. **Sorgente al centro** ($\vec{\beta} = 0$). Nel pannello (1), una sorgente allineata con il centro della lente produce cinque immagini multiple: un massimo centrale, due minimi lungo l'asse θ_1, e due punti di sella lungo l'asse θ_2. Minimi e punti di sella sono equidistanti dal centro della lente, formando una configurazione nota come croce di Einstein.

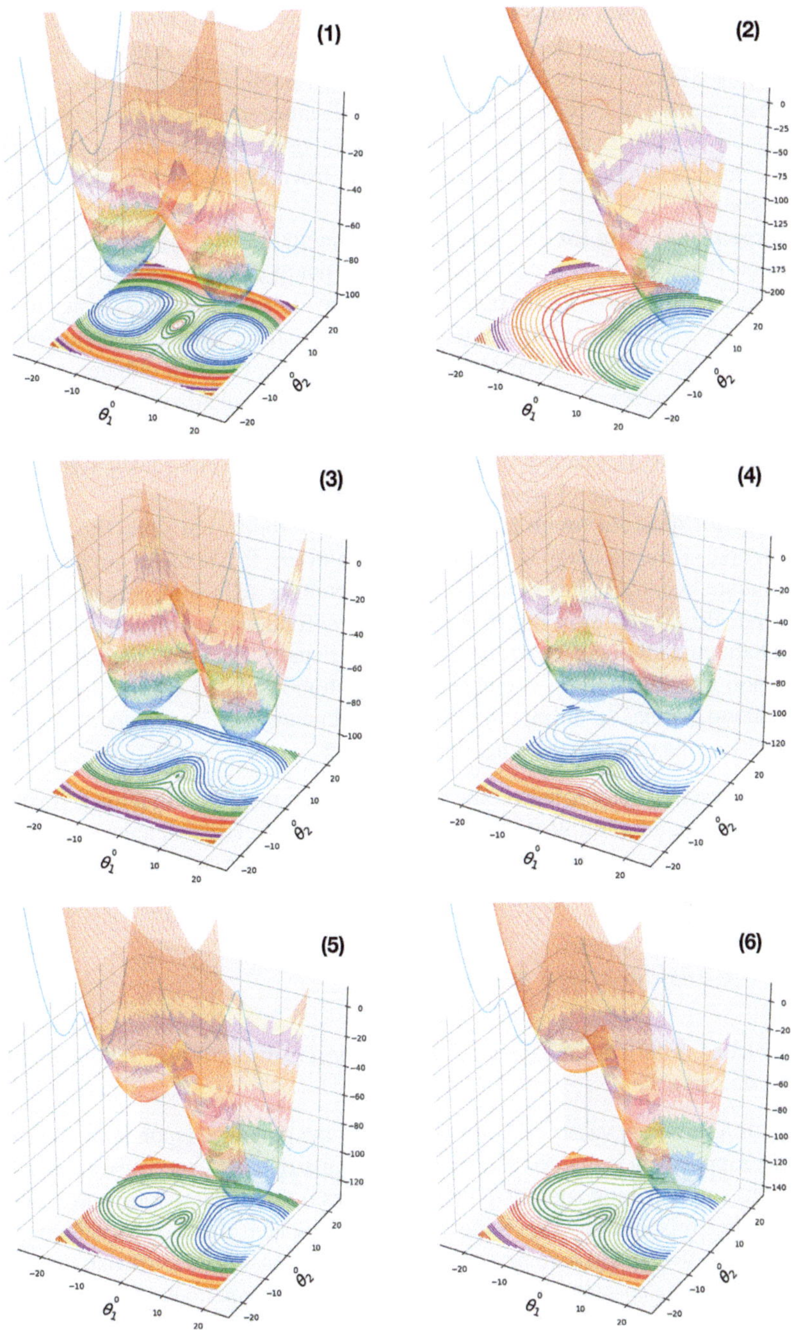

Figura 3.11   Superfici di ritardo temporale per una lente pseudo-ellittica con profilo isotermo con nucleo. I diversi pannelli corrispondono a diverse posizioni della sorgente rispetto alla lente. Le superfici sono proiettate sul piano (θ_1, θ_2) nella parte inferiore di ogni pannello. Le curve blu sul piano verticale dietro le superfici mostrano le sezioni delle superfici lungo l'asse θ_1 a $\theta_2 = 0$

2. **Sorgente spostata lungo l'asse** θ_1. Spostando la sorgente lungo l'asse positivo θ_1 (pannello 2), uno dei minimi segue la sorgente, mentre il massimo e i punti di sella si muovono nella direzione opposta. I punti di sella si avvicinano progressivamente al massimo e al minimo. A distanze maggiori, massimo, minimo e punti di sella si fondono, creando un'immagine amplificata sia radialmente che tangenzialmente, quando la sorgente si trova vicino alle caustiche radiali e tangenziali.

3. **Sorgente spostata lungo l'asse** θ_2. Nei pannelli (3) e (4), la sorgente si muove lungo l'asse positivo θ_2. Due minimi e un punto di sella seguono la sorgente, mentre il massimo e l'altro punto di sella si avvicinano lungo l'asse negativo θ_2. Quando la superficie di ritardo temporale si appiattisce tra queste immagini, esse risultano amplificate radialmente. Attraversando la caustica radiale, queste immagini si fondono e scompaiono (pannello 3). All'aumentare della separazione, le immagini rimanenti si fondono in una configurazione tangenzialmente allungata (pannello 4), tipica di sorgenti vicine alla cuspide della caustica. È in questo modo che si formano i grandi archi gravitazionali.

4. **Sorgente spostata lungo la diagonale** (θ_1, θ_2). Infine, nei pannelli (5) e (6), la sorgente si muove lungo la diagonale del piano (θ_1, θ_2). Uno dei minimi segue la sorgente, mentre l'altro minimo e uno dei punti di sella si avvicinano. Simultaneamente, il massimo e l'altro punto di sella si fondono, generando un'immagine radialmente allungata opposta alla sorgente rispetto alla lente (pannello 5). Spostando ulteriormente la sorgente, anche l'ultimo minimo e il punto di sella si fondono, formando un'immagine tangenzialmente allungata quando la sorgente si trova sulla caustica tangenziale (pannello 6).

Questi esempi evidenziano come l'ellitticità nel potenziale influenzi la formazione delle immagini multiple. Per determinate posizioni relative di lente e sorgente, si possono osservare configurazioni particolari, quali archi e croci di Einstein.

3.6.4 Considerazioni generali

Ecco alcune proprietà fondamentali della superficie di ritardo temporale continuamente deformabile:

- La differenza nei valori della superficie $t(\vec{\theta})$ nei punti corrispondenti alle immagini rappresenta il ritardo relativo nei tempi di arrivo della luce proveniente dalla stessa sorgente lungo percorsi differenti. Questo ritardo temporale può essere osservato e misurato se la sorgente è variabile. Poiché il ritardo è parzialmente dovuto alle diverse distanze percorse dalla luce, tali misurazioni offrono un metodo per stimare la costante di Hubble, come verrà approfondito nel Capitolo 6.

- Forma della superficie di ritardo tesenza lente: in assenza di una lente, la superficie di ritardo temporale è un paraboloide con un unico estremo (un minimo). Qualsiasi estremo aggiuntivo introdotto dalla lente deve apparire in coppie. Di conseguenza, il numero totale di immagini deve essere dispari, come dimostrato precedentemente analizzando la deformazione continua della superficie di ritardo temporale.

- Formazione di immagini aggiuntive: quando si generano due immagini aggiuntive, queste sono sempre un massimo e un punto di sella. Tra di esse, la curvatura della superficie cambia segno, passando da negativa a positiva, e risulta quindi zero in un punto intermedio. La condizione $\det A = 0$ si verifica in corrispondenza di una linea critica, dove la magnificazione è infinita. Pertanto, le linee critiche, siano esse radiali o tangenziali, separano le coppie di immagini multiple. Queste si fondono e scompaiono quando la sorgente attraversa le corrispondenti caustiche. In altri termini, le linee critiche delimitano regioni con diversa molteplicità di immagini.

3.7 Applicazioni Python

3.7.1 Implementazione di un algoritmo di ray-tracing

In questo esempio, implementiamo un semplice algoritmo di ray-tracing. Utilizziamo l'equazione della lente per propagare un fascio di raggi luminosi dalla posizione dell'osservatore al piano della sorgente, passando attraverso una griglia regolare che copre il piano della lente. Per il raggio che attraversa una posizione $\vec{x}^{ij}$ sul piano della lente, calcoliamo l'angolo di deflessione $\vec{\alpha}(\vec{x}^{ij})$ e determiniamo la posizione di arrivo sul piano della sorgente mediante la relazione:

$$\vec{y}^{ij} = \vec{x}^{ij} - \vec{\alpha}(\vec{x}^{ij}) \,. \tag{3.92}$$

Questo esempio utilizza gli angoli di deflessione calcolati nella Sez. 2.5.2 per un alone di materia oscura simulato numericamente. La lente si trova a un redshift $z_L = 0.5$, mentre il piano della sorgente è a $z_S = 9$. Gli angoli di deflessione sono memorizzati negli array angx e angy, e le mappe corrispondenti hanno una risoluzione di 2048×2048 pixel.

Per iniziare, creiamo una griglia sul piano della lente utilizzando il metodo numpy.meshgrid. Supponiamo che le coordinate lungo gli assi x_1 e x_2 siano rappresentate dagli array $|x_1^i|$ e $|x_2^j|$ rispettivamente, dove $i, j \in [1, n_{\text{pix}}]$, con $n_{\text{pix}} = 2048$, che è il numero di punti griglia lungo ciascun asse. La griglia viene generata con il seguente codice:

```python
import numpy as np

n_pix = angx.shape[0]  # nell'esempio n_pix=2048

x1 = np.linspace(0, n_pix-1, n_pix)
x2 = np.linspace(0, n_pix-1, n_pix)
x1_grid, x2_grid = np.meshgrid(x1, x2)
```

Questo codice produce due array numpy, x1_ e x2_, entrambi di dimensione $n_{\text{pix}} \times n_{\text{pix}}$. In x1_, i valori di ogni colonna i-esima sono costanti e uguali a x_1^i. In x2_, i valori di ogni riga j-esima sono costanti e uguali a x_2^j.

Possiamo ora applicare l'equazione della lente per calcolare le posizioni della sorgente lungo le due componenti x_1 e x_2:

```
y1 = x1_grid - angx
y2 = x2_grid - angy
```

Gli array risultanti y1 e y2 hanno dimensione $n_{\text{pix}} \times n_{\text{pix}}$. Per migliorare la visualizzazione dei risultati, riduciamo la densità della mappa campionando un minor numero di raggi attraverso il piano della lente. Più precisamente, diminuiamo il numero di punti griglia sul piano della lente di un fattore ndown = 64 lungo entrambi gli assi, x_1 e x_2:

```
ndown = 64
x1 = np.linspace(0, n_pix-1, n_pix//ndown)# coordinate x1, x2 campionate
x2 = np.linspace(0, n_pix-1, n_pix//ndown)#
x1_, x2_ = np.meshgrid(x1, x2) # griglia campionata
```

Successivamente, utilizziamo il metodo map_coordinates di scipy.ndimage per interpolare le mappe degli angoli di deflessione angx e angy sui punti della griglia campionata:

```
# ora interpoliamo le mappe degli ang. di deflessione in (x1_,x2_)
from scipy.ndimage import map_coordinates
# prima, dobbiamo ridefinire x1_ e y1_:
x=np.reshape(x1_,x1_.size)
y=np.reshape(x2_,x2_.size)
# poi interpoliamo:
angx_=map_coordinates(angx,[[y],[x]],order=1)
angy_=map_coordinates(angy,[[y],[x]],order=1)
# per concludere, riformattiamo le mappe
angx_=angx_.reshape((n_pix//ndown,n_pix//ndown))
angy_=angy_.reshape((n_pix//ndown,n_pix//ndown))
```

Infine, applichiamo nuovamente l'equazione della lente per calcolare le posizioni dei raggi sul piano della sorgente utilizzando gli angoli di deflessione interpolati:

```
y1=x1_-angx_
y2=x2_-angy_
```

Il risultato di questo calcolo è mostrato in Fig. 3.12. Nel pannello di sinistra, vediamo la griglia regolare dei raggi sul piano della lente. Nel pannello di destra, osserviamo le posizioni di arrivo dei raggi sul piano della sorgente.

La griglia proiettata sul piano della sorgente appare significativamente distorta: il piano risulta "compresso", soprattutto vicino al centro della lente, dove convergono numerosi raggi. Questo effetto riflette la magnificazione dovuta alla lente gravitazionale. Infatti, una piccola regione sul piano della sorgente viene mappata su un'area molto più grande sul piano della lente.

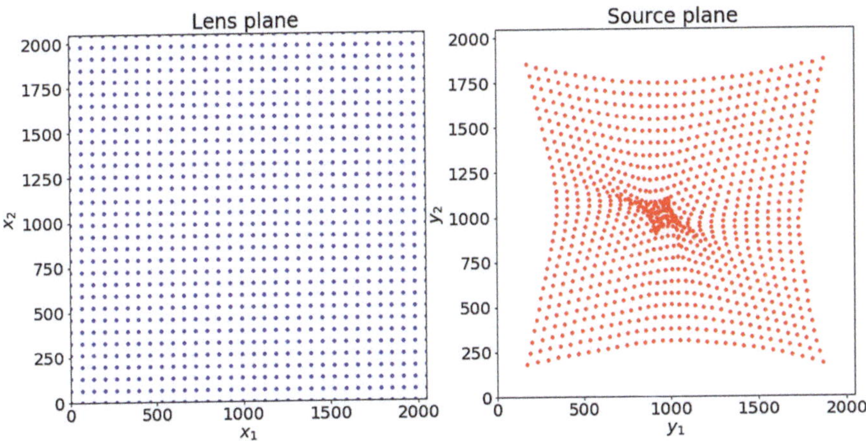

Figura 3.12 Tracciamento dei raggi attraverso una griglia regolare definita sul piano della lente (pannello a sinistra). Nel pannello a destra sono illustrate le posizioni di arrivo dei raggi luminosi sul piano della sorgente. La lente utilizzata è la stessa descritta nella Sez. 2.5.2

3.7.2 Derivazione del potenziale del lensing

Derivare il potenziale del lensing a partire dalla mappa di convergenza della lente richiede la soluzione dell'equazione di Poisson bidimensionale (Eq. 3.26 e 3.27). Questo calcolo può essere effettuato numericamente utilizzando l'algoritmo noto come Fast Fourier Transform (FFT).

La trasformata di Fourier dell'operatore di Laplace è data da:

$$\tilde{\Delta}(\vec{k}) = -4\pi^2 k^2 \tag{3.93}$$

dove $k^2 = k_1^2 + k_2^2$.

Nel dominio di Fourier, l'equazione di Poisson si trasforma in:

$$-4\pi^2 k^2 \tilde{\Psi}(\vec{k}) = 2\tilde{\kappa}(\vec{k}) \,, \tag{3.94}$$

da cui la trasformata di Fourier del potenziale del lensing risulta:

$$\tilde{\Psi}(\vec{k}) = -\frac{\tilde{\kappa}(\vec{k})}{2\pi^2 k^2} \,. \tag{3.95}$$

Come spiegato nella Sez. 2.5.2, il calcolo numerico delle Trasformate di Fourier Discrete (DFT) può essere effettuato tramite gli algoritmi di Fast Fourier Transform (FFT) implementati nel modulo `numpy.fft`. Aggiungiamo quindi alla classe `deflector` (descritta nella Sez. 2.5.2) una funzione per calcolare il potenziale del lensing:

```python
def potential(self):
    # definire un array di numeri d'onda (due componenti k1,k2)
    k = np.array(np.meshgrid(fftengine.fftfreq(self.kappa.shape[0])\
                            ,fftengine.fftfreq(self.kappa.shape[1])))
    print (k.shape)
    #Calcolare l'operatore di Laplace nello spazio di Fourier
    kk = k[0]**2 + k[1]**2
    kk[0,0] = 1e-12
    #FFT della convergenza
    print (self.kappa.shape)
    kappa_ft = fftengine.fftn(kappa)

    #calcolare la FT del potenziale
    kappa_ft *= - 1.0 / (kk * (2.0*np.pi**2))
    kappa_ft[0,0] = 0.0
    potential=fftengine.ifftn(kappa_ft)
    return self.mapCrop(potential.real)
```

Questa funzione calcola il potenziale del lensing numericamente. Per esempio, possiamo utilizzarla per determinare il potenziale della lente mostrata in Fig. 2.7:

```python
pot=df.potential() # calcolare il potenziale
```

Osserviamo che il potenziale è significativamente meno strutturato rispetto alla convergenza. Questa differenza è dovuta al fatto che la convergenza è ottenuta dalle seconde derivate del potenziale, il che amplifica le variazioni locali. È importante utilizzare il zero-padding per evitare effetti di bordo indesiderati.

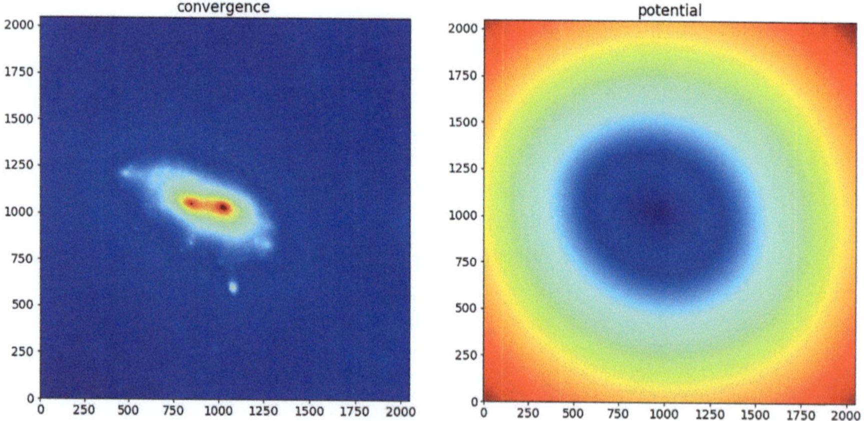

Figura 3.13 Mappe della convergenza e del potenziale del lente per la stessa lente utilizzata nella Sez. 2.5.2

3.7.3 Mappe di lensing

Una volta noto il potenziale del lensing, è possibile calcolare facilmente mappe di molte altre proprietà della lente gravitazionale. Ad esempio, il gradiente di $\hat{\Psi}$ corrisponde all'angolo di deflessione $\vec{\alpha}$. Possiamo quindi implementare un metodo per calcolare $\vec{\alpha}$ come alternativa a quello descritto nella Sez. 2.5.2.

Utilizziamo il metodo `numpy.gradient` per calcolare il gradiente tramite differenze finite sulla griglia. Le componenti α_1 e α_2 dell'angolo di deflessione si ottengono come segue:

```
a2,a1=np.gradient(pot)
```

È importante notare che, a causa della convenzione sugli assi in Python, la derivata di $\hat{\Psi}$ rispetto alla seconda dimensione (asse verticale) è riportata per prima. Non mostriamo le mappe risultanti, poiché sono analoghe a quelle già illustrate, ad esempio, in Fig. 2.7.

Calcolando i gradienti delle mappe α_1 e α_2, possiamo ottenere le seconde derivate del potenziale. Combinando opportunamente queste derivate, è possibile calcolare la convergenza (che, essendo stata usata come input per derivare il potenziale, è già nota) e le componenti dello shear. L'implementazione Python dell'Eq. 3.36 è la seguente:

```
# Prima calcoliamo le seconde derivate di pot
psi12,psi11=np.gradient(a1)
psi22,psi21=np.gradient(a2)
# Poi le combiniamo per formare la prima e la seconda componente del
# tensore di shear
gamma1=0.5*(psi11-psi22)
gamma2=psi12
```

In Fig. 3.14, mostriamo le mappe sia di γ_1 che di γ_2.

Come discusso nella Sez. 3.3.1, lo shear introduce una distorsione anisotropica nelle immagini. Ad esempio, una sorgente circolare viene mappata su un'imma-

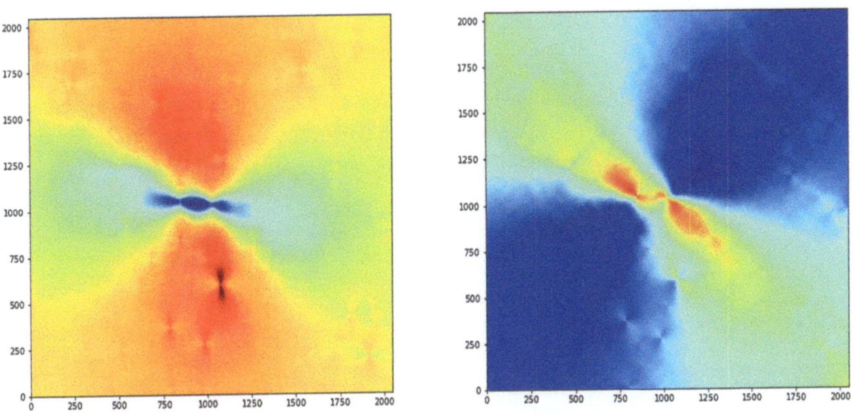

Figura 3.14 Mappe delle componenti dello shear per la stessa lente utilizzata nella Sez. 2.5.2

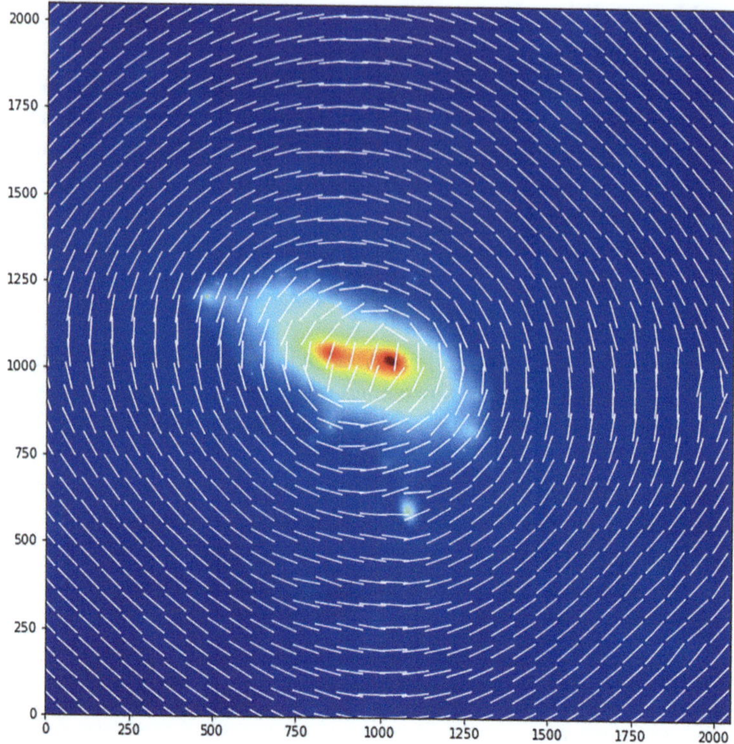

Figura 3.15 Direzione dello shear sovrapposta alla mappa di convergenza della stessa lente considerata nella Sez. 2.5.2

gine ellittica, a patto che l'angolo di deflessione non vari significativamente su scale troppo piccole. La direzione degli assi principali dell'immagine ellittica è data dall'angolo ϕ, calcolabile tramite la funzione `arctan2`:

```
phi=np.arctan2(gamma2,gamma1)/2.0
```

La divisione per 2 è necessaria perché γ è un tensore di spin-2. Visualizzare la direzione in cui lo shear distorce le immagini, confrontandola con la distribuzione di massa della lente, può essere utile. La Fig. 3.15 mostra la direzione dello shear tramite "bastoncini" sovrapposti alla mappa di convergenza della lente.

```
pixel_step=gamma_1.shape[1]/32+1
x,y = np.meshgrid(np.arange(0,gamma_1.shape[1],pixel_step),
                  np.arange(0,gamma_1.shape[0],pixel_step))
# trasformiamo le liste x e y in array di interi
x=x.astype(int)
y=y.astype(int)

fig,ax=plt.subplots(1,1,figsize=(10,10))
ax.imshow(ka,origin='lower',vmax=3)
ax[1].imshow(kappa,origin='lower',vmax=3)
```

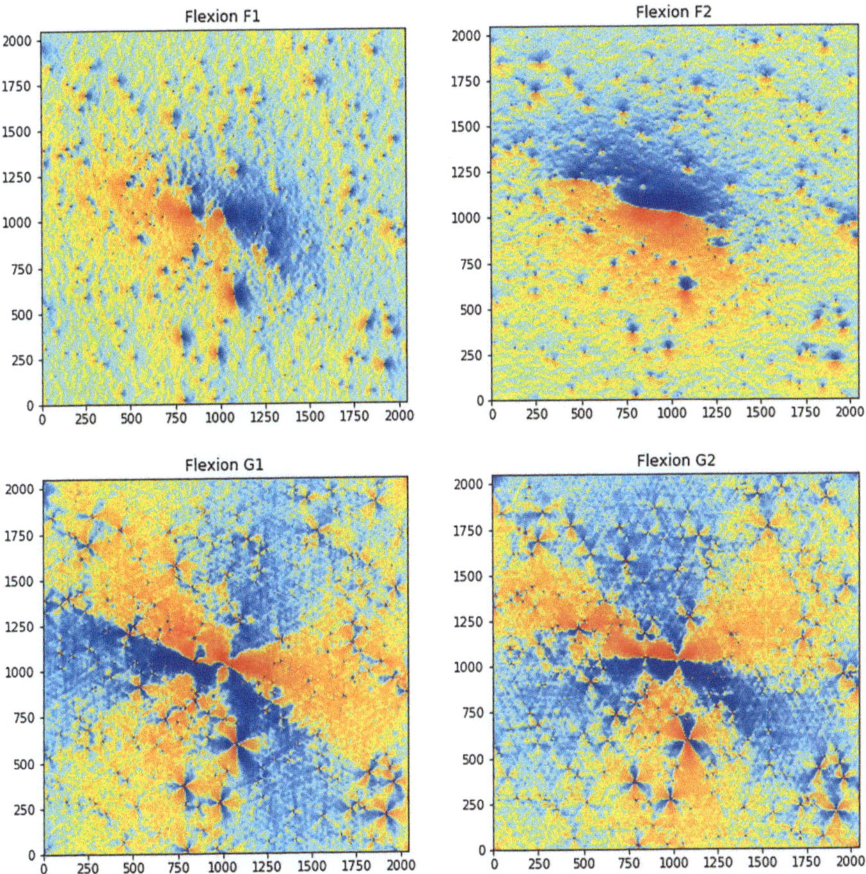

Figura 3.16 Mappe delle componenti delle flessioni F e G per la stessa lente descritta nella Sez. 2.5.2

```
# Mostriamo solo l'orientamento dello shear usando dei vettori senza verso
# (bastonicni). Le seguenti istruzioni creeranno due bastoncini
# partendo dal punto in cui lo shear è valutato (x,y) e diretti
# in direzioni opposte
ax[1].quiver(y,x,np.cos(phi[x,y]),np.sin(phi[x,y]),
        headwidth=0,units="height",scale=x.shape[0],color="white")
ax[1].quiver(y,x,-np.cos(phi[x,y]),-np.sin(phi[x,y]),
        headwidth=0,units="height",scale=x.shape[0],color="white")
```

In questa figura, la direzione dello shear è rappresentata da bastoncini orientati lungo le linee di distorsione. La loro disposizione evidenzia il legame tra la distribuzione di massa della lente e gli effetti anisotropici dello shear sulle immagini.

Dalle mappe dello shear, possiamo ricavare le mappe delle flessioni F e G. Ciascuna di queste quantità ha due componenti, corrispondenti rispettivamente alle

parti reale e immaginaria delle quantità complesse definite nelle Eq. 3.73 e 3.74.
In linguaggio Python, il calcolo si implementa come segue:

```
gamma12,gamma11=np.gradient(gamma_1)
gamma22,gamma21=np.gradient(gamma_2)
F1,F2=gamma11+gamma22,gamma21-gamma12
G1,G2=gamma11-gamma22,gamma21+gamma12
```

Le mappe delle componenti F_1, F_2, G_1, e G_2 sono mostrate nella Fig. 3.16. Le
mappe di F e G mostrano alcune proprietà distintive:

- Simmetria di dipolo della flessione F: Le strutture presenti nelle mappe delle
  componenti F_1 e F_2 mostrano una simmetria di dipolo, coerente con la natura di
  spin-1 di questo campo.
- Simmetria triangolare della flessione G: Le caratteristiche visibili nelle mappe
  delle componenti G_1 e G_2 presentano una simmetria triangolare, riflettendo la
  natura di spin-3 di questo campo. Questo implica che le mappe siano invarianti
  sotto rotazioni di $2\pi/3$ radianti.
- Amplificazione delle strutture a piccola scala: Sia per F che per G, le strutture
  a piccola scala nella mappa di convergenza risultano amplificate. Questo effetto
  è dovuto al fatto che le flessioni sono derivate di terzo ordine del potenziale del
  lensing, il che accentua le variazioni locali.

3.7.4 Linee critiche e caustiche

Esistono diversi metodi per identificare i punti appartenenti alle linee critiche. Un
approccio semplice consiste nel disegnare i contorni di livello zero delle mappe
di λ_t e λ_r. Per esempio, per visualizzare le linee critiche della lente degli esempi
precedenti, possiamo utilizzare il seguente codice:

```
from matplotlib.colors import SymLogNorm

gamma=np.sqrt(gamma_1**2+gamma_2**2)
# sostituite ddf.mapCrop(kappa) se kappa e' zero-padded
lambdat=1.0-kappa-gamma
lambdar=1.0-kappa+gamma
detA=lambdat*lambdar

fig,ax=plt.subplots(1,3,figsize=(28,8))
ax[0].imshow(lambdat,origin='lower')
ax[0].contour(lambdat,levels=[0.0])
ax[0].set_title('$\lambda_t$',fontsize=25)
ax[1].imshow(lambdar,origin='lower')
ax[1].contour(lambdar,levels=[0.0])
ax[1].set_title('$\lambda_r$',fontsize=25)
ax[2].imshow(detA,origin='lower',norm=SymLogNorm(0.3))
ax[2].contour(detA,levels=[0.0])
ax[2].set_title('$\det A$',fontsize=25)
```

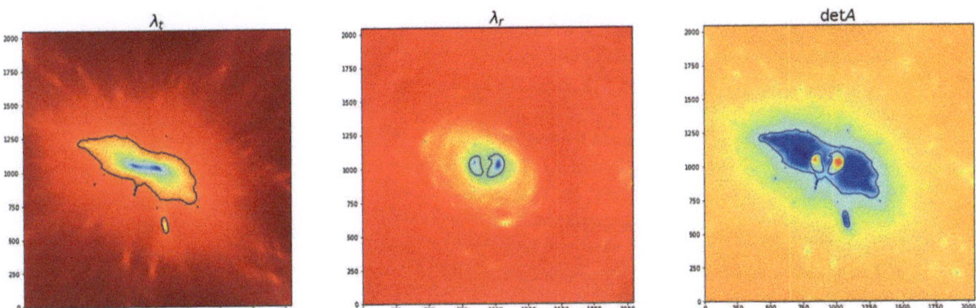

Figura 3.17 Il pannello di sinistra e quello centrale mostrano le mappe degli autovalori del Jacobiano di lente con sovrapposti i loro contorni di livello zero, ossia le linee critiche. Il pannello di destra mostra la mappa di det A, prodotto delle due mappe precedenti

I risultati sono illustrati nella Fig. 3.17:

- Pannello sinistro: Mappa di λ_t con le linee critiche tangenziali.
- Pannello centrale: Mappa di λ_r con le linee critiche radiali.
- Pannello destro: Mappa di det A, che combina entrambe le linee critiche.

Queste linee critiche sono valide per un redshift specifico della sorgente. La mappa di convergenza utilizzata è calcolata per $z_{s,\mathrm{norm}} = 9$. Per ottenere le linee critiche a differenti redshift della sorgente z_s, è necessario riscalare κ e γ secondo il rapporto di distanza:

$$\Xi = \frac{D_{S,\mathrm{norm}}}{D_{LS,\mathrm{norm}}} \frac{D_{LS}(z_s)}{D_S(z_s)} \, , \tag{3.96}$$

dove $D_{S,\mathrm{norm}}$ e $D_{LS,\mathrm{norm}}$ sono calcolate per $z_s = z_{s,\mathrm{norm}}$.

Il codice seguente calcola le linee critiche per 20 redshift uniformemente distribuiti tra z_l e $z_s = 10$:

```python
from astropy.cosmology import FlatLambdaCDM
cosmo = FlatLambdaCDM(H0=70, Om0=0.3)

kappa = ddf.mapCrop(kappa) # necessario se kappa e' zero-padded

zl=0.5
zs_norm=9.0

zs=np.linspace(zl,10.0,20)
dl=cosmo.angular_diameter_distance(zl)
ds=cosmo.angular_diameter_distance(zs)
dls=[]
for i in range(ds.size):
    dls.append(cosmo.angular_diameter_distance_z1z2(zl,zs[i]).value)


ds_norm=cosmo.angular_diameter_distance(zs_norm)
dls_norm=cosmo.angular_diameter_distance_z1z2(zl,zs_norm)
```

```
fig,ax=plt.subplots(1,2,figsize=(16,8))
ax[0].imshow(lambdat,origin='lower')
ax[1].imshow(lambdar,origin='lower')
for i in range(ds.size):
    kappa_new=kappa*ds_norm.value/dls_norm.value*dls[i]/ds[i].value
    gamma_new=gamma*ds_norm.value/dls_norm.value*dls[i]/ds[i].value
    lambdat_new=(1.0-kappa_new-gamma_new)
    lambdar_new=(1.0-kappa_new+gamma_new)
    ax[0].contour(lambdat_new,levels=[0.0])
    ax[1].contour(lambdar_new,levels=[0.0])

ax[0].contour(lambdat,levels=[0.0],colors="yellow",linewidths=2)
ax[1].contour(lambdar,levels=[0.0],colors="magenta",linewidths=2)
```

Le linee critiche calcolate sono mostrate in Fig. 3.18. Per determinare le distanze, è necessario adottare un modello cosmologico. A tal fine, utilizziamo il modulo `astropy.cosmology` e importiamo un modello cosmologico ΛCDM piatto predefinito con i seguenti parametri: densità di materia $\Omega_M = 0.3$, densità di energia oscura $\Omega_\Lambda = 0.7$ e parametro di Hubble $H_0 = 70\,\mathrm{km\,s^{-1}\,Mpc^{-1}}$.

Le distanze angolari sono calcolate utilizzando i metodi `angular_diameter_distance` per singoli redshift e `angular_diameter_distance_z1z2` per intervalli di redshift.

Le caustiche sono le corrispondenti immagini delle linee critiche sul piano della sorgente. Se $\vec{\theta}_c$ è un punto sulle linee critiche, allora il punto corrispondente sulla caustica è dato da:

$$\vec{\beta}_c = \vec{\theta}_c - \vec{\alpha}(\vec{\theta}_c) \,. \tag{3.97}$$

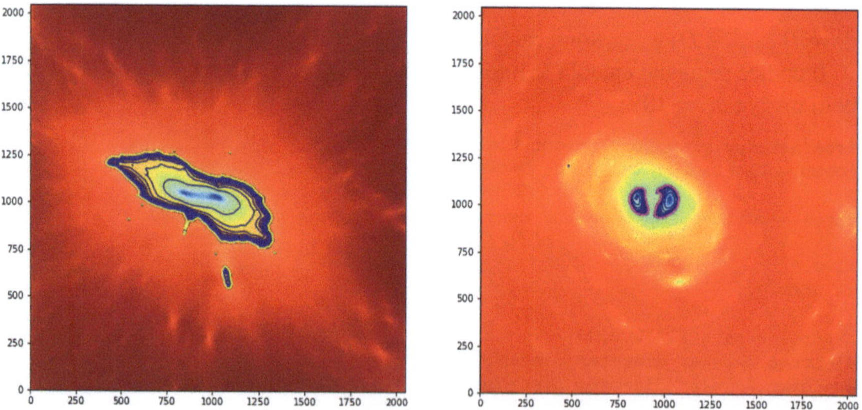

Figura 3.18 Linee critiche tangenziali (a sinistra) e radiali (a destra) della lente per diversi redshift della sorgente

Il seguente codice calcola le caustiche interpolando gli angoli di deflessione sulle linee critiche:

```python
from scipy.ndimage import map_coordinates
from skimage import measure

fig, ax = plt.subplots(1, 2, figsize=(18, 8))

contours = measure.find_contours(detA, 0.0)
for contour in contours:
    x1 = np.array(contour[:, 1])
    x2 = np.array(contour[:, 0])

    a1_ = map_coordinates(a1, [x2,x1], order=1)
    a2_ = map_coordinates(a2, [x2,x1], order=1)

    y1 = x1 - a1_
    y2 = x2 - a2_

    ax[0].plot(x1,x2, '-',color='red')
    ax[1].plot(y1,y2, '-',color='blue')
```

I pannelli sinistro e destro della Fig. 3.19 mostrano rispettivamente le linee critiche e le caustiche della lente per $z_s = 9$. Confrontando con il modello in Fig. 3.12, possiamo osservare che le posizioni di arrivo dei raggi sul piano della sorgente si concentrano attorno alle caustiche, dove si verificano le maggiori distorsioni e amplificazioni.

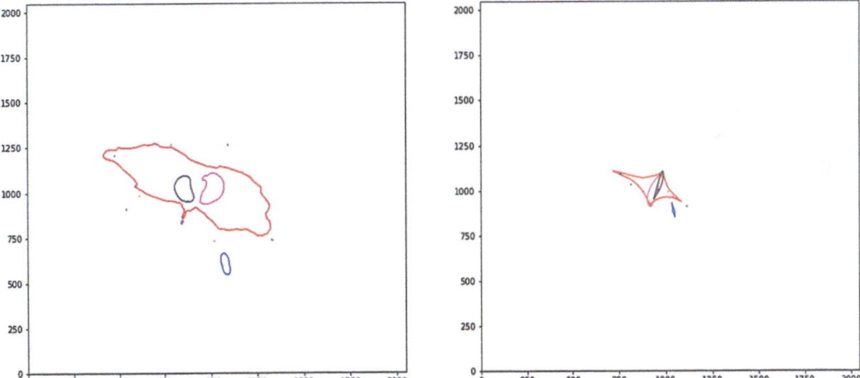

Figura 3.19 Linee critiche (pannello sinistro) e caustiche (pannello destro) per $z_s = 9$. Indichiamo le corrispondenti coppie di linee critiche e caustiche con gli stessi colori

3.7.5 *Shear e flessione*

In questo esempio, utilizziamo l'Eq. 3.58 per costruire un'applicazione in grado di visualizzare le distorsioni causate dalla lente gravitazionale dovute allo shear e alla flessione.

Come discusso nella Sez. 3.5, gli elementi del tensore D, D_{ijk}, sono espressi come terze derivate del potenziale del lensing. Questi elementi possono essere riscritti in termini delle flessioni F e G. Dopo una serie di passaggi matematici, otteniamo:

$$D_{111} = -2\gamma_{11} - \gamma_{22} = -\frac{1}{2}(3F_1 + G_1)$$

$$D_{211} = D_{121} = D_{112} = -\gamma_{21} = -\frac{1}{2}(F_2 + G_2)$$

$$D_{122} = D_{212} = D_{221} = -\gamma_{22} = -\frac{1}{2}(F_1 - G_1)$$

$$D_{222} = 2\gamma_{12} - \gamma_{21} = -\frac{1}{2}(3F_2 - G_2) \tag{3.98}$$

Dall'Eq. 3.60, troviamo che le due componenti di $\vec{\beta}$ sono:

$$\beta_1 = A_{11}\theta_1 + A_{12}\theta_2 + \frac{1}{2}D_{111}\theta_1^2 + D_{121}\theta_1\theta_2 + \frac{1}{2}D_{122}\theta_2^2$$

$$\beta_2 = A_{21}\theta_1 + A_{22}\theta_2 + \frac{1}{2}D_{211}\theta_1^2 + D_{212}\theta_1\theta_2 + \frac{1}{2}D_{222}\theta_2^2 \ . \tag{3.99}$$

Consideriamo una sorgente circolare centrata su $\vec{\beta}_0 = (0,0)$ con un profilo di luminosità superficiale descritto da una funzione di Sérsic (Sérsic 1963):

$$I_s(\beta) \propto \exp\left[-b_n\left(\left(\frac{\beta}{r_e}\right)^{1/n} - 1\right)\right] , \tag{3.100}$$

dove il parametro di forma b_n è approssimato da (Capaccioli et al. 1989):

$$b_n = 1.992n - 0.3271 , \tag{3.101}$$

valido per $0.5 < n < 10$. In questa descrizione, r_e è il raggio effettivo della sorgente e n è l'indice di Sérsic.

Poiché la brillanza superficiale è conservata, le brillanza superficiale osservata e intrinseca, $I(\vec{\theta})$ e $I_s(\vec{\beta})$, sono collegate dall'equazione della lente:

$$I(\vec{\theta}) = I_s(\vec{\beta}) . \tag{3.102}$$

Possiamo ricostruire l'immagine della sorgente sul piano della lente tramite ray-tracing. Il piano della lente viene coperto con una griglia di $N \times N$ pixel, i cui centri definiscono le posizioni dei raggi $\vec{\theta}ij$. Le posizioni sul piano della sorgente sono calcolate usando l'Eq. 3.99, e la brillanza superficiale $I_s(\vec{\beta}ij)$ viene assegnata ai pixel centrati su $\vec{\theta}_{ij}$.

Nell'Eq. 3.58, sia l'immagine che la sorgente sono centrate su $(0, 0)$. Questo implica che sono stati scelti due sistemi di riferimento centrati su immagine e sorgente sui rispettivi piani. Occorre ricordare che in presenza di lensing gravitazionale, l'immagine apparirà in cielo spostata rispetto alla sorgente secondo quanto previsto dall'equazione della lente: $\vec{\theta}_0 = \vec{\beta}_0 + \vec{\alpha}(\vec{\theta}_0) = \vec{\alpha}(\vec{\theta}_0)$.

Di seguito implementiamo una classe per sorgenti circolari con profilo di Sérsic. L'inizializzazione della classe utilizza i parametri n e r_e, specificati tramite il dizionario kwargs. Inoltre, specifichiamo la dimensione dell'immagine, side, e il numero di pixel, N:

```python
# Importazione di librerie standard
import numpy as np
import matplotlib.pyplot as plt


class sersic(object):
    def __init__(self, side, N, **kwargs):
        """Inizializza un'immagine di S\'ersic."""

        # Legge i parametri dal dizionario kwargs
        # oppure assegna valori predefiniti
        self.n = kwargs.get('n', 4)
        self.re = kwargs.get('re', 50.0)

        # Dimensioni e griglia regolare
        self.N = N
        self.side = float(side)
        pc = np.linspace(-side / 2., side / 2., self.N)
        self.x1, self.x2 = np.meshgrid(pc, pc)

        # Immagine non lente
        self.unlensed = self.brightness(self.x1, self.x2)

    def brightness(self, y1, y2):
        """Implementa il profilo di brillanza di S\'ersic."""
        r = np.sqrt(y1**2 + y2**2)
        bn = 1.992 * self.n - 0.3271
        return np.exp(-bn * ((r / self.re)**(1.0 / self.n) - 1.0))
```

La classe include un metodo chiamato brightness, che calcola la brillanza superficiale in posizioni arbitrarie utilizzando l'Eq. 3.100. Poiché la posizione della sorgente è centrata sulle coordinate $(0, 0)$, nella funzione di inizializzazione della classe questo metodo viene chiamato per calcolare la brillanza intrinseca alle coordinate (x_1, x_2) su una griglia regolare. Il risultato viene memorizzato nell'array self.unlensed.

Per includere gli effetti della lente gravitazionale, implementiamo l'Eq. 3.99 nel metodo lens, come mostrato di seguito:

```python
def lens(self, **kwargs_lens):
    # Legge i parametri della lente dal dizionario kwargs_lens
    self.kappa = kwargs_lens.get('kappa', 0.0)
    self.gamma1 = kwargs_lens.get('gamma1', 0.0)
```

```python
self.gamma2 = kwargs_lens.get('gamma2', 0.0)
self.g1 = kwargs_lens.get('g1', 0.0)
self.g2 = kwargs_lens.get('g2', 0.0)
self.f1 = kwargs_lens.get('f1', 0.0)
self.f2 = kwargs_lens.get('f2', 0.0)

# Calcola gli elementi della matrice Jacobiana
a11 = 1.0 - self.kappa - self.gamma1
a22 = 1.0 - self.kappa + self.gamma1
a12 = -self.gamma2

# Calcola gli elementi del tensore D
a111 = -0.5 * (self.g1 + 3.0 * self.f1)
a222 = -0.5 * (3.0 * self.f2 - self.g2)
a112 = -0.5 * (self.f2 + self.g2)
a221 = -0.5 * (self.f1 - self.g1)

# Eq. della lente al secondo ordine per ottenere le coordinate (y1, y2)
y1 = (a11 * self.x1 + a12 * self.x2 +
      0.5 * a111 * self.x1**2 + a112 * self.x1 * self.x2 +
      0.5 * a221 * self.x2**2)
y2 = (a22 * self.x2 + a12 * self.x1 +
      0.5 * a222 * self.x2**2 + a221 * self.x1 * self.x2  +
      0.5 * a112 * self.x1**2)

# Calcola la luminosità superficiale nelle posizioni (y1, y2)
self.lensed = self.brightness(y1, y2)
```

I parametri della lente, come γ_1, γ_2, F_1, F_2, G_1, e G_2, sono memorizzati nel dizionario `kwargs_lens` e passati al metodo `lens`.

Per creare un'immagine di una sorgente circolare con $n = 4$ e $r_e = 4$, che includa gli effetti di convergenza, shear e flessione, possiamo utilizzare il seguente codice:

```python
kwargs={'n': 4, 're': 4.0, 'q': 1., 'pa': 0.0}
se=sersic(side=5.0,N=250,**kwargs)
kwargs_lens={'kappa': 0.2, 'gamma1': 0.2, 'gamma2': 0.1,
             'f1': 0.3, 'f2': 0.1,'g1': 0.5, 'g2': -0.2}
se.lens(**kwargs_lens)
```

Le immagini risultanti sono salvate nell'array `se.lensed` e hanno una risoluzione di 250×250 pixel e coprono un campo di vista di 5×5 arcsec. Utilizzando questo codice, è stata prodotta la Fig. 3.5.

3.7.6   Simulazione completa di ray-tracing e superficie di ritardo temporale

Termini di ordine anche superiore al secondo nell'espansione del campo di deflessione sono automaticamente inclusi in una simulazione completa di ray-tracing, che utilizza l'algoritmo descritto nella Sez. 3.7.1. In questo esempio, costruiremo un codice Python per simulare effetti di lensing gravitazionale su una sorgente circolare con profilo di brillanza di Sérsic. Per raggiungere lo scopo faremo uso del concetto di ereditarietà comune a numerosi linguaggi di programmazione, incluso

Python. Come vedremo, questo approccio ci permetterà di generalizzare facilmente il codice per utilizzarlo con diversi modelli di lente gravitazionale.

Iniziamo importando i pacchetti necessari:

```python
# importa numpy e matplotlib
import numpy as np
import matplotlib.pyplot as plt

# importa map_coordinates da scipy
from scipy.ndimage import map_coordinates

# importa fits da astropy
import astropy.io.fits as pyfits

# importa FFT da NumPy
import numpy.fft as fftengine

# importa il FlatLambdaCDM cosmology model da astropy
from astropy.cosmology import FlatLambdaCDM

# importa il modulo measure da skimage
from skimage import measure
```

Definiamo una classe `gen_lens` per lenti generiche, che include funzioni che possono essere applicate a qualsiasi tipo di lenti. Essa agisce come una classe *genitore*, e tramite ereditarietà possiamo utilizzarne le funzionalità in classi *figlie* che descrivono lenti specifiche. La funzione di inizializzazione della classe genitore è vuota, salvo per l'istruzione che imposta la variabile logica `pot_exists = False`, indicando che la classe genitore non ha ancora un potenziale definito:

```python
class gen_lens(object):

    #Inizializza gen_lens

    # la lente non ha ancora un potenziale
    def __init__(self):
        self.pot_exists=False
```

La classe generica `gen_lens` include funzioni per derivare la convergenza, lo shear e il determinante della Jacobiana (cioè l'inverso della magnificazione) dalle derivate degli angoli di deflessione:

```python
    # convergenza
    def convergence(self):
        if (self.pot_exists):
            kappa=0.5*(self.a11+self.a22)
        else:
            print ("Il potenziale della lente non è ancora inizializzato")

        return(kappa)

    #shear
    def shear(self):
        if (self.pot_exists):
            g1=0.5*(self.a11-self.a22)
            g2=self.a12
```

```python
    else:
        print ("Il potenziale della lente non è ancora inizializzato")
    return(g1,g2)

# determinante della matrice Jacobiana
def detA(self):
    if (self.pot_exists):
        deta=(1.0-self.a11)*(1.0-self.a22)-self.a12*self.a21
    else:
        print ("Il potenziale della lente non è ancora inizializzato")
    return(deta)
```

La classe include anche metodi per tracciare le linee critiche e le caustiche. Come fatto in precedenza, questi metodi calcolano i contorni di livello zero della mappa del determinante della Jacobiana e mappano questi contorni sul piano della sorgente:

```python
# estrai contorni delle linee critiche
def crit_lines(self):
    if (self.pot_exists):
        deta = self.detA()
        contours = measure.find_contours(deta, 0.0)
    else:
        print ("Il potenziale della lente non è ancora inizializzato")
        contours=[]
    return contours

# Disegna le linee critiche
def clines(self, ax=None, color='red', alpha=1.0, lt='-'):
    cs = self.crit_lines()

    if len(cs) > 0:
        for contour in cs:
            x1 = np.array(contour[:, 1])
            x2 = np.array(contour[:, 0])

            ax.plot((x1 - self.npix / 2) * self.pixel,
                    (x2 - self.npix / 2) * self.pixel, lt,
                    color=color, alpha=alpha)

# Disegna le caustiche
def caustics(self, ax=None, alpha=1.0, color='red', lt='-'):
    cs = self.crit_lines()
    if len(cs) > 0:
        for contour in cs:
            x1 = np.array(contour[:, 1])
            x2 = np.array(contour[:, 0])

            a1 = map_coordinates(self.a1, [x2, x1], order=1)
            a2 = map_coordinates(self.a2, [x2, x1], order=1)

            # Usa 'lequazione della lente per mappare dal piano
            # della lente a quello della sorgente
            y1 = (x1 - self.npix / 2) * self.pixel - a1 * self.pixel
            y2 = (x2 - self.npix / 2) * self.pixel - a2 * self.pixel

            # Traccia le caustiche
            ax.plot(y1, y2, lt, color=color, alpha=alpha)
```

Possiamo ora aggiungere alla classe `gen_lens` altre funzioni. Ad esempio, possiamo definire le funzioni necessarie per calcolare la superficie di ritardo temporale, utilizzando l'Eq. 3.84:

```python
# Superficie del ritardo temporale geometrico
def t_geom_surf(self, beta=None):
    x = np.arange(0, self.npix, 1, float) * self.pixel
    y = x[:, np.newaxis]
    if beta is None:
        x0 = y0 = self.npix / 2 * self.pixel
    else:
        x0 = beta[0] + self.npix / 2 * self.pixel
        y0 = beta[1] + self.npix / 2 * self.pixel
    return 0.5 * ((x - x0)**2 + (y - y0)**2)


# Superficie del ritardo temporale gravitazionale
def t_grav_surf(self):
    return -self.pot


# Superficie del ritardo temporale totale
def t_delay_surf(self, beta=None):
    t_grav = self.t_grav_surf()
    t_geom = self.t_geom_surf(beta)
    return t_grav + t_geom
```

Per comodità, aggiungiamo una funzione per visualizzare i livelli di contorno della mappa:

```python
def show_contours(self, surf0, ax=None, minx=-25, miny=-25,
                  cmap=plt.get_cmap('Paired'),
                  linewidth=1, fontsize=20, nlevels=40, levmax=100):
    if ax is None:
        print("Specificare gli assi per visualizzare i contorni")
    else:
        minx = minx
        maxx = -minx
        miny = miny
        maxy = -miny
        surf = surf0 - np.min(surf0)
        levels = np.linspace(np.min(surf), levmax, nlevels)
        ax.contour(surf, cmap=cmap, levels=levels, linewidths=linewidth,
                extent=[-self.size/2, self.size/2,
                        -self.size/2, self.size/2])
        ax.set_xlim(minx, maxx)
        ax.set_ylim(miny, maxy)
        ax.set_xlabel(r'$\theta_1$', fontsize=fontsize)
        ax.set_ylabel(r'$\theta_2$', fontsize=fontsize)
        ax.set_aspect('equal')
```

Ora creiamo una classe figlia per il modello di lente pseudo-isotermo ellittico con nucleo (PSIEc). Questo modello è definito dal potenziale del lensing:

$$\hat{\Psi}(\vec{\theta}) = \frac{\text{norm}}{\sqrt{\theta^2 + \theta_c^2}} \,, \tag{3.103}$$

dove norm è il fattore di normalizzazione, $\theta^2 = \frac{\theta_1^2}{1-\text{ell}} + \theta_2^2(1 - \text{ell})$, e θ_c è il raggio del nucleo.

Come classe figlia di `gen_lens`, la classe `PSIEc` eredita tutti i metodi della classe genitore. La definizione è:

```python
class PSIEc(gen_lens):
    def __init__(self, co, size=100.0, npix=200, **kwargs):
        # Imposta il modello cosmologico
        self.co = co

        # Parametri del modello
        self.theta_c = kwargs.get('theta_c', 0.0)
        self.ell = kwargs.get('ell', 0.0)
        self.norm = kwargs.get('norm', 1.0)
        self.zl = kwargs.get('zl', 0.5)
        self.zs = kwargs.get('zs', 1.0)

        # Distanze relative al diametro angolare
        self.dl = co.angular_diameter_distance(self.zl)
        self.ds = co.angular_diameter_distance(self.zs)
        self.dls = co.angular_diameter_distance_z1z2(self.zl, self.zs)

        # Dimensione e risoluzione della mappa
        self.size = size
        self.npix = npix
        self.pixel = self.size / self.npix

        # Calcola il potenziale del lensing
        self.potential()

    # potenziale del lensing e sue derivate
    def potential(self):
        x = np.arange(0, self.npix, 1, float)
        y = x[:, np.newaxis]
        x0 = y0 = self.npix / 2
        self.pot_exists = True
        self.pot = (np.sqrt(((x - x0) * self.pixel)**2 / (1 - self.ell) +
                            ((y - y0) * self.pixel)**2 * (1 - self.ell) +
                            self.theta_c**2) * self.norm)
        self.a2, self.a1 = np.gradient(self.pot / self.pixel**2)
        self.a12, self.a11 = np.gradient(self.a1)
        self.a22, self.a21 = np.gradient(self.a2)
```

I parametri della lente θ_c, ell e norm, insieme ai redshift della lente e della sorgente (z_l e z_s), vengono passati alla funzione di inizializzazione nella forma di un dizionario. Inoltre, viene fornito il modello cosmologico `co`, la dimensione del lato dell'immagine che si vuole produrre `size` e il numero di pixel per lato `npix`.

Grazie all'ereditarietà, la classe figlia `PSIEc` può calcolare proprietà come convergenza, shear, magnificazione e superfici di ritardo temporale per posizioni sorgenti arbitrarie.

Per estendere la classe `sersic` e includere l'ellitticità delle isofote, aggiungiamo nuovi parametri di input al dizionario `kwargs`:

- q: il rapporto degli assi.
- pa: l'angolo di posizione.
- ys1 e ys2: le coordinate della sorgente sul piano sorgente.
- zs: il redshift della sorgente.

Inoltre, introduciamo l'argomento opzionale `gl`, che rappresenta l'istanza di una lente gravitazionale. Se questo parametro non è `None`, allora gli effetti della lente `gl` sono inclusi tramite ray-tracing.

```python
class sersic(object):
    def __init__(self, size, N, gl=None, **kwargs):
        # Parametri S\'ersic con valori predefiniti
        self.n = kwargs.get('n', 4)
        self.re = kwargs.get('re', 5.0)
        self.q = kwargs.get('q', 1.0)
        self.pa = kwargs.get('pa', 0.0)
        self.ys1 = kwargs.get('ys1', 0.0)
        self.ys2 = kwargs.get('ys2', 0.0)
        self.zs = kwargs.get('zs', 1.0)

        self.N = N
        self.size = float(size)
        self.df = gl

        # Coordinate del piano della lente
        pc = np.linspace(-self.size / 2.0, self.size / 2.0, self.N)
        self.x1, self.x2 = np.meshgrid(pc, pc)

        if self.df is not None:
            # Calcolo del fattore di correzione per il rapporto
            # delle distanze
            ds_lens = gl.ds
            dls_lens = gl.dls
            ds = gl.co.angular_diameter_distance(self.zs)
            dls = gl.co.angular_diameter_distance_z1z2(gl.zl, self.zs)
            self.corrf = ds_lens / dls_lens * dls / ds
            if self.zs != gl.zs:
                gl.rescale(self.corrf)

            # Ray-tracing per ottenere le coordinate sul piano sorgente
            y1, y2 = self.ray_trace()
        else:
            y1, y2 = self.x1, self.x2

        # Calcolo della luminosità superficiale
        self.image = self.brightness(y1, y2)
```

Si noti che, se gli attributi di redshift della sorgente degli oggetti `sersic` e `PSIEc` sono diversi, allora le mappe delle lenti sono corrette dal fattore `self.corrf`, che tiene conto dei diversi rapporti di distanza (vedi Eq. 3.96). La funzione `rescale` fa parte della classe `genlens`:

```python
    # riscalare le mappe delle lenti con il fattore fcorr
    def rescale(self, fcorr):
        if self.pot_exists:
            self.pot=self.pot*fcorr
            self.a1=self.a1*fcorr
            self.a2=self.a2*fcorr
            self.a12=self.a12*fcorr
            self.a11=self.a11*fcorr
            self.a22=self.a22*fcorr
            self.a21=self.a21*fcorr
```

Calcoliamo le posizioni della sorgente tramite ray-tracing:

```python
def ray_trace(self):
    """Tracciamento dei raggi attraverso il piano della lente."""
    px = self.df.pixel
    x1pix = (self.x1 + self.df.size / 2.0) / px
    x2pix = (self.x2 + self.df.size / 2.0) / px

    # Interpolazione degli angoli di deflessione
    a1 = map_coordinates(self.df.a1, [x2pix, x1pix], order=2) * px
    a2 = map_coordinates(self.df.a2, [x2pix, x1pix], order=2) * px

    # Equazione della lente
    y1 = self.x1 - a1
    y2 = self.x2 - a2
    return y1, y2
```

La funzione interpola le mappe degli angoli di deflessione della lente `self.df.a1` e `self.df.a2` su una griglia regolare sul piano della lente (`self.x1, self.x1`). Queste coordinate identificano le posizioni dei raggi sul piano della lente. Poi usa l'equazione della lente per calcolare le posizioni di arrivo dei raggi sul piano della sorgente, (`y1, y2`).

Infine, calcoliamo la brillanza superficiale alle coordinate (`y1, y2`) utilizzando la funzione `brightness`. Rispetto all'esempio precedente, modifichiamo questa funzione per permettere di posizionare la sorgente in modo arbitrario e includendo l'ellitticità delle isofote. Queste ultime sono orientate secondo l'angolo di posizione in input:

```python
def brightness(self,y1,y2):
    # ruotare la galassia dell'angolo self.pa
    x = np.cos(self.pa)*(y1-self.ys1)+np.sin(self.pa)*(y2-self.ys2)
    y = -np.sin(self.pa)*(y1-self.ys1)+np.cos(self.pa)*(y2-self.ys2)
    # includere isofote ellittiche
    r = np.sqrt(((x)/self.q)**2+(y)**2)
    # luminosità a distanza r
    bn = 1.992*self.n - 0.3271
    brightness  = np.exp(-bn*((r/self.re)**(1.0/self.n)-1.0))
    return brightness
```

Il codice seguente mostra come utilizzare le classi per produrre la Fig. 3.20:

```python
co = FlatLambdaCDM(H0=70, Om0=0.3)
 # parametri della lente
kwargs={'theta_c': 2.0,
        'norm': 10.0,
        'ell': 0.4,
        'zl': 0.5,
        'zs': 1.0}

el=PSIEc(co,size=80,npix=1000,**kwargs)
# dimensione dell'immagine della sorgente
size_stamp=150.0
npix_stamp=1000
xmin,xmax=-el.size/2,el.size/2
ymin,ymax=-el.size/2,el.size/2
```

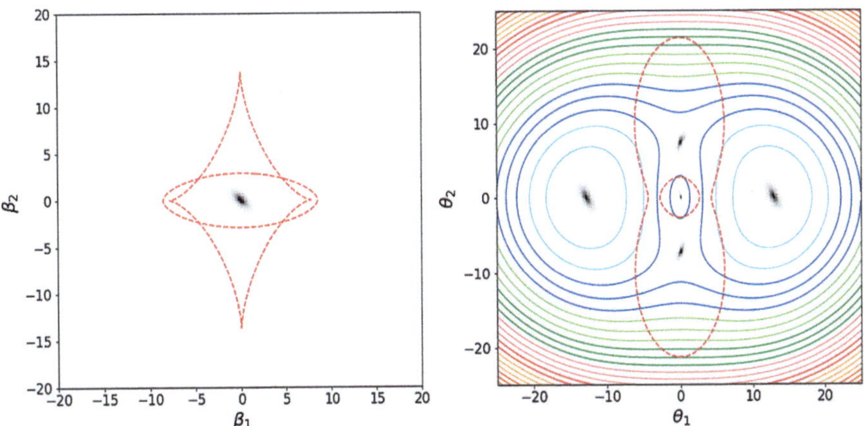

Figura 3.20 A sinistra: caustiche della lente PSIEc con una sorgente centrata. A destra: immagini lente della sorgente con linee critiche (tratteggiate) e contorni della superficie di ritardo temporale

```python
fig,ax=plt.subplots(1,2,figsize=(14,8))
# sorgente sersic senza lente
beta=[0,0]
kwargs={'q': 0.5,
        're': 1.0,
        'pa': np.pi/4.0,
        'n': 1,
        'ys1': beta[0],
        'ys2': beta[1],
        'zs': 1.0}

# crea due istanze di sersic senza e con lente (el)
se_unlensed=sersic(size_stamp,npix_stamp,**kwargs)
se=sersic(size_stamp,npix_stamp,gl=el,**kwargs)

# calcolare la superficie di ritardo temporale per una sorgente a beta

td=el.t_delay_surf(beta=beta)
# disegnare caustiche (a sinistra) e linee critiche (a destra)
el.caustics(ax=ax[0],lt='--',alpha=1.0)
el.clines(ax=ax[1],lt='--',alpha=1.0)
# mostrare immagini senza lente (a sinistra) e con lente (a destra)
ax[0].imshow(se_unlensed.image,origin='lower',
             extent=[-se.size/2,se.size/2,-se.size/2,se.size/2],
             cmap='gray_r')
ax[1].imshow(se.image,origin='lower',
             extent=[-se.size/2,se.size/2,-se.size/2,se.size/2],
             cmap='gray_r')
# mostra i contorni della superficie di ritardo temporale
el.show_contours(td,ax=ax[1],minx=xmin,miny=ymin, nlevels=35,levmax=500,
                               fontsize=20)
x0,x1=-20,20
y0,y1=-20,20
ax[0].set_xlim([x0,x1])
ax[0].set_ylim([y0,y1])
fig.tight_layout()
```

Il pannello sinistro mostra le caustiche e la sorgente non affetta da lensing, mentre il pannello destro mostra le sue immagini multiple, incluse le loro distorsioni e i contorni della superficie di ritardo temporale. Le immagini multiple si formano nei punti stazionari di questa superficie. Il lettore è invitato a provare il codice per diverse posizioni della sorgente beta e verificare come si deforma la superficie di ritardo temporale.

3.7.7   *Lensing da distribuzioni di massa simulate numericamente*

L'implementazione della classe generica per le lenti gravitazionali ci consente di utilizzare le sue funzionalità con qualsiasi modello di lente in modo flessibile. Ad esempio, consideriamo la lente analizzata nelle Sez. 2.5.2 e 3.7.2, dove la distribuzione di massa è rappresentata da una mappa di convergenza contenuta in un file FITS.

Modifichiamo ed estendiamo la classe deflector, che contiene le funzioni discusse in precedenza per gestire questo tipo di input.

```python
class deflector(gen_lens):
    """
    Classe per calcolare il lensing da mappe di convergenza..
    Include la possibilita' di decidere la dimensione delle mappe in
    output indipendentemente da quelle di input.
    Input:
    co: oggetto cosmologia
    filekappa: nome del file FITS contenente la mappa di convergenza
    zl: redshift della lente
    zs: redshift della sorgente
    pad: se True effettua lo zero-padding della mappa di convergenza
    npix: dimensione delle mappe in output (pixel)
    size: dimensione delle mappe in output (arcsec)
    """
    def __init__(self, co, filekappa, zl=0.5, zs=1.0, pad=False,
                     npix=200, size=100):
        # Legge la mappa di convergenza dal file FITS
        kappa, header = pyfits.getdata(filekappa, header=True)

        self.co = co
        self.zl = zl
        self.zs = zs

        # Distanze angolari
        self.dl = co.angular_diameter_distance(self.zl)
        self.ds = co.angular_diameter_distance(self.zs)
        self.dls = co.angular_diameter_distance_z1z2(self.zl, self.zs)

        # Scala del pixel e dimensione della mappa
        self.pixel_scale = header['CDELT2'] * 3600.0
        self.kappa = kappa
        self.nx, self.ny = kappa.shape

        # Parametri per le mappe di lensing di output
        self.npix = npix
```

```python
        self.size = size
        self.pixel = float(self.size) / self.npix

        # Zero-padding
        self.pad = pad
        if pad:
            self.kpad()

        # Calcolo del potenziale del lensing
        self.potential()

# Zero-padding
def kpad(self):
    def padwithzeros(vector, pad_width, iaxis, kwargs):
        vector[:pad_width[0]] = 0
        vector[-pad_width[1]:] = 0
        return vector

    self.kappa = np.lib.pad(self.kappa, self.kappa.shape[0],
                                       padwithzeros)

# Calcolo del potenziale risolvendo l'equazione di Poisson
def potential_from_kappa(self):
    k = np.array(np.meshgrid(fftengine.fftfreq(self.kappa.shape[0]),
                             fftengine.fftfreq(self.kappa.shape[1])))
    kk = k[0]**2 + k[1]**2
    kk[0, 0] = 1.0
    kappa_ft = fftengine.fftn(self.kappa)
    kappa_ft *= -1.0 / (kk * (2.0 * np.pi**2))
    kappa_ft[0, 0] = 1e-12
    potential = fftengine.ifftn(kappa_ft).real

    if self.pad:
        potential = self.mapCrop(potential)

    return potential

# Calcolo del potenziale e delle sue derivate
def potential(self):
    x_ = np.linspace(0, self.npix - 1, self.npix)
    y_ = np.linspace(0, self.npix - 1, self.npix)
    x, y = np.meshgrid(x_, y_)
    potential = self.potential_from_kappa()

    x0 = y0 = potential.shape[0]/2 * self.pixel_scale - self.size/2.0
    x = (x0 + x * self.pixel) / self.pixel_scale
    y = (y0 + y * self.pixel) / self.pixel_scale

    self.pot_exists = True
    pot = map_coordinates(potential, [y, x], order=1)
    self.pot = pot * self.pixel_scale**2 / self.pixel**2
    self.a2, self.a1 = np.gradient(self.pot)
    self.a12, self.a11 = np.gradient(self.a1)
    self.a22, self.a21 = np.gradient(self.a2)
    self.pot *= self.pixel**2

# Rimuove le aree con zero-padding
def mapCrop(self, mappa):
    xmin = int(self.kappa.shape[0] / 2 - self.nx / 2)
```

```
          ymin = int(self.kappa.shape[1] / 2 - self.ny / 2)
          xmax = xmin + self.nx
          ymax = ymin + self.ny
          return mappa[xmin:xmax, ymin:ymax]
```

Le classi `deflector` e `PSIEc` dell'esempio precedente condividono diverse caratteristiche. Entrambe derivano dalla classe base `genlens` e includono una funzione denominata `potential`, progettata per calcolare il potenziale del lensing su una griglia con dimensioni e risoluzione arbitrarie. Invocando questa funzione, vengono calcolate automaticamente le derivate prime e seconde della mappa del potenziale, che vengono salvate come attributi della classe. Di conseguenza, è possibile sfruttare i metodi definiti nella classe `genlens` per calcolare angoli di deflessione, componenti dello shear, ed anche le superfici di ritardo temporale per sorgenti in posizioni arbitrarie.

Consideriamo il seguente esempio:

```
size=200.0
npix=500
# crea un'istanza della classe deflector
df=deflector(co,'data/kappa_2.fits',
            zl=0.5, zs=9.0, pad=True,
            npix=npix,size=size)

# imposta la posizione della sorgente e i parametri del profilo di Sersic:
beta=[-30,8]

kwargs={'q': 0.5,
        're': 1.0,
        'pa': np.pi/4.0,
        'n': 1,
        'ys1': beta[0],
        'ys2': beta[1],
        'zs': 9.0}

#
xmin,xmax=-df.size/2,df.size/2
ymin,ymax=-df.size/2,df.size/2

fig,ax=plt.subplots(1,2,figsize=(14,8))

se_unlensed=sersic(size_stamp,npix_stamp,**kwargs)
se=sersic(size_stamp,npix_stamp,gl=df,**kwargs)
td=df.t_delay_surf(beta=beta)
df.caustics(ax=ax[0],lt='--',alpha=1.0)
df.clines(ax=ax[1],lt='--',alpha=1.0)
ax[0].imshow(se_unlensed.image,origin='lower',
            extent=[-se_unlensed.size/2,se_unlensed.size/2,
                    -se_unlensed.size/2,se_unlensed.size/2],
            cmap='gray_r')
ax[1].imshow(se.image,origin='lower',
            extent=[-se.size/2,se.size/2,-se.size/2,se.size/2],
            cmap='gray_r')
df.show_contours(td,ax=ax[1],minx=xmin,miny=ymin,nlevels=25,
                            levmax=1600,fontsize=20)
x0,x1=-40,10
y0,y1=-25,25
ax[0].set_xlim([x0,x1])
```

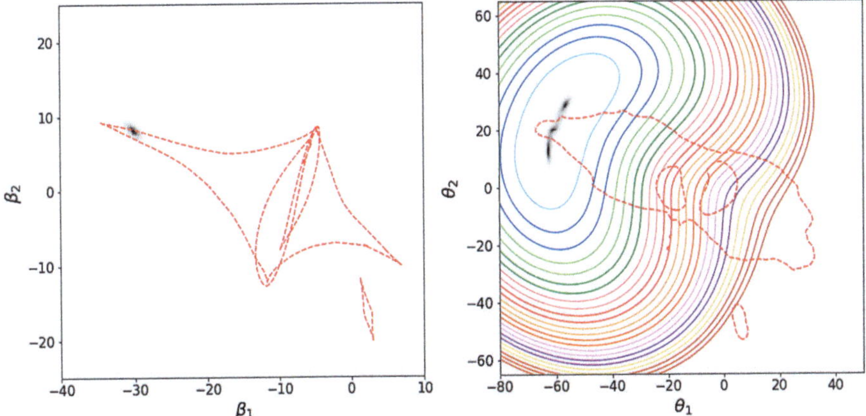

Figura 3.21 Pannello sinistro: caustiche di una lente simulata numericamente con una sorgente con profilo di brillanza di Sérsic posizionata vicino alla cuspide delle caustiche. Pannello destro: linee critiche (tratteggiate) e immagini della sorgente. I contorni colorati rappresentano i livelli di uguale ritardo temporale

```
ax[0].set_ylim([y0,y1])
x0,x1=-80,50
y0,y1=-65,65
ax[1].set_xlim([x0,x1])
ax[1].set_ylim([y0,y1])
fig.tight_layout()
```

Questo codice genera la Fig. 3.21. Posizionando la sorgente in prossimità della cuspide della caustica tangenziale, si formano tre immagini distorte che si fondono in un arco tangenziale. Nella figura sono inoltre mostrati alcuni livelli di contorno della superficie di ritardo temporale: la loro disposizione evidenzia come la forma dell'arco sia direttamente correlata alla curvatura della superficie del ritardo temporale.

Riferimenti bibliografici

Capaccioli, M., della Valle, M., Rosino, L., & D'Onofrio, M. (1989). Properties of the nova population in M31. *AJ, 97*, 1622–1633. https://doi.org/10.1086/115104.

Goldberg, D. M., & Natarajan, P. (2002). The galaxy octopole moment as a probe of weak-lensing shear fields. *ApJ, 564*(1), 65–72. https://doi.org/10.1086/324202. arXiv: astro-ph/0107187 [astro-ph].

Sérsic, J. L. (1963). Influence of the atmospheric and instrumental dispersion on the brightness distribution in a galaxy. *Boletin de la Asociacion Argentina de Astronomia La Plata Argentina, 6*, 41.

Shapiro, I. I. (1964). Fourth test of general relativity. *Physical ReviewLetters, 13*(26), 789–791. https://doi.org/10.1103/PhysRevLett.13.789.

Weinberg, S. (1972). *Gravitation and cosmology: principles and applications of the general theory of relativity*.

Parte II
Applicazioni

Capitolo 4
Microlenti

Dedichiamo questo capitolo al microlensing, ovvero agli effetti di lente gravitazionale prodotti da oggetti di piccola dimensione nell'universo. Una vasta gamma di oggetti rientra in questa categoria di lenti: pianeti, stelle, ammassi stellari e, più in generale, oggetti compatti sia nella nostra galassia che in altre. Data la piccola dimensione di queste lenti, le microlenti sono, in prima approssimazione, assimilabili a masse puntiformi o insiemi di masse puntiformi. Gli effetti di microlensing sono principalmente rilevati e studiati all'interno della nostra galassia, monitorando grandi quantità di stelle nel nucleo della Via Lattea o in direzione delle Nubi di Magellano. Tuttavia, il microlensing è rilevante anche nelle lenti gravitazionali extragalattiche. Infatti, piccole masse in galassie diverse dalla nostra possono produrre perturbazioni su piccola scala al segnale di lente gravitazionale della loro galassia ospite, che in alcune situazioni possono essere rivelate. In questo capitolo, tuttavia, ci concentreremo sulle microlenti nella Via Lattea.

4.1 La lente a massa puntiforme

4.1.1 *Angolo di deflessione e potenziale del lensing*

Nel Capitolo 2, abbiamo già derivato la formula per l'angolo di deflessione di una massa puntiforme. Scegliendo la posizione della lente come centro del sistema di riferimento (cioè misurando gli angoli β e θ a partire dalla posizione della lente), l'angolo di deflessione risulta essere

$$\hat{\vec{\alpha}}(\vec{\xi}) = \frac{4GM}{c^2}\frac{\vec{\xi}}{|\vec{\xi}|^2} = \frac{4GM}{c^2 D_L}\frac{\vec{\theta}}{|\vec{\theta}|^2} = \hat{\vec{\alpha}}(\vec{\theta}) \, , \tag{4.1}$$

dove, come di consueto, abbiamo utilizzato la relazione tra la lunghezza fisica ξ, l'angolo θ e la distanza angolare D_L, $\xi = D_L\theta$.

© The Editor(s) (if applicable) and The Author(s), under exclusive license to Springer Nature Switzerland AG 2025

M. Meneghetti, *Introduzione al lensing gravitazionale*, https://doi.org/10.1007/978-3-031-96504-3_4

Dato che angolo di deflessione e potenziale sono legati dalla relazione

$$\vec{\alpha}(\vec{\theta}) = \frac{D_{LS}}{D_S}\hat{\vec{\alpha}}(\vec{\theta}) = \vec{\nabla}\hat{\psi}(\vec{\theta}) \tag{4.2}$$

e che

$$\nabla \ln |\vec{x}| = \frac{\vec{x}}{|\vec{x}|^2} \, , \tag{4.3}$$

si può vedere che il potenziale del lensing della massa puntiforme è dato da

$$\hat{\psi}(\vec{\theta}) = \frac{4GM}{c^2}\frac{D_{LS}}{D_L D_S} \ln |\vec{\theta}| \, , \tag{4.4}$$

come anticipato nella Sez. 3.6.3.

4.1.2 Equazione della lente

Per una lente puntiforme, il vettore $\hat{\vec{\alpha}}$ è diretto radialmente rispetto alla lente. Pertanto, in molte delle equazioni che seguono possiamo omettere il segno di vettore. Ad esempio, per l'angolo di deflessione possiamo scrivere

$$\hat{\alpha}(\theta) = \frac{4GM}{c^2 D_L \theta} \, . \tag{4.5}$$

L'equazione della lente è data da

$$\beta = \theta - \frac{4GM}{c^2 D_L \theta}\frac{D_{LS}}{D_S} \, . \tag{4.6}$$

Questa equazione è quadratica in θ, cioè per una data posizione della sorgente β, esistono sempre due immagini le cui posizioni possono essere determinate facilmente.

4.1.3 Immagini multiple

L'Eq. 4.6 può essere scritta in modo più conciso introducendo il *raggio di Einstein*,

$$\theta_E \equiv \sqrt{\frac{4GM}{c^2}\frac{D_{LS}}{D_L D_S}} \, . \tag{4.7}$$

L'importanza di questa quantità sarà chiara a breve.

Inserendo l'Eq. 4.7 nell'Eq. 4.6, otteniamo

$$\beta = \theta - \frac{\theta_E^2}{\theta} \, . \tag{4.8}$$

Dividendo per θ_E e ponendo $y = \beta/\theta_E$ e $x = \theta/\theta_E$, cioè esprimendo tutti gli angoli in unità del raggio di Einstein, otteniamo l'equazione della lente in forma adimensionale:

$$y = x - \frac{1}{x} \, . \tag{4.9}$$

Moltiplicando per x otteniamo

$$x^2 - xy - 1 = 0 \, , \tag{4.10}$$

che ha due soluzioni:

$$x_\pm = \frac{1}{2}\left[y \pm \sqrt{y^2 + 4} \right] . \tag{4.11}$$

Il pannello a destra della Fig. 4.1 mostra una sequenza di sorgenti a diverse distanze angolari dalla lente (indicata da una stella rossa). Ogni sorgente è mostrata con un colore diverso, in modo che le sue immagini possano essere facilmente riconosciute nel pannello a sinistra. Per comodità, le sorgenti sono state posizionate sull'asse y_1, ossia $y_2 = 0$ per ciascuna di esse.

Ogni sorgente ha due immagini, entrambe sull'asse $x_2 = 0$, ma una a $x_+ > 0$ e una a $-1 < x_- < 0$. Quindi, queste due immagini si trovano su lati opposti rispetto alla

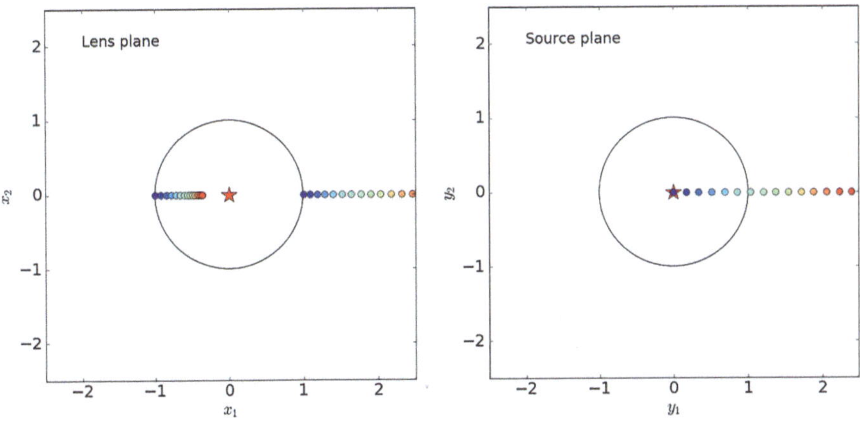

Figura 4.1 Soluzioni dell'equazione della lente per una lente a massa puntiforme. In entrambi i pannelli, la lente è indicata dalla stella al centro della figura. L'anello di Einstein è mostrato in nero. Nel pannello destro, le posizioni di diverse sorgenti sono indicate da cerchi colorati. Le corrispondenti immagini, ottenute dalla Eq. 4.11, sono mostrate nel pannello sinistro

lente. Inoltre, l'immagine a x_- è sempre all'interno di un cerchio di raggio $x = 1$. Tale cerchio coincide con l'immagine della sorgente a $y = 0$, $x_\pm = \pm 1$; cioè, una sorgente esattamente dietro la lente puntiforme ha un'immagine ad anello di raggio θ_E, chiamata anche *anello di Einstein*. La dimensione del raggio di Einstein è

$$\theta_E \approx (10^{-3})'' \left(\frac{M}{M_\odot} \right)^{1/2} \left(\frac{D}{10\,\mathrm{kpc}} \right)^{-1/2} , \tag{4.12}$$

dove

$$D \equiv \frac{D_L D_S}{D_{LS}} \tag{4.13}$$

è la *distanza di lente efficace*.

Notiamo che, per $\beta \to \infty$, sia ha che $\theta_- = x_- \theta_E \to 0$, mentre $\theta_+ = x_+ \theta_E \to \beta$: quando la separazione angolare tra la lente e la sorgente diventa grande, l'effetto della lente diventa trascurabile. Formalmente, esiste ancora un'immagine a $\theta_- = 0$, ma come abbiamo visto discutendo le proprietà della superficie di ritardo temporale, questa immagine centrale ha magnificazione nulla.

4.1.4 Linee critiche, caustiche e magnificazione

Date le proprietà di simmetria della lente, il determinante della matrice Jacobiana è:

$$\det A(x) = \frac{y}{x} \frac{\mathrm{d}y}{\mathrm{d}x} . \tag{4.14}$$

Dall'Eq. 4.14 e dall'Eq. 4.6, gli autovalori della matrice Jacobiana sono

$$\lambda_t(x) = \frac{y}{x} = \left(1 - \frac{1}{x^2} \right)$$
$$\lambda_r(x) = \frac{\mathrm{d}y}{\mathrm{d}x} = \left(1 + \frac{1}{x^2} \right) . \tag{4.15}$$

Ovviamente, il secondo autovalore non è mai zero. Pertanto, la lente a massa puntiforme ha una sola linea critica, ossia un cerchio con il cui raggio è la soluzione dell'equazione $x^2 = 1$. Tale raggio è quindi il raggio di Einstein, e il corrispondente anello coincide con la linea critica tangenziale.

Utilizzando l'equazione della lente, come visto sopra, questa linea viene mappata sulla caustica tangenziale, che è un punto in $\beta = 0$ ($y = 0$).

La magnificazione è l'inverso del determinante della Jacobiana, quindi

$$\mu(x) = \left[1 - \frac{1}{x^4} \right]^{-1} . \tag{4.16}$$

4.1.5 *Magnificazione della sorgente*

Dall'Eq. 4.11, possiamo vedere che, nelle posizioni delle immagini,

$$\frac{x}{y} = \frac{1}{2}\left(1 \pm \frac{\sqrt{y^2+4}}{y}\right)$$

$$\frac{\mathrm{d}x}{\mathrm{d}y} = \frac{1}{2}\left(1 \pm \frac{y}{\sqrt{y^2+4}}\right). \tag{4.17}$$

Quindi, la magnificazione delle immagini può essere scritta come funzione della posizione della sorgente:

$$\mu_\pm(y) = \frac{1}{4}\left(1 \pm \frac{\sqrt{y^2+4}}{y}\right)\left(1 \pm \frac{y}{\sqrt{y^2+4}}\right)$$

$$= \frac{1}{4}\left(1 \pm \frac{\sqrt{y^2+4}}{y} \pm \frac{y}{\sqrt{y^2+4}} + 1\right)$$

$$= \frac{1}{4}\left(2 \pm \frac{2y^2+4}{y\sqrt{y^2+4}}\right) = \frac{1}{2}\left(1 \pm \frac{y^2+2}{y\sqrt{y^2+4}}\right). \tag{4.18}$$

Si noti che, per $y > 0$, $\mu_-(y) < 0$ e $\mu_+(y) > 0$, indicando che la parità delle due immagini è differente.

La magnificazione totale della sorgente è

$$\mu(y) = \mu_+(y) + |\mu_-(y)| = \frac{y^2+2}{y\sqrt{y^2+4}}, \tag{4.19}$$

mentre la somma delle magnificazioni *con segno* è $\mu = 1$. Espandendo la funzione in serie di potenze, si trova che $\mu \propto 1 + 2/y^4$ per $y \to \infty$, cioè la magnificazione diminuisce rapidamente all'aumentare della distanza della sorgente dalla lente.

Il rapporto tra le magnificazioni delle due immagini è invece

$$\left|\frac{\mu_+}{\mu_-}\right| = \frac{1 + \frac{y^2+2}{y\sqrt{y^2+4}}}{\frac{y^2+2}{y\sqrt{y^2+4}} - 1}$$

$$= \frac{y^2 + 2 + y\sqrt{y^2+4}}{y^2 + 2 - y\sqrt{y^2+4}}. \tag{4.20}$$

Dato che

$$\frac{1}{2}\left(y + \sqrt{y^2+4}\right)^2 = y^2 + 2 + y\sqrt{y^2+4} \tag{4.21}$$

e

$$\frac{1}{2}\left(y - \sqrt{y^2 + 4}\right)^2 = y^2 + 2 - y\sqrt{y^2 + 4} \,, \tag{4.22}$$

si trova che

$$\left|\frac{\mu_+}{\mu_-}\right| = \left(\frac{y + \sqrt{y^2 + 4}}{y - \sqrt{y^2 + 4}}\right)^2$$

$$= \left(\frac{x_+}{x_-}\right)^2 . \tag{4.23}$$

Si può vedere che $\lim_{y\to\infty} \mu_- = 0$ e che $\lim_{y\to\infty} \mu_+ = 1$. Inoltre, un'espansione in serie di Laurent mostra che per grandi valori di y,

$$\left|\frac{\mu_+}{\mu_-}\right| \propto y^4 \,, \tag{4.24}$$

cioè l'immagine in x_+ domina rapidamente il contributo alla magnificazione totale man mano che la sorgente si allontana dalla lente.

4.1.6 Sezione d'urto del microlensing

Una sorgente a $y = 1$ ha due immagini in

$$x_\pm = \frac{1 \pm \sqrt{5}}{2} \,, \tag{4.25}$$

e le loro magnificazioni sono

$$\mu_\pm = \left[1 - \left(\frac{2}{1 \pm \sqrt{5}}\right)^4\right]^{-1} . \tag{4.26}$$

Pertanto, la magnificazione totale della sorgente è $\mu = |\mu_+| + |\mu_-| = 1.17 + 0.17 = 1.34$. In termini di magnitudini, ciò corrisponde ad una variazione di magnitudine rispetto al caso in cui non ci sia alcun effetto di lensing pari a $\Delta m = -2.5 \log \mu \sim 0.3$. L'immagine in x_+ contribuisce per circa il 87% della magnificazione totale. Come visto sopra, per $y > 1$ la magnificazione decresce rapidamente, il che significa che l'unico modo per rilevare eventi di microlensing tramite effetti di magnificazione è individuare sorgenti ben allineate con le lenti, cioè all'interno dei loro anelli di Einstein. Per questa ragione, l'area dell'anello di Einstein è generalmente assunta come sezione d'urto per il microlensing,

$$\sigma_{micro} = \pi \theta_E^2 \,. \tag{4.27}$$

Questa è l'angolo solido entro il quale una sorgente retrostante la lente deve trovarsi per produrre un segnale di microlensing rilevabile.

4.2   Curva di luce del microlensing

Il raggio di Einstein fornisce l'ordine di grandezza della separazione delle immagini negli eventi di microlensing. Per una stella di una massa solare all'interno della nostra galassia, questo è dell'ordine di $\sim 10^{-3}$ secondi d'arco, quindi non rilevabile con la strumentazione attuale.

Tuttavia, possiamo rilevare microlenti nella Via Lattea o nei suoi dintorni sfruttando il moto relativo delle lenti rispetto alle sorgenti dovuto alla rotazione differenziale della nostra galassia. Se la sorgente e la lente sono in moto relativo, cioè se la distanza tra la lente e la sorgente, y, è una funzione del tempo, allora l'Eq. 4.19 mostra che la magnificazione è anch'essa una funzione del tempo, $\mu \equiv \mu(t)$. Pertanto, una sorgente con flusso intrinseco f_s apparirà avere un flusso $f(t) = \mu(t)f_s$ mentre è amplificata. La curva che descrive la variazione del flusso della sorgente in funzione del tempo durante l'evento di microlensing è chiamata la *curva di luce di microlensing*.

Supponiamo che il percorso della sorgente rispetto alla lente possa essere approssimato con una linea retta, come mostrato dalla linea tratteggiata blu nel diagramma della Fig. 4.2. La sorgente (indicata dal punto blu) raggiunge la minima distanza adimensionale y_0 dalla lente al tempo t_0. y_0 è il *parametro di impatto* adimensionale della sorgente. Assumendo che la sorgente si muova con velocità trasversa v rispetto alla lente, possiamo scrivere la distanza adimensionale della sorgente dal punto di minima distanza dalla lente come

$$y_1(t) = \frac{v(t - t_0)}{D_L \theta_E} \, , \tag{4.28}$$

dove D_L indica, come di consueto, la distanza angolare tra l'osservatore e la lente.

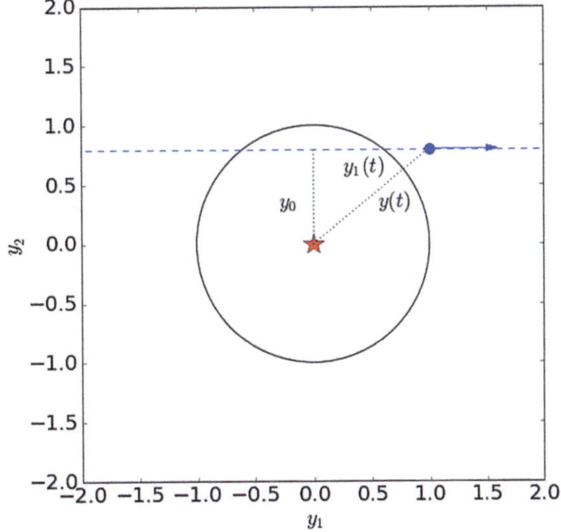

Figura 4.2 Illustrazione della posizione della lente e della traiettoria della sorgente. Il parametro di impatto adimensionale (in unità di θ_E) è y_0. $y_1(t)$ è la distanza adimensionale della sorgente dal punto di minima distanza dalla lente. Infine, $y(t)$ è la distanza adimensionale della sorgente dalla lente

Se la sorgente si muove con velocità v, impiegherà un tempo

$$t_E = \frac{D_L \theta_E}{v} = \frac{\theta_E}{\mu_{rel}} \tag{4.29}$$

per attraversare il raggio di Einstein della lente. Nell'equazione sopra, abbiamo introdotto il moto proprio relativo della sorgente rispetto alla lente, $\mu_{rel} = v/D_L$. Dato che, come discusso nella sezione precedente, la magnificazione si discosta significativamente dall'unità solo per sorgenti con $|y| \lesssim 1$, possiamo assumere che il *tempo di attraversamento del raggio di Einstein*, t_E, sia la scala temporale dell'evento di microlensing.

Se usiamo la definizione del raggio di Einstein data in Eq. 4.7, otteniamo

$$t_E \approx 19 \text{ giorni } \sqrt{4\frac{D_L}{D_S}\left(1 - \frac{D_L}{D_S}\right)} \left(\frac{D_S}{8\,\text{kpc}}\right)^{1/2} \left(\frac{M}{0.3 M_\odot}\right)^{1/2} \left(\frac{v}{200\text{km}/s}\right)^{-1} \tag{4.30}$$

Per scrivere questa equazione, abbiamo usato l'approssimazione $D_{LS} = D_S - D_L$, valida solo per distanze non cosmologiche, quindi applicabile alla nostra galassia.

Inserendo l'Eq. 4.29 nell'Eq. 4.28, otteniamo:

$$y_1(t) = \frac{(t - t_0)}{t_E} . \tag{4.31}$$

Quindi,

$$y(t) = \sqrt{y_0^2 + y_1^2(t)} = \sqrt{y_0^2 + \frac{(t - t_0)^2}{t_E^2}} . \tag{4.32}$$

Combinando le Eq. 4.32 e 4.19, otteniamo il modello standard della curva di luce di microlensing:

$$\mu(t) = \frac{y(t)^2 + 2}{y(t)\sqrt{y(t)^2 + 4}} . \tag{4.33}$$

Alcuni esempi di curve di luce corrispondenti a diversi valori del parametro di impatto y_0 sono mostrati nella Fig. 4.3.

4.2.1   Fit della curva di luce

L'analisi della forma della curva di luce osservata durante un evento di microlensing e il suo fit con il modello standard permette di ricavare alcune informazioni sull'evento stesso. La forma della curva di luce standard di microlensing ha un picco al tempo t_0 che indica il tempo nel quale lente e sorgente raggiungono la minima

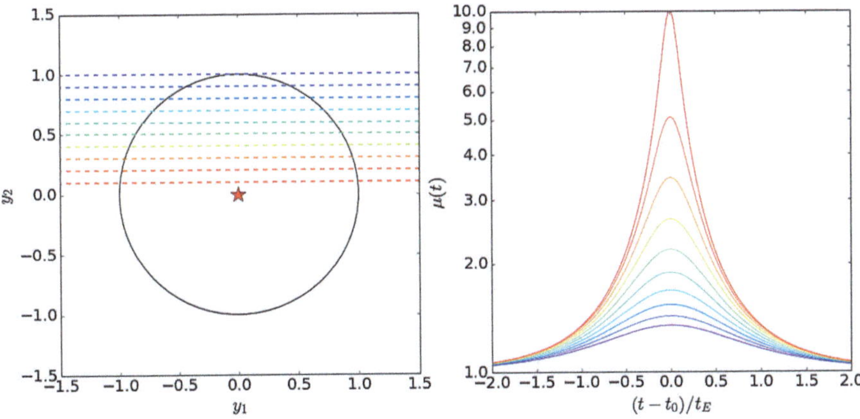

Figura 4.3 Pannello sinistro: traiettorie delle sorgenti corrispondenti a diversi valori del parametro di impatto y_0, variabile da 0.1 (rosso) a 1 (viola). Pannello destro: curve di luce corrispondenti alle traiettorie delle sorgenti mostrate nel pannello sinistro

separazione angolare. Il valore di y_0 determina l'altezza del picco: più vicina è la traiettoria della sorgente alla lente, più alto sarà il picco. Il tempo di attraversamento di Einstein t_E determina la larghezza del picco. La curva di luce osservata dipende ovviamente anche dal flusso intrinseco della sorgente, f_s.

Non è possibile determinare in modo univoco le distanze della lente e della sorgente, la velocità trasversa relativa e la massa della lente. Queste quantità sono infatti nascoste in t_E. Questo significa che, da una curva di luce osservata anche se ben fittata dal modello standard, non è possibile determinare in modo univoco le distanze, la velocità e la massa della lente. Questa degenerazione è nota come *degenerazione del microlensing*.

Il fit della curva di luce può essere complicato da diversi fattori. Ad esempio, in presenza di campi affollati, il flusso misurato è la somma dei flussi provenienti dalla sorgente, dalla lente e da altre stelle non correlate all'interno del disco di seeing. I contributi relativi di ciascuna di queste sorgenti può dipendere dalla lunghezza d'onda dell'osservazione. Per tener conto di queste "contaminazioni", generalmente si include anche un *parametro di blending*, b_s, che descrive la frazione di luce contribuita dalla sorgente amplificata. Tale parametro è generalmente diverso nei diversi filtri per tener conto della sopra-menzionata dipendenza dalla lunghezza d'onda. Si noti che il blending introduce un bias verso il basso nella stima della magnificazione.

Sebbene il modello standard della curva di luce funzioni bene in molti casi, ci sono situazioni in cui una o più ipotesi del modello standard vengono meno. In questi casi, è possibile derivare vincoli aggiuntivi che riducono parzialmente la degenerazione del microlensing. Curve di luce non standard si osservano, ad esempio, quando la sorgente o la lente non sono puntiformi (effetti di dimensione finita della sorgente e della lente) o quando il moto relativo della sorgente rispetto alla lente non è lineare.

Se la lente ha una dimensione finita, c'é un intervallo di tempo in cui la lente oscura l'immagine interna (e quella esterna, a seconda della dimensione della lente) nelle fasi iniziali e finali dell'evento di microlensing. Di conseguenza, le ali della curva di luce risultano attenuate. La modellizzazione di queste attenuazioni permette quindi di misurare la dimensione della lente.

L'effetto della dimensione finita della sorgente è particolarmente importante nei casi di alta magnificazione (Gould 1994; Witt e Mao 1994; Lee et al. 2009). In questo caso, la curva di luce è allargata vicino al picco, poiché le diverse parti della sorgente sperimentano magnificazioni diverse. Assumendo che la luminosità superficiale della sorgente sia uniforme, la magnificazione vicino al picco della curva di luce può essere approssimata dalla seguente formula (Gould 1994):

$$\mu'(y) \simeq \mu(y)\frac{4y}{\pi\rho}E(\vartheta_{max}, y/\rho) , \tag{4.34}$$

dove $E(\vartheta, \varphi)$ è l'integrale ellittico del secondo tipo e ϑ_{max} è definito come

$$\vartheta_{\mathrm{max}} = \begin{cases} \frac{\pi}{2} & y \le \rho \\ \arcsin(\rho/y) & y > \rho \end{cases} . \tag{4.35}$$

Fittare la curva di luce permette di misurare $\rho = \theta_\star/\theta_E$, cioè la dimensione della sorgente, $\theta_\star$, in unità del raggio di Einstein. Se possiamo misurare indipendentemente $\theta_\star$, l'effetto della sorgente finita consente di misurare la dimensione del raggio di Einstein. Ad esempio, possiamo derivare la dimensione della sorgente da relazioni

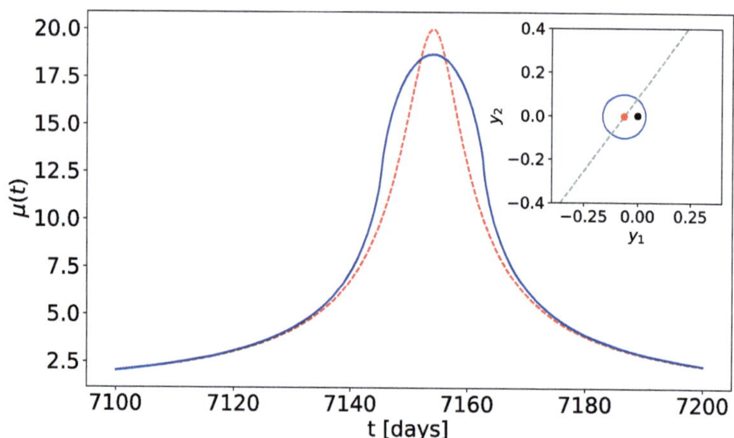

Figura 4.4 Effetti della dimensione finita della sorgente sulla curva di luce del microlensing. Consideriamo due sorgenti che si muovono lungo la traiettoria indicata dalla linea tratteggiata grigia nel riquadro piccolo. La sorgente rossa è puntiforme, mentre quella blu ha un raggio pari a $0.1\theta_E$, dove θ_E è il raggio di Einstein della lente, indicata dal punto nero in $\vec{y} = 0$. Le corrispondenti curve di luce del microlensing sono date dalle curve tratteggiate rosse e solide blu nel riquadro grande. La seconda curva di luce è più larga e più smussata vicino al picco

empiriche tra la luminosità superficiale e i colori. Kervella et al. (2004) ha proposto la seguente relazione tra il diametro angolare per stelle nane A0-M2 o sub-giganti A0-K0, il colore $V - K$ e la magnitudine nella banda K:

$$\log 2\theta_\star = 0.0755(V - K) + 0.5170 - 0.2K \ . \tag{4.36}$$

Misurando θ_E e t_E è quindi possibile determinare $\mu_{rel} = \theta_E / t_E$.

Dato il grande divario tra le dimensioni di θ_E (~ 1 mas) e $\theta_\star$ (~ 0.5 µas), possiamo misurare l'effetto della dimensione finita della sorgente solo in eventi di altissima magnificazione (quando la sorgente si sovrappone alla caustica puntiforme). Questo caso è illustrato nella Fig. 4.4.

4.3   Parallasse da microlensing

Per una lente a massa puntiforme nella Via Lattea, utilizzando il fatto che $D_{LS} = D_S - D_L$, il raggio di Einstein può essere scritto come

$$\theta_E = \sqrt{\frac{4GM}{c^2}\frac{D_{LS}}{D_L D_S}} = \sqrt{\frac{4GM}{c^2}\left(\frac{1}{D_L} - \frac{1}{D_S}\right)} = \sqrt{\frac{4GM}{c^2}\pi_{rel}} \ . \tag{4.37}$$

Nell'equazione sopra, $\pi_{rel} = 1/D_L - 1/D_S$ è la *parallasse relativa* della lente e della sorgente. Dall'Eq. 4.37, possiamo anche vedere che

$$\theta_E = \frac{4GM}{c^2}\frac{\pi_{rel}}{\theta_E} = \frac{4GM}{c^2}\pi_E \ , \tag{4.38}$$

dove abbiamo introdotto la *parallasse da microlensing*, $\pi_E = \pi_{rel}/\theta_E$. Ponendo

$$k = \frac{4G}{c^2} = 8.14 \,\text{mas}\, M_\odot^{-1} \ , \tag{4.39}$$

si trova che

$$M = \frac{\theta_E}{k\,\pi_E} \ , \tag{4.40}$$

che mostra che misurare la parallasse da microlensing, π_E, e il raggio di Einstein, θ_E, permette di risolvere la degenerazione del microlensing e determinare la massa della lente.

Il diagramma in Fig. 4.5 mostra anche che la parallasse da microlensing è l'inverso della proiezione del raggio fisico di Einstein, $r_E = \theta_E D_L$, sul piano dell'osservatore, $\tilde{r}_E$. Infatti,

$$\tilde{r}_E = D_L\hat{\alpha}(\theta_E) = \frac{r_E}{\theta_E}\hat{\alpha}(\theta_E) = \frac{kM}{\theta_E} = \frac{1}{\pi_E} \ . \tag{4.41}$$

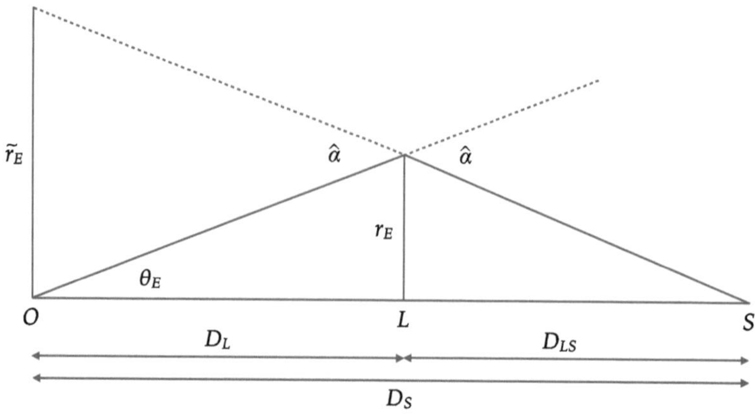

Figura 4.5 Relazione tra il raggio di Einstein proiettato, $\tilde{r}_E$ e il raggio angolare di Einstein θ_E

È possibile misurare la parallasse da microlensing in due situazioni. Primo, quando l'osservatore si muove mentre l'evento di microlensing è in corso. Secondo, quando l'osservatore utilizza due telescopi per osservare l'evento da località differenti simultaneamente. Pertanto, esistono tre tipi di parallasse da microlensing misurabili:

1. parallasse orbitale o annuale: l'osservatore sulla Terra partecipa al moto orbitale della Terra attorno al Sole;
2. parallasse da satellite: l'osservatore utilizza un telescopio spaziale e un osservatorio terrestre per osservare lo stesso evento;
3. parallasse terrestre: l'osservatore utilizza una rete di osservatori terrestri per osservare lo stesso evento.

A causa delle diverse linee di vista verso la sorgente, l'osservatore noterà una variazione della posizione della lente rispetto alle sorgenti. Poiché la magnificazione in Eq. 4.33 dipende dalla separazione assoluta tra lente e sorgente in unità del raggio di Einstein, la curva di luce della sorgente ne risulterà influenzata.

Parallasse orbitale

Il moto orbitale della Terra attorno al Sole implica che la linea di vista verso la sorgente cambi nel corso dell'evento di microlensing per un osservatore a terra. Nel sistema di riferimento in cui l'osservatore e la sorgente sono fissi, la lente si muove sia a causa del suo moto intrinseco rispetto alla sorgente (che possiamo assumere essere su una traiettoria rettilinea) sia a causa del moto orbitale della Terra. Mentre il primo moto produce la curva di luce standard, il secondo la distorce. Alcock et al. (1995) hanno riportato la prima rilevazione della parallasse orbitale da microlensing.

Osservazione 4.1 Un aspetto importante della parallasse da microlensing è che essa è un vettore, non uno scalare. Infatti, gli effetti di parallasse osservati sulla curva di luce dipendono da come la separazione apparente tra lente e sorgente cambia a causa del moto dell'osservatore. Ad esempio, possiamo scomporre questo moto in due componenti, una lungo e una perpendicolare alla velocità della lente. A causa della prima componente, la lente accelera verso la sorgente. L'effetto introduce una distorsione asimmetrica della forma della curva di luce (rispetto a t_0). Invece, la seconda componente modifica il parametro di impatto y_0, avvicinando o allontanando la traiettoria della lente dalla sorgente. Di conseguenza, la distorsione della curva di luce sarà simmetrica. Per descrivere entrambi questi effetti, sono necessarie due componenti di parallasse.

Dato che la variazione della linea di vista dell'osservatore avviene su una scala temporale di ~ 1 anno, possiamo misurare l'effetto della parallasse orbitale in eventi che non siano troppo brevi (~ 100 giorni). Inoltre, l'effetto è più facilmente osservabile in primavera e autunno. In queste stagioni, il moto della Terra attorno al Sole è principalmente perpendicolare alla direzione del bulge galattico, dove si trovano tipicamente le sorgenti degli eventi di microlensing.

Parallasse da satellite

L'effetto di parallasse da satellite è misurabile combinando osservazioni da terra e da un osservatorio spaziale. Per anni, lo strumento che ha offerto la migliore opportunità per misurare questo effetto è stato il telescopio spaziale *Spitzer*. Questo telescopio è stato uno dei grandi Osservatori Spaziali della NASA, che ha osservato il cielo nell'infrarosso da un'orbita che segue la Terra, ad una distanza di circa ~ 1 UA. Quando proiettato sul piano dell'osservatore, la dimensione tipica del raggio di Einstein, $\tilde{r}_E$, negli eventi di microlensing galattico è dell'ordine di $\sim$ pochi-10 UA. Dunque, *Spitzer* ha offerto la giusta base di osservazione per rilevare effetti di parallasse nella maggior parte degli eventi di microlensing che coinvolgono da stelle nane di tipo M fino a lenti di massa solare (Yee et al. 2015).

Parallasse terrestre

Gli effetti di parallasse terrestre sono rilevabili in eventi di microlensing brevi osservati da due o più osservatori sulla Terra. Analogamente al caso della parallasse da satellite, l'uso di più telescopi a terra per osservare lo stesso evento consente di misurare la parallasse confrontando le curve di luce misurate da ciascuna località (si veda, ad esempio Gould et al. 2009).

4.4 Microlensing astrometrico

Durante un evento di microlensing, le posizioni e le relative magnificazioni delle immagini variano nel tempo. Di conseguenza, il baricentro della luce delle immagini si sposta lungo una traiettoria che possiamo calcolare facilmente. Questo effetto è chiamato *microlensing astrometrico* (Hog et al. 1995; Miyamoto e Yoshii 1995;

Dominik e Sahu 1998; Proft et al. 2011) ed è stato recentemente rilevato in alcuni eventi di microlensing (Sahu et al. 2017; Zurlo et al. 2018; Dong et al. 2019).

Per prima cosa, consideriamo il moto delle immagini che si formano all'interno e all'esterno dell'anello di Einstein in risposta al movimento della sorgente. Come fatto in precedenza per il microlensing fotometrico, consideriamo il sistema di riferimento in cui la lente è fissa e la sorgente è in movimento. Il vettore che descrive la posizione della sorgente nel tempo, $\vec{y}(t)$, ha due componenti: $y_\parallel = (t - t_0)/t_E$ parallela alla direzione del moto della sorgente e $y_\perp = y_0$ perpendicolare ad essa. Le due immagini giacciono sempre sulla retta che passa attraverso la lente e la sorgente. Le loro distanze dalla lente, in unità del raggio di Einstein, sono date in Eq. 4.11. Per le immagini interne ed esterne all'anello di Einstein, si ha:

$$x_{\pm,\parallel} = \frac{1}{2}(1 \pm Q)y_\parallel$$

$$x_{\pm,\perp} = \frac{1}{2}(1 \pm Q)y_\perp \, , \tag{4.42}$$

dove

$$Q = \frac{\sqrt{y^2 + 4}}{y} \, . \tag{4.43}$$

Mostriamo il percorso delle due immagini di una sorgente che si muove lungo una traiettoria con $y_0 = 0.2$ in Fig. 4.6.

Le magnificazioni corrispondenti sono date in Eq. 4.18. Il baricentro della luce delle immagini può essere calcolato come:

$$\vec{x}_c = \frac{\vec{x}_+ \mu_+ + \vec{x}_- |\mu_-|}{\mu_+ + |\mu_-|} \, . \tag{4.44}$$

Come discusso nella Sez. 4.1.5, il flusso magnificato ricevuto dalle due immagini è fortemente sbilanciato a favore dell'immagine esterna al raggio di Einstein per la maggior parte del tempo. Di conseguenza, il baricentro della luce viene attratto verso l'immagine esterna.

Nella pratica, tuttavia, osserviamo gli eventi di microlensing monitorando la sorgente piuttosto che la lente. In altre parole, la posizione della sorgente è fissa (ad esempio nel rigonfiamento galattico). Pertanto, non misureremo lo spostamento del baricentro rispetto alla lente, come calcolato sopra. Piuttosto, osserveremo un baricentro in movimento rispetto alla posizione della sorgente non magnificata durante l'evento di microlensing. Questo spostamento è dato da:

$$\delta \vec{x}_c = \vec{x}_c - \vec{y} \, . \tag{4.45}$$

Come mostrato in Fig. 4.7, questo ha la caratteristica forma di un'ellisse. Il rapporto tra gli assi e la dimensione dell'ellisse dipendono dal parametro di impatto della sorgente, y_0, come discusso di seguito.

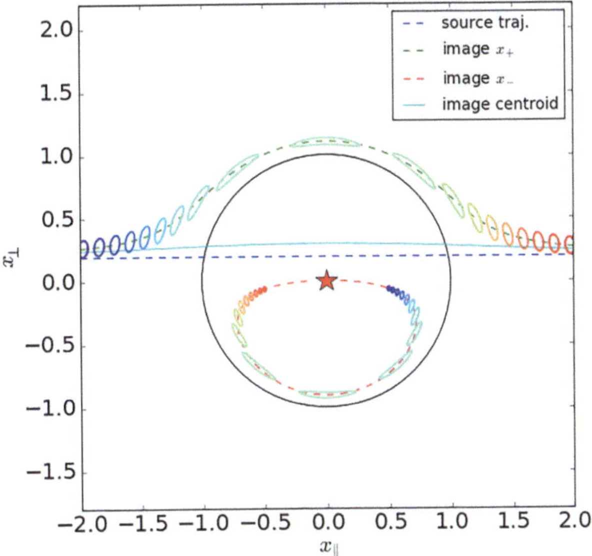

Figura 4.6 Illustrazione di un evento di microlensing. La linea tratteggiata rappresenta la traiettoria della sorgente (corrispondente a un parametro di impatto $y_0 = 0.2$). La stella rossa indica la posizione della lente in $(0, 0)$. Le linee tratteggiate verde e rossa mostrano rispettivamente le traiettorie delle immagini esterne e interne all'anello di Einstein (cerchio nero). Per visualizzare meglio la magnificazione delle immagini, assegniamo alla sorgente una forma circolare. Man mano che la sorgente si muove da sinistra a destra, il colore delle due immagini cambia da blu a rosso. L'immagine esterna è sempre più grande di quella interna, mostrando che la prima contribuirà generalmente con una frazione maggiore del flusso. Di conseguenza, il baricentro della luce seguirà un percorso (linea ciano solida) differente da quello della sorgente, venendo attratto verso l'immagine esterna

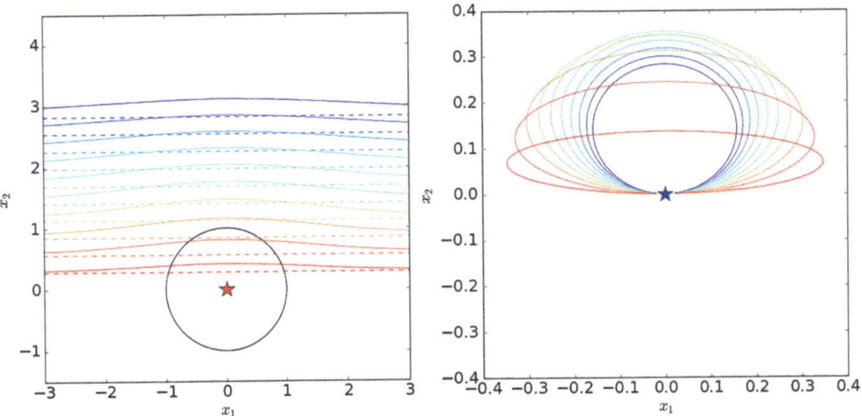

Figura 4.7 Pannello sinistro: traiettorie del baricentro della luce (linee solide) per sorgenti con parametri di impatto decrescenti (dal blu al rosso). Le traiettorie delle sorgenti non magnificata sono indicate dalle linee tratteggiate. Pannello destro: percorsi del baricentro della luce confrontati con i percorsi delle sorgenti non magnificata

Poiché la lente, la sorgente e le immagini sono allineate sul piano del cielo, i vettori $\vec{x}_c$ e $\vec{y}$ in Eq. 4.45 sono anch'essi allineati. Utilizzando le Eq. 4.11 e 4.18, possiamo calcolare l'ampiezza dello spostamento come

$$\delta x_c = \frac{\frac{1}{4}\left[(y + \sqrt{y^2 + 4})\left(1 + \frac{y^2+2}{y\sqrt{y^2+4}}\right) - (y - \sqrt{y^2+4})\left(1 - \frac{y^2+2}{y\sqrt{y^2+4}}\right)\right]}{\frac{y^2+2}{y\sqrt{y^2+4}}} - y$$

$$= \frac{\frac{1}{4}\left(y + \sqrt{y^2+4} + \frac{y^2+2}{\sqrt{y^2+4}} + \frac{y^2+2}{y} - y + \sqrt{y^2+4} + \frac{y^2+2}{\sqrt{y^2+4}} - \frac{y^2+2}{y}\right)}{\frac{y^2+2}{y\sqrt{y^2+4}}} - y$$

$$= \frac{y}{y^2 + 2} . \tag{4.46}$$

Dato il segno del risultato, $\delta \vec{x}_c$ punta nella stessa direzione di $\vec{y}$. Un aspetto interessante è che, per $y \gg \sqrt{2}$,

$$\delta x_c \approx \frac{1}{y} , \tag{4.47}$$

ciò significa che l'ampiezza dell'effetto astrometrico del microlensing decresce con la distanza della sorgente dalla lente molto più lentamente rispetto all'effetto fotometrico. Inoltre,

$$\frac{d(\delta x_c)}{dy} = \frac{2 - y^2}{(y^2 + 2)^2} , \tag{4.48}$$

che mostra che lo spostamento ha un'ampiezza massima per $y = \sqrt{2}$, dove $\delta x_c = \delta x_{c,max} = (2\sqrt{2})^{-1} \approx 0.354$. Assumendo $\theta_E \approx 1$ mas, allora $\delta \theta_c = \delta x_c \theta_E \approx 1/3$ mas.

Possiamo ora scomporre lo spostamento nelle componenti parallela e perpendicolare alla traiettoria della sorgente:

$$\delta x_{c,\parallel} = \frac{y_\parallel}{y^2 + 2} = \frac{(t - t_0)/t_E}{[(t - t_0)/t_E]^2 + y_0^2 + 2} \tag{4.49}$$

$$\delta x_{c,\perp} = \frac{y_\perp}{y^2 + 2} = \frac{y_0}{[(t - t_0)/t_E]^2 + y_0^2 + 2} . \tag{4.50}$$

Le funzioni $\delta x_{c,\parallel}(t)$ e $\delta x_{c,\perp}(t)$ sono mostrate in Fig. 4.8.

Si può osservare che $\delta x_{c,\parallel}$ è negativo per $t < t_0$ e positivo altrimenti. Definiamo $p \equiv (t - t_0)/t_E$. Derivando rispetto a p, otteniamo

$$\frac{d(\delta x_{c,\parallel})}{dp} = \frac{y_0^2 + 2 - p^2}{(p^2 + y_0^2 + 2)^2} . \tag{4.51}$$

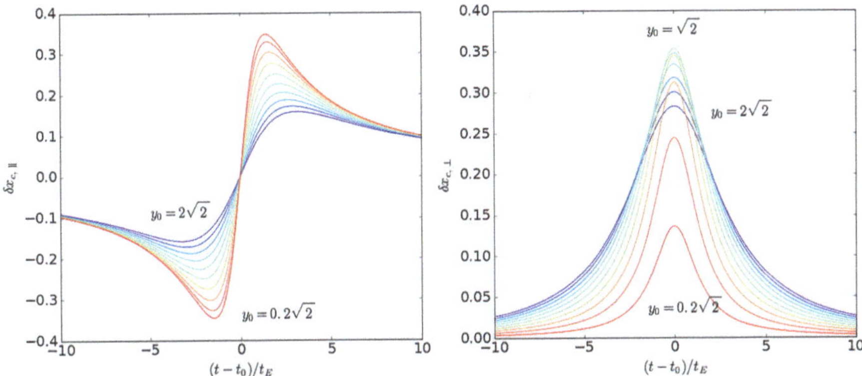

Figura 4.8 Componenti dello spostamento del baricentro della luce in funzione del tempo. I pannelli sinistro e destro mostrano rispettivamente la componente parallela e perpendicolare alla traiettoria della sorgente. Diversi colori illustrano i risultati per diversi parametri di impatto y_0

Pertanto, la funzione è estrema ai tempi t_m tali che $(t_m - t_0)/t_E = \pm\sqrt{y_0^2 + 2}$, dove

$$\delta x_{c,\parallel,min}, \delta x_{c,\parallel,max} = \pm\frac{1}{2\sqrt{y_0^2 + 2}} \,. \tag{4.52}$$

D'altra parte, $\delta x_{c,\perp}$ ha un massimo per $(t - t_0)/t_E = 0$, ovvero in $t = t_0$, dove raggiunge il valore

$$\delta x_{c,\perp,max} = \frac{y_0}{y_0^2 + 2} \,. \tag{4.53}$$

Poiché $\delta x_{c,\parallel}(t = t_0) = 0$, lo spostamento è solo perpendicolare al moto della sorgente in questo istante. Per $y_0 = \sqrt{2}$, $\delta x_{c,\perp,max}$ raggiunge la sua ampiezza massima $\delta x_{c,max}$.

Quando combinate, queste componenti generano le traiettorie ellittiche mostrate nel pannello destro di Fig. 4.7. Le ellissi sono centrate in $(0, y_0)$. I loro semiassi maggiore e minore sono orientati lungo le direzioni $\delta_\parallel$ e $\delta_\perp$, rispettivamente. Come risulta dalle Eq. 4.52 e 4.53, le loro dimensioni sono

$$a = \frac{1}{2}\frac{1}{\sqrt{y_0^2 + 2}} \tag{4.54}$$

$$b = \frac{1}{2}\frac{y_0}{y_0^2 + 2} \,. \tag{4.55}$$

Misurare la dimensione dell'ellisse che definisce la traiettoria del baricentro consente una misura indipendente del raggio di Einstein. Pertanto, la combinazione degli effetti di microlensing astrometrico e fotometrico permette di risolvere la degenerazione del microlensing.

4.5 Microlensing fotometrico: profondità ottica e tassi di eventi

4.5.1 Profondità ottica

La profondità ottica fino a una certa distanza D_S è la probabilità che una sorgente
a tale distanza dia origine a un evento di microlensing rilevabile. Come discusso
in precedenza, possiamo assumere che la sezione d'urto della lente (in steradianti)
coincida con l'angolo solido racchiuso dall'anello di Einstein, $\pi\theta_E^2$. Pertanto, la
profondità ottica può essere calcolata come la somma delle sezioni d'urto di tutte
le lenti fino alla distanza D_S, divisa per l'area del cielo. Supponiamo che la densità
numerica delle lenti vari in funzione della distanza della lente come $n(D_L)$. Allora,
il numero di lenti contenute nell'angolo solido Ω a distanze comprese tra D_L e
$D_L + dD_L$ è

$$dN_L = \Omega D_L^2 n(D_L)dD_L \ . \tag{4.56}$$

Quindi, la profondità ottica è

$$\tau(D_S) = \frac{1}{\Omega} \int_0^{D_S} [\Omega D_L^2 n(D_L)](\pi\theta_E^2)dD_L \ . \tag{4.57}$$

Se tutte le lenti hanno la stessa massa M, allora $n(D_L) = \rho(D_L)/M$, dove
$\rho(D_L)$ è la densità di massa. Notiamo che, poiché $\theta_E \propto M^{1/2}$, la profondità ottica dipende dalla densità di massa totale ma non dalla massa della lente. Questo
risultato può essere generalizzato anche nel caso in cui le lenti abbiano una distribuzione di masse (nota come *funzione di massa delle lenti*), purché la distribuzione
spaziale delle lenti sia indipendente dalla massa. Infatti, possiamo scrivere

$$n(D_L) = \int n(D_L, M)dM = \int \rho_M(D_L)M^{-1}dM \ . \tag{4.58}$$

Sotto questa ipotesi e usando Eq. 4.7, otteniamo

$$
\begin{aligned}
\tau(D_S) &= \frac{4\pi G}{c^2} \int_0^{D_S} \rho(D_L)D_L^2 \frac{D_{LS}}{D_L D_S} dD_L \\
&= \frac{4\pi G}{c^2} \int_0^{D_S} \rho(D_L)D_L \frac{D_S - D_L}{D_S} dD_L \\
&= \frac{4\pi G}{c^2} \int_0^{D_S} \rho(D_L)\frac{D_L}{D_S}\left(1 - \frac{D_L}{D_S}\right) D_S dD_L \ .
\end{aligned}
\tag{4.59}
$$

Ponendo $x = D_L/D_S$, $dx = dD_L/D_S$, la profondità ottica diventa

$$\tau(D_S) = \frac{4\pi G}{c^2} D_S^2 \int_0^1 \rho(x)x(1 - x)dx \ . \tag{4.60}$$

Derivando rispetto a x, otteniamo

$$\frac{d\tau}{dx} \propto \rho(x)x(1-x) \, . \tag{4.61}$$

La funzione $f(x) = x(1-x)$, che pesa il contributo delle lenti alla profondità ottica, ha un massimo in $x = 0.5$, cioè le lenti situate circa a metà strada tra l'osservatore e le sorgenti contribuiscono maggiormente alla profondità ottica. Tuttavia, bisogna considerare $\rho(x)$ per stabilire da dove proviene la maggior parte del segnale di microlensing.

Poiché le sorgenti non si trovano tutte a una distanza D_S, per ottenere la profondità ottica totale dovremmo integrare $\tau(D_S)$ sulla distribuzione di D_S. Consideriamo un modello molto approssimato della galassia, assumendo che sia un sistema sferico, autogravitante di lenti di massa M. Se $\rho(x) = \rho_0$ è costante, otteniamo

$$\tau(D_S) = \frac{4\pi G}{c^2}\rho_0 D_S^2 \int_0^1 x(1-x)dx = \frac{2}{3}\frac{\pi G}{c^2}D_S^2\rho_0 \, . \tag{4.62}$$

Nel caso del microlensing nella Via Lattea, la sfera centrata nel centro galattico con raggio D_S contiene una massa $M_{gal} = \frac{4}{3}\pi D_S^3\rho_0$, quindi

$$\tau(D_S) = \frac{GM_{gal}}{2c^2 D_S} = \frac{V_{circ}^2}{2c^2} \, . \tag{4.63}$$

dove $V_{circ} \approx 220$ km/s è la velocità circolare. Assumendo che le sorgenti si trovino tutte alla distanza del centro galattico, la profondità ottica per il microlensing è

$$\tau \approx 2.6 \times 10^{-7} \, . \tag{4.64}$$

Ciò significa che è necessario monitorare milioni di stelle per ottenere un numero significativo di eventi di microlensing, rendendo fondamentale l'osservazione di regioni con un'alta densità numerica di stelle. Numerosi esperimenti di microlensing sono stati condotti dagli anni '90, mirati al bulge galattico e alle Nubi di Magellano.

Osservazione 4.2 I calcoli sopra riportati assumono che la densità di massa delle lenti sia costante. Tuttavia, questa è una semplificazione: nel caso del microlensing verso il bulge galattico, bisogna considerare la struttura più complessa della nostra Galassia, che include diverse componenti (bulge, barra, disco, alone), ognuna con una propria densità di massa. La profondità ottica reale verso il centro galattico è $\sim 3 - 10$ volte più grande a causa della natura appiattita del disco galattico e della presenza della barra.

Profondità ottica di un disco esponenziale
Riportiamo i calcoli per determinare la profondità ottica verso il centro galattico per lenti situate nel disco galattico (cioè con un profilo di densità esponenziale). Questo esercizio è stato proposto nell'eccellente articolo di review di Mao (2008).

La densità di massa nel disco esponenziale è descritta, rispetto a un osservatore vicino al Sole, dalla funzione

$$\rho(R) = \rho_0 \exp\left(-(R - R_0)/R_D\right), \qquad (4.65)$$

dove ρ_0 è la densità di massa vicino al sole, R è la distanza della lente dal centro galattico, R_0 è la distanza del Sole dal centro galattico e R_D è la scala del disco (cioè un parametro che definisce quanto rapidamente la densità decresce in funzione del raggio). Utilizzando la notazione usata in precedenza, abbiamo che $R = D_{LS}$ e $R_0 = D_S$, quindi

$$\rho(D_L) = \rho_0 \exp\left(D_L/R_D\right). \qquad (4.66)$$

Scalando le distanze con D_S, la densità può essere scritta come

$$\rho(x) = \rho_0 \exp x/x', \qquad (4.67)$$

dove $x' = R_D/D_S$. Questa espressione può essere inserita in Eq. 4.60 per ottenere

$$\tau(D_S) = \frac{4\pi G}{c^2} \rho_0 D_S^2 \int_0^1 \exp\left(x/x'\right) x (1 - x) dx. \qquad (4.68)$$

Risolvendo l'integrale otteniamo

$$\tau(D_S) = \frac{4\pi G}{c^2} \rho_0 D_S^2 x'^2 [2x' - 1 + \exp\left(1/x'\right)(2x' - 1)]. \qquad (4.69)$$

Assumendo $D_S = 8\,\mathrm{kpc}$, $R_D = 3\,\mathrm{kpc}$, $\rho_0 = 0.1 M_\odot\,\mathrm{pc}^{-3}$, la profonditá ottica risulta

$$\tau \approx 2.9 \times 10^{-6}. \qquad (4.70)$$

4.5.2   Tasso di eventi

La profondità ottica fornisce la probabilità che una sorgente stia subendo un evento di microlensing in un dato momento. Siamo interessati ora a conoscere il tasso di eventi di microlensing che possiamo osservare monitorando un certo numero di sorgenti per un determinato periodo di tempo.

Per calcolare il tasso di eventi, è più naturale immaginare che le sorgenti formino uno sfondo statico davanti al quale le lenti si muovono con una certa velocità trasversa v. Per semplicità, possiamo assumere che questa velocità sia la stessa per tutte le lenti (anche se, in un caso realistico, sia le lenti che le sorgenti seguono una distribuzione di velocità). La sezione d'urto della lente ha diametro $2r_E$, dove r_E è la dimensione fisica del raggio di Einstein nel piano della lente, $r_E = D_L \theta_E$. Per calcolare la probabilità di osservare un evento di microlensing in un tempo dt, dobbiamo considerare che la lente, mentre si muove di fronte alle sorgenti con velocità v, spazza una certa area. L'area percorsa nel tempo dt è

$$dA = 2r_E v dt = 2r_E^2 \frac{dt}{t_E} \ . \tag{4.71}$$

Moltiplicando per il numero di lenti nell'angolo solido Ω tra D_L e $D_L + dD_L$ e poi dividendo per Ω, otteniamo la probabilità che una sorgente subisca un nuovo evento di microlensing nel tempo dt:

$$d\tau = \frac{1}{\Omega} \int_0^{D_S} n(D_L)\Omega \, dA \, dD_L = 2 \int_0^{D_S} n(D_L) r_E^2 \frac{dt}{t_E} dD_L \ . \tag{4.72}$$

Se monitoriamo $N_\star$ sorgenti durante il tempo dt, otteniamo il numero atteso di eventi di microlensing osservati moltiplicando la probabilità che una sorgente subisca un evento di microlensing per il numero di stelle monitorate. Infine, dividendo per il tempo dt, otteniamo il *tasso di eventi*:

$$\Gamma = \frac{d(N_\star \tau)}{dt} = \frac{2N_\star}{\pi} \int_0^{D_S} n(D_L)\frac{\pi r_E^2}{t_E} dD_L \ . \tag{4.73}$$

Assumendo che tutti i tempi di attraversamento di Einstein siano identici, otteniamo

$$\Gamma = \frac{2N_\star}{\pi t_E}\tau \ . \tag{4.74}$$

Pertanto, se $t_E \approx 19$ giorni,

$$\Gamma \approx 1200\mathrm{yr}^{-1} \frac{N_\star}{10^8} \frac{\tau}{10^{-6}} \left(\frac{t_E}{19\mathrm{giorni}} \right)^{-1} , \tag{4.75}$$

significa che monitorando $\sim 10^8$ stelle, ci aspetteremmo di osservare ~ 1200 eventi di microlensing all'anno. Per confronto, la collaborazione OGLE-IV, monitorando 2×10^8 stelle nel bulge galattico, ha rilevato circa $1500 - -2000$ candidati eventi all'anno tra il 2011 e il 2017.

Notiamo che mentre la profondità ottica non dipende dalla massa, il tasso di eventi dipende dalla massa poiché $\Gamma \propto t_E^{-1} \propto M^{-1/2}$. Questa proprietà è cruciale poiché significa che possiamo usare la distribuzione delle durate degli eventi per studiare la cinematica della Via Lattea e la popolazione stellare nella Galassia.

4.6 Risultati dalle ricerche MACHO

Dal 1991, diverse collaborazioni tra gruppi di astronomi di tutto il mondo sono nate per monitorare le regioni più dense di stelle all'interno e nei pressi della nostra Galassia: il bulge galattico, la Piccola e la Grande Nube di Magellano, (SMC e LMC).

La principale motivazione di queste campagne osservative era la ricerca di *Massive Astrophysical Compact Halo Objects* (MACHOs), cioè oggetti compatti molto deboli o invisibili come buchi neri, stelle di neutroni, nane bianche e nane brune. Questi oggetti compatti erano tra i candidati *barionici* della materia oscura. Come suggerito da Paczynski (1986), oggetti compatti nell'alone della Galassia avrebbero prodotto un segnale di microlensing aggiuntivo rispetto a quello prodotto dalle popolazioni stellari note nella Galassia. Come discusso in precedenza, la profondità ottica per il microlensing è molto bassa, e le scale temporali degli eventi possono variare da frazioni di giorno a centinaia di giorni. Pertanto, per avere la possibilità di rilevare alcuni eventi, è necessario monitorare centinaia di milioni di stelle con una cadenza sufficientemente breve. Ciò richiede la costruzione di reti di telescopi dedicati a queste osservazioni.

L'LMC e l'SMC ospitano sorgenti che potrebbero essere microlensate dai MACHOs. Il bulge galattico è meno interessante per la ricerca di MACHOs, ma la ricerca di eventi di microlensing in questa direzione può servire per studiare la struttura della Galassia. Più recentemente, le ricerche di MACHOs sono state estese anche alla galassia M31 (Andromeda).

In Tabella 4.1 forniamo un elenco delle collaborazioni coinvolte nelle ricerche di microlensing. Una di esse (l'*Optical Gravitational Lensing Experiment*, OGLE) è ancora operativa (OGLE IV). Alcuni dei risultati più interessanti trovati da questi gruppi possono essere riassunti come segue:

- l'elevato tasso di rilevazione ha favorito un modello di Galassia con barra;
- verso le Nubi di Magellano, nessun evento breve (con scale temporali da poche ore fino a 20 giorni) è stato rilevato da nessun gruppo. Questo pone limiti stringenti ai pianeti di tipo gioviano nell'alone della galassia: in particolare, gli oggetti compatti nella gamma di masse $10^{-6} - 0.05$ masse solari contribuiscono per meno del 10% alla materia oscura attorno alla nostra Galassia. Questo è un risultato significativo, poiché questi oggetti erano precedentemente considerati

Tabella 4.1 Elenco di alcune collaborazioni che hanno condotto ricerche di eventi di microlensing da candidati di materia oscura

Gruppo	Target	Periodo di operazione	Riferimento
DUO (Disk Unseen Objects)	Rigonfiamento	1994–1997	Alard et al. (1995)
EROS (Experience pour la Recherche d'Objets sombres)	SMC, LMC	1990–2003	http://eros.in2p3.fr
MACHO	Rigonfiamento, LMC	1992–2003	http://wwwmacho.anu.edu.au
MOA (Microlensing Observations in Astrophysics)	1995–2013	Rigonfiamento, LMC, SMC	http://www2.phys.canterbury.ac.nz/moa/
OGLE (Optical Gravitational Lensing Experiment)	1992-*oggi*	Rigonfiamento, LMC, SMC	http://ogle.astrouw.edu.pl
POINT-AGAPE (Andromeda Galaxy and Amplified Pixels Experiment)	1999–2006	M31	Paulin-Henriksson et al. (2003)

la forma più plausibile di materia oscura barionica e (per masse inferiori a 0.01 masse solari) sarebbero stati virtualmente impossibili da rilevare direttamente;

- le rilevazioni di eventi di microlensing verso il bulge galattico sono molto probabilmente causate da popolazioni stellari conosciute. I buchi neri possono contribuire per il 2% della massa totale dell'alone. Sumi et al. (2011) ha tuttavia riportato un eccesso di eventi brevi, il che indica la presenza di pianeti fluttuanti liberi nel disco della Via Lattea.

4.7 Masse puntiformi multiple

4.7.1 Generalità

Angolo di deflessione

L'angolo di deflessione di un insieme di N masse puntiformi è stato dato in Eq. 2.55. Anche per una lente di questo tipo, una scelta appropriata della scala angolare consente di scrivere l'angolo di deflessione in una forma conveniente. Generalizzando il caso di una singola massa puntiforme, possiamo definire un raggio di Einstein equivalente per una massa pari alla somma delle masse puntiformi, $M_{tot} = \sum_{i=1}^{N} M_i$. L'angolo di deflessione ridotto può essere quindi scritto come

$$\vec{\alpha}(\vec{\theta}) = \sum_{i=1}^{N} \frac{D_{LS}}{D_L D_S} \frac{4GM_i}{c^2} \frac{(\vec{\theta} - \vec{\theta}_i)}{|\vec{\theta} - \vec{\theta}_i|^2} \frac{M_{tot}}{M_{tot}} = \sum_{i=1}^{N} m_i \frac{\theta_E^2}{|\vec{\theta} - \vec{\theta}_i|^2} (\vec{\theta} - \vec{\theta}_i) , \quad (4.76)$$

dove abbiamo posto $m_i = M_i / M_{tot}$. Dividendo ulteriormente per θ_E, otteniamo:

$$\vec{\alpha}(\vec{x}) = \sum_{i=1}^{N} \frac{m_i}{|\vec{x} - \vec{x}_i|^2} (\vec{x} - \vec{x}_i) , \quad (4.77)$$

dove $x = \theta/\theta_E$.

Equazione della lente

L'equazione della lente nella forma adimensionale diventa

$$\vec{y} = \vec{x} - \sum_{i=1}^{N} \frac{m_i}{|\vec{x} - \vec{x}_i|^2} (\vec{x} - \vec{x}_i) . \quad (4.78)$$

Witt (1990) ha mostrato che è conveniente usare la notazione complessa invece della forma vettoriale per scrivere questa equazione della lente. Utilizzando questa notazione, $z = x_1 + ix_2$ e $z_s = y_1 + iy_2$ sono le posizioni nei piani della lente e della sorgente. L'angolo di deflessione complesso è $\alpha(z) = \alpha_1(z) + i\alpha_2(z)$ che può essere scritto come

$$\alpha(z) = \sum_{i=1}^{N} m_i \frac{(z - z_i)}{(z - z_i)(z^* - z_i^*)} = \sum_{i=1}^{N} \frac{m_i}{z^* - z_i^*} , \qquad (4.79)$$

dove il simbolo * denota il complesso coniugato. L'equazione della lente diventa

$$z_s = z - \sum_{i=1}^{N} \frac{m_i}{z^* - z_i^*} . \qquad (4.80)$$

Prendendo il complesso coniugato di entrambi i membri, possiamo risolvere per z^*:

$$z^* = z_s^* + \sum_{i=1}^{N} \frac{m_i}{z - z_i} . \qquad (4.81)$$

Questa espressione può essere inserita in Eq. 4.80 per ottenere un'equazione polinomiale complessa di grado $N^2 + 1$. Quindi, l'equazione della lente ha formalmente fino a $N^2 + 1$ soluzioni, alcune delle quali potrebbero, tuttavia, essere spurie. Rhie (2001, 2003) hanno dimostrato che, in effetti, una lente composta da $N > 3$ masse puntiformi può produrre un massimo di $5(N - 1)$ immagini.

Linee critiche

Per trovare le linee critiche, dobbiamo prima calcolare il determinante della Jacobiana della lente. Nella Sez. 3.3, è stato trovato che

$$\det A = \frac{\partial y_1}{\partial x_1} \frac{\partial y_2}{\partial x_2} - \left(\frac{\partial y_1}{\partial x_2}\right)^2 . \qquad (4.82)$$

Utilizzando gli operatori differenziali complessi, otteniamo che

$$\frac{\partial z_s}{\partial z} = \frac{1}{2}\left(\frac{\partial}{\partial x_1} - i\frac{\partial}{\partial x_2}\right)(y_1 + iy_2) = \frac{1}{2}\left(\frac{\partial y_1}{\partial x_1} + \frac{\partial y_2}{\partial x_2}\right) + \frac{i}{2}\left(\frac{\partial y_2}{\partial x_1} - \frac{\partial y_1}{\partial x_2}\right) \qquad (4.83)$$

$$\frac{\partial z_s}{\partial z^*} = \frac{1}{2}\left(\frac{\partial}{\partial x_1} + i\frac{\partial}{\partial x_2}\right)(y_1 + iy_2) = \frac{1}{2}\left(\frac{\partial y_1}{\partial x_1} - \frac{\partial y_2}{\partial x_2}\right) + \frac{i}{2}\left(\frac{\partial y_2}{\partial x_1} + \frac{\partial y_1}{\partial x_2}\right) . \qquad (4.84)$$

La parte immaginaria di Eq. 4.83 è nulla, poiché $\partial y_1/\partial x_2 = \partial y_2/\partial x_1$. Pertanto,

$$\left(\frac{\partial z_s}{\partial z}\right)^2 = \frac{1}{4}\left[\left(\frac{\partial y_1}{\partial x_1}\right)^2 + \left(\frac{\partial y_1}{\partial x_2}\right)^2 + 2\frac{\partial y_1}{\partial x_1}\frac{\partial y_2}{\partial x_2}\right] \qquad (4.85)$$

e

$$\left(\frac{\partial z_s}{\partial z^*}\right)\left(\frac{\partial z_s}{\partial z^*}\right)^* = \frac{1}{4}\left[\left(\frac{\partial y_1}{\partial x_1}\right)^2 + \left(\frac{\partial y_1}{\partial x_2}\right)^2 - 2\frac{\partial y_1}{\partial x_1}\frac{\partial y_2}{\partial x_2}\right] + \left(\frac{\partial y_1}{\partial x_2}\right)^2 . \quad (4.86)$$

Sottraendo Eq. 4.85 e 4.86, otteniamo

$$\left(\frac{\partial z_s}{\partial z}\right)^2 - \left(\frac{\partial z_s}{\partial z^*}\right)\left(\frac{\partial z_s}{\partial z^*}\right)^* = \frac{\partial y_1}{\partial x_1}\frac{\partial y_2}{\partial x_2} - \left(\frac{\partial y_1}{\partial x_2}\right)^2 = \det A \quad (4.87)$$

Utilizzando l'equazione della lente nella forma data in Eq. 4.80, otteniamo infine

$$\frac{\partial z_s}{\partial z} = 1 \quad (4.88)$$

e

$$\frac{\partial z_s}{\partial z^*} = \sum_{i=1}^{N} \frac{m_i}{(z^* - z_i^*)^2} . \quad (4.89)$$

Pertanto,

$$\det A = 1 - \left|\sum_{i=1}^{N} \frac{m_i}{(z^* - z_i^*)^2}\right|^2 . \quad (4.90)$$

Segue che le linee critiche sono definite dalla condizione

$$\left|\sum_{i=1}^{N} \frac{m_i}{(z^* - z_i^*)^2}\right|^2 = 1 . \quad (4.91)$$

La somma nella suddetta equazione deve quindi essere soddisfatta sul cerchio unitario. Le soluzioni complesse di questa equazione possono essere trovate risolvendo

$$\sum_{i=1}^{N} \frac{m_i}{(z^* - z_i^*)^2} = e^{i\phi} \quad (4.92)$$

per ogni $\phi \in [0, 2\pi)$. L'equazione sopra è un polinomio complesso di ordine $2N$ rispetto a z. Pertanto, per ciascun valore di ϕ, esistono $2N$ o meno punti critici. Variare ϕ continuamente fa sì che le soluzioni traccino $2N$ (o meno) linee critiche. Le linee critiche corrispondenti a diverse soluzioni possono unirsi senza soluzione di continuità (vedi ad esempio Witt 1990). Si noti che per $N = 1$, $m_1 = 1$ e, prendendo $z_1 = 0$, otteniamo che la linea critica è l'anello di Einstein ($|z| = 1$). Nel caso di masse puntiformi multiple, tuttavia, le linee critiche sono molto più complesse, come vedremo nella sezione successiva.

Come di consueto, possiamo mappare le linee critiche sul piano della sorgente tramite l'equazione della lente per ottenere le caustiche.

4.7.2   Lenti binarie

Equazione della lente

La lente binaria è un caso particolare di lenti a più masse puntiformi, in cui $N = 2$.
In questo caso, l'equazione della lente è

$$z_s = z - \frac{m_1}{z^* - z_1^*} - \frac{m_2}{z^* - z_2^*} \,. \tag{4.93}$$

Poiché la scelta del sistema di riferimento è arbitraria, possiamo scegliere di far
passare l'asse reale attraverso le due lenti, come mostrato in Fig. 4.25. Possiamo
inoltre assumere $z_2 = -z_1$.

Come discusso nella sezione precedente, l'equazione della lente per la lente
binaria può essere ridotta a un'equazione polinomiale complessa di grado 5:

$$c_0 + c_1 z + c_2 z^2 + c_3 z^3 + c_4 z^4 + c_5 z^5 = 0 \,, \tag{4.94}$$

dove

$$
\begin{aligned}
c_0 ={}& z_1^2[4(\Delta m)^2 z_s + 4m\Delta m z_1 + 4\Delta m z_s z_s^* z_1 + 2m z_s^* z_1^2 + z_s z_s^{*2} z_1^2 \\
& - 2\Delta m z_1^3 - z_s z_1^4] \\
c_1 ={}& -8m\Delta m z_s z_1 - 4(\Delta m)^2 z_1^2 - 4m^2 z_1^2 - 4m z_s z_s^* z_1^2 - 4\Delta m z_s^* z_1^3 - z_s^{*2} z_1^4 + z_1^6 \\
c_2 ={}& 4m^2 z_s + 4m\Delta m z_1 - 4\Delta m z_s z_s^* z_1 - 2z_s z_s^{*2} z_1^2 + 4\Delta m z_1^3 + 2z_s z_1^4 \\
c_3 ={}& 4m z_s z_s^* + 4\Delta m z_s^* z_1 + 2z_s^{*2} z_1^2 - 2z_1^4 \\
c_4 ={}& -2m z_s^* + z_s z_s^{*2} - 2\Delta m z_1 - z_s z_1^2 \\
c_5 ={}& z_1^2 - z_s^{*2} \,. \tag{4.95}
\end{aligned}
$$

In queste equazioni abbiamo introdotto $\Delta m = (m_1 - m_2)/2$ e $m = (m_1 + m_2)/2$
(Witt e Mao 1995).

Linee critiche e caustiche

Si può dimostrare che l'Eq. 4.94 ha 3 o 5 immagini a seconda della distanza tra le
due masse puntiformi e del loro rapporto di massa. Questo può essere meglio compreso osservando la struttura delle linee critiche e delle caustiche. Le linee critiche
possono essere trovate come spiegato sopra, risolvendo l'Eq. 4.92. Nel caso della
lente binaria, questa assume la forma

$$\frac{m_1}{(z^* - z_1^*)^2} + \frac{m_2}{(z^* - z_2^*)^2} = \frac{m_1}{(z^* - z_1^*)^2} + \frac{m_2}{(z^* + z_1^*)^2} = e^{i\phi} \tag{4.96}$$

per $\phi \in [0, 2\pi)$. Eliminando le frazioni, l'equazione può essere trasformata in

$$z^4 - z^2(2z_1^{*2} + e^{i\phi}) - z z_1^{*2}(m_1 - m_2)e^{i\phi} + z_1^{*2}(z_1^{*2} - e^{i\phi}) = 0 \,. \tag{4.97}$$

Il lato sinistro è un polinomio di quarto grado. Pertanto, per ogni ϕ ci sono fino a quattro soluzioni di questa equazione.

Nell'applicazione Python della Sez. 4.9.5, mostriamo come trovare le soluzioni di questa equazione e derivare le linee critiche e le caustiche della lente binaria. A seconda del rapporto tra le due masse, $q = m_1/m_2 = M_1/M_2$, e della separazione tra le due lenti in unità del raggio di Einstein equivalente, $d = |z_1 - z_2|$, le caustiche risultanti possono essere una, due o tre.

Distinguiamo tra sistemi larghi, intermedi e stretti in base alla topologia delle caustiche, come mostrato in Fig. 4.9. Più precisamente:

- nei sistemi larghi, esistono due caustiche estese separate, che corrispondono alle caustiche puntiformi associate alle singole lenti. La forma delle caustiche ricorda un'astroide con quattro cuspidi, risultante dalla reciproca perturbazione di ciascuna lente. Infatti, la presenza di due masse rompe la simmetria della lente a massa puntiforme;
- nei sistemi intermedi, esiste un'unica caustica, caratterizzata da sei cuspidi. Questa caustica è il risultato della fusione delle due caustiche astroidali individuali nei sistemi larghi;
- infine, nei sistemi stretti, ci sono tre caustiche. Due hanno una forma simile a un triangolo, mentre una è un'astroide con quattro cuspidi. Le caustiche triangolari si trovano alla stessa distanza dall'asse che collega le due lenti.

Le transizioni tra queste topologie avvengono quando due linee critiche si fondono in un punto (Mollerach e Roulet 2002). Ciò accade nei punti in cui non solo $\det A = 0$, ma anche $\partial \det A/\partial z^* = 0$. Questi sono punti sella della *superficie* $\det A(\vec{\theta})$. In particolare, si può dimostrare che la transizione tra i regimi largo e itermedio avviene per una separazione tra le lenti (in unità del raggio di Einstein equivalente) pari a

$$d_{WI} = (m_1^{1/3} + m_2^{1/3})^{3/2} . \tag{4.98}$$

D'altra parte, la transizione tra i regimi intermedio e stretto si verifica quando

$$d_{IC} = (m_1^{1/3} + m_2^{1/3})^{-3/4} . \tag{4.99}$$

Una discussione dettagliata sulle topologie delle caustiche in lenti binarie è presentata in Erdl e Schneider (1993).

Se q differisce significativamente da uno, ossia se una componente di massa domina sull'altra, la forma delle caustiche varia come mostrato in Fig. 4.12. In particolare:

- nelle lenti larghe, la caustica della componente primaria (cioè la più massiccia) è più piccola di quella della componente secondaria. Inoltre, essa risulta altamente asimmetrica ed allungata verso il secondario. Le due caustiche sono spostate verso la lente primaria.

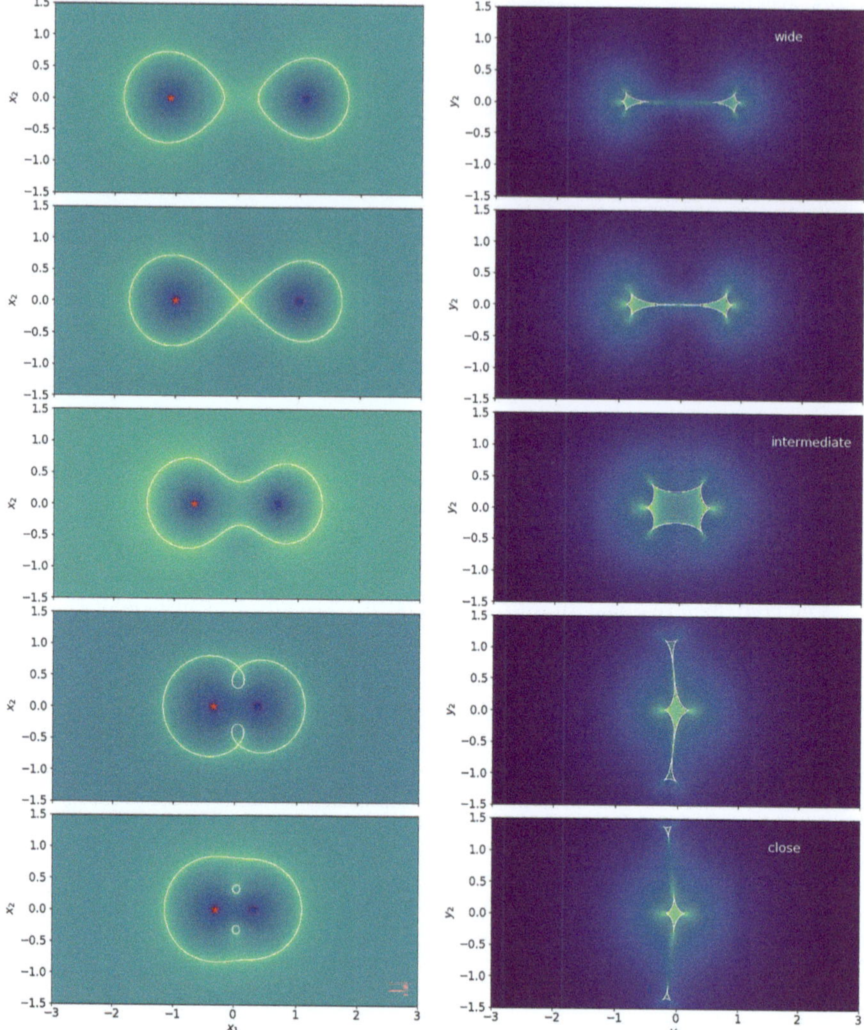

Figura 4.9 Linee critiche (pannelli di sinistra) e caustiche (pannelli di destra) di un sistema di lenti binarie per diversi valori della separazione tra le masse puntiformi, d. Dall'alto in basso, mostriamo esempi di topologie larga, intermedia e stretta. I risultati si riferiscono al caso di una lente con $M_2 = 1 M_\odot$ e $q = 0.8$. Le linee critiche e le caustiche sono sovrapposte alle mappe della magnificazione sui piani della lente e della sorgente, rispettivamente

- nelle lenti intermedie, la caustica è più sottile sul lato della primaria e più ampia su quello della secondaria;
- nelle lenti strette, le caustiche triangolari sono situate dietro la lente primaria, opposte a quella secondaria. Esse rimangono equidistanti dall'asse che congiunge le due masse puntiformi.

Immagini multiple

Risolvere l'Eq. 4.94 permette di trovare le immagini multiple di una sorgente situata in z_s. Otteniamo queste soluzioni con metodi numerici, come illustrato nella Sez. 4.9.6. Qui forniamo alcune affermazioni qualitative riguardo alla formazione di immagini multiple.

- Una sorgente situata al di fuori delle caustiche genera solo tre immagini, il che significa che due soluzioni dell'equazione della lente sono spurie. Due di queste immagini si formano all'interno delle linee critiche e, se la sorgente è molto distante dalla lente binaria, le loro posizioni sono molto vicine alle masse puntiformi. Queste immagini sono analoghe a quella con parità negativa nel caso della lente a massa puntiforme singola (vedi Eq. 4.11). L'immagine situata al di fuori delle linee critiche corrisponde a un minimo locale della superficie del ritardo temporale e ha parità positiva;
- Quando la sorgente si trova sulla caustica, compaiono due immagini aggiuntive sulla linea critica (quindi formalmente indistinguibili e con magnificazione infinita);
- Quando la sorgente è all'interno delle caustiche, esistono cinque immagini.

Osservazione 4.3 Si noti che, a causa della singolarità del potenziale del lensing delle due masse puntiformi, esistono sempre almeno tre immagini di una singola sorgente.

Le affermazioni sopra possono essere verificate osservando la Fig. 4.10. Nel pannello di sinistra mostriamo le linee critiche di una lente binaria. Il caso scelto corrisponde ai valori $q = 1$ e $d = 1$. Nel pannello di destra mostriamo le causti-

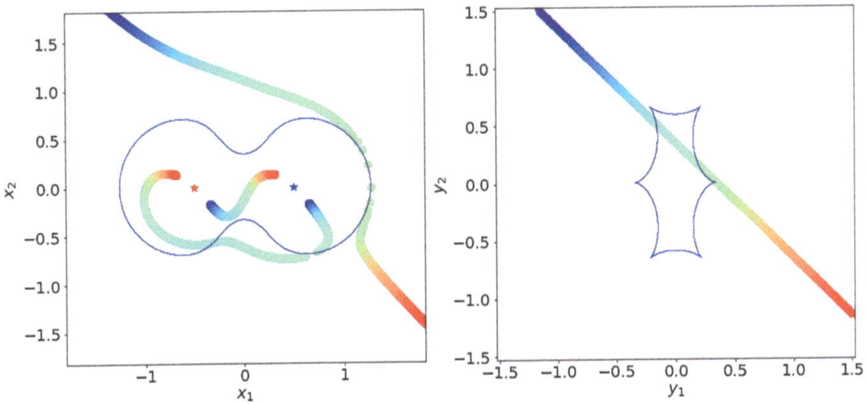

Figura 4.10 Immagini di una sorgente in movimento dietro una lente binaria. Nel pannello di destra mostriamo le caustiche della lente e la traiettoria della sorgente. Il colore codifica la posizione della sorgente in funzione del tempo. Le immagini corrispondenti sono mostrate nel pannello di sinistra, insieme alla linea critica della lente. La lente binaria è composta da due stelle di uguale massa a una distanza $d = 1$, quindi la caustica è risonante

che corrispondenti e la traiettoria di una sorgente in moto rispetto alla lente binaria. Analogamente al caso di una lente a massa puntiforme singola, possiamo descrivere questa traiettoria con pochi parametri, come illustrato in Fig. 4.25, ovvero la distanza minima della sorgente dal centro del sistema di riferimento, y_0, il tempo t_0 in cui raggiunge questa distanza e l'angolo di inclinazione θ_S rispetto all'asse reale. Maggiori dettagli sono forniti nella Sez. 4.9.5. Utilizziamo una sequenza di colori per mostrare la posizione della sorgente in funzione del tempo. Le immagini corrispondenti, anch'esse codificate a colori, sono riportate nel pannello sinistro.

La traiettoria della sorgente attraversa le caustiche della lente in due punti. Chiamiamo i tempi corrispondenti a questi attraversamenti t_1 (azzurro chiaro) e t_2 (verde). Prima di t_1 e dopo t_2, la sorgente genera tre immagini. Tra t_1 e t_2, le immagini diventano cinque. In particolare, due immagini compaiono al tempo t_1 sulla linea critica della lente. Quando la sorgente attraversa la caustica, una delle immagini si sposta all'esterno della linea critica, mentre l'altra segue una traiettoria che la porta vicino alla stella di massa m_1. L'immagine esterna si avvicina di nuovo alla linea critica al tempo t_2, quando si fonde con una delle immagini interne. Le due immagini scompaiono una volta che la sorgente ha attraversato nuovamente la caustica.

Magnificazioni delle immagini e curve di luce

Come nel caso del microlensing da parte di una singola lente, le immagini multiple non sono risolte spazialmente. Pertanto, anche gli eventi di microlensing che coinvolgono lenti binarie si manifestano attraverso variazioni della luminosità della sorgente. Tuttavia, le curve di luce delle sorgenti dietro lenti binarie sono significativamente più complesse rispetto a quelle delle lenti puntiformi singole[1].

La forma della curva di luce riflette come la somma delle magnificazioni delle immagini varia in funzione del tempo:

$$\mu(t) = \sum_{j=1}^{N_{ima}} |\mu_j(t)| \, . \tag{4.100}$$

La magnificazione dell'immagine j si ottiene inserendo la posizione dell'immagine $z_j(t)$ nell'Eq. 4.90:

$$\mu_j(t) = \left[1 - \left| \sum_{i=1}^{N} \frac{m_i}{z_j^*(t) - z_i^*} \right|^2 \right]^{-1} \, . \tag{4.101}$$

Nella Sez. 4.9.7 discutiamo come calcolare la curva di luce di una sorgente situata dietro una lente binaria. La forma della curva di luce riflette il pattern della magnificazione lungo la traiettoria della sorgente. Nel pannello di sinistra della

---

[1] Anche nel caso di lenti binarie, gli eventi di microlensing producono firme astrometriche.

Fig. 4.9, sovrapponiamo le caustiche alle mappe di magnificazione sul piano sorgente (le mappe nei pannelli di sinistra mostrano invece la magnificazione sul piano immagine). Calcoliamo la magnificazione totale della sorgente in ogni posizione utilizzando l'Eq. 4.101. Alcune caratteristiche delle mappe di magnificazione sono particolarmente rilevanti:

- Lobi ad alta magnificazione circondano le cuspidi delle caustiche. Quindi, quando una sorgente passa vicino alle cuspidi, sperimenta alti livelli di magnificazione, che si manifestano come picchi nelle curve di luce;
- Le pieghe delle caustiche segnano transizioni nette nella magnificazione dall'esterno all'interno delle caustiche. La magnificazione aumenta improvvisamente quando una sorgente attraversa una piega della caustica, diminuisce più dolcemente mentre la sorgente è all'interno della caustica, e poi cresce di nuovo quando la sorgente si avvicina a un'altra piega. Dopo aver attraversato la piega, la magnificazione cala bruscamente. A causa di questo pattern di magnificazione, le intersezioni con le caustiche appaiono nelle curve di luce come transizioni nette con profili asimmetrici. Witt e Mao (1995) ha dimostrato che, mentre la sorgente è all'interno della caustica, la magnificazione totale non può essere inferiore a 3;
- Regioni estese di alta magnificazione sono presenti lungo la direzione che collega le caustiche delle lenti binarie larghe e strette. Pertanto, il passaggio della sorgente tra le caustiche produce anch'esso un picco nella curva di luce.

Mostriamo in Fig. 4.11 la curva di luce corrispondente all'esempio in Fig. 4.10, relativo a una sorgente che attraversa una caustica con sei cuspidi in una lente intermedia. Come discusso, le firme del passaggio di una sorgente attraverso la caustica sono due picchi molto netti nella curva di luce. Tra di essi, la curva di luce ha una caratteristica forma a "U". Il passaggio della sorgente vicino alla cuspide della lente produce un altro singolo picco nella curva di luce.

Gli effetti di dimensioni finite della sorgente influenzano la nettezza di queste transizioni nelle curve di luce. Infatti, se la sorgente ha una dimensione non trascu-

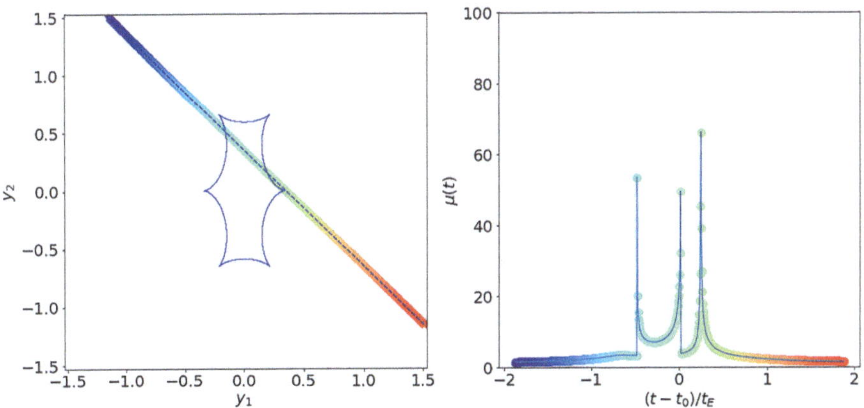

Figura 4.11 Curva di luce della sorgente le cui immagini multiple sono mostrate in Fig. 4.10

rabile, la curva di luce appare più smussata e l'evento dura più a lungo (poiché la sorgente impiega più tempo ad attraversare la piega della caustica). A causa della maggiore estensione delle caustiche, possiamo rilevare più facilmente gli effetti della dimensione finita della sorgente nelle lenti binarie rispetto alle lenti singole (dove questi effetti si osservano solo se il parametro di impatto y_0 è molto piccolo). Come discusso in precedenza, questi effetti sono fondamentali per vincolare la dimensione delle caustiche e derivare θ_E, contribuendo a rompere le degenerazioni nei modelli.

4.8 Microlensing planetario

Un sistema composto da un pianeta in orbita attorno a una stella rappresenta un caso particolare di lente binaria, in cui la stella domina il budget di massa. Per un pianeta di tipo gioviano in orbita attorno a una stella di massa solare, il rapporto di massa è circa $q \sim 10^{-3}$. Al contrario, per un pianeta di tipo terrestre, si ha $q \sim 3 \times 10^{-6}$.

Dato il piccolo rapporto di massa, la curva di luce è molto simile a quella di un evento di microlensing standard prodotto da una singola stella per la maggior parte del tempo. Tuttavia, la presenza di una seconda lente (il pianeta) genera perturbazioni localizzate nel pattern di magnificazione, che si manifestano come variazioni di breve durata nella curva di luce standard.

Le caratteristiche prodotte dal pianeta dipendono fortemente dalla traiettoria della sorgente rispetto alla lente. In particolare, esse variano a seconda che la sorgente passi vicino alla caustica perturbata della stella o alle caustiche planetarie.

4.8.1 Perturbazioni della caustica centrale

Come discusso in precedenza, la forma della caustica è fondamentale. Anche nel caso del microlensing planetario, sono possibili tre tipi di topologia delle caustiche (e delle linee critiche): larga, intermedia (o risonante) e stretta.

La Fig. 4.12 illustra come le caustiche e le linee critiche di una lente binaria cambiano quando si varia il rapporto di massa q mantenendo fisso d. Gli esempi mostrati nelle tre colonne si riferiscono alle tre topologie sopra menzionate. Iniziamo concentrandoci sulla caustica centrale, cioè la caustica della lente primaria, nei casi di topologie larghe e strette (colonne di sinistra e destra).

La forma della caustica è caratterizzata da quattro cuspidi e quattro pieghe. A causa del piccolo valore di q, la caustica è molto asimmetrica ed allungata nella direzione della lente di massa inferiore, con una cuspide che punta verso di essa. Tre cuspidi aggiuntive si trovano nella parte posteriore della caustica (rispetto alla lente meno massiva).

In entrambi i casi di topologie larghe e strette, la caustica diventa più piccola all'aumentare di q. Inoltre, la distanza angolare tra la lente più massiva e la sua caustica si riduce. Questo risultato non sorprende: fintanto che le due masse sono

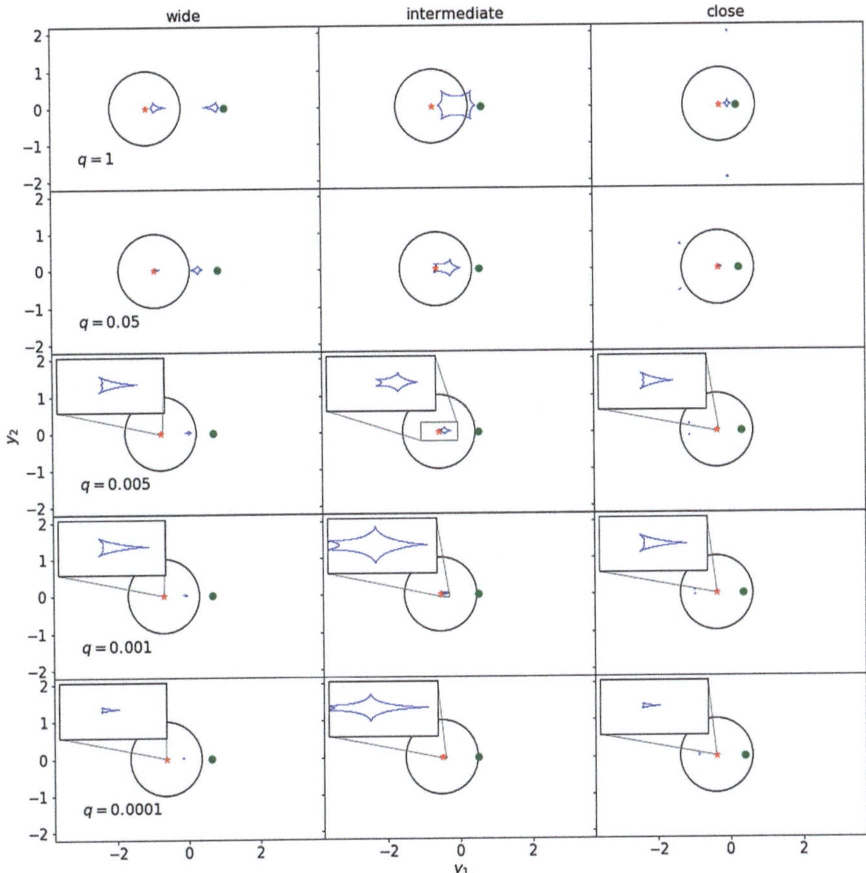

Figura 4.12 Caustiche di una lente binaria per diversi valori del rapporto di massa q. I pannelli di sinistra, centrale e destra si riferiscono rispettivamente alle topologie larga, intermedia e stretta. In ogni pannello, le due componenti di massa sono indicate con una stella rossa e con un cerchio. Nei casi con $q \ll 1$, il cerchio verde rappresenta una massa simile a un pianeta. Il cerchio nero in ogni pannello indica il raggio di Einstein equivalente. Gli inserti mostrano ingrandimenti delle caustiche centrali

ben separate, assegnare la maggior parte della massa a una delle due lenti rende il sistema molto simile a una lente a massa puntiforme singola, che è solo debolmente perturbata dalla lente secondaria. Allo stesso modo, avvicinando le due masse, la caustica centrale si restringe (topologia stretta), poiché anche in questo caso la lente diventa sempre più simile a una lente singola.

Gli inserti nella Fig. 4.12 mostrano che le caustiche centrali delle lenti binarie larghe e strette sono degeneri per $q \ll 1$. In particolare, coppie stella-pianeta con separazione d_c hanno caustiche centrali identiche a quelle dei sistemi larghi con separazione $d_w = d_c^{-1}$ (come negli esempi mostrati nei pannelli di sinistra e destra della Fig. 4.12). Questa degenerazione è chiamata *wide-close degeneracy*.

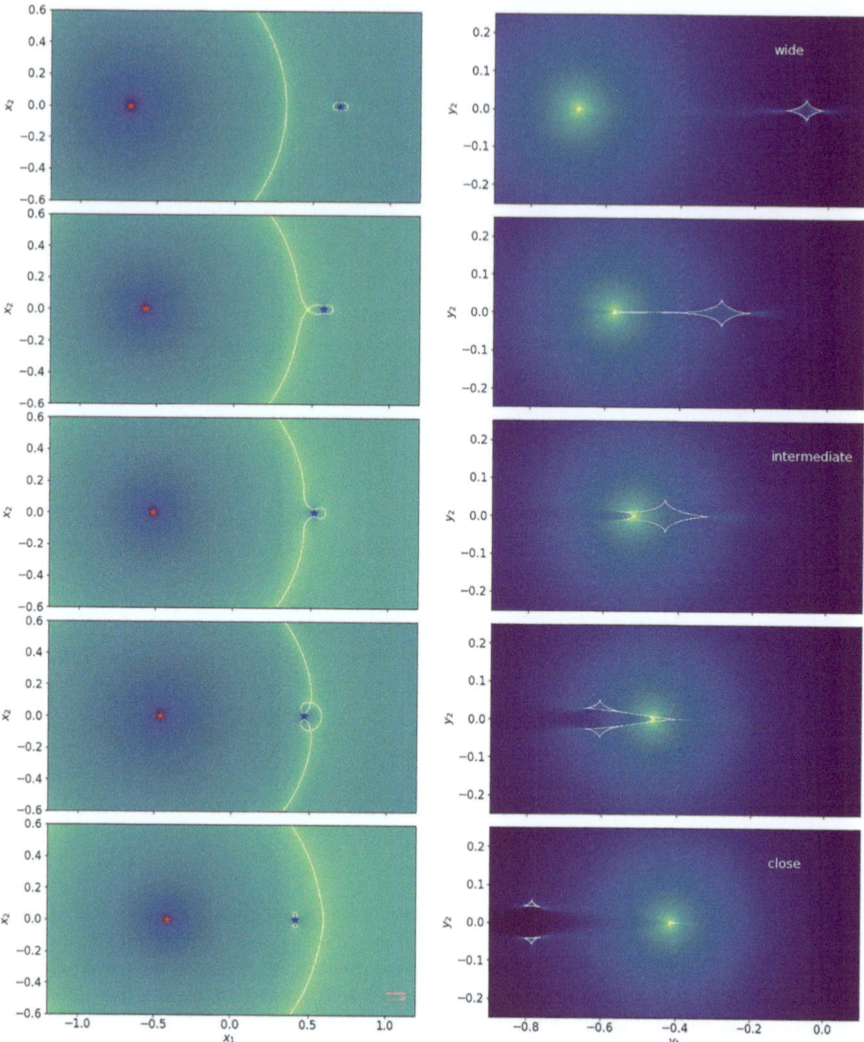

Figura 4.13 Come in Fig. 4.9, ma per il caso di una lente con $M_2 = 1 M_\odot$ e $q = 10^{-3}$

La Fig. 4.13 è analoga alla Fig. 4.9, ma si riferisce al caso di un sistema stella-pianeta in cui la lente primaria ha massa $M_2 = 1 M_\odot$ e $q = 10^{-3}$. Le mappe di magnificazione nei pannelli di destra mostrano alcune caratteristiche interessanti che sono importanti per interpretare la forma delle curve di luce. Mostrano che la parte posteriore della caustica centrale è una regione di de-magnificazione nei sistemi larghi e stretti. Le depressioni nelle curve di luce sono quindi forti indicazioni della presenza di un pianeta.

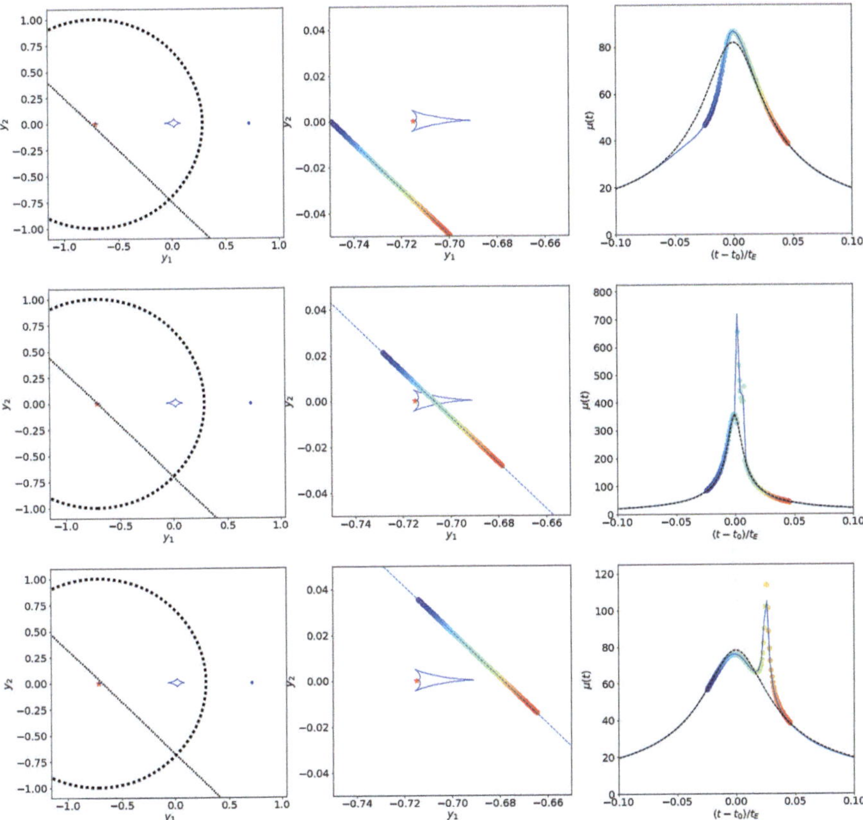

Figura 4.14   Perturbazioni della caustica centrale da parte di pianeti

La Fig. 4.14 mostra alcuni esempi degli effetti delle perturbazioni della caustica centrale da parte di pianeti sulla curva di luce della sorgente. La linea tratteggiata indica la traiettoria della sorgente in ciascuno dei pannelli di sinistra. I pannelli centrali mostrano uno zoom sulla caustica centrale. La traiettoria della sorgente è indicata qui con una sequenza di colori, che permette di leggere la posizione della sorgente nel momento in cui appare una perturbazione nella curva di luce nei pannelli di destra. Dai pannelli superiori a quelli inferiori, la traiettoria della sorgente passa dietro, attraverso o davanti alla caustica centrale (rispetto alla posizione del pianeta indicata dal punto blu nei pannelli di sinistra). La curva di luce standard, cioè quella che si misurerebbe in assenza del pianeta, è rappresentata dalle linee tratteggiate nere nei pannelli di destra.

Quando la sorgente passa dietro la caustica centrale (pannelli superiori), si nota una deviazione negativa della sua curva di luce rispetto alla curva standard di una lente puntiforme, seguita da una variazione positiva quando la sorgente passa vicino a una delle cuspidi posteriori.

Se la sorgente attraversa la caustica (pannelli centrali), nella curva di luce compaiono due picchi quando la sorgente entra ed esce dalla caustica centrale. Infine, se la sorgente passa vicino alla cuspide più pronunciata tra la stella e il pianeta, dove la magnificazione è estremamente elevata, appare un singolo picco netto nella curva di luce (pannelli inferiori).

Vale la pena notare che tutte queste perturbazioni si verificano vicino al picco della curva di luce standard, cioè in un regime di alta magnificazione. Questo fatto è particolarmente rilevante per la rilevabilità dell'evento. In un certo senso, eventi come questi sono prevedibili, poiché possiamo scoprire l'evento di microlensing primario prima che appaia la perturbazione del pianeta. Se la strategia di ricerca consiste nel rilevare l'evento primario e attivare un follow-up (come nella prima generazione di survey di microlensing), la cadenza con cui viene monitorata la curva di luce può essere regolata per rendere possibile la rilevazione di tali perturbazioni planetarie, soprattutto in caso di misure fotometriche accurate (Gaudi 2012).

4.8.2 *Perturbazioni della caustica planetaria*

Un altro modo per rilevare un pianeta attorno a una stella è attraverso gli effetti delle caustiche planetarie sulle curve di luce. Possiamo stimare la distanza di queste caustiche dalla caustica centrale (che è approssimativamente coincidente con la posizione proiettata della stella ospite) utilizzando l'equazione della lente. Se il pianeta si trova a una distanza d dalla stella ospite, allora la distanza tra la caustica planetaria e quella centrale è $s \sim |d - d^{-1}|$.

Nelle topologie larghe, la caustica planetaria ha una forma simile a un astroide con quattro cuspidi e quattro pieghe. Han (2006) ha dimostrato che la dimensione di questa caustica scala come $\sim q^{1/2}d^{-2}$. Gli effetti della presenza di questa caustica sulla curva di luce si manifestano come picchi singoli o doppi quando la sorgente passa vicino a una cuspide o attraversa le pieghe. Mostriamo alcuni esempi di queste perturbazioni nei pannelli superiori della Fig. 4.15. Le perturbazioni possono essere rilevate vicino al picco della curva di luce primaria se la traiettoria della sorgente è quasi perpendicolare all'asse della lente binaria, o nelle ali della curva in caso contrario. In tutti i casi, gli eventi di caustica planetaria si verificano in regimi di bassa o media amplificazione, poiché la sorgente passa a una distanza relativamente grande dalla stella.

Nelle topologie strette, ci sono due caustiche planetarie con tre cuspidi e tre pieghe. Sono situate sul lato opposto della stella rispetto al pianeta (vedi i pannelli inferiori della Fig. 4.15). Le posizioni delle due caustiche sono simmetriche rispetto all'asse che passa attraverso la stella e il pianeta. Han (2006) ha dimostrato che la dimensione della caustica scala come $\sim q^{1/2}d^3$. La separazione tra le due caustiche è $\sim 2q^{1/2}(d^{-2} - 1)^{1/2}$, e la loro distanza dalla stella è $\sim d^{-1} - d$. Gli effetti di queste caustiche sulla curva di luce della sorgente possono apparire come picchi singoli o doppi, a seconda che la sorgente passi vicino alle cuspidi o attraverso le caustiche. Inoltre, la regione tra le due caustiche triangolari è caratterizzata da una

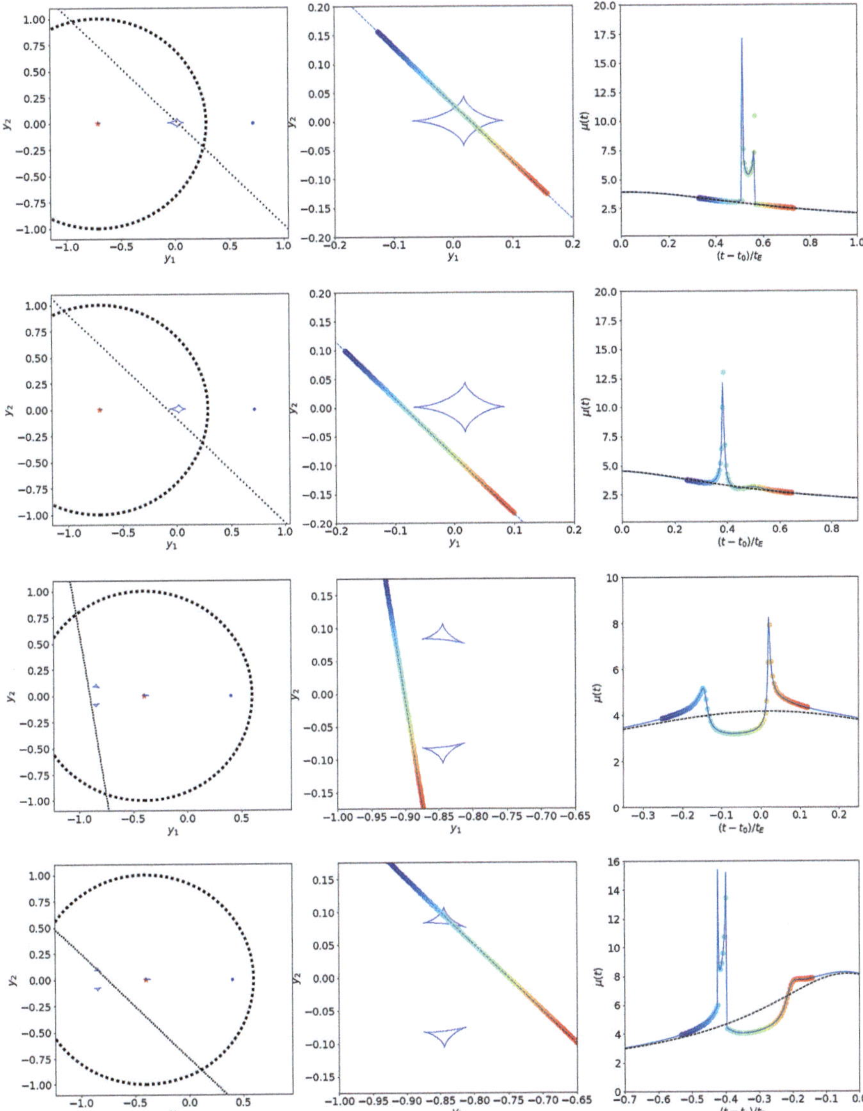

Figura 4.15 Perturbazioni della caustica planetaria nelle curve di luce

ridotta amplificazione, come mostrato nella Fig. 4.13. Pertanto, quando la sorgente passa vicino a queste caustiche planetarie e attraversa l'asse della lente binaria, si osserva un decremento nella curva di luce dell'evento microlensing primario.

Osservazione 4.4   Deviazioni negative dalla curva di luce standard sono firme indicative della presenza di un pianeta.

4.8.3 *Perturbazioni della caustica risonante*

Le caustiche intermedie (o risonanti) sono possibili solo per un intervallo ristretto
di separazioni tra la stella e il pianeta. Consideriamo la transizione tra le topologie
larghe e intermedie (Eq. 4.98), che può essere scritta in termini della massa della
lente primaria m_2 e di q come

$$d_{WI} = (1 + q^{1/3})^{3/2} m_2^{1/2} \ . \tag{4.102}$$

Ricordiamo che d rappresenta la separazione angolare tra le due masse, espressa in
unità del raggio di Einstein equivalente, θ_E, il quale è a sua volta correlato al raggio
di Einstein della stella primaria mediante

$$\theta'_E = m_2^{1/2} \theta_E \ . \tag{4.103}$$

Pertanto, d_{WI} può essere riscritto in unità del raggio di Einstein della stella primaria,
come

$$d'_{WI} = \frac{d_{WI}}{m_2^{1/2}} = \left(1 + q^{1/3}\right)^{3/2} \sim 1 + \frac{3}{2} q^{1/3} \ . \tag{4.104}$$

Per valori molto piccoli di q, otteniamo che

$$d'_{WI} \sim d_{WI} \sim 1 + 3/2 q^{1/3} \ . \tag{4.105}$$

Allo stesso modo, dall'Eq. 4.99, otteniamo che

$$d'_{IC} \sim d_{IC} \sim 1 - 3/4 q^{1/3} \ . \tag{4.106}$$

Quindi, l'intervallo di distanze tra la stella e il pianeta per cui la caustica è
risonante è

$$d'_{WI} - d'_{IC} \sim \frac{9}{4} q^{1/3} \ . \tag{4.107}$$

Questo intervallo è molto piccolo per piccoli valori di q, e sia $d'WI$ che $d'IC$ sono
vicini a uno per $q \ll 1$. Questo significa che, nel caso delle caustiche risonanti, il
pianeta è distante dalla stella circa un raggio di Einstein. Questo è mostrato negli
esempi riportati nella colonna centrale della Fig. 4.12.

Osservazione 4.5 Per un dato q, anche piccole variazioni di d hanno effetti dram-
matici sulla forma della caustica risonante. Ciò è mostrato in Fig. 4.16 per una
lente stella-pianeta con $q = 10^{-3}$. Si ottengono forme di caustiche estremamente
differenti per coppie stella-pianeta con d variabile nell'intervallo $d \in [0.95, 1.1]$.
Consideriamo una sorgente che entra nella caustica risonante al tempo t. A causa
della relativamente ampia estensione della caustica, il tempo $\Delta t = t' - t$ necessario affinché la sorgente esca dalla caustica può essere sufficientemente lungo
da permettere che, nel frattempo, d cambi a causa del moto orbitale del pianeta.
Di conseguenza, anche la forma complessiva della caustica risonante subisce una

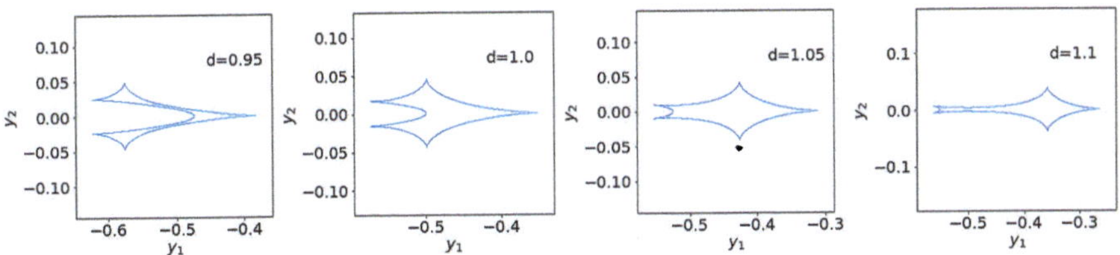

Figura 4.16   Forma della caustica risonante di una lente stella-pianeta con $q = 10^{-3}$ per diversi valori di d

variazione. Modellare la variazione della forma della caustica in funzione del tempo negli eventi di attraversamento della caustica risonante consente di stabilire dei vincoli sul moto orbitale del pianeta (vedi, ad es. Gaudi et al. 2008).

Mostriamo alcuni esempi di perturbazioni della curva di luce dovute a una caustica risonante in Fig. 4.17. Il passaggio della sorgente davanti, attraverso o dietro

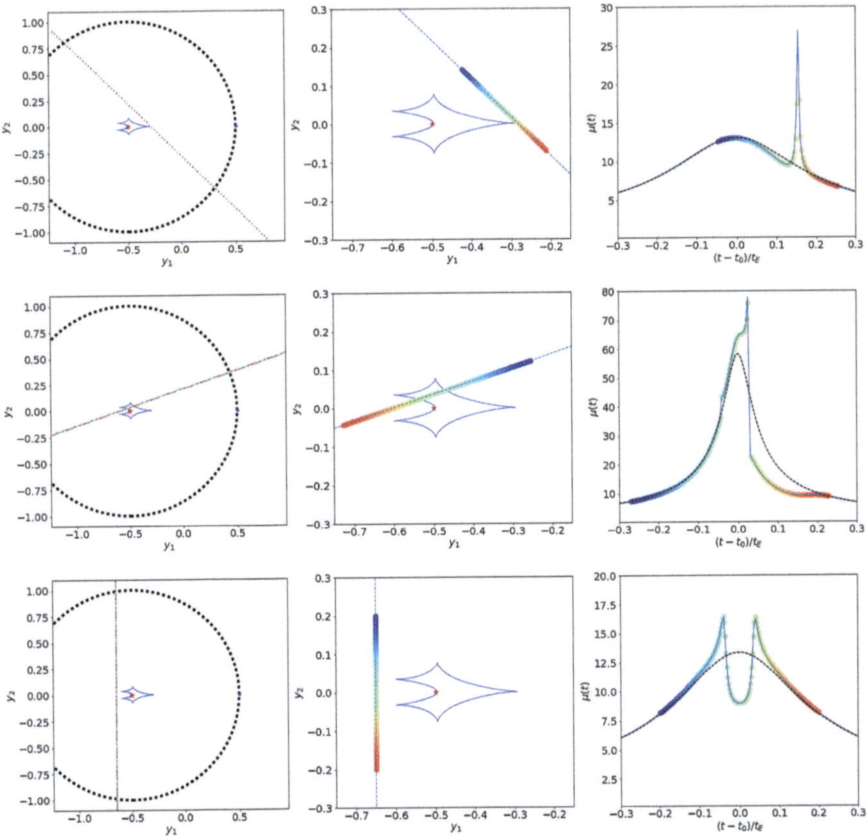

Figura 4.17   Perturbazioni della curva di luce dovute alla caustica risonante

la caustica corrisponde a deviazioni, sia positive che negative, dalla curva di luce standard. Tali perturbazioni si manifestano nelle vicinanze del picco della curva di luce standard e, poiché la caustica è vicina alla stella, questi eventi si verificano in regimi di amplificazione da intermedi a elevati.

Una proprietà essenziale della caustica risonante è che essa è generalmente debole, come mostrato in Fig. 4.13. Quando la sorgente si avvicina alle pieghe della caustica, l'amplificazione aumenta bruscamente (vedi i pannelli centrali di Fig. 4.17). Tuttavia, tali brevi incrementi di amplificazione possono essere annullati dagli effetti dovuti alla dimensione finita della sorgente, risultando così difficili da rilevare.

4.8.4 *Perturbazioni delle immagini interne ed esterne*

Come discusso in precedenza, gli eventi di microlensing planetario causano deviazioni rispetto alla curva di luce standard dell'evento di microlensing primario prodotto dalla stella. Qui mostriamo che queste deviazioni derivano dalla perturbazione delle immagini interne o esterne negli eventi di microlensing primari.

Alcuni esempi sono mostrati in Fig. 4.18. I pannelli superiori si riferiscono a una topologia di caustiche larga, come mostrato nel pannello a sinistra. Consideriamo le posizioni della sorgente in diversi momenti lungo la sua traiettoria, indicate con colori diversi. La traiettoria è tale che la sorgente attraversa la caustica planetaria (vedi colore verde). Mostriamo le immagini della sorgente e le linee critiche nel secondo pannello. Quando la sorgente è lontana dal pianeta, ha due immagini, una all'interno e una all'esterno dell'anello di Einstein della stella ospite. Nel terzo pannello, ingrandiamo la linea critica planetaria. Per scopi illustrativi, abbiamo assunto che la sorgente abbia una forma circolare e che il suo raggio sia $r = 0.01\theta_E$. Di conseguenza, le immagini sono estese e possiamo apprezzarne la distorsione e la magnificazione. Quando la sorgente è all'interno della caustica planetaria, l'immagine esterna è influenzata dal pianeta. In particolare, essa si divide in ulteriori immagini multiple. Pertanto, l'anomalia nella curva di luce della sorgente mostrata nel pannello a destra è la conseguenza della perturbazione da parte del pianeta dell'immagine esterna nell'evento di microlensing primario.

Analogamente, i pannelli centrali mostrano la perturbazione planetaria dell'immagine interna in un caso di topologia chiusa. In questo caso, l'immagine interna è de-magnificata quando si trova vicino alle linee critiche planetarie. Di conseguenza, si osserva un calo nella curva di luce della sorgente.

I pannelli inferiori illustrano il caso di una sorgente che passa vicino alla cuspide di una caustica risonante. In questo caso, il pianeta ingrandisce l'immagine esterna nell'evento primario.

Osservazione 4.6 Gli esempi mostrati sopra illustrano che il microlensing è sensibile ai pianeti vicini al raggio di Einstein della stella ospite. Per stelle di massa solare situate tra noi e il bulge, la dimensione del raggio di Einstein è di circa $2 - 4$ AU, che è quindi la dimensione orbitale tipica dei pianeti che possono essere rilevati tramite microlensing.

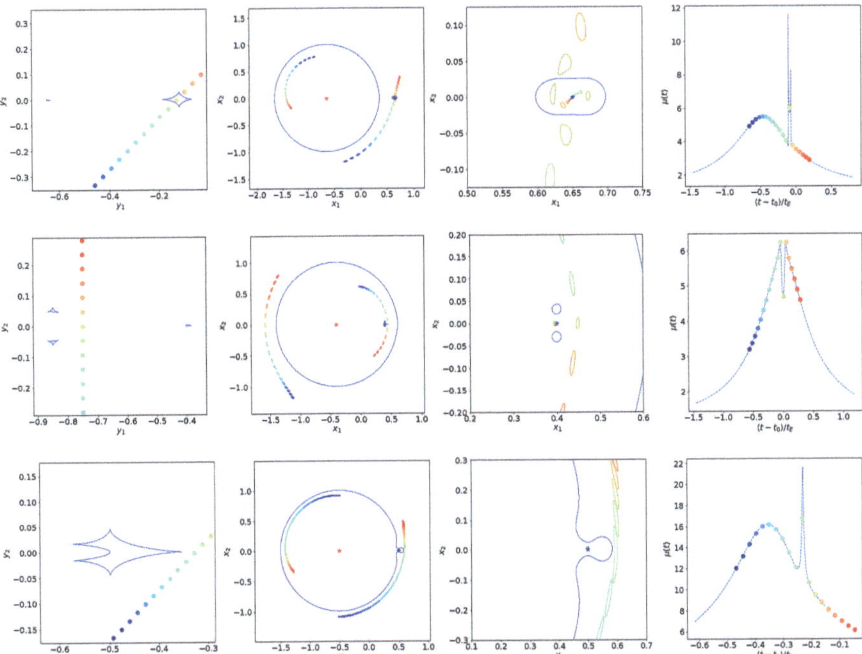

Figura 4.18 Perturbazione delle immagini interne ed esterne nell'evento di microlensing primario da parte di pianeti. Assumiamo che la stella primaria abbia massa $M_2 = 1 M_\odot$ e che $q = 10^{-3}$. Ogni riga di pannelli si riferisce a una diversa topologia di caustiche (larga, chiusa e risonante, dall'alto verso il basso). Nel primo pannello a sinistra di ciascuna riga mostriamo le caustiche e le posizioni della sorgente in diversi momenti. Il tempo è codificato per colore, dal blu al rosso. Il secondo pannello mostra le linee critiche e le posizioni delle immagini della sorgente. Le posizioni della stella e del pianeta sono indicate rispettivamente dalle stelle rossa e blu. Anche in questo caso, i colori aiutano ad associare le immagini alle corrispondenti posizioni della sorgente nel pannello a sinistra. Nel terzo pannello ingrandiamo le linee critiche planetarie per mostrare come vengono influenzate le immagini del pianeta. Le sorgenti sono assunte di forma circolare, con raggio $r = 0.01\theta_E$. Il quarto pannello mostra la curva di luce della sorgente durante l'evento di microlensing

4.8.5 Analisi della curva di luce in un evento di attraversamento della caustica planetaria

La connessione tra anomalie nella curva di luce e la posizione delle immagini consente di derivare informazioni significative sulla stella e sul pianeta dalle curve di luce osservate (Gaudi e Gould 1997). Ad esempio, consideriamo il caso illustrato nei pannelli superiori della Fig. 4.18. Possiamo usare il modello standard della curva di luce dato dall'Eq. 4.33 per descrivere l'evento primario, il che ci permette di ottenere t_E, t_0 e y_0.

Osservazione 4.7 Si noti che y_0 denota la distanza minima della sorgente dalla stella, come nel caso delle lenti puntiformi singole. Non è la distanza minima dal punto medio tra la stella e il pianeta, che era stato scelto come origine del sistema di riferimento per le lenti binarie (vedi Fig. 4.25). Analogamente, t_0 è il tempo in cui la distanza tra la stella e la sorgente è y_0. Definiamo la distanza minima della sorgente dal punto medio tra la stella e il pianeta come y_0' e il corrispondente tempo di passaggio come t_0'. Dalla costruzione geometrica in Fig. 4.25, possiamo derivare le seguenti relazioni tra t_0' e y_0' e i parametri y_0 e t_0 dell'evento primario:

$$t_0' = t_0 + t_E \cos\theta_S \Re(z_2) \,, \tag{4.108}$$

$$y_0' = y_0 + \sin\theta_S \Re(z_2) \,. \tag{4.109}$$

Il tempo dell'anomalia planetaria, t_p, può essere utilizzato per determinare la distanza del pianeta dalla stella ospite. Infatti, l'anomalia nella curva di luce segna il passaggio della sorgente sulla caustica planetaria. La distanza della caustica planetaria dalla caustica centrale (e dalla stella ospite) è quindi

$$y_p(t_p) = \sqrt{y_0^2 + \left(\frac{t_p - t_0}{t_E}\right)^2} \,,. \tag{4.110}$$

Usando l'equazione della lente, la distanza del pianeta dalla stella ospite è dunque

$$d = \frac{y_p \pm \sqrt{y_p^2 + 4}}{2} \,,. \tag{4.111}$$

Il segno da scegliere nella suddetta equazione dipende dalla topologia della caustica. Nel caso considerato qui, scegliamo il segno positivo perché il pianeta perturba l'immagine esterna.

Dalla curva di luce, possiamo anche misurare la durata della perturbazione planetaria, che è approssimativamente uguale al tempo di attraversamento dell'anello di Einstein del pianeta, $t_{E,p}$. Come mostrato nell'Eq. 4.30, t_E e $t_{E,p}$ sono proporzionali alla radice quadrata delle masse della stella ospite e del pianeta, rispettivamente. Pertanto, il rapporto di massa q può essere stimato come

$$q \approx \left(\frac{t_{E,p}}{t_E}\right)^2 \tag{4.112}$$

Ovviamente, per misurare accuratamente i parametri della lente è necessario un modello più dettagliato del sistema. Sono stati sviluppati software specifici per eseguire calcoli numerici rapidi e accurati delle curve di luce da adattare ai dati (vedi, ad esempio, Bozza 2010; Bozza et al. 2018). Questi software includono anche funzionalità che non sono state affrontate in dettaglio qui, come i moti orbitali. Si noti che la degenerazione del microlensing discussa nel caso delle lenti puntiformi singole persiste. Gli effetti della dimensione finita della sorgente e della parallasse del microlensing possono essere utilizzati per rompere la degenerazione (Udalski et al. 2005). In rari casi, immagini ottenute con HST o l'ottica adattiva su grandi telescopi permettono di risolvere la stella ospite (Bennett et al. 2006, 2015; Batista et al. 2015).

La modellizzazione degli eventi planetari rimane comunque un compito impegnativo. Come discusso in precedenza, esiste una fondamentale degenerazione tra sistemi vicini e lontani. Inoltre, caratteristiche simili nelle curve di luce possono essere prodotte sia dal microlensing planetario che da lenti binarie vicine/lontane (Han e Gaudi 2008). Sebbene rari, sistemi binari di sorgenti che subiscono microlensing da singole lenti possono produrre caratteristiche simili a quelle generate da una perturbazione della caustica planetaria (Jung et al. 2017b,a).

4.8.6 Rilevamenti di microlensing planetario

La ricerca di pianeti mediante il microlensing è un campo di studio relativamente giovane. Mao e Paczynski (1991) e Gould e Loeb (1992) furono i primi a sottolineare che i pianeti potevano essere trovati in questo modo. Ad oggi, sono stati scoperti circa 90 pianeti tramite microlensing[2]. Rispetto ad altri metodi per la ricerca di pianeti, come ad esempio le variazioni di velocità radiale o il metodo dei transiti, che hanno portato finora alla scoperta di migliaia di pianeti, questo numero può apparire esiguo. Tuttavia, il microlensing è unico in molti aspetti e, per questo motivo, risulta complementare ai metodi sopra menzionati.

Innanzitutto, i processi che portano alla formazione di un pianeta non sono ancora completamente compresi (Armitage 2010, e.g.). I pianeti si formano a partire da dischi protoplanetari gassosi, ma esistono diversi modelli che ne spiegano la crescita. Ad esempio, nel modello di accrescimento i pianeti terrestri si formano per accrescimento su un nucleo solido. Se il nucleo è sufficientemente massiccio (circa 8 $M_\oplus$), l'ulteriore accrescimento di gas porta alla formazione di pianeti giganti gassosi. In alternativa, nel cosiddetto modello di collasso del gas, i pianeti giganti si formano per il collasso diretto del gas nel disco protoplanetario a causa di instabilità gravitazionali. Scenari di questo tipo conducono a differenti distribuzioni delle masse dei pianeti e delle distanze dalle stelle ospiti. Pertanto, effettuare un censimento dei pianeti intorno a diversi tipi di stelle e misurare le loro masse e i parametri orbitali rappresenta un passaggio fondamentale per validare i modelli di formazione dei pianeti.

Purtroppo, non esiste un singolo metodo per individuare pianeti che consenta di sondare l'intera gamma di masse e distanze rilevanti. Ad esempio, le variazioni di velocità radiale e i transiti sono più efficienti nel rilevare pianeti massicci entro circa 1 AU dalle loro stelle ospiti. Pertanto, questi metodi non permettono di esplorare quelle regioni dei sistemi planetari particolarmente interessanti per testare gli scenari di formazione dei pianeti, come la cosiddetta *zona abitabile* (dove l'acqua

---

[2] https://exoplanetarchive.ipac.caltech.edu.

liquida può esistere sulla superficie del pianeta) o, ancora, la regione al di là della *snow line* (e.g. Lissauer 1987). Quest'ultima segna la distanza limite da una stella oltre la quale la temperatura scende al di sotto del punto in cui l'acqua si trasforma in ghiaccio; in termini d'ordine di grandezza, tale distanza corrisponde a circa 1 AU.

Come visto nelle sezioni precedenti, il microlensing è sensibile ai pianeti situati nelle vicinanze del raggio di Einstein della stella ospite, ossia $r_E = D_L \theta_E$. Per una stella di massa solare a $D_L \sim 4$ kpc e una sorgente a $D_S \sim 8$ kpc, il raggio dell'anello di Einstein risulta essere di circa 4 AU. Tale distanza è simile al semi-asse maggiore dell'orbita di Giove (5.2 AU). Il microlensing risulta dunque complementare agli altri metodi per la ricerca di pianeti, in quanto permette di esplorare una regione nel piano massa del pianeta versus semiasse maggiore, altrimenti difficile da indagare (Gaudi 2012). Tutti gli eventi di microlensing attuali, che includono perturbazioni planetarie, sono stati osservati a distanze di diversi kiloparsec dal Sole (Tsapras 2018), mentre la maggior parte dei pianeti rilevati con altri metodi è confinata entro $\lesssim 1$ kpc. Poiché la Via Lattea presenta un gradiente di metallicità (Daflon e Cunha 2004), le rilevazioni tramite microlensing sono cruciali per indagare la formazione dei pianeti in regioni chimicamente differenti dal vicinato solare.

La prima rilevazione di microlensing planetario risale al 2004, quando le collaborazioni OGLE e MOA osservarono l'evento denominato OGLE-2003-BLG-235/MOA-2003-BLG-53 verso il bulge della Via Lattea (Bond et al. 2004). La curva di luce presenta il profilo tipico di una lente singola con una breve deviazione (circa 7 giorni) che mostra il caratteristico profilo a U di un attraversamento di caustica. I dati sono coerenti con un evento di attraversamento di caustica risonante, prodotto da una lente stella-pianeta, con $t_E = 61.5 \pm 1.8$ giorni, $q = 3.9^{+1.1}_{-0.7} \times 10^{-3}$ e $d = 1.120 \pm 0.007$. L'identificazione della stella ospite mediante HST ha permesso di derivare ulteriori proprietà fisiche di questo sistema (Bennett et al. 2006). Il pianeta si è rivelato essere un super Giove, con massa $M_p = 2.6^{+0.8}_{-0.6} \, M_J$, in orbita attorno a una stella nana di tipo M con massa $M = 0.63^{+0.07}_{-0.09} \, M_\odot$. Il semiasse maggiore dell'orbita del pianeta è $a = 4.3^{+2.5}_{-0.8}$ AU.

Il secondo pianeta scoperto tramite microlensing (MOA-2007-BLG-400) è un pianeta super-gioviano in orbita attorno a una stella nana di tipo M (Udalski et al. 2005; Dong et al. 2009). Questa scoperta sollevò immediatamente il sospetto che tali sistemi planetari non fossero affatto rari. Infatti, circa il 20% dei pianeti rilevati tramite microlensing appartiene a questa categoria (Udalski et al. 2005; Poleski et al. 2014; Shvartzvald et al. 2014; Koshimoto et al. 2014; Shin et al. 2016; Koshimoto et al. 2017; Batista et al. 2011; Street et al. 2013; Jung et al. 2015; Han et al. 2013; Calchi Novati et al. 2018).

La terza e la quarta rilevazione di pianeti tramite microlensing riguardano pianeti di tipo mini-Nettuno (Beaulieu et al. 2006; Gould et al. 2006). Data la loro bassa massa (qualche massa terrestre), tali pianeti risultano più difficili da rilevare rispetto a quelli simili a Giove. Pertanto, semplici argomenti statistici suggeriscono che essi siano addirittura più comuni dei pianeti giganti. Con l'aumentare delle nuove rilevazioni, è stato possibile misurare la distribuzione del rapporto di massa degli esopianeti freddi (Sumi et al. 2010), la quale risulta consistente con una legge di potenza del tipo

$$\frac{dN}{d\log q} \propto q^{-0.7\pm0.2} \tag{4.113}$$

con un limite superiore sull'indice di potenza, a livello di confidenza del 95%, di $n < -0.35$ (dove $dN/d\log q \propto q^n$). Ciò implica che i pianeti con massa simile a quella di Nettuno siano almeno tre volte più comuni dei pianeti come Giove, con un livello di confidenza del 95%.

4.9 Applicazioni Python

4.9.1 Curva di luce standard per microlensing

In questo esempio, deriviamo la curva di luce standard in un evento di microlensing che coinvolge una lente puntiforme e una sorgente puntiforme. Supponiamo che la posizione della lente sia fissa. La sorgente si muove con una velocità trasversa costante v rispetto alla lente (o con una moto proprio relativo $\mu_{rel} = \frac{v}{D_L}$), come mostrato in Fig. 4.2.

Definiamo due classi Python, una per la sorgente e una per la lente. La prima è molto semplice:

```python
from astropy import constants as const
from astropy import units as u
import numpy as np

class point_source(object):

    def __init__(self,flux=1.0,ds=10.0,vel=200.):
        """
        Inizializza una sorgente puntiforme.
        Parametri:
        - flux: flusso base
        - ds: distanza della sorgente
        - vel: velocità relativa della sorgente
        """
        self.ds=ds
        self.flux=flux
        self.vel=vel
```

Creiamo un'istanza della classe `point_source` specificando il flusso di base, la distanza e la velocità relativa della sorgente. Abbiamo importato alcuni pacchetti utili da `astropy`, inclusi i moduli `constants` e `units` per le conversioni di unità.

La seconda classe, `point_lens`, contiene diversi metodi che implementano le formule discusse nelle Sez. 4.1 e 4.2. Inizializziamo un'istanza della classe come segue:

```python
class point_lens(object):

    """
    Inizializza una lente puntiforme.
    Parametri:
    - ps : sorgente puntiforme
    - mass : massa della lente
    - dl : distanza della lente
    - t0 : tempo della distanza minima dalla sorgente
           (picco di magnificazione)
    - y0 : parametro di impatto
    """
    def __init__(self,ps,mass=1.0,dl=5.0,ds=8.0,t0=0.0,y0=0.1):
        self.M=mass
        self.dl=dl
        self.ps=ps
        self.y0=y0
        self.t0=t0
        self.tE=self.EinsteinCrossTime()
```

Il primo argomento è l'istanza della classe `point_source`. Gli altri parametri sono la massa e la distanza della lente, il tempo del picco di magnificazione e il parametro di impatto. La funzione di inizializzazione richiama una funzione per calcolare il tempo di attraversamento dell'anello di Einstein, dato dall'Eq. 4.29. Questa funzione richiama un'altra funzione per calcolare il raggio di Einstein usando l'Eq. 4.7:

```python
    # Funzione che restituisce il raggio di Einstein
    def EinsteinRadius(self):
        mass=self.M*const.M_sun
        G=const.G
        c=const.c
        # Fattore di conversione: radiante in arcsec
        aconv=np.rad2deg(1.0)*3600.0*u.arcsecond
        return((np.sqrt(4.0*(G*mass/c/c).to('kpc')*(self.ps.ds-self.dl)
                        /self.dl/self.ps.ds/u.kpc))*aconv)


    # Funzione che restituisce il tempo di attraversamento di Einstein
    def EinsteinCrossTime(self):
        theta_e=self.EinsteinRadius()
        return(((theta_e.to('radian').value*self.dl*u.kpc).to('km')
                /self.ps.vel/u.km*u.s).to('day'))
```

Definiamo una funzione per calcolare la posizione della sorgente rispetto alla lente al tempo t. Questa funzione restituisce le due componenti del vettore $\vec{y}(t)$:

```python
    # Funzione che restituisce le coordinate della sorgente non lensed
    # al tempo t
    def y(self,t):
        y1=(t-self.t0)/self.tE.value
        y2=np.ones(len(t))*self.y0
        return(y1,y2)
```

Infine, la funzione `mut` calcola la magnificazione in funzione del tempo, utilizzando l'Eq. 4.33:

```
def mut(self,t):
    y0,y1=self.y(t)
    y=np.sqrt(y0**2+y1**2)
    return (self.ps.flux*(y**2+2)/y/np.sqrt(y**2+4))
```

Supponiamo che la sorgente sia a una distanza di $D_S = 8$ kpc e che la sua velocità relativa sia $v = 200$ km/s:

```
ps = point_source(flux=1.,ds=8.0,vel=200.)
```

Visualizzeremo le curve di luce per una varietà di parametri di impatto y_0. La scelta di t_0 non è importante, poiché le curve di luce saranno mostrate in funzione di $(t - t_0)/t_E$.

```
# Inizializzazione dei parametri di impatto
y0=np.linspace(1.0,0.1,10)
# Passaggio alla distanza minima dalla lente
t0=365 # giorni
```

Supponiamo che la massa della lente sia $M = 0.3\,M_\odot$ e che la sua distanza sia $D_L = 4$ kpc. Per ogni valore del parametro di impatto, possiamo ora calcolare la magnificazione in funzione del tempo:

```
# Loop sui parametri di impatto e calcolo delle curve di luce:
for i in range(y0.size):
    pl = point_lens(ps,mass=0.3,dl=4.0,t0=t0,y0=y0[i])
    t=pl.t0+np.linspace(-2,2,200)*pl.tE.value
    mut=pl.mut(t)
```

Mostriamo le curve di luce risultanti in Fig. 4.3.

4.9.2 *Fit della curva di luce standard*

La curva di luce del microlensing è definita dai parametri t_0, y_0 e t_E. Quest'ultima quantità dipende anche da M, v_{rel}, D_L e D_S. Inoltre, la normalizzazione della curva di luce dipende dal flusso di base f. Con quale precisione possiamo misurare tutti questi parametri?

Qui impostiamo il seguente esperimento:

- Simuliamo l'osservazione di un evento di microlensing e generiamo dati sintetici, includendo errori di misura;
- Utilizziamo il pacchetto `lmfit` per il fit dei dati con il modello standard;
- Eseguiamo un'analisi bayesiana utilizzando il pacchetto `emcee` per stimare le distribuzioni di probabilità a posteriori dei parametri.

Supponiamo che la lente abbia una massa di $M = 0.3 M_\odot$ e si trovi a una distanza di $D_L = 4$ kpc. Supponiamo inoltre che la sorgente sia a una distanza di $D_S = 8$ kpc. Il flusso di base della sorgente è $f = 10$ (le unità sono arbitrarie) e il parametro d'impatto è $y_0 = 0.3$. La velocità relativa della sorgente è $v = 210$ km/s.

Supponiamo di poter monitorare la stella sorgente per un lungo periodo (2 anni) e raccogliere dati regolarmente. Questa ipotesi è irrealistica, ma vogliamo lavorare in una situazione ideale. Inoltre, assumiamo che gli errori sulla misura fotometrica siano a livello del 5%. La massima magnificazione si verifica a $t_0 = 365$ giorni.

Il codice utilizzato per generare i dati sintetici è riportato di seguito. Utilizziamo le classi `point_source` e `point_lens` dell'esempio precedente.

```python
# parametri di input per la sorgente e la lente
# creazione di una sorgente puntiforme
ps = point_source(flux=10.,ds=8.0,vel=210.)
# creazione di una lente puntiforme
pl = point_lens(ps,mass=0.3,dl=4.0,t0=365,y0=0.3)
# creazione di una curva di luce simulata
# aggiungiamo rumore gaussiano
t=np.linspace(0,730,730)
mut=pl.mut(t)+(np.random.randn(len(t))*0.05)

# assumiamo un errore del 5\% su ogni misura
emut=mut*0.05
```

La curva di luce è mostrata in Fig. 4.19 (punti blu con barre di errore).

Per il fit dei dati, utilizziamo il pacchetto Python `lmfit`. L'implementazione mostrata qui è stata ottenuta seguendo da vicino gli esempi della documentazione del pacchetto, disponibile a questo link: http://cars9.uchicago.edu/software/python/lmfit_MinimizerResult/intro.html

Iniziamo impostando dei valori iniziali per i parametri del modello, memorizzandole in un oggetto `lmfit.Parameter`, includendo anche degli intervalli plausibili in cui i parametri possono variare (i nostri prior):

```python
import lmfit

# stime iniziali per i parametri:
# t0, M_lens, DL, DS, vel, y0, flux0
p = lmfit.Parameters()
p.add_many(('t0', 400.,True,0,720), ('M_lens', 1.0, True, 0.001, 100.0),
           ('DL', 5., True, 0.1, 10.), ('DS', 8., False, 5., 15.),
           ('vel',250,True,50.,300.), ('y0',0.8, True, 0.01,1.0),
           ('flux0',12, True, 8,12.0))
```

Definiamo quindi una funzione di *costo* per confrontare i dati con il modello:

```python
def cost_function(p,t,mut,emut):
    ps = point_source(flux=p['flux0'],ds=p['DS'],vel=p['vel'])
    pl = point_lens(ps,mass=p['M_lens'],dl=p['DL'],
                    t0=p['t0'],y0=p['y0'])
    res=(pl.mut(t)-mut)/emut
    return (res)
```

Questa funzione restituisce i residui tra il modello standard e i dati.

Il passo successivo è minimizzare la funzione di costo (cioè i residui) per il fit ai dati. `lmfit` offre la possibilitá di scegliere tra diversi algoritmi di ottimizzazione che non discutiamo qui. Utilizziamo il metodo di Nelder-Mead:

```python
mi = lmfit.minimize(cost_function, p, method='Nelder',
                    args=(t,mut,emut))
```

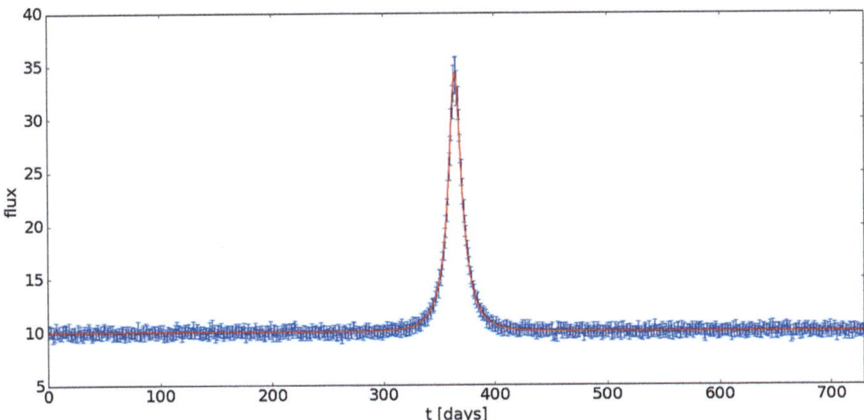

Figura 4.19 Curva di luce simulata di un evento di microlensing (punti blu con barre di errore). Il miglior fit ai dati è mostrato in rosso

La linea rossa in Fig. 4.19 mostra la curva di luce ottenuta con il miglior fit ai dati. I suoi parametri sono:

```
[[Variables]]
    t0:       364.999736 (init = 400)
    M_lens:   0.48380390 (init = 1)
    DL:       4.85039494 (init = 5)
    DS:       8 (fixed)
    vel:      260.475326 (init = 250)
    y0:       0.30003253 (init = 0.8)
    flux0:    9.99984736 (init = 12)
```

Alcuni dei parametri di input sono recuperati quasi perfettamente: t_0, y_0 e f. Non sorprendentemente, gli altri parametri differiscono anche significativamente dai valori reali. Come spiegato, essi sono altamente degeneri. Solo il tempo di attraversamento dell'Einstein determina la forma della curva di luce. É possibile verificare che quest'ultimo é effettivamente recuperato in modo corretto (si veda ad esempio la Fig. 4.21).

Eseguiamo un campionamento bayesiano della distribuzione di probabilità a posteriori dei parametri utilizzando l'algoritmo Markov Monte Carlo (MCMC) implementato nel pacchetto Python emcee (Foreman-Mackey et al. 2013). Il logaritlmo dela probabilità a posteriori dei parametri del modello, p, dati i dati d, è

$$\ln P(p|d) \propto \ln P(d|p) + \ln P(p) \,, \tag{4.114}$$

dove $\ln P(d|p)$ è la log-verosimiglianza delle misue dati i parametri del modello e $\ln P(p)$ è il log-prior. Assumiamo un prior uniforme, il che significa che $\ln P$ è zero se tutti i parametri sono all'interno dei limiti, e $-\infty$ se uno qualsiasi dei parametri è fuori dai limiti.

La funzione di log-verosimiglianza è

$$\ln P(d\,|\,p) = -\frac{1}{2}\sum_n\left[\frac{(model_n - data_n)^2}{s_n^2} + \ln 2\pi s_n^2\right],\qquad (4.115)$$

dove s_n è l'incertezza sui dati ed n indica la n-esima misura.
La calcoliamo come segue:

```python
# funzione di log-verosimiglianza
def lnprob(p,t,mut,emut):
    from numpy import inf
    resid = cost_function(p,t,mut,emut)
    s = emut
    resid *= resid/s/s
    resid += np.log(2 * np.pi * s**2)
    lnp=-0.5 * np.sum(resid)
    return lnp
```

Il passo successivo è chiamare la funzione `minimize` usando il metodo `emcee`.
Utilizziamo 100 walkers per esplorare lo spazio dei parametri. Eseguiamo alcuni
passi di *burn-in* in ogni catena MCMC per permettere ai walkers di stabilizzarsi nel
massimo della densità. Quindi, eseguiamo 2000 passi di esplorazione dello spazio
dei parametri.

```python
res = lmfit.minimize(lnprob, method='emcee',
                     nan_policy='omit',
                     nwalkers=100, burn=500, steps=2000,
                     params=mi.params,
                     progress=True,args=(t,mut,emut))
```

Infine, visualizziamo le distribuzioni di probabilità a posteriori utilizzando il pacchetto `corner` (Foreman-Mackey 2016). La funzione `corner` utilizza i campioni
memorizzati in `res.flatchain` per disegnare istogrammi bidimensionali che
mostrano la densità di probabilità proiettata su piani definiti da coppie di parametri.
Questi istogrammi bidimensionali sono molto utili per evidenziare le correlazioni
esistenti tra v_{rel}, D_L e M. Inoltre, `corner` traccia anche le distribuzioni di densità
unidimensionali marginalizzate per ciascun parametro.

```python
import corner
figure=corner.corner(res.flatchain, labels=[r"$t_0$",
                                            r"Mass",
                                            r"$D_L$",
                                            r"$v_{rel}$",
                                            r"$y_0$", r"f"],
                     truths=list(res.params.valuesdict().values()),
                     quantiles=[0.16,0.84],
                     show_titles=True,
                     title_kwargs={"fontsize": 16})
for ax in figure.get_axes():
    ax.tick_params(axis='both', labelsize=14)
    ax.tick_params(axis='both', labelsize=14)
    ax.xaxis.label.set_size(16)
    ax.yaxis.label.set_size(16)
```

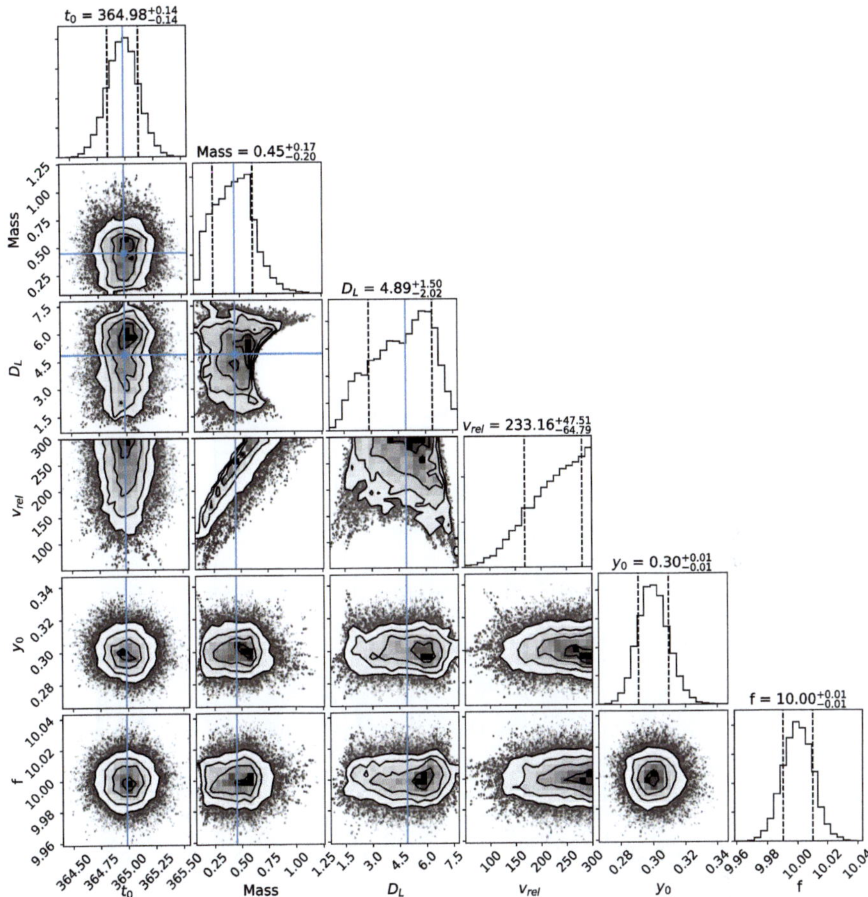

Figura 4.20 Corner plot che mostra le distribuzioni di probabilità a posteriori dei parametri utilizzati per il fit della curva di luce in Fig. 4.19. Mostriamo le proiezioni della densità di probabilità su piani definiti da ciascuna coppia di parametri, oltre alle distribuzioni marginalizzate unidimensionali. Le linee blu e le linee tratteggiate verticali negli istogrammi unidimensionali indicano le mediane e il 16° e 84° percentile delle distribuzioni

Mostriamo il grafico risultante in Fig. 4.20. I valori riportati nel `MinimizerResult` sono le mediane e le larghezze (stimate come metà della differenza tra il 16° e l'84° percentile) delle distribuzioni di probabilità marginalizzate di ciascun parametro:

```
print("mediana della distribuzione di probabilità posteriore")
print('-------------------------------------------------')
lmfit.report_fit(res.params)
```

La Fig. 4.21 mostra i risultati del fit alla curva di luce misurata con un modello che dipende solo da `tE`, `t0` e `y0`.

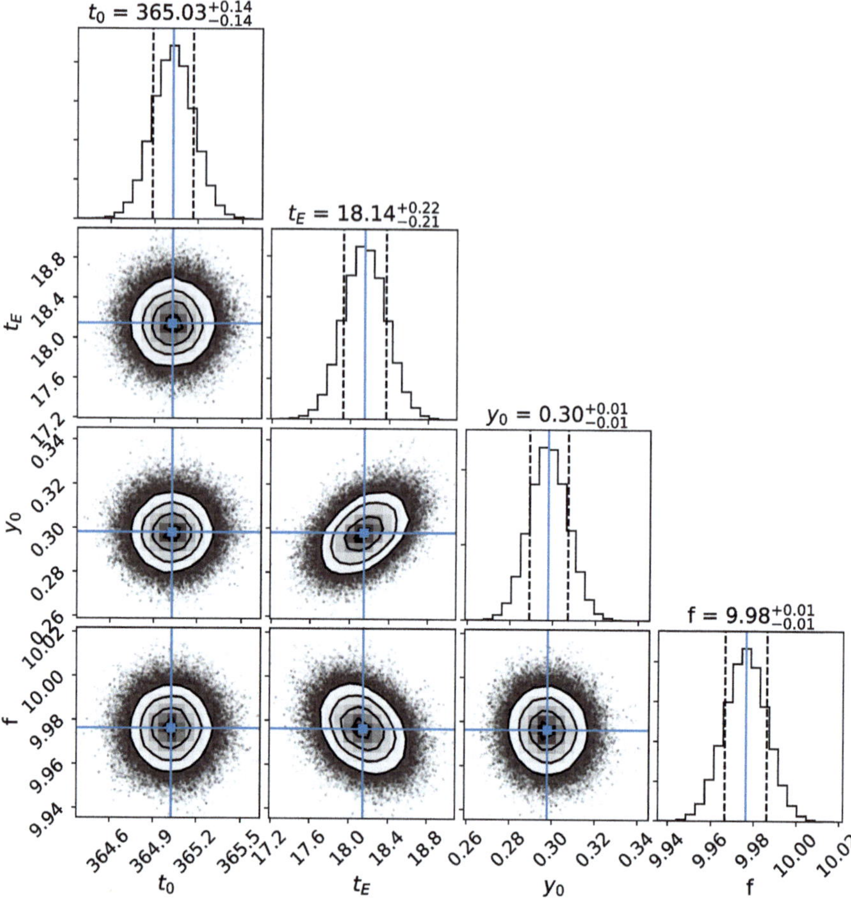

Figura 4.21 Come in Fig. 4.20, ma per un modello i cui parametri liberi sono t_E, t_0 e y_0

4.9.3 Distribuzione della durata degli eventi di microlensing

In questo esempio, deriviamo la distribuzione delle durate degli eventi di micro-lensing attese a partire da una data distribuzione di lenti. La procedura consiste nell'estrarre campioni da Funzioni di Distribuzione di Probabilità (PDF). Per di-stribuzioni arbitrarie, possiamo farlo utilizzando il metodo del *campionamento per trasformazione inversa*, che prevede i seguenti passaggi:

1. calcoliamo la funzione di distribuzione cumulativa della PDF che vogliamo cam-pionare;
2. invertiamo la funzione cumulativa;
3. generiamo numeri casuali distribuiti uniformemente tra 0 e 1;
4. leggiamo i valori corrispondenti restituiti dalla funzione cumulativa invertita.

Ad esempio, per una PDF esponenziale con tasso λ,

$$p(x) = \lambda \exp\left(-\lambda x\right) ; \tag{4.116}$$

la funzione di distribuzione cumulativa è

$$P(x) = \int_0^x p(x)dx = 1 - \exp\left(-\lambda x\right) . \tag{4.117}$$

Questa può essere facilmente invertita per ottenere:

$$x = -\ln(1 - P)/\lambda . \tag{4.118}$$

Per ottenere 10 000 campioni da questa distribuzione (assumendo un parametro $\lambda = 0.5$), possiamo procedere come segue:

```python
# funzione inversa cumulativa
def exp_icdf(p,lambd=1):
    return -np.log(1-p)/lambd


samples=10000
lambd=0.5
# generiamo numeri casuali distribuiti uniformemente
p=np.random.random(samples)
# campioni casuali:
x=exp_icdf(p,lambd=lambd)
```

Il pacchetto `numpy.random` fornisce diverse funzioni per campionare PDF comuni, inclusa la PDF esponenziale:

```python
# estraiamo campioni da una distribuzione esponenziale con parametro di
# rate lambd:
x_exp=np.random.exponential(size=samples,scale=1.0/lambd)
# estraiamo campioni da una distribuzione gaussiana con media mu e
# deviazione standard sigma:
mu=1.0
sigma=0.2
x_norm=np.random.normal(loc=mu,scale=sigma,size=samples)
# estraiamo campioni da una distribuzione uniforme
a=0
b=2
x_unif=np.random.uniform(low=a,high=b,size=samples)
```

Lo scopo di questo esempio è mostrare come alcune ipotesi sulla popolazione di microlenti determinino la distribuzione attesa delle durate osservate degli eventi di microlensing.

Le nostre ipotesi sono:

- la distribuzione delle masse delle lenti segue una legge di potenza o una funzione esponenziale;
- la distribuzione delle distanze delle sorgenti è una Gaussiana con media $D_S = 8\,\text{kpc}$ e deviazione standard $\sigma = 0.3\,\text{kpc}$;
- la distribuzione delle distanze delle lenti è uniforme tra $D_L = 0$ e $min(D_S)$;
- la distribuzione delle velocità relative lente-sorgente è una Gaussiana con media $v_{rel} = 220\,\text{km/s}$ e deviazione standard $\sigma = 10\,\text{km/s}$.

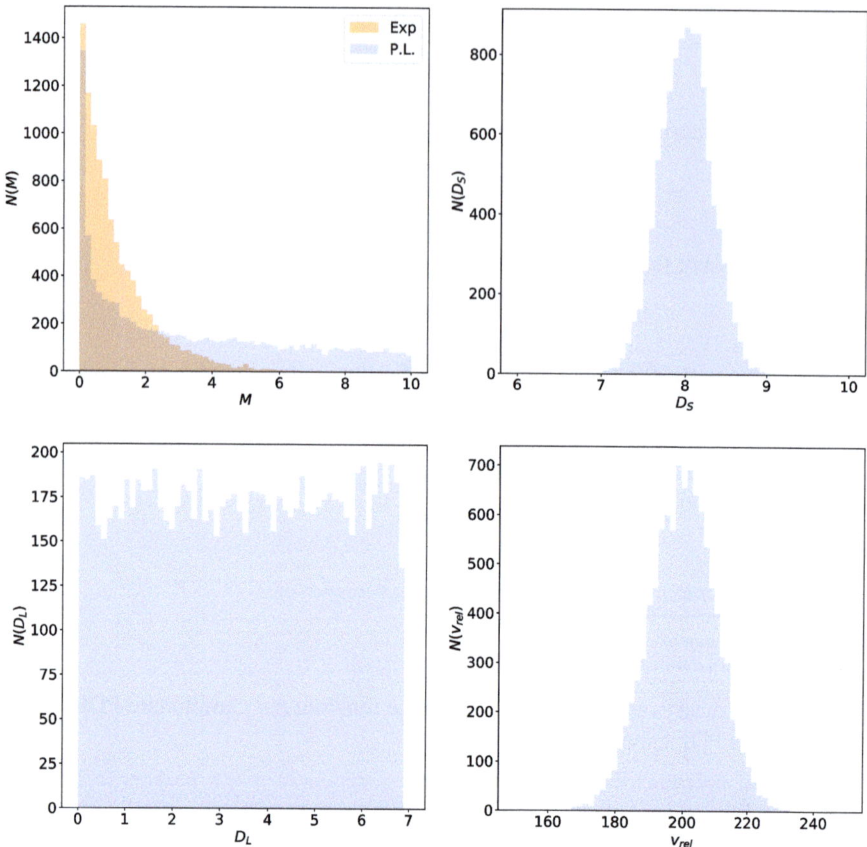

Figura 4.22 Dall'angolo in alto a sinistra fino in basso a destra, distribuzioni delle masse delle lenti, delle distanze delle sorgenti e delle lenti, e delle velocità relative tra le lenti e le sorgenti. Le distribuzioni delle masse delle lenti sono modellate con una legge di potenza (blu) e con una funzione esponenziale (verde)

Iniziamo campionando le masse delle lenti da una distribuzione a legge di potenza. La funzione `power` di `numpy.random` estrae campioni nell'intervallo $[0, 1]$. Dunque, riscaliamo i valori campionati per coprire l'intervallo desiderato di masse (ad esempio $[0, 10]$ $M_\odot$):

```
mmax=10. # massa massima
a = 0.5 # parametro di forma
# usa la PDF 'power' in numpy.random
mass_pow = np.random.power(a, samples)*mmax
```

Estraiamo un secondo campione di masse da una distribuzione esponenziale:

```
a = 0.5
# usa la PDF 'exponential' in numpy.random
mass_exp = np.random.exponential(size=samples,scale=1.0/lambd)
mass_exp=mass_exp/mass_exp.max()*mmax
```

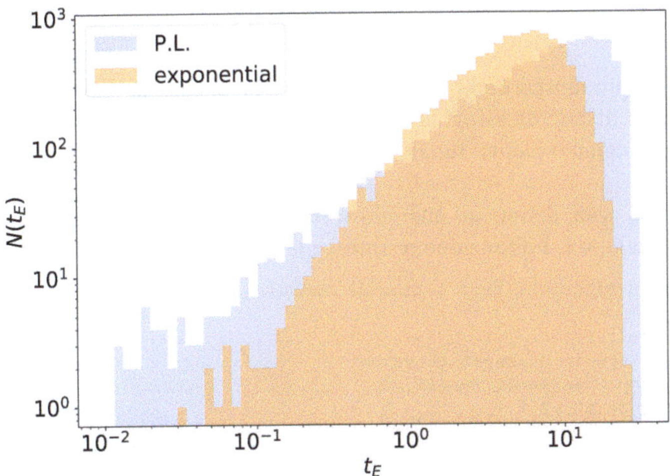

Figura 4.23 Distribuzione attesa delle scale temporali degli eventi di microlensing dal modello descritto nella Sez. 4.9.3. I risultati sono mostrati per due distribuzioni di massa delle lenti (legge di potenza ed esponenziale)

Quindi, generiamo le distanze delle sorgenti e delle lenti:

```python
# genera D_S
mu, sigma = 8.0, 0.3
ds=np.random.normal(loc=mu,scale=sigma,size=samples)
# genera D_L
dmin, dmax = 0.0, np.min(x_norm)
dl = np.random.uniform(low=dmin,high=dmax,size=samples)
```

Infine, generiamo le velocità relative:

```python
# genera velocit\`a
mu, sigma = 220, 10
vel=np.random.normal(loc=mu,scale=sigma,size=samples)
```

Mostriamo le distribuzioni dei parametri delle lenti, M, D_L, D_S, e v_{rel}, in Fig. 4.22. Assumendo che questi non siano correlati, li utilizziamo per ottenere la distribuzione attesa delle durate degli eventi dato il modello assunto di lenti e sorgenti:

```python
ps=[point_source(ds=ds[i],vel=vel[i])
        for i in range(len(mass_pow))]
te_pow=[point_lens(ps=ps[i],mass=mass_pow[i],dl=dl[i]).tE.value
        for i in range(len(mass_pow))]
te_exp=[point_lens(ps=ps[i],mass=mass_exp[i],dl=dl[i]).tE.value
        for i in range(len(mass_exp))]
```

In Fig. 4.23, possiamo vedere che otteniamo distribuzioni significativamente diverse dei tempi di attraversamento dell'Einstein, a seconda della funzione di massa utilizzata. Questo esempio è lontano dal descrivere una situazione realistica, ma serve per illustrare come l'informazione sulla popolazione di lenti sia codificata nelle statistiche degli eventi di microlensing (si veda, ad esempio, Gould 1994; Sumi et al. 2011; Gaudi 2012).

4.9.4   Effetto di microlensing astrometrico

Questo esempio mostra come cambia la posizione apparente della sorgente durante un evento di microlensing, il cosiddetto microlensing astrometrico. A questo scopo, aggiungiamo alcune funzioni aggiuntive alla classe `point_lens` vista in precedenza.

Per prima cosa, definiamo una nuova funzione per calcolare la posizione della sorgente al tempo t. La funzione restituisce le due componenti del vettore $\vec{y}(t)$:

```python
# una funzione che restituisce le coordinate della sorgente non lensata
# al tempo t
def y(self,t):
    y1=(t-self.t0)/self.tE.value
    y2=np.ones(len(t))*self.y0
    return(y1,y2)
```

Inoltre, definiamo due funzioni che restituiscono le coordinate dell'immagine esterna (xp) e di quella interna (xm) della sorgente. Queste funzioni implementano le Eq. 4.42.

```python
# una funzione che restituisce le coordinate dell'immagine x_+ al tempo t
def xp(self,t):
    y1, y2  = self.y(t)
    Q = np.sqrt(y1**2 + y2**2 +4)/(np.sqrt(y1**2 + y2**2))
    xp1= 0.5 *(1 + Q)* y1
    xp2= 0.5 *(1 + Q)* y2
    return(xp1, xp2)

# una funzione che restituisce le coordinate dell'immagine x_- al tempo t
def xm(self,t):
    y1, y2  = self.y(t)
    Q = np.sqrt(y1**2 + y2**2 +4)/(np.sqrt(y1**2 + y2**2))
    xm1= 0.5 *(1 - Q)* y1
    xm2= 0.5 *(1 - Q)* y2
    return(xm1, xm2)
```

Il passo successivo è calcolare le magnificazioni delle due immagini, utilizzando l'Eq. 4.18:

```python
# magnificazione dell'immagine x_+
def mup(self,t):
    y1, y2  = self.y(t)
    yy=np.sqrt(y1**2+y2**2)
    mup=0.5*(1+(yy**2+2)/yy/np.sqrt(yy**2+4))
    return (mup)

# magnificazione dell'immagine x_-
def mum(self,t):
    y1, y2  = self.y(t)
    yy=np.sqrt(y1**2+y2**2)
    mum=0.5*(1-(yy**2+2)/yy/np.sqrt(yy**2+4))
    return (mum)
```

Infine, il centroide dell'immagine viene calcolato utilizzando l'Eq. 4.44:

```python
# una funzione che restituisce le coordinate del centroide luminoso
def xc(self,t):
    xp=self.xp(t)
    xm=self.xm(t)
    xc=(xp*np.abs(self.mup(t))+xm*np.abs(self.mum(t)))/ \
    (np.abs(self.mup(t))+np.abs(self.mum(t)))
    return (xc)
```

Ora possiamo aggiungere alcune funzionalità extra. Per esempio, per disegnare la Fig. 4.6, si assume che la sorgente abbia una dimensione estesa. Le immagini di una sorgente estesa sono anch'esse estese. Per calcolare le loro forme, aggiungiamo un'altra coppia di funzioni alla classe sopra:

```python
def xp_ext_source(self,t,r):
    phi=np.linspace(0.0,2*np.pi,360)
    dy1=r*np.cos(phi)
    dy2=r*np.sin(phi)
    y1,y2=self.y(t)
    yy1=y1+dy1
    yy2=y2+dy2
    Q=np.sqrt(yy1**2+yy2**2+4.0)/np.sqrt(yy1**2+yy2**2)
    xp1=0.5*(1+Q)*yy1
    xp2=0.5*(1+Q)*yy2
    return(xp1,xp2)

def xm_ext_source(self,t,r):
    phi=np.linspace(0.0,2*np.pi,360)
    dy1=r*np.cos(phi)
    dy2=r*np.sin(phi)
    y1,y2=self.y(t)
    yy1=y1+dy1
    yy2=y2+dy2
    Q=np.sqrt(yy1**2+yy2**2+4.0)/np.sqrt(yy1**2+yy2**2)
    xm1=0.5*(1-Q)*yy1
    xm2=0.5*(1-Q)*yy2
    return(xm1,xm2)
```

Ora, immaginiamo di monitorare una sorgente nel tempo. La posizione della sorgente è fissa fino a quando si verifica l'evento di microlensing. Durante l'evento, la sorgente si sposta, poiché il centroide della distribuzione di brillanza delle immagini cambia. L'ampiezza dello spostamento è

$$\delta\vec{x}_c = \vec{x}_c - \vec{y} \; . \tag{4.119}$$

Vogliamo determinare la traiettoria della posizione apparente della sorgente. Prima, aggiungiamo questa funzione alla classe:

```python
def deltaxc(self,t):
    y1,y2=self.y(t)
    yy=(y1**2+y2**2)
    return(y1/(yy+2),y2/(yy+2))
```

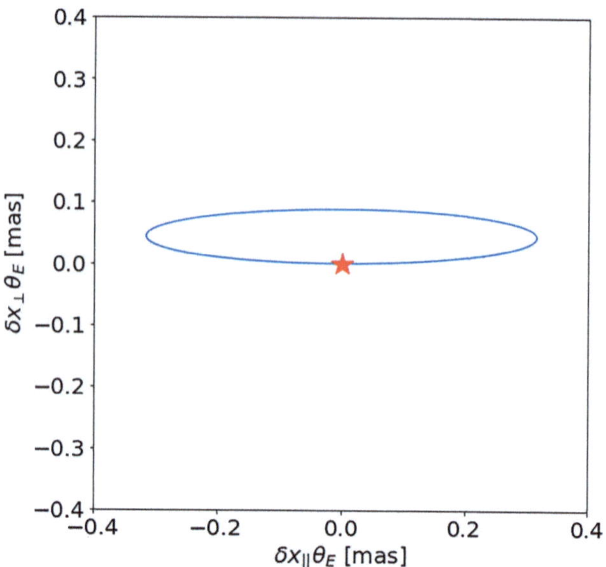

Figura 4.24 Traiettoria del centroide della luce di una sorgente durante un evento di microlensing prodotto da una stella di massa $M = 1M_\odot$ alla distanza $D_L = 5\,\mathrm{kpc}$, che agisce da lente su una sorgente a $D_S = 10\,\mathrm{kpc}$. Il parametro di impatto è $y_0 = 0.2$

Poi, la utilizziamo per calcolare le coordinate dello spostamento del centroide:

```
t=np.linspace(-5000,5000,5000)

dxc1,dxc2=pl.deltaxc(t)
fig,ax=plt.subplots(1,1,figsize=(8,8))
ax.plot(dxc1*pl.EinsteinRadius()*1000,dxc2*pl.EinsteinRadius()*1000)
ax.set_xlim([-0.4,0.4])
ax.set_ylim([-0.4,0.4])

ax.set_xlabel(r'$\delta x_{||}\theta_E$ [mas]',fontsize=20)
ax.set_ylabel(r'$\delta x_\perp \theta_E$ [mas]',fontsize=20)
ax.plot([0.0],[0.0],'*',markersize=20,color='red')
ax.xaxis.set_tick_params(labelsize=20)
ax.yaxis.set_tick_params(labelsize=20)
```

Il risultato di questa procedura è mostrato in Fig. 4.24. La stella rossa indica la posizione intrinseca della sorgente, in assenza di lensing. Durante l'evento di microlensing, il centroide luminoso segue una traiettoria ellittica (linea blu solida), come discusso nella Sez. 4.4.

4.9.5 *Linee critiche e caustiche di una lente binaria*

Nei seguenti esempi considereremo lenti binarie composte da due masse puntiformi M_1 e M_2. Le due masse sono legate dalla relazione $q = M_1/M_2$. Esse sono poste a una distanza d l'una dall'altra (dove d è espressa in unità del raggio di Einstein della lente). Scegliamo l'asse reale in modo che passi attraverso le due masse puntiformi e assumiamo che $z_2 = -z_1$. Una rappresentazione schematica del sistema binario e della sorgente è fornita in Fig. 4.25.

Si suppone che la sorgente si muova dietro la lente con una velocità relativa v_{rel} lungo una traiettoria lineare che forma un angolo θ_s con l'asse reale. Misuriamo il parametro di impatto y_0 rispetto a $z = 0$. La sorgente raggiunge la distanza minima da $z = 0$ al tempo $t = t_0$.

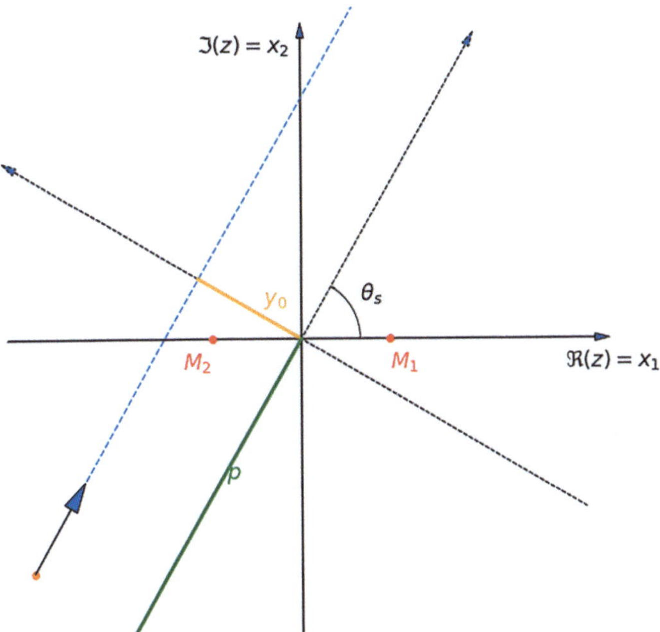

Figura 4.25 Schema di un sistema di lente binaria. Le due lenti, indicate come M_1 e M_2, sono rappresentate dai punti rossi. Scegliamo il sistema di riferimento in modo che l'origine sia nel punto medio tra le due masse. L'asse reale (o asse x_1 sul piano della lente) passa attraverso le due lenti. La traiettoria della sorgente è indicata dalla linea tratteggiata blu. La sua inclinazione rispetto all'asse reale corrisponde all'angolo θ_s. La posizione della sorgente al tempo t è indicata dal punto arancione, e la freccia blu rappresenta la velocità (relativa alla lente). Il parametro di impatto y_0 è misurato rispetto all'origine ($z = (x_1 + ix_2) = 0$). Si assume che la sorgente passi a una distanza y_0 dall'origine al tempo t_0. Nel sistema di riferimento ruotato di un angolo θ_s (assi tratteggiati), la posizione della sorgente al tempo t è $z'_s = p + iy_0$, dove $p = (t - t_0)/t_E$

Le parti reale e immaginaria di z_s sono date da:

$$\Re(z_s) = \cos(\theta_s)p - \sin(\theta_s)y_0 \tag{4.120}$$

e

$$\Im(z_s) = \sin(\theta_s)p + \cos(\theta_s)y_0 \tag{4.121}$$

dove $p = (t - t_0)/t_E$. Il raggio di Einstein effettivo, θ_E, e il tempo di attraversamento di Einstein, t_E, sono quelli di una lente a massa puntiforme con massa $M_{tot} = M_1 + M_2$.

Come di consueto, D_L e D rappresentano le distanze angolari della lente e della sorgente.

Le linee critiche e le caustiche della lente binaria sono determinate risolvendo numericamente l'Eq. 4.92 per ogni $\phi \in [0, 2\pi)$. L'equazione può essere trasformata in un polinomio complesso di quarto grado, di cui dobbiamo trovare le radici . Il polinomio è:

$$p_4(z) = z^4 - z^2(2z_1^{*2} + e^{i\phi}) - zz_1^*2(m_1 - m_2)e^{i\phi} + z_1^{*2}(z_1^{*2} - e^{i\phi}) = 0 \tag{4.122}$$

Per ogni valore di ϕ ci sono fino a 4 radici (punti critici) possibili. Utilizzando l'equazione della lente (Eq. 4.93), questi punti possono essere mappati sul piano della sorgente per derivare le caustiche:

$$z_{cau} = z_{crit} - \frac{m_1}{z_{crit}^* - z_1^*} - \frac{m_2}{z_{crit}^* - z_2^*} . \tag{4.123}$$

Le radici del polinomio

$$p(x) = x^n + a_{n-1}x^{n-1} + \cdots + a_1x + a_0 \tag{4.124}$$

possono essere trovate costruendo la sua matrice compagna:

$$C = \begin{bmatrix} 0 & 0 & \cdots & 0 & -a_0 \\ 1 & 0 & \cdots & 0 & -a_1 \\ 0 & 1 & \cdots & 0 & -a_2 \\ \vdots & \vdots & \ddots & \vdots & \vdots \\ 0 & 0 & \cdots & 1 & -a_{n-1} \end{bmatrix} \tag{4.125}$$

e il polinomio caratteristico:

$$\det(xI - C) = p(x) \tag{4.126}$$

Dunque, gli autovalori di C sono le radici di $p(x)$. Pertanto, per trovare i punti critici della lente binaria possiamo procedere nel seguente modo:

- costruiamo la matrice compagna di $p_4(z)$;
- diagonalizziamo la matrice e troviamo gli autovalori.

Questa procedura è implementata nel metodo `numpy.roots`, che verrà utilizzato di seguito.

Iniziamo importando numpy:

```python
import numpy as np
```

Costruiamo una classe per le lenti binarie. La classe utilizza alcune funzioni della classe `point_lens` discusse nelle sezioni precedenti.

Creiamo un'istanza della classe `binary_lens` impostando la massa della prima lente, il rapporto di massa q e la separazione tra le lenti, d, in unità del raggio di Einstein equivalente. Gli altri parametri di input (D_L, D_S, t_0, y_0, θ_s e v_{rel}) non influenzano i risultati di questo esempio.

```python
class binary_lens(object):
    """
    Inizializza una lente binaria
    """
    def __init__(self,dl=5.0,ds=8,m1=1.0,q=1.0,d=2.0,t0=0.0,y0=0.1,
                 theta=np.pi/4,vrel=200.0):
        # posizione della prima lente
        self.z1=complex(d/2.0,0.0)
        self.q=q
        self.dl=dl
        self.ds=ds
        # massa della seconda lente
        m2=m1/q
        self.mtot=m1+m2
        # salva le masse in unità della massa totale
        self.m1=m1/self.mtot
        self.m2=m2/self.mtot

        """
        Creiamo una point_lens per calcolare il raggio di Einstein
        e il tempo di attraversamento di Einstein.
        """
        ps = point_source(ds=ds,vel=vrel)
        pl = point_lens(ps=ps, mass=m1+m2, dl=dl)
        self.thetaE=pl.EinsteinRadius()
        self.tE=pl.EinsteinCrossTime()

        self.t0=t0
        self.y0=y0
        self.theta=theta
```

Poi aggiungiamo una funzione per trovare le linee critiche e le caustiche usando il metodo descritto precedentemente:

```python
    def CritCau(self,ncpt=10000):
        # impostare il vettore delle fasi
        phi_=np.linspace(0,2.*np.pi,ncpt)
```

```python
x=[]
y=[]
xs=[]
ys=[]

# dobbiamo trovare le radici del nostro polinomio di quarto grado
# per ogni valore di phi
for i in range(phi_.size):
    phi=phi_[i]
    # i coefficienti del polinomio complesso
    coeff = [1.0,0.0,-2*np.conj(self.z1)**2-np.exp(1j*phi),
            -np.conj(self.z1)*2*(self.m1-self.m2)*np.exp(1j*phi),
            np.conj(self.z1)**2*(np.conj(self.z1)**2-np.exp(1j*phi))]
    # utilizziamo la funzione numpy roots per trovare le radici del
    # polinomio
    z=np.roots(coeff) # questi sono i punti critici!

    # utilizziamo l'equazione della lente (forma complessa) per
    # mappare i punti critici sul piano della sorgente
    zs=z-self.m1/(np.conj(z)-np.conj(self.z1))\
        -self.m2/((np.conj(z)-np.conj(-self.z1))) # queste sono le

    # aggiungiamo i punti critici e sulle caustiche
    # a delle liste
    x.append(z.real)
    y.append(z.imag)
    xs.append(zs.real)
    ys.append(zs.imag)

return(np.array(x),np.array(y),np.array(xs),np.array(ys))
```

La funzione restituisce quattro array numpy, contenenti le coordinate dei punti delle linee critiche della lente e delle caustiche. La dimensione di questi array è definita dal parametro di input `ncpt`. Per impostazione predefinita, campioniamo le linee critiche e le caustiche generando 10.000 valori della fase ϕ.

4.9.6   Risoluzione dell'equazione della lente binaria

Per trovare le posizioni delle immagini della sorgente, dobbiamo risolvere l'Eq. 4.94. Possiamo utilizzare lo stesso metodo adottato per trovare i punti critici. I coefficienti del polinomio complesso sono forniti in Eq. 4.95. Aggiungiamo la seguente funzione alla classe `binary_lens`:

```python
def Images(self,ys1,ys2):
    # coordinata complessa della sorgente
    zs=ys1+1j*ys2

    # coefficienti dell'equazione polinomiale
    m=0.5*(self.m1+self.m2)
    Dm=(self.m2-self.m1)/2.0

    c5=self.z1**2-np.conj(zs)**2
    c4=-2*m*np.conj(zs)+zs*np.conj(zs)**2\
        -2*Dm*self.z1-zs*self.z1**2
```

```python
        c3=4.0*m*zs*np.conj(zs)+4.0*Dm*np.conj(zs)*self.z1\
            +2.0*np.conj(zs)**2*self.z1**2-2.0*self.z1**4
        c2=4.0*m**2*zs+4.0*m*Dm*self.z1\
            -4.0*Dm*zs*np.conj(zs)*self.z1\
            -2.0*zs*np.conj(zs)**2\
            *self.z1**2+4.0*Dm*self.z1**3\
            +2.0*zs*self.z1**4
        c1=-8.0*m*Dm*zs*self.z1\
            -4.0*Dm**2*self.z1**2\
            -4.0*m**2*self.z1**2\
            -4.0*m*zs*np.conj(zs)*self.z1**2\
            -4.0*Dm*np.conj(zs)*self.z1**3\
            -np.conj(zs)**2*self.z1**4\
            +self.z1**6
        c0=self.z1**2*(4.0*Dm**2*zs\
                    +4.0*m*Dm*self.z1\
                    +4.0*Dm*zs*np.conj(zs)*self.z1+\
                    2.0*m*np.conj(zs)*self.z1**2\
                    +zs*np.conj(zs)**2*self.z1**2\
                    -2*Dm*self.z1**3-zs*self.z1**4)

        coefficients=[c5,c4,c3,c2,c1,c0]
        # soluzioni dell'equazione della lente
        images=np.roots(coefficients)
                # eliminare le soluzioni spurie
        z2=-self.z1
        deltazs=zs-(images-self.m1/(np.conj(images)-np.conj(self.z1))
                -self.m2/(np.conj(images)-np.conj(z2)))
        return (np.array([images.real[np.abs(deltazs)<1e-3]]),
                np.array([images.imag[np.abs(deltazs)<1e-3]]))
```

Specifichiamo la posizione della sorgente in termini delle due coordinate `ys1` e
`ys2`, che vengono utilizzate per calcolare la coordinata complessa `zs`. Il polinomio
$p_5(z)$ ha cinque radici. Tuttavia, la sorgente può avere 3 o 5 immagini, a seconda
che si trovi all'interno o all'esterno della caustica. Pertanto, a volte due radici devono essere scartate poiché sono soluzioni spurie dell'equazione della lente. Per fare
ciò, controlliamo quali soluzioni soddisfano l'equazione della lente alla fine della
funzione sopra esposta. Una volta determinate le radici del polinomio, le inseriamo
nell'equazione della lente per verificare se otteniamo la posizione della sorgente
in ingresso. Calcoliamo la quantità `deltazs`, ovvero la differenza tra la posizione
della sorgente in ingresso e il risultato dell'equazione della lente, e scartiamo quelle
soluzioni per cui `deltazs` supera una certa tolleranza (10^{-3} in questo esempio).

4.9.7 Curva di luce in un evento di microlensing binario

In questo esempio, consideriamo una sorgente che si muove su una traiettoria rettilinea rispetto alla lente binaria e deriviamo la sua curva di luce. I parametri che definiscono la traiettoria della sorgente (`y0`, `t0`, `theta`, `vrel`) vengono utilizzati
per inizializzare l'oggetto `binary_lens`, come mostrato negli esempi precedenti.

Calcoliamo la posizione della sorgente in funzione del tempo come segue:

```python
def SourcePos(self,t):
    p=(t-self.t0)/self.tE.value
    zreal=np.cos(self.theta)*p-np.sin(self.theta)*self.y0
    zimag=np.sin(self.theta)*p+np.cos(self.theta)*self.y0
    return(zreal,zimag)
```

Successivamente, la posizione della sorgente può essere inserita nella funzione `Images` per calcolare le immagini corrispondenti. Ad esempio, per produrre la Fig. 4.10, abbiamo utilizzato il seguente codice:

```python
times=np.linspace(-90,90,730)
bl=binary_lens(m1=1.0,q=1.0,d=1.,t0=0.0,y0=0.25,
               theta=np.pi/4.*3.0)
x1,x2,xs1,xs2=bl.CritCau()

color=iter(cm.rainbow(np.linspace(0,1,times.size)))

fig,ax=plt.subplots(1,2,figsize=(18,8))

for t in times:
    c=next(color)
    ys1,ys2=bl.SourcePos(t)
    xi1,xi2=bl.Images(ys1,ys2)
    ax[1].plot(ys1,ys2,'*',markersize=10,color=c)
    ax[0].plot(xi1,xi2,'o',markersize=10,color=c)

ax[0].plot(x1,x2,',',color='blue')
ax[1].plot(xs1,xs2,',',color='blue')
```

Come nel caso del microlensing da singole lenti, le immagini multiple sono generalmente non risolte e il microlensing binario può essere rivelato solo attraverso la misura della curva di luce o meglio di come la magnificazione cambia nel tempo. La magnificazione di ciascuna immagine può essere calcolata usando Eq. 4.101. La seguente funzione restituisce il determinante della Jacobiana, ovvero l'inverso della magnificazione in posizioni arbitrarie z:

```python
def detA(self,z):
    z2=-self.z1
    deta=1-np.abs(self.m1/(np.conj(z)-
        np.conj(self.z1))**2+
        self.m2/(np.conj(z)-np.conj(z2))**2)
    return(deta)
```

Applichiamo questa funzione alle posizioni di ciascuna immagine al tempo t e sommiamo l'inverso dei valori risultanti per ottenere la magnificazione totale:

```python
def Magnification(self,t):
    ys1,ys2=self.SourcePos(t)
    xi1,xi2=self.Images(ys1,ys2)
    images=xi1+1j*xi2
    mu=1.0/self.detA(images)
    return(np.abs(mu).sum())
```

Chiamando questa funzione per diversi valori di t, otteniamo la curva di luce:

```python
def lightcurve(self,times):
    p=(times-self.t0)/self.tE.value
    mu=[]
    for t in times:
        mu.append(self.Magnification(t))
    return(p,mu)
```

La funzione `lightcurve(t)` restituisce il tempo scalato $p = (t - t_0)/t_E$ e i corrispondenti valori di magnificazione.

Il codice seguente può essere utilizzato per generare la Fig. 4.11.

```python
p,mu=bl.LightCurve(times)

fig,ax=plt.subplots(1,2,figsize=(18,8))

color=iter(cm.rainbow(np.linspace(0,1,times.size)))
ys1,ys2=bl.SourcePos(times)
for i in range(times.size):
    c=next(color)
    ax[0].plot(ys1[i],ys2[i],'*',markersize=10,c=c)
    ax[1].plot([p[i]],[mu[i]],'o',markersize=10,c=c)

ax[0].plot(ys1,ys2,'--',color='blue')
ax[1].plot(p,mu,'-')
ax[1].set_ylim([0.0,np.max(mu)*1.1])

ax[0].xaxis.set_tick_params(labelsize=20)
ax[0].yaxis.set_tick_params(labelsize=20)

ax[0].set_xlabel('$y_1$',fontsize=20)
ax[0].set_ylabel('$y_2$',fontsize=20)

ax[1].xaxis.set_tick_params(labelsize=20)
ax[1].yaxis.set_tick_params(labelsize=20)
ax[1].set_xlabel('$(t-t_0)/t_E$',fontsize=20)
ax[1].set_ylabel('$\mu(t)$',fontsize=20)
ax[0].plot(xs1,xs2,',',color='blue')
```

Riferimenti bibliografici

Alard, C., Guibert, J., Bienayme, O., Valls-Gabaud, D., Robin, A. C., Terzan, A., & Bertin, E. (1995). The DUO programme: first results of a microlensing investigation of the Galactic disk and bulge conducted with the ESO Schmidt telescope. *The Messenger, 80*, 31–34.

Alcock, C., Allsman, R. A., Alves, D., Axelrod, T. S., Bennett, D. P., Cook, K. H., Sutherland, W. (1995). First observation of parallax in a gravitational microlensing event. *ApJL, 454*, L125. https://doi.org/10.1086/309783. eprint: astroph/9506114

Armitage, P. J. (2010). *Astrophysics of planet formation.*

Batista, V., Gould, A., Dieters, S., Dong, S., Bond, I., Beaulieu, J. P., ... Street, R. A. (2011). MOA-2009-BLG-387Lb: A massive planet orbiting an M dwarf. *A & A, 529*, A102. https://doi.org/10.1051/00046361/201016111 arXiv: 1102.0558 [astro-ph.EP]

Batista, V., Beaulieu, J.-P., Bennett, D. P., Gould, A., Marquette J.-B., Fukui, A., & Bhattacharya, A. (2015). Confirmation of the OGLE-2005BLG-169 planet signature and its characteristics with lens-source proper motion detection. *ApJ, 808*, 170. https://doi.org/10.1088/0004637X/808/2/170. arXiv: 1507.08914 [astro-ph.EP]

Beaulieu, J.-P., Bennett, D. P., Fouqué, P., Williams, A., Dominik, M., Jørgensen, U. G., ... Yoshioka, T. (2006). Discovery of a cool planet of 5.5 Earth masses through gravitational microlensing. *Nature, 439*, 437–440. https://doi.org/10.1038/nature04441 eprint: astroph/0601563

Bennett, D. P., Anderson, J., Bond, I. A., Udalski, A., & Gould, A. (2006). Identification of the OGLE-2003-BLG-235/MOA-2003-BLG-53 planetary host star. *ApJL, 647*, L171–L174. https://doi.org/10.1086/507585. eprint: astroph/0606038

Bennett, D. P., Bhattacharya, A., Anderson, J., Bond, I. A., Anderson, N., Barry R., Udalski, A. (2015). Confirmation of the planetary microlensing signal and star and planet mass determinations for event OGLE-2005-BLG-169. *ApJ, 808*, 169. https://doi.org/10.1088/0004637X/808/2/169 arXiv: 1507.08661 [astro-ph.EP]

Bond, I. A., Udalski, A., Jaroszyński, M., Rattenbury N. J., Paczyński, B., Soszyński, I., OGLE Collaboration. (2004). OGLE 2003-BLG-235/MOA 2003-BLG-53: A planetary microlensing event. *ApJL, 606*, L155–L158. https://doi.org/10.1086/420928 eprint: astroph/0404309

Bozza, V. (2010). Microlensing with an advanced contour integration algorithm: Green's theorem to third order error control, optimal sampling and limb darkening. *MNRAS, 408*(4), 2188–2200. https://doi.org/10.1111/j.13652966.2010.17265.x. arXiv: 1004.2796 [astro-ph.EP]

Bozza, V., Bachelet, E., Bartolić F., Heintz, T. M., Hoag, A. R., & Hundertmark, M. (2018). VBBINARYLENSING: A public package for microlensing light-curve computation. *MNRAS, 479*(4), 5157–5167. https://doi.org/10.1093/mnras/sty1791 arXiv: 1805.05653 [astro-ph.IM]

Calchi Novati, S., Suzuki, D., Udalski, A., Gould, A., Shvartzvald, Y., Bozza, V., Pogge, R. W. (2018). Spitzer microlensing parallax for OGLE-2016-BLG-1067: A sub-Jupiter orbiting an M-dwarf in the disk. ArXiv e-prints arXiv: 1801.05806 [astro-ph.EP]

Daflon, S., & Cunha, K. (2004). Galactic metallicity gradients derived from a sample of OB stars. *ApJ, 617*(2), 1115–1126. https://doi.org/10.1086/425607. arXiv: astroph/0409084 [astro-ph]

Dominik, M., & Sahu, K. C. (1998). Astrometric microlensing of stars. *ArXiv Astrophysics e-prints*. eprint: astroph/9805360

Dong, S., Bond, I. A., Gould, A., Kozłowski, S., Miyake, N., Gaudi, B. S., ... OGLE Collaboration. (2009). Microlensing event MOA-2007-BLG-40: Exhuming the buried signature of a Cool, Jovian-mass planet. *ApJ, 698*, 1826–1837. https://doi.org/10.1088/004637X/698/2/1826. arXiv: 0809.2997

Dong, S., Mérand, A., Delplancke-Ströbele, F., Gould, A., Chen, P., Post, R., ... Thompson, T. A. (2019). First resolution of microlensed images. *ApJ, 871*(1), 70. https://doi.org/10.3847/1538-4357/aaeffb. arXiv: 1809.08243 [astro-ph.SR]

Erdl, H., & Schneider, P. (1993). Classification of the multiple deflection two point-mass gravitational lens models and application of catastrophe theory in lensing. *A & A, 268*, 453–471.

Foreman-Mackey, D. (2016). Corner.py: Scatterplot matrices in python. *The Journal of Open Source Software, 1*(2), 24. https://doi.org/10.21105/joss.00024

Foreman-Mackey, D., Hogg, D. W., Lang, D., & Goodman, J. (2013). emcee: The MCMC hammer. *Proc.ASP, 125*(925), 306. https://doi.org/10.1086/670067. arXiv: 1202.3665 [astro-ph.IM]

Gaudi, B. S. (2012). Microlensing surveys for exoplanets. *Annual Review of Astronomy and Astrophysics, 50*, 411–453. https://doi.org/10.1146/annurevastro081811125518

Gaudi, B. S., & Gould, A. (1997). Planet parameters in microlensing events. *ApJ, 486*(1), 85–99. https://doi.org/10.1086/304491. arXiv: astroph/9610123 [astro-ph]

Gaudi, B. S., Bennett, D. P., Udalski, A., Gould, A., Christie, G. W., Maoz, D., Macintosh, B. (2008). Discovery of a Jupiter/Saturn analog with gravitational microlensing. *Science, 319*, 927. https://doi.org/10.1126/science.1151947. arXiv: 0802.1920

Gould, A. (1994). Proper motions of MACHOs. *ApJL 421* L71–L74. doi:10.1086/187190

Gould, A., & Loeb, A. (1992). Discovering planetary systems through gravitational microlenses. *ApJ, 396* 104–114. https://doi.org/10.1086/171700

Gould, A., Udalski, A., An, D., Bennett, D. P., Zhou, A.-Y., Dong, S., Swaving, S. C. (2006). Microlens OGLE-2005-BLG-169 implies that cool neptune-like planets are common. *ApJL, 644* L37–L40. https://doi.org/10.1086/505421 eprint: astroph/0603276

Gould, A., Udalski, A., Monard, B., Horne, K., Dong, S., Miyake, N., PLANET Collaboration. (2009). The extreme microlensing event OGLE-2007-BLG-224: Terrestrial parallax observation of a thick-disk brown dwarf. *ApJL, 698,* L147–L151. https://doi.org/10.1088/004-637X/698/2/L147. arXiv: 0904.0249 [astro-ph.GA]

Han, C. (2006). Properties of planetary caustics in gravitational microlensing. *ApJ, 638* 1080–1085. https://doi.org/10.1086/498937 eprint: astroph/0510206

Han, C., & Gaudi, B. S. (2008). A characteristic planetary feature in double-peaked, high-magnification microlensing events. *ApJ, 689,* 53–58. https://doi.org/10.1086/592723. arXiv: 0805.1103

Han, C., Jung, Y. K., Udalski, A., Sumi, T., Gaudi, B. S., Gould, A., RoboNet Collaboration. (2013). Microlensing discovery of a tight, low-mass-ratio planetary-mass object around an old field brown dwarf. *ApJ, 778,* 38. https://doi.org/10.1088/0004637X/778/1/38. arXiv: 1307.6335 [astro-ph.EP]

Hog, E., Novikov I. D., & Polnarev A. G. (1995). MACHO photometry and astrometry. *A & A, 294,* 287–294.

Jung, Y. K., Udalski, A., Sumi, T., Han, C., Gould, A., Skowron, J., muFUN Collaboration. (2015). OGLE-2013-BLG-0102LA,B: Microlensing binary with components at star/brown dwarf and brown dwarf/planet boundaries. *ApJ, 798,* 123. https://doi.org/10.1088/0004637X/798/2/123. arXiv: 1407.7926 [astro-ph.SR]

Jung, Y. K., Udalski, A., Bond, I. A., Yee, J. C., Gould, A., Han, C., MOA Collaboration. (2017a). OGLE-2016-BLG-1003: First resolved caustic-crossing binary-source event discovered by second-generation microlensing surveys. *ApJ, 841,* 75. https://doi.org/10.3847/15384357/aa7057. arXiv: 1705.01531 [astro-ph.SR]

Jung, Y. K., Udalski, A., Yee, J. C., Sumi, T., Gould, A., Han, C., MOA Collaboration. (2017b). Binary source microlensing event OGLE-2016-BLG-0733: Interpretation of a long-term asymmetric perturbation. *AJ, 153,* 129. https://doi.org/10.3847/15383881/aa5d07. arXiv: 1611.00775 [astro-ph.SR]

Kervella, P., Bersier D., Mourard, D., Nardetto, N., Fouqué, P., & Coudé du Foresto, V. (2004). Cepheid distances from infrared long-baseline interferometry III. Calibration of the surface brightness-color relations. *A & A, 428,* 587–593. https://doi.org/10.1051/00046361:20041416

Koshimoto, N., Udalski, A., Sumi, T., Bennett, D. P., Bond, I. A., Rattenbury N., OGLE Collaboration. (2014). OGLE-2008-BLG-355Lb: A massive planet around a late-type star. *ApJ, 788,* 128. https://doi.org/10.1088/0004637X/788/2/128. arXiv: 1403.7005 [astro-ph.EP]

Koshimoto, N., Shvartzvald, Y., Bennett, D. P., Penny M. T., Hundertmark, M., Bond, I. A., VST-K2C9 Team. (2017). MOA-2016-BLG-227Lb: A massive planet characterized by combining light-curve analysis and Keck AO imaging. *AJ, 154,* 3. https://doi.org/10.3847/15383881/aa72e0. arXiv: 1704.01724 [astro-ph.EP]

Lee, C.-H., Riffeser A., Seitz, S., & Bender R. (2009). Finite source effects in microlensing: A precise, easy to implement, fast and numerical stable formalism. *The Astrophysical Journal, 695,* 200–207. https://doi.org/10.1088/0004637X/695/1/200. arXiv: 0901.1316 [astro-ph.GA]

Lissauer, J. J. (1987). Timescales for planetary accretion and the structure of the protoplanetary disk. *Icarus, 69,* 249–265. https://doi.org/10.1016/00191035(87)901047

Mao, S. (2008). Introduction to gravitational microlensing. ArXiv e-prints arXiv: 0811.0441

Mao, S., & Paczynski, B. (1991). Gravitational microlensing by double stars and planetary systems. *ApJL, 374,* L37. https://doi.org/10.1086/186066

Miyamoto, M., & Yoshii, Y. (1995). Astrometry for determining the MACHO mass and trajectory. *AJ, 110,* 1427. https://doi.org/10.1086/117616

Mollerach, S., & Roulet, E. (2002). *Gravitational lensing and microlensing* https://doi.org/10.1142/4890

Paczynski, B. (1986). Gravitational microlensing by the galactic halo. *ApJ, 304,* 1–5. https://doi.org/10.1086/164140

Paulin-Henriksson, S., Baillon, P., Bouquet, A., Carr B. J., Crézé, M., Evans, N. W., & POINT AGAPE Collaboration. (2003). The POINTAGAPE survey: 4 high signal-to-noise microlensing candidates detected towards M 31. *A & A, 405*, 15–21. https://doi.org/10.1051/00046361: 20030519. eprint: astroph/0207025

Poleski, R., Udalski, A., Dong, S., Szymański, M. K., Soszyński, I., Kubiak, M., & Gould, A. (2014). Super-massive planets around late-type stars: The case of OGLE-2012-BLG-0406Lb. *ApJ, 782*, 47. https://doi.org/10.1088/0004637X/782/1/47. arXiv: 1307.4084 [astro-ph.EP]

Proft, S., Demleitner M., & Wambsganss, J. (2011). Prediction of astrometric microlensing events during the Gaia mission. *A & A, 536*, A50. https://doi.org/10.1051/0046361/201117663. arXiv: 1201.4000 [astro-ph.GA]

Rhie, S. H. (2001). Can a gravitational quadruple lens produce 17 images? ArXiv Astrophysics e-prints. eprint: astroph/0103463

Rhie, S. H. (2003). n-point gravitational lenses with 5(n-1) images. ArXiv Astrophysics e-prints. eprint: astroph/0305166

Sahu, K. C., Anderson, J., Casertano, S., Bond, H. E., Bergeron, P., Nelan, E. P., & Livio, M. (2017). Relativistic deflection of background starlight measures the mass of a nearby white dwarf star. *Science, 356*(6342), 1046–1050. https://doi.org/10.1126/science.aal2879. arXiv: 1706.02037 [astro-ph.SR]

Shin, I.-G., Ryu, Y-H., Udalski, A., Albrow M., Cha, S.-M., Choi, J.-Y., & Gould, A. (2016). A super-Jupiter microlens planet characterized by high-cadence KMTNeT microlensing survey observations of OGLE-2015-BLG-0954. *Journal of Korean Astronomical Society, 49*, 73–81. https://doi.org/10.5303/JKAS.2016.49.3.073. arXiv: 1603.00020 [astro-ph.EP]

Shvartzvald, Y., Maoz, D., Kaspi, S., Sumi, T., Udalski, A., Gould, A., & Pietrukowicz, P. (2014). MOA-2011-BLG-322Lb: A 'second generation survey' microlensing planet. *MNRAS, 439*, 604–610. https://doi.org/10.1093/mnras/stt2477. arXiv: 1310.0008 [astro-ph.EP]

Street, R. A., Choi, J.-Y., Tsapras, Y., Han, C., Furusawa, K., Hundertmark, & M., Surdej, J. (2013). MOA-2010-BLG-073L: An M-dwarf with a substellar companion at the planet/Brown Dwarf boundary. *ApJ, 763*, 67. https://doi.org/doi:10.1088/0004-637X/763/1/67. arXiv: 1211 3782 [astro-ph.EP]

Sumi, T., Bennett, D. P., Bond, I. A., Udalski, A., Batista, V., Dominik, M., & muFUN Collaboration. (2010). A cold neptune-mass planet OGLE-2007-BLG-368Lb: Cold Neptunes are common. *ApJ, 710*, 1641–1653. https://doi.org/10.1088/004637X/71/2/1641. arXiv: 0912.1171 [astro-ph.EP]

Sumi, T., Kamiya, K., Bennett, D. P., Bond, I. A., Abe, F., Botzler C. S., & Microlensing Observations in Astrophysics (MOA) Collaboration. (2011). Unbound or distant planetary mass population detected by gravitational microlensing. *Nature, 473*, 349–352. https://doi.org/10.1038/nature10092. arXiv: 1105.3544 [astro-ph.EP]

Tsapras, Y. (2018). Microlensing searches for exoplanets. *Geosciences, 8*(10), 365. https://doi.org/10.3390/geosciences8100365. arXiv: 1810.02691 [astro-ph.EP]

Udalski, A., Jaroszyński, M., Paczyński, B., Kubiak, M., Szymański, M. K., & Soszyński, I. (2005). A Jovian-Mass planet in microlensing event OGLE-2005-BLG-071. *ApJL, 628*(2), L109–L112. https://doi.org/10.1086/432795. arXiv: astroph/0505451 [astro-ph]

Witt, H. J. (1990). Investigation of high amplification events in light curves of gravitationally lensed quasars. *A & A, 236*, 311–322.

Witt, H. J., & Mao, S. (1994). Can lensed stars be regarded as pointlike for microlensing by MACHOs? *ApJ, 430*, 505–510. https://doi.org/10.1086/174426

Witt, H. J., & Mao, S. (1995). On the minimum magnification between caustic crossings for microlensing by binary and multiple stars. *ApJL, 447*, L105. https://doi.org/10.1086/309566

Yee, J. C., Udalski, A., Calchi Novati, S., Gould, A., Carey S., Poleski, R., & Wyrzykowski, Ł. (2015). First space-based microlens parallax measurement of an isolated star: Spitzer observations of OGLE-2014-BLG-0939. *ApJ, 802*, 76. https://doi.org/10.1088/0004637X/802/2/76. arXiv: 1410.5429 [astro-ph.SR]

Zurlo, A., Gratton, R., Mesa, D., Desidera, S., Enia, A., Sahu, K., & Roux, A. (2018). The gravitational mass of Proxima Centauri measured with SPHERE from a microlensing event. *MNRAS, 480*(1), 236–244. https://doi.org/10.1093/mnras/sty1805. arXiv: 1807.01318 [astro-ph.SR]

Capitolo 5
Lenti estese

In questo capitolo esaminiamo alcune proprietà delle lenti estese, ossia quelle lenti gravitazionali che possono essere descritte da distribuzioni di massa estese e legate gravitazionalmente. Strutture cosmiche come galassie e ammassi di galassie appartengono a questa classe di lenti gravitazionali. Esse producono gli effetti di lente più spettacolari osservabili nel cielo, quali immagini multiple e archi gravitazionali.

Lo scopo di questo capitolo è comprendere come tali effetti dipendano dalle proprietà specifiche delle lenti. Iniziamo discutendo modelli circolari e simmetrici rispetto all'asse ed esaminando l'impatto dei diversi profili di massa sulle loro proprietà di lente. Successivamente, introduciamo deviazioni dalla circolarità sotto forma di ellitticità e sottostrutture. Infine, consideriamo gli effetti dell'ambiente in cui le lenti possono risiedere.

5.1 Lenti circolari

Iniziamo con la descrizione più semplice di una lente estesa, ossia una lente circolare. Per tale lente, il potenziale del lensing è costante sulle circonferenze centrate sul centro della lente. Date le proprietà di simmetria della lente, è conveniente scegliere l'origine del sistema di riferimento nel centro della lente. La maggior parte delle equazioni, pertanto, si riduce ad una forma unidimensionale come visto per la lente puntiforme.

5.1.1 Angolo di deflessione

Sia il potenziale del lensing

$$\hat{\Psi}(\vec{\theta}) = \hat{\Psi}(\theta) \tag{5.1}$$

M. Meneghetti, *Introduzione al lensing gravitazionale*,
https://doi.org/10.1007/978-3-031-96504-3_5

dove $\vec{\theta}$ è il consueto vettore (in unità angolari) sul piano della lente. Per utilizzare unità fisiche, dobbiamo moltiplicare $\vec{\theta}$ per la distanza angolare del piano della lente, ovvero $\vec{\xi} = D_L \vec{\theta}$.

Come visto, in Sez. 3.2, l'angolo di deflessione (ridotto), $\vec{\alpha}(\theta)$, è il gradiente del potenziale del lensing (in unità angolari). È conveniente utilizzare coordinate polari. In tal caso, l'operatore gradiente può essere scritto come

$$\vec{\nabla}_\theta \equiv D_L \left(\frac{\partial}{\partial \xi} \vec{e}_\xi + \frac{1}{\xi} \frac{\partial}{\partial \phi} \vec{e}_\phi \right) = \left(\frac{\partial}{\partial \theta} \vec{e}_\theta + \frac{1}{\theta} \frac{\partial}{\partial \phi} \vec{e}_\phi \right) , \qquad (5.2)$$

dove ϕ è l'angolo polare, $\vec{e}_\xi = \vec{e}_\theta$ e $\vec{e}_\phi$ sono vettori unitari, il primo orientato nella direzione radiale e il secondo perpendicolare ad essa.

Poiché il potenziale del lensing non dipende da ϕ, per lenti circolari il gradiente di $\hat{\Psi}(\theta)$ risulta essere

$$\vec{\nabla}_\theta \hat{\Psi}(\vec{\theta}) = \hat{\Psi}'(\theta) \vec{e}_\theta = \vec{\alpha}(\vec{\theta}) = \alpha(\theta) \vec{e}_\theta . \qquad (5.3)$$

Pertanto, il vettore dell'angolo di deflessione è diretto radialmente, ossia parallelo a $\vec{\theta}$. Nell'equazione sopra abbiamo utilizzato la notazione di Lagrange per le derivate, ovvero $\hat{\Psi}'(\theta) = \partial \hat{\Psi}(\theta)/\partial \theta$.

Inoltre, il laplaciano del potenziale del lensing è il doppio della convergenza, come mostrato in Eq. 3.24. Scrivendo l'operatore di Laplace in coordinate polari, otteniamo

$$\frac{1}{\theta} \frac{\partial}{\partial \theta} \left(\theta \frac{\partial}{\partial \theta} \right) \hat{\Psi}(\theta) = 2\kappa(\theta) . \qquad (5.4)$$

Da questa equazione, vediamo che

$$\begin{aligned}
\alpha(\theta) &= \frac{2 \int_0^\theta \kappa(\theta') \theta' d\theta'}{\theta} \\
&= \frac{2 \int_0^\theta \Sigma(\theta') \theta' d\theta'}{\theta \Sigma_{\mathrm{cr}}} \\
&= \frac{D_{LS}}{D_S} \frac{4GM(\theta)}{c^2 D_L \theta} .
\end{aligned} \qquad (5.5)$$

Questa formula è identica a quella dell'angolo di deflessione ridotto per una lente a massa puntiforme (ad es. Eq. 4.5), con l'unica differenza che la massa M viene sostituita dalla massa contenuta in un cerchio di raggio θ, $M(\theta)$. Ciò mostra che, a causa della sua simmetria, le proprietà della lente sono unicamente determinate dal profilo di massa $M(\theta)$, o in alternativa dal profilo della densità superficiale di massa $\Sigma(\theta)$.

Come di consueto, possiamo passare alla notazione adimensionale scegliendo una scala lineare arbitraria, ξ_0, che corrisponde alla scala angolare $\theta_0 = \xi_0/D_L$.

Dalle Eq. 3.6 e 3.17, l'angolo di deflessione ridotto in forma adimensionale risulta:

$$\alpha(x) = \frac{D_L D_{LS}}{\xi_0 D_S} \hat{\alpha}(\xi_0 x)$$
$$= \frac{D_L D_{LS}}{\xi_0 D_S} \frac{4GM(\xi_0 x)}{c^2 \xi}$$
$$= \frac{M(\xi_0 x)}{\pi \xi_0^2 \Sigma_{\mathrm{cr}}} \frac{1}{x} = \frac{m(x)}{x} \,, \tag{5.6}$$

dove abbiamo introdotto la *massa adimensionale*

$$m(x) \equiv \frac{M(\xi_0 x)}{\pi \xi_0^2 \Sigma_{\mathrm{cr}}} \,. \tag{5.7}$$

Si noti che

$$\alpha(x) = \frac{2}{x} \int_0^x x' \kappa(x') \, \mathrm{d}x' \tag{5.8}$$

e

$$m(x) = 2 \int_0^x x' \kappa(x') \, \mathrm{d}x' \,. \tag{5.9}$$

5.1.2 Equazione della lente

Poiché $\vec{\alpha}(\vec{x})$ è parallelo a $\vec{x}$, l'equazione della lente (3.7) può essere scritta omettendo la notazione vettoriale.

Così, utilizzando l'Eq. 5.9, si ottiene

$$y = x - \frac{m(x)}{x} \,. \tag{5.10}$$

5.1.3 Convergenza e shear

Dall'Eq. 5.4 e utilizzando la forma adimensionale del potenziale del lensing in Eq. 3.14, possiamo facilmente trovare che il profilo di convergenza è

$$\kappa(x) = \frac{1}{2}\left[\Psi''(x) + \frac{\Psi'(x)}{x} \right] \,. \tag{5.11}$$

Poiché

$$\Psi'(x) = \alpha(x) \,, \tag{5.12}$$

si ottiene che

$$\kappa(x) = \frac{1}{2}\left[\alpha'(x) + \frac{\alpha(x)}{x}\right] . \tag{5.13}$$

Utilizzando l'Eq. 5.6, troviamo anche che

$$\alpha'(x) = \frac{m'(x)}{x} - \frac{m(x)}{x^2} . \tag{5.14}$$

Pertanto,

$$\kappa(x) = \frac{1}{2}\frac{m'(x)}{x} . \tag{5.15}$$

Le componenti dello shear si ricavano facilmente riscrivendo gli operatori di derivata parziale in coordinate polari,

$$\frac{\partial}{\partial x_1} = \cos\phi\,\frac{\partial}{\partial x} - \frac{\sin\phi}{x}\,\frac{\partial}{\partial\phi} ,$$
$$\frac{\partial}{\partial x_2} = \sin\phi\,\frac{\partial}{\partial x} + \frac{\cos\phi}{x}\,\frac{\partial}{\partial\phi} , \tag{5.16}$$

dove x_1 e x_2 sono le controparti adimensionali delle coordinate cartesiane ξ_1 e ξ_2 sul piano della lente.

Poiché,

$$\alpha_1(x) = \alpha(x)\cos\phi ,$$
$$\alpha_2(x) = \alpha(x)\sin\phi , \tag{5.17}$$

dalle Eq. 3.35 e 3.36 si ottiene che

$$\begin{aligned}
\gamma_1(x) &= \frac{1}{2}\left[\frac{\partial}{\partial x_1}\alpha_1(x) - \frac{\partial}{\partial x_2}\alpha_2(x)\right] \\
&= \frac{1}{2}\left[(\cos^2\phi - \sin^2\phi)\alpha'(x) - (\cos^2\phi - \sin^2\phi)\frac{\alpha(x)}{x}\right] \\
&= \frac{\cos 2\phi}{2}\left[\alpha'(x) - \frac{\alpha(x)}{x}\right] ,
\end{aligned} \tag{5.18}$$

e

$$\begin{aligned}
\gamma_2(x) &= \frac{\partial}{\partial x_2}\alpha_1(x) \\
&= \left[\sin\phi\cos\phi\,\alpha'(x) - \sin\phi\cos\phi\,\frac{\alpha(x)}{x}\right] \\
&= \frac{\sin 2\phi}{2}\left[\alpha'(x) - \frac{\alpha(x)}{x}\right] .
\end{aligned} \tag{5.19}$$

Il modulo dello shear è

$$\begin{aligned}
\gamma(x) &= \frac{1}{2}\left|\alpha'(x) - \frac{\alpha(x)}{x}\right| \\
&= \frac{1}{2}\left|\frac{m'(x)}{x} - \frac{2m(x)}{x^2}\right| \\
&= |\kappa(x) - \overline{\kappa}(x)| \,,
\end{aligned} \tag{5.20}$$

dove $\overline{\kappa}(x)$ è la convergenza media all'interno di un cerchio di raggio x:

$$\overline{\kappa}(x) = \frac{m(x)}{x^2} = 2\frac{\int_0^x x'\kappa(x')\,dx'}{x^2} \,. \tag{5.21}$$

5.1.4 Jacobiana della lente

Utilizzando i risultati precedenti e l'Eq. 3.46, la matrice Jacobiana può essere scritta come

$$A(x,\phi) = \left[1 - \frac{m'(x)}{2x}\right]I - \frac{1}{2}\left[\frac{m'(x)}{x} - \frac{2m(x)}{x^2}\right]\begin{pmatrix} \cos 2\phi & \sin 2\phi \\ \sin 2\phi & -\cos 2\phi \end{pmatrix} \,. \tag{5.22}$$

Il suo determinante è:

$$\begin{aligned}
\det A(x) &= \frac{y}{x}\frac{dy}{dx} = \left[1 - \frac{\alpha(x)}{x}\right]\left[1 - \alpha'(x)\right] \\
&= \left[1 - \frac{m(x)}{x^2}\right]\left[1 + \frac{m(x)}{x^2} - \frac{m'(x)}{x}\right] \\
&= [1 - \overline{\kappa}(x)][1 + \overline{\kappa}(x) - 2\kappa(x)] \\
&= [1 - \kappa(x) - \gamma(x)][1 - \kappa(x) + \gamma(x)] \,.
\end{aligned} \tag{5.23}$$

Infine, il profilo di magnificazione è $\mu(x) = \det A(x)^{-1}$.

Linee critiche e caustiche

Poiché le linee critiche soddisfano la condizione $\det A(\vec{x}) = 0$, l'Eq. 5.23 implica che le lenti circolari con $m(x)$ monotonamente crescente possono avere al massimo due linee critiche. Queste sono circonferenze i cui raggi si trovano risolvendo le equazioni

$$\frac{\alpha(x)}{x} = \frac{m(x)}{x^2} = \overline{\kappa}(x) = \kappa(x) + \gamma(x) = 1 \tag{5.24}$$

e

$$\alpha'(x) = \frac{m'(x)}{x} - \frac{m(x)}{x^2} = 2\kappa(x) - \overline{\kappa}(x) = \kappa(x) - \gamma(x) = 1 \,. \tag{5.25}$$

Si può dimostrare che i vettori tangenti alla prima linea critica, o normali alla seconda, sono autovettori della matrice Jacobiana con autovalori nulli. Pertanto, l'Eq. 5.24 definisce la cosiddetta *linea critica tangenziale*. Al contrario, l'Eq. 5.25 definisce la *linea critica radiale*. Questo si può dimostrare come segue (Schneider et al. 1992). Consideriamo il punto con coordinate cartesiane $(x, 0)$ sulla prima linea critica. Questo punto dista x dal centro della lente e ha una fase $\phi = 0$. La matrice Jacobiana in $(x, 0)$ si ricava facilmente dall'Eq. 5.22:

$$A(x, 0) = I + \frac{m(x)}{x^2} \begin{pmatrix} 1 & 0 \\ 0 & -1 \end{pmatrix} - \frac{m'(x)}{x} \begin{pmatrix} 1 & 0 \\ 0 & 0 \end{pmatrix}. \tag{5.26}$$

Consideriamo un vettore con componenti $(0, a)$ in $(x, 0)$. Questo vettore è chiaramente tangente alla linea critica in $(x, 0)$. Tramite la matrice Jacobiana, viene trasformato in

$$\begin{pmatrix} y_1 \\ y_2 \end{pmatrix} = A(x, 0) \begin{pmatrix} 0 \\ a \end{pmatrix} \tag{5.27}$$

Se $(x, 0)$ si trova sulla linea critica tangenziale, allora $[1 - m(x)/x^2] = 0$ e

$$\begin{pmatrix} y_1 \\ y_2 \end{pmatrix} = \left[1 - \frac{m(x)}{x^2} \right] \begin{pmatrix} 0 \\ a \end{pmatrix} = \begin{pmatrix} 0 \\ 0 \end{pmatrix}. \tag{5.28}$$

Dunque, qualsiasi vettore tangente alla linea critica è un autovettore di A con autovalore nullo.

Consideriamo ora un vettore $(b, 0)$, normale alla linea critica in $(x, 0)$. Mappandolo nel piano sorgente otteniamo:

$$\begin{pmatrix} y_1 \\ y_2 \end{pmatrix} = A(x, 0) \begin{pmatrix} b \\ 0 \end{pmatrix} = \left[1 + \frac{m(x)}{x^2} - \frac{m'(x)}{x} \right] \begin{pmatrix} b \\ 0 \end{pmatrix}. \tag{5.29}$$

Se $(x, 0)$ si trova sulla linea critica radiale, allora $[1 + m(x)/x^2 - m'(x)/x] = 0$, quindi $(b, 0)$ è un autovettore di A con autovalore nullo.

Dall'equazione della lente si può facilmente vedere che tutti i punti lungo la linea critica tangenziale vengono mappati nel punto $y = 0$ sul piano sorgente. Infatti:

$$y = x \left[1 - \frac{m(x)}{x^2} \right] = 0. \tag{5.30}$$

se x è il raggio della linea critica tangenziale. Pertanto, le lenti circolari hanno caustiche tangenziali puntiformi. Invece, i punti critici radiali vengono mappati su una caustica circolare nel piano sorgente.

Raggio di Einstein

La linea critica tangenziale è l'anello di Einstein della lente. La sua dimensione angolare può essere calcolata risolvendo l'equazione della lente (in unità angolari)

$$\beta = \theta - \frac{D_{LS}}{D_S D_L}\frac{4GM(\theta)}{c^2\theta}\,.$$

(5.31)

per $\beta = 0$.

Questo porta a una formula per il raggio di Einstein identica a quella in Eq. 4.7:

$$\theta_E = \sqrt{\frac{4GM(\theta_E)}{c^2}\frac{D_{LS}}{D_L D_S}}\,,$$

(5.32)

con l'unica differenza che qui la massa totale della lente è sostituita dalla massa racchiusa all'interno dell'anello di Einstein. Con poca fatica, possiamo vedere che

$$M(\theta_E) = \pi D_L^2 \theta_E^2\, \Sigma_{\mathrm{cr}}\,.$$

(5.33)

Questo è un risultato molto importante, in quanto ci dice che la densità superficiale media all'interno dell'anello di Einstein è uguale alla densità superficiale critica (vedi Eq. 5.24).

Utilizzando la notazione adimensionale, una scelta naturale per ξ_0 è $\xi_0 = D_L\theta_E$, come fatto per la massa puntiforme nel Capitolo 4. In questo caso, la massa adimensionale $m(x)$ è la massa $M(\theta)$ espressa in unità della massa $M(\theta_E)$,

$$m(x) = \frac{M(\theta)}{M(\theta_E)}\,.$$

(5.34)

Magnificazione tangenziale e radiale delle immagini

Gli autovalori della matrice Jacobiana sono gli inversi delle magnificazioni dell'immagine nelle direzioni tangenziale e radiale (come visto sopra, gli autovettori della matrice Jacobiana sono orientati rispettivamente tangenzialmente e perpendicolarmente alle linee critiche tangenziali e radiali). Questo è illustrato in Fig. 5.1. Una sorgente infinitesimale a forma di arco nella posizione y (mostrata in rosso) sottende un angolo ϕ rispetto al centro della lente O. Supponiamo che la sua dimensione radiale sia dy. Poiché l'angolo di deflessione è centrale per una lente circolare, la sorgente viene mappata in un'immagine arcuata nella posizione x (mostrata in verde), la cui dimensione radiale è dx e che sottende lo stesso angolo ϕ rispetto al centro della lente.

La magnificazione radiale è chiaramente

$$\mu_r = \frac{dx}{dy}\,,$$

(5.35)

cioè l'inverso dell'autovalore radiale della matrice Jacobiana. Al contrario, la magnificazione tangenziale può essere derivata confrontando l'estensione tangenziale

Figura 5.1 Illustrazione della magnificazione tangenziale e radiale di una sorgente infinitesimale

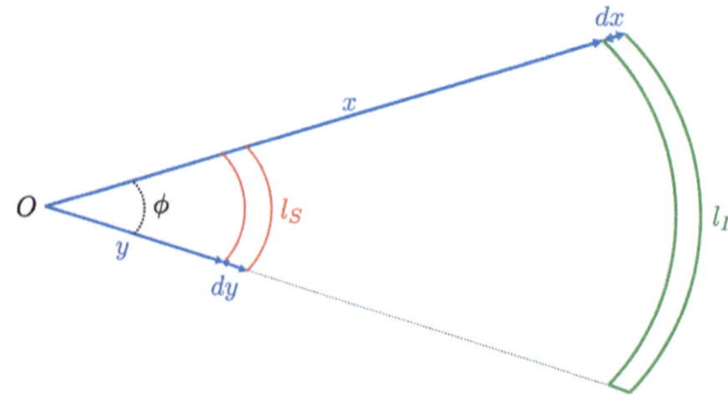

l_I e l_S dell'immagine e della sorgente. Poiché entrambe sottendono lo stesso angolo ϕ, si ha che

$$\mu_t = \frac{l_I}{l_S} = \frac{x}{y} \, , \tag{5.36}$$

che è l'inverso dell'autovalore tangenziale della matrice Jacobiana.

5.2 Lente a legge di potenza

Le formule derivate nella sezione precedente sono valide per qualsiasi lente circolare. Ora consideriamo una classe particolare di lenti, il cui profilo di massa segue una legge di potenza della forma

$$m(x) = x^{3-n} \, . \tag{5.37}$$

Si noti che, per $x = 1$, la massa adimensionale è $m(1) = 1$. Pertanto, il raggio x è espresso in unità del raggio di Einstein della lente, θ_E.

Il profilo di convergenza si ottiene dall'Eq. 5.15 ed è dato da

$$\kappa(x) = \frac{m'(x)}{2x} = \frac{3-n}{2} x^{1-n} \, . \tag{5.38}$$

A seconda che n sia maggiore o minore di uno, $\kappa(x)$ è una funzione decrescente o crescente di x. Valori di $n < 1$ non sono di interesse nel contesto di questo capitolo, poiché ci concentriamo su lenti gravitazionali con distribuzioni di massa legate. Pertanto, non verranno considerati ulteriormente.

5.2.1   Lenti con $1 < n < 2$

Consideriamo ora le lenti con $1 < n < 2$. Il loro angolo di deflessione è

$$\alpha(x) = \frac{m(x)}{x} = x^{2-n} \, . \tag{5.39}$$

Pertanto, questa classe di lenti ha profili di angolo di deflessione che crescono monotonamente con x e che sono nulli all'origine, $\alpha(0) = 0$.

Il caso $n = 1$ corrisponde a una lente con convergenza costante, $\kappa = 1$. Per tale lente, $\alpha(x) = x$, il che implica $y(x) = 0$ per ogni x. Dunque, questa lente è perfettamente convergente.

Linee critiche e caustiche

A causa della normalizzazione scelta per il profilo di massa, la linea critica tangenziale della lente a legge di potenza è una circonferenza di raggio $x_t = 1$. Come evidenziato in precedenza, questa è l'anello di Einstein, la cui dimensione in unità angolari è stata data in Eq. 5.32. La caustica tangenziale è un punto in $y = 0$.

Al contrario, la dimensione della linea critica radiale in unità del raggio di Einstein dipende dall'indice n della legge di potenza. Poiché la linea critica radiale si forma dove è soddisfatta la condizione $\alpha'(x) = 1$, il raggio critico può essere trovato risolvendo l'equazione

$$(2 - n)x_r^{1-n} = 1 \, , \tag{5.40}$$

da cui si ottiene

$$x_r = (2 - n)^{1/(n-1)} \, . \tag{5.41}$$

In Fig. 5.2, mostriamo come la dimensione della linea critica radiale (in unità del raggio di Einstein) varia in funzione di n. Effettuando la sostituzione $n' = 1/(n-1)$, troviamo che

$$x_r = \left(1 - \frac{1}{n'}\right)^{n'} \, . \tag{5.42}$$

Dunque, per $n \to 1$, o $n' \to \infty$,

$$x_r = \lim_{n' \to \infty} \left(1 - \frac{1}{n'}\right)^{n'} = \frac{1}{e} \, . \tag{5.43}$$

La figura mostra che la dimensione della linea critica radiale diventa più piccola all'aumentare di n. Quindi, le lenti con profili di densità ripidi hanno linee critiche radiali molto ridotte.

Nella stessa figura, mostriamo anche la dimensione della caustica radiale. Al contrario della linea critica radiale, la dimensione della caustica radiale cresce con n. In particolare, per $n \to 2$, $y_r \to 1$.

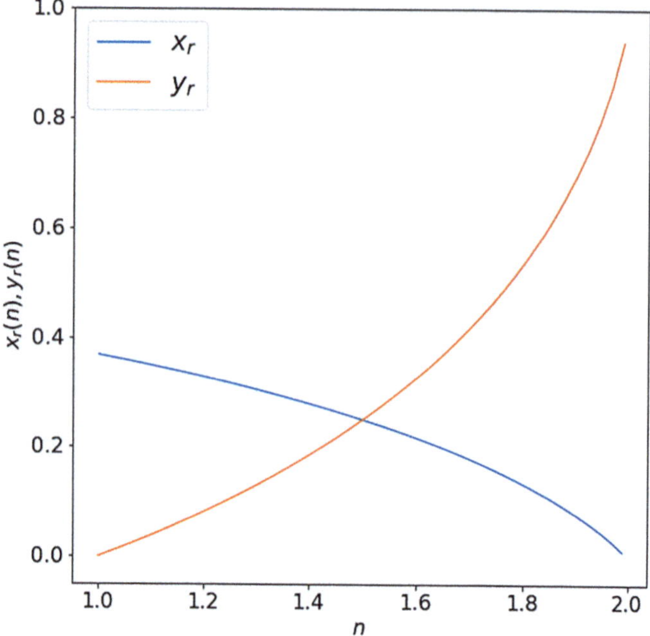

Figura 5.2 Dimensione della linea critica radiale e della caustica (in unità del raggio di Einstein) in funzione dell'indice della legge di potenza n

Immagini multiple

Il numero di immagini multiple che una lente a legge di potenza può produrre può essere determinato esaminando il cosiddetto *diagramma delle immagini*, mostrato in Fig. 5.3. Le linee continue nei tre pannelli mostrano le curve $\alpha(x)$ corrispondenti a tre valori dell'indice di potenza n, ovvero $n = 1.1, 1.5$ e 1.9.

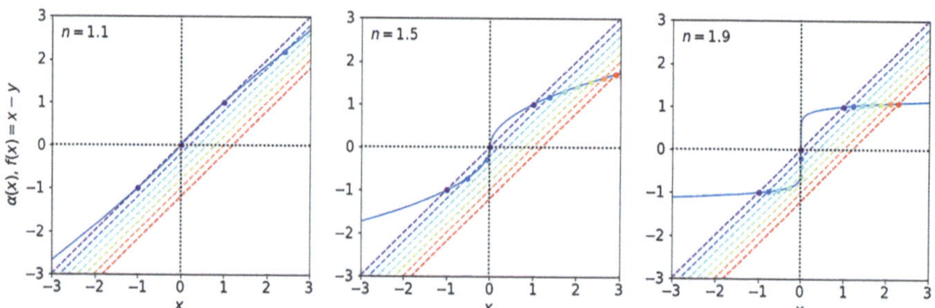

Figura 5.3 Diagramma delle immagini per lenti a legge di potenza con $n = 1.1$ (pannello sinistro), $n = 1.5$ (pannello centrale) e $n = 1.9$ (pannello destro). Le curve continue mostrano la funzione $\alpha(x)$. Le linee tratteggiate colorate mostrano la funzione $f(x) = x - y$ per un intervallo di valori di $y \in [0, 1.2]$

Osservazione 5.1   Si noti che possiamo calcolare l'angolo di deflessione $\alpha(x)$ per valori negativi di x. Poiché il vettore $\vec{\alpha}$ punta lontano dalla lente, il segno dell'angolo di deflessione è positivo per il semiasse positivo di x e negativo altrimenti.

L'equazione della lente stabilisce che le immagini di una sorgente in posizione y si formano alle intersezioni di $\alpha(x)$ e $f(x) = x - y$. Quest'ultima è una retta con pendenza unitaria e intercetta $-y$. Alcuni esempi, corrispondenti a valori di y crescenti da 0 a 1.2, sono dati dalle linee tratteggiate colorate. Segniamo le intersezioni tra $f(x)$ e $\alpha(x)$ con punti colorati, identificando così le posizioni delle immagini multiple della sorgente quando proiettate sull'asse x.

Come possiamo vedere, una lente a legge di potenza con $1 < n < 2$ può produrre una o tre immagini della sorgente di sfondo, a seconda che y sia minore o maggiore di un valore particolare y_r. Infatti, esiste un valore $y = y_r$ tale che la retta $f(x) = x - y_r$ è tangente a $\alpha(x)$. Nel punto di tangenza, due immagini della sorgente si uniscono e, per $y > y_r$, cessano di esistere. Ovviamente, y_r è il raggio di una caustica e la soluzione dell'equazione

$$\alpha(x_r) = x_r - y_r \tag{5.44}$$

fornisce il raggio x_r della corrispondente linea critica. Poiché $\alpha(x)$ è tangente a $f(x)$ in x_r, dove $\alpha'(x_r) = 1$, troviamo che x_r è il raggio della linea critica radiale.

Pertanto, esistono immagini multiple solo se la sorgente è all'interno della caustica radiale, $0 < y \leq y_r$. Un'immagine si forma sul semiasse positivo di x, con $x > y$. Questa immagine si trova all'esterno dell'anello di Einstein, poiché la sua distanza dal centro della lente è > 1. Due immagini aggiuntive si formano all'interno dell'anello di Einstein, sul semiasse negativo di x. Di queste due immagini, quella più interna si trova all'interno della linea critica radiale, $|x| < x_r$. L'altra è situata tra la linea critica radiale e quella tangenziale.

Osservazione 5.2   Per $y = 0$, l'immagine più interna si forma in $x = 0$. Una sorgente perfettamente allineata dietro una lente a legge di potenza con $1 < n < 2$ ha un'immagine centrale (oltre all'anello di Einstein).

Magnificazione delle immagini

Gli autovalori della matrice Jacobiana sono dati da:

$$\lambda_t(x) = 1 - x^{1-n} \tag{5.45}$$

$$\lambda_r(x) = 1 - (2 - n)x^{1-n} \ . \tag{5.46}$$

Nei pannelli sinistro e centrale della Fig. 5.4, i loro valori sono mostrati in funzione di x. Il segno di ciascun autovalore cambia dall'esterno all'interno delle linee critiche. Di conseguenza, anche la parità delle immagini cambia. In particolare,

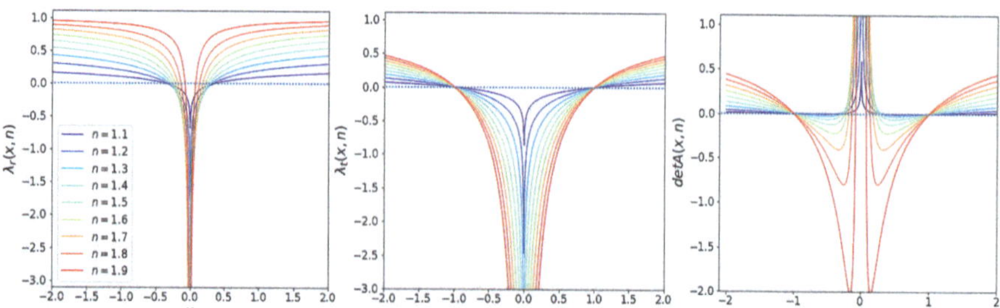

Figura 5.4 Pannelli sinistro e centrale: autovalori radiali e tangenziali della matrice Jacobiana in funzione di x per diversi valori di n. Pannello destro: determinante della Jacobiana della lente, ottenuto dal prodotto delle curve nei primi due pannelli

l'immagine più esterna ha sempre parità positiva. Entrambi gli autovalori sono positivi nella posizione di questa immagine, il che significa che essa corrisponde a un minimo della superficie di ritardo temporale. L'immagine che si forma tra la linea critica radiale e quella tangenziale ha parità negativa ($\mu < 0$) poiché gli autovalori hanno segni opposti. Dunque, questa immagine è situata in un punto sella della superficie di ritardo temporale. L'immagine più interna ha di nuovo parità positiva, poiché entrambi gli autovalori sono negativi. Questa immagine si trova in un massimo locale della superficie di ritardo temporale.

Il pannello destro della Fig. 5.4 mostra come varia il determinante della matrice Jacobiana della lente A in funzione di x. Per $|\det A| < 1$, la magnificazione totale $\mu > 1$. Quindi, le immagini al di fuori della linea critica tangenziale sono ingrandite. Invece, quelle vicine al centro della lente possono subire una forte de-magnificazione, a meno che non siano prossime alla linea critica radiale.

In Fig. 5.5, mostriamo il rapporto tra le magnificazioni tangenziale e radiale per le tre immagini di una sorgente in $y = 0.05$. L'immagine più esterna è caratterizzata da una magnificazione tangenziale maggiore di quella radiale. Quindi, la distorsione complessiva di questa immagine è sempre tangenziale. L'immagine più interna è prevalentemente distorta radialmente. Nel caso mostrato in figura, questa immagine si trova sulla linea critica radiale per $n \sim 1.15$. Per n inferiore a questo valore, la sorgente ha una sola immagine. Aumentando n, l'immagine più interna si sposta vicino al centro (vedi Fig. 5.3), ma lo stesso vale per la linea critica radiale. Di conseguenza, il rapporto tra magnificazione tangenziale e radiale diminuisce anche per n grandi. L'immagine intermedia mostra una transizione da una distorsione prevalentemente radiale a una tangenziale all'aumentare di n. La ragione è che la linea critica radiale si contrae con n.

In Fig. 5.6, visualizziamo i risultati discussi sopra con quattro esempi, corrispondenti a lenti con $n = 1.05$, 1.2, 1.4 e 1.9 (dall'angolo in alto a sinistra a quello in basso a destra). In ogni pannello consideriamo una sorgente circolare di raggio $r = 0.02\theta_E$ (cerchio blu scuro). La sorgente è molto vicina al centro della lente proiettato sul piano sorgente ($y = 0.05$). Mostriamo le immagini della sorgente più esterna, intermedia e interna in arancione, verde e rosso scuro. I cerchi solidi rossi

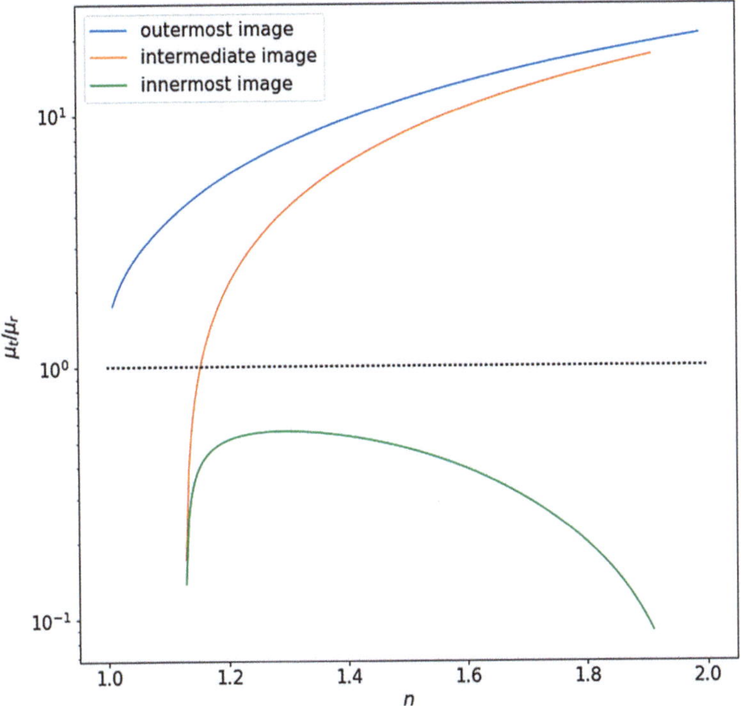

Figura 5.5 Rapporto di magnificazione per le immagini multiple di una sorgente in $y = 0.2$

e blu rappresentano le linee critiche radiale e tangenziale della lente. Il cerchio tratteggiato è la caustica radiale. Si noti che la dimensione della caustica cresce con n. Di conseguenza, anche la posizione della sorgente rispetto alla caustica cambia. Nel pannello in alto a sinistra, la sorgente è esterna alla caustica, quindi ha una sola immagine. In questo caso, la magnificazione tangenziale dell'immagine è grande, così come la magnificazione radiale, a causa del basso valore di $n = 1.05$. Per $n = 1.2$ (pannello in alto a destra), la sorgente si estende attraverso la caustica radiale. Le immagini più interne e intermedie si fondono lungo la linea critica corrispondente. Per valori più grandi di n (pannelli inferiori), la magnificazione tangenziale delle immagini più esterne e intermedie supera di gran lunga quella radiale. Di conseguenza, esse appaiono come archi allungati con un rapporto lunghezza/larghezza significativamente maggiore di uno. In particolare, per $n \to 2$, la magnificazione radiale $\mu_r = \lambda_r^{-1} \to 1$, il che implica che la dimensione radiale degli archi si avvicina al diametro della sorgente. L'immagine più interna è fortemente de-magnificata e appena visibile solo nel pannello in basso a sinistra.

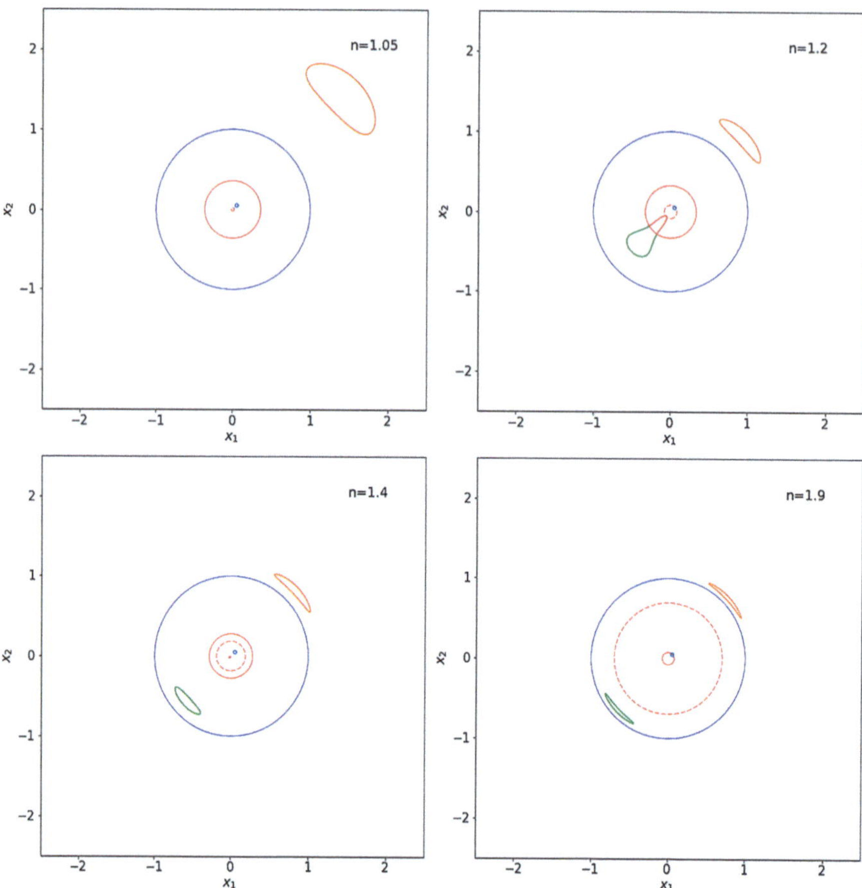

Figura 5.6 Immagini di una sorgente circolare (cerchio blu scuro) posizionata a una distanza $y = 0.05$ dal centro di lenti a legge di potenza con indici $n = 1.05$, 1.2, 1.4 e 1.9. In ogni pannello mostriamo le linee critiche tangenziale e radiale (linee solide blu e rosse) e la caustica radiale (linea tratteggiata rossa). Le immagini più esterne, intermedie e interne sono mostrate in arancione, verde e rosso scuro. La sorgente ha un raggio $r = 0.02\theta_E$

5.2.2 Lenti con n > 2

Le lenti a legge di potenza con $n \geq 2$ hanno la particolarità che il profilo dell'angolo di deflessione $\alpha(x)$ è piatto ($n = 2$) o singolare ($n > 2$). Discuteremo il caso $n = 2$ nella prossima sezione. Qui consideriamo brevemente il caso $n > 2$, concentrandoci in particolare sulla molteplicità delle immagini. Come mostrato in Fig. 5.7, queste lenti producono sempre due immagini, una all'esterno e una all'interno del raggio di Einstein. L'immagine all'interno del raggio di Einstein si avvicina al centro della lente all'aumentare di y. Per $y = 0$, la lente produce un anello di Einstein. Si può facilmente verificare che entrambe le immagini sono de-magnificate ra-

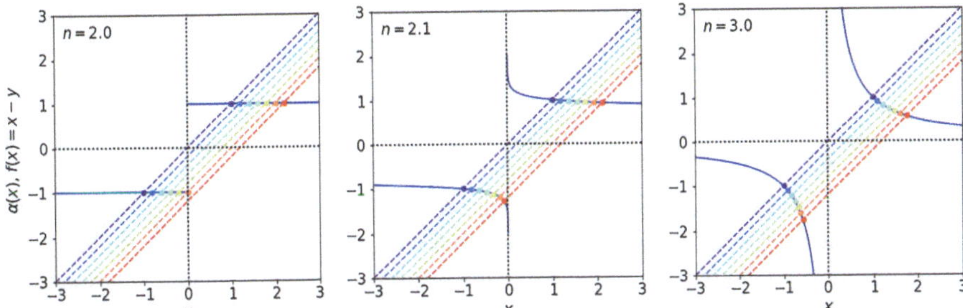

Figura 5.7 Diagramma delle immagini per lenti a legge di potenza con $n = 2$ (pannello sinistro), $n = 2.1$ (pannello centrale) e $n = 3$ (pannello destro). Le curve continue mostrano la funzione $\alpha(x)$. Le linee tratteggiate colorate mostrano la funzione $f(x) = x - y$ per un intervallo di valori di $y \in [0, 1.2]$

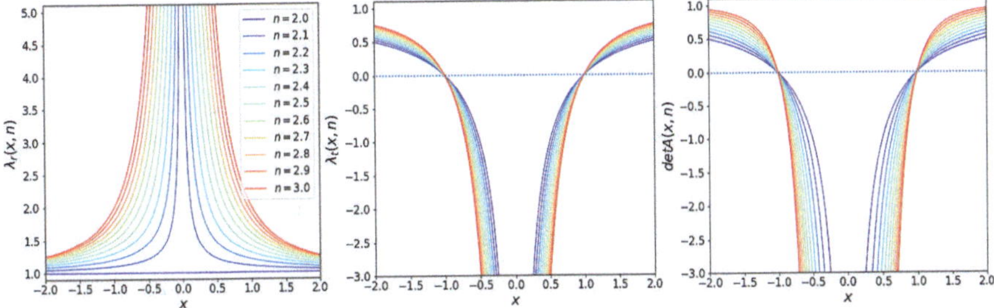

Figura 5.8 Come in Fig. 5.4, ma per $n \geq 2$

dialmente, essendo $\lambda_r(x) > 1$ per ogni x, come mostrato nel pannello sinistro di Fig. 5.8. La magnificazione tangenziale assoluta, $|\mu_t|(x) = |\lambda_t^{-1}|(x)$, è maggiore di uno ovunque tranne che vicino al centro della lente (pannelli centrale e destro di Fig. 5.8). Dunque, l'osservazione di archi tangenziali de-magnificati radialmente può suggerire che la lente abbia un profilo di densità superficiale ripido.

Osservazione 5.3 Si noti che le lenti a legge di potenza con $n > 2$ non possiedono linee critiche radiali. Il caso $n = 3$ corrisponde alla lente a massa puntiforme. Infatti, per tale lente $m(x) = m = \text{const.}$ e $\alpha(x) = m/x$.

5.2.3 *Sfera Isoterma Singolare*

Grazie alla sua semplicità, uno dei modelli più utilizzati per le lenti circolari è la Sfera Isoterma Singolare (d'ora in avanti SIS). Il suo profilo di densità si ricava assumendo che il contenuto di materia della lente si comporti come un gas ideale confinato da un potenziale gravitazionale sfericamente simmetrico. Si assume inoltre che tale gas sia in equilibrio termico e idrostatico. Uno dei profili di densità tridimensionale che soddisfano queste condizioni è dato da

$$\rho(r) = \frac{\sigma_v^2}{2\pi G r^2} \,, \tag{5.47}$$

dove σ_v è la dispersione di velocità delle particelle di "gas" e $r = \sqrt{\xi^2 + z^2}$ è la distanza dal centro della sfera. Come di consueto, ξ è la distanza dal centro della lente sul piano della lente e z è la coordinata lungo la linea di vista. Proiettando la densità tridimensionale sul piano della lente, otteniamo la densità superficiale

$$\begin{aligned}
\Sigma(\xi) &= 2\int_0^\infty \rho(\xi, z)dz \\
&= \frac{\sigma_v^2}{\pi G}\int_0^\infty \frac{dz}{\xi^2 + z^2} \\
&= \frac{\sigma_v^2}{\pi G}\frac{1}{\xi}\left[\arctan\frac{z}{\xi}\right]_0^\infty \\
&= \frac{\sigma_v^2}{2G\xi} \,.
\end{aligned} \tag{5.48}$$

Questo profilo di densità presenta una singolarità in $\xi = 0$, dove la densità è infinita.

Scegliendo

$$\theta_0 = 4\pi\left(\frac{\sigma_v}{c}\right)^2\frac{D_{LS}}{D_S} \,; \quad \xi_0 = D_L\theta_0 \tag{5.49}$$

come scale angolari e di lunghezza sul piano della lente, otteniamo:

$$\Sigma(x) = \frac{1}{2x}\frac{c^2}{4\pi G}\frac{D_S}{D_L D_{LS}} = \frac{1}{2x}\Sigma_{\mathrm{cr}} \,. \tag{5.50}$$

Dunque, la convergenza per il profilo isoterma singolare è

$$\kappa(x) = \frac{1}{2x} \,, \tag{5.51}$$

il che mostra che il profilo SIS corrisponde alla lente a legge di potenza con $n = 2$. Il profilo di massa è quindi

$$m(x) = x \,, \tag{5.52}$$

e l'angolo di deflessione è

$$\alpha(x) = \frac{x}{|x|} \,. \tag{5.53}$$

Poiché $|x| = 1$ per $y = 0$, il valore di θ_0 definito in Eq. 5.49 corrisponde al raggio di Einstein del SIS, $\theta_E = \theta_0$.

L'equazione della lente si scrive

$$y = x - \frac{x}{|x|} \, . \tag{5.54}$$

Come si può vedere nel pannello sinistro di Fig. 5.7, se $y < 1$, esistono due soluzioni all'equazione della lente. Le loro posizioni sono $x_- = y - 1$ e $x_+ = y + 1$, ai lati opposti rispetto al centro della lente. Le corrispondenti posizioni angolari delle immagini sono

$$\theta_\pm = \beta \pm \theta_E \, . \tag{5.55}$$

La separazione angolare tra le due immagini è sempre $\Delta(\theta) = 2\theta_E$.

D'altra parte, se $y > 1$, l'Eq. (5.54) ha un'unica soluzione, $x_+ = y + 1$. Pertanto, il cerchio di raggio $y = 1$ svolge lo stesso ruolo della caustica radiale nel caso delle lenti a legge di potenza con $1 < n < 2$, separando le regioni del piano sorgente corrispondenti a diverse molteplicità delle immagini. Tuttavia, questo cerchio non è una vera caustica, poiché $\alpha'(x) = 0$ per ogni x, il che implica che $\lambda_r = 1$. Il cerchio di raggio $y_{\rm cut} = 1$ è una *pseudo-caustica* chiamata *cut*. Si può vedere dall'equazione della lente che

$$y_{\rm cut} = \lim_{x \to 0} y(x) \, . \tag{5.56}$$

Lo shear si ottiene dalle Eq. 5.18 e 5.19. Il modulo di γ è

$$\gamma(x) = \frac{1}{2x} \, , \tag{5.57}$$

ossia il profilo dello shear e quello della convergenza coincidono. Le componenti dello shear sono

$$\gamma_1 = \frac{1}{2} \frac{\cos 2\phi}{x} \, , \tag{5.58}$$

$$\gamma_2 = \frac{1}{2} \frac{\sin 2\phi}{x} \, . \tag{5.59}$$

Dall'Eq. (5.54), e dato che $dy/dx = 1$, la magnificazione in funzione della posizione dell'immagine è data da

$$\mu(x) = \frac{|x|}{|x| - 1} \, . \tag{5.60}$$

Le immagini sono ingrandite solo nella direzione tangenziale, poiché l'autovalore radiale della matrice Jacobiana è sempre uguale a uno.

Se $y < 1$, le magnificazioni delle due immagini sono

$$\mu_+(y) = \frac{y+1}{y} = 1 + \frac{1}{y} \; ; \quad \mu_-(y) = \frac{|y-1|}{|y-1|-1} = \frac{-y+1}{-y} = 1 - \frac{1}{y} \, , \tag{5.61}$$

da cui si vede che per $y \to 1$, la seconda immagine diventa sempre più debole fino a scomparire a $y = 1$. D'altra parte, per $y \to \infty$, la magnificazione della sorgen-

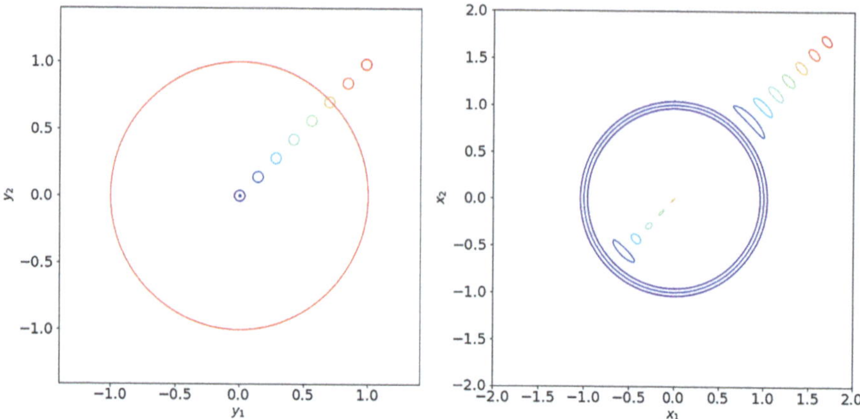

Figura 5.9 Immagini di sorgenti estese prodotte da una lente SIS

te tende ovviamente all'unità: sorgenti lontane dalla lente possono subire solo un debole effetto di lensing gravitazionale.

Si noti che il vettore $\vec{x}_+$ è un minimo della superficie di ritardo temporale, poiché entrambi gli autovalori della matrice Jacobiana sono positivi in questa posizione (parità positiva). Invece, $\vec{x}_-$ è un punto sella (parità negativa), essendo l'autovalore tangenziale negativo.

Nel pannello sinistro della Fig. 5.9, mostriamo il cut (cerchio rosso) e la caustica tangenziale (punto blu) di una lente SIS. Nello stesso pannello, visualizziamo diverse sorgenti estese circolari con colori differenti. Nel pannello destro, invece, mostriamo le immagini delle stesse sorgenti, illustrando i risultati anticipati sopra. Il cerchio blu rappresenta la linea critica tangenziale, ovvero l'anello di Einstein. Si noti che una sorgente posta sulla caustica viene mappata in un anello di Einstein esteso.

5.3　Lenti isoterme con nucleo (non singolari)

Le lenti studiate nella sezione precedente presentano una singolarità centrale nella loro densità superficiale (o convergenza). Ora discutiamo le proprietà delle lenti con nucleo. Più precisamente, introduciamo un nucleo nella SIS, ottenendo il modello di lente chiamato Sfera Isoterma Non Singolare (NIS).

Il nucleo viene introdotto nel profilo di densità superficiale della SIS come segue (vedi ad esempio Kormann et al. 1994):

$$\Sigma(\xi) = \frac{\sigma_v^2}{2G} \frac{1}{\sqrt{\xi^2 + \xi_c^2}} = \frac{\Sigma_0}{\sqrt{1 + \xi^2/\xi_c^2}} \, . \tag{5.62}$$

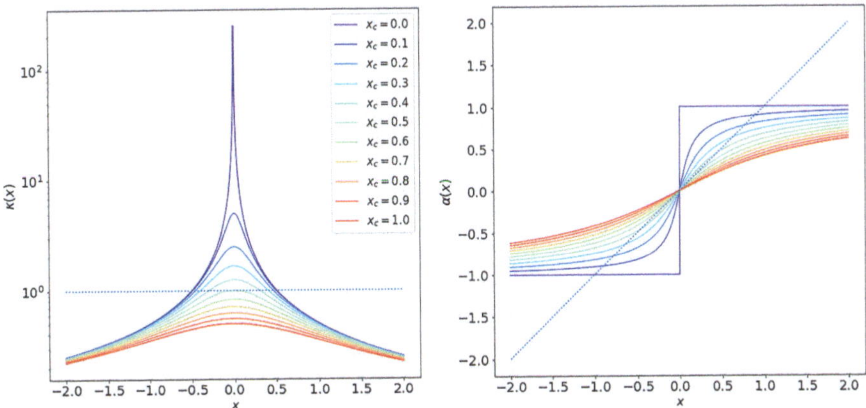

Figura 5.10 Profili di convergenza e angolo di deflessione del modello di lente NIS. I diversi colori corrispondono a diversi valori del raggio del nucleo x_c

Con questa modifica, il profilo raggiunge una densità costante

$$\Sigma_0 = \frac{\sigma_v^2}{2G\xi_c} \tag{5.63}$$

per $\xi \ll \xi_c$.

Come di consueto, passiamo alla notazione adimensionale scegliendo una scala di lunghezza nel piano della lente. Adottiamo la stessa scala ξ_0 data in Eq. 5.49, ovvero il raggio di Einstein della lente SIS. Il profilo di convergenza risulta quindi

$$\kappa(x) = \frac{1}{2\sqrt{x^2 + x_c^2}} \cdot \tag{5.64}$$

Segue che il profilo di massa è

$$m(x) = 2\int_0^x \kappa(x')x'dx' = \sqrt{x^2 + x_c^2} - x_c \tag{5.65}$$

e il profilo dell'angolo di deflessione è

$$\alpha(x) = \frac{m(x)}{x} = \sqrt{1 + \frac{x_c^2}{x^2}} - \frac{x_c}{x} \cdot \tag{5.66}$$

I profili di convergenza e dell'angolo di deflessione della lente NIS per diverse scelte di x_c sono mostrati in Fig. 5.10.

Lo shear può essere ricavato dall'Eq. 5.20:

$$\gamma(x) = \frac{\sqrt{x^2 + x_c^2} - x_c}{x^2} - \frac{1}{2\sqrt{x^2 + x_c^2}} \cdot \tag{5.67}$$

Il raggio della linea critica tangenziale può essere calcolato risolvendo l'equazione $1 - m(x)/x^2 = 0$, che dà:

$$\sqrt{x^2 + x_c^2} - x_c = x^2 \, . \tag{5.68}$$

Eliminando la radice quadrata, l'equazione può essere scritta come:

$$x^2(x^2 + 2x_c - 1) = 0 \, .w \tag{5.69}$$

Scartando la soluzione $x = 0$, otteniamo:

$$x_t = \sqrt{1 - 2x_c} \, . \tag{5.70}$$

Dunque, la linea critica tangenziale esiste solo per $x_c < 1/2$.

In unità angolari, il raggio di Einstein della NIS è

$$\theta_E = \sqrt{\theta_0^2 - 2\theta_c\theta_0} \, , \tag{5.71}$$

dove $\theta_0 = \xi_0/D_L$ e $\theta_c = \xi_c/D_L$.

Il raggio della linea critica radiale si trova risolvendo l'equazione $1 - \kappa(x) + \gamma(x) = 0$:

$$1 + \frac{\sqrt{x^2 + x_c^2} - x_c}{x^2} - \frac{1}{\sqrt{x^2 + x_c^2}} = 0 \tag{5.72}$$

che porta a

$$x_r^2 = \frac{1}{2}\left(2x_c - x_c^2 - x_c\sqrt{x_c^2 + 4x_c}\right) \, . \tag{5.73}$$

Si noti che $x_r^2 \geq 0$ per $x_c \leq 1/2$. Dunque, la condizione di esistenza per la linea critica radiale è la stessa di quella per la linea critica tangenziale.

Mentre la caustica tangenziale è un punto in $y_t = 0$, il raggio della caustica radiale, y_r, può essere ottenuto inserendo l'Eq. 5.73 nell'equazione della lente.

L'equazione della lente è

$$y = x - \frac{m(x)}{x} = x - \sqrt{1 + \frac{x_c^2}{x^2}} - \frac{x_c}{x} \, , \tag{5.74}$$

che può essere ridotta a un'equazione polinomiale di terzo grado:

$$x^3 - 2yx^2 + (y^2 + 2x_c - 1)x - 2yx_c = 0 \, . \tag{5.75}$$

Dunque, la NIS può produrre fino a tre immagini di una sorgente a distanza y dalla lente. Il numero di immagini dipende da y e x_c.

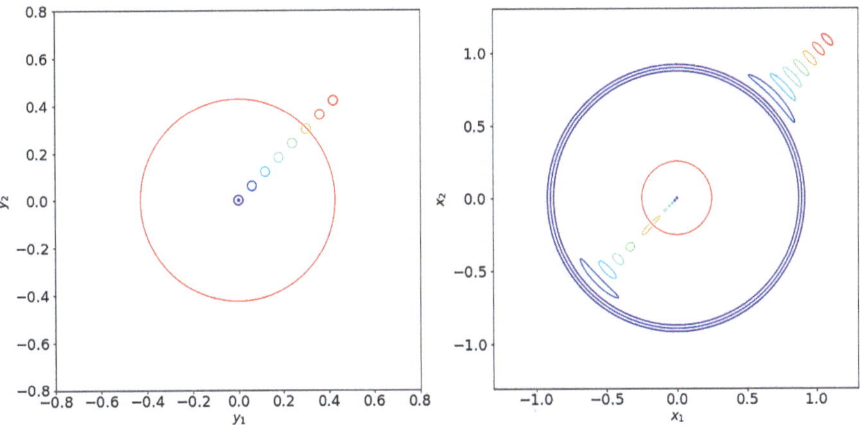

Figura 5.11 Immagini di sorgenti estese prodotte da una lente NIS

Il pannello destro di Fig. 5.10 mostra che, se $x_c > 1/2$, il che implica $\alpha' < 1$ per ogni x, non esiste alcuna retta $f(x) = x - y$ che possa intersecare la funzione $\alpha(x)$ più di una volta. Quindi, la lente non può produrre immagini multiple indipendentemente dalla posizione della sorgente rispetto alla lente. Inoltre, il pannello sinistro di Fig. 5.10 mostra che per $x_c > 1/2$ la convergenza non supera mai l'unità. Ciò implica che la densità superficiale $\Sigma(x)$ è sempre sub-critica, $\Sigma(x) < \Sigma_{\rm cr}$.

Al contrario, per $x_c < 1/2$, esistono immagini multiple se $y < y_r$. Nel pannello sinistro di Fig. 5.11, alcune sorgenti circolari estese sono posizionate a diverse distanze y dal centro di una lente NIS con $x_c = 0.1$. Il punto blu e il cerchio rosso rappresentano rispettivamente la caustica tangenziale e la caustica radiale. Il pannello destro mostra le corrispondenti linee critiche (cerchi blu e rossi) e le immagini delle sorgenti nel pannello sinistro.

Una delle immagini si trova dallo stesso lato della sorgente. Questa immagine, che corrisponde a un minimo della superficie di ritardo temporale, è esterna all'anello di Einstein. Quando la sorgente si trova all'interno della caustica radiale, si formano due immagini aggiuntive, una all'interno e una all'esterno della linea critica radiale. Esse si trovano sul lato opposto della lente. Come discusso in precedenza, l'immagine più interna corrisponde a un massimo della superficie di ritardo temporale, mentre l'altra immagine corrisponde a un punto sella. Pertanto, la parità di questa immagine è negativa.

Se la sorgente si sovrappone alla caustica radiale, queste due immagini si fondono sulla linea critica radiale, formando un arco radiale. Avvicinando la sorgente alla caustica tangenziale, la distorsione tangenziale delle due immagini più esterne aumenta. Quando la sorgente si trova esattamente sulla caustica tangenziale, le due immagini si fondono per formare l'anello di Einstein. L'immagine centrale, invece, è sempre più de-magnificata e si sposta verso il centro della lente.

Osservazione 5.4 Abbiamo mostrato che, se $x_c > 1/2$, la lente:

- è sub-critica, ossia $\kappa(x) < 1$ per ogni x;
- non sviluppa linee critiche, e quindi non è in grado di produrre grandi distorsioni;
- non produce immagini multiple.

In queste condizioni, la lente è considerata *debole*. Al contrario, una lente *forte* è in grado di produrre grandi distorsioni e immagini multiple. Come visto in precedenza, il numero di immagini dipende dalle posizioni relative di sorgente e caustiche. Le sorgenti all'interno della caustica radiale producono tre immagini. Le sorgenti al di fuori della caustica radiale hanno una sola immagine. Questo è illustrato in Fig. 5.12. Poiché la linea critica tangenziale non dà luogo a una vera caustica (la corrispondente caustica degenera in un singolo punto, $\vec{y} = 0$), le linee critiche tangenziali non influenzano la molteplicità delle immagini. Pertanto, le coppie di immagini possono essere create o distrutte solo se esiste la linea critica radiale.

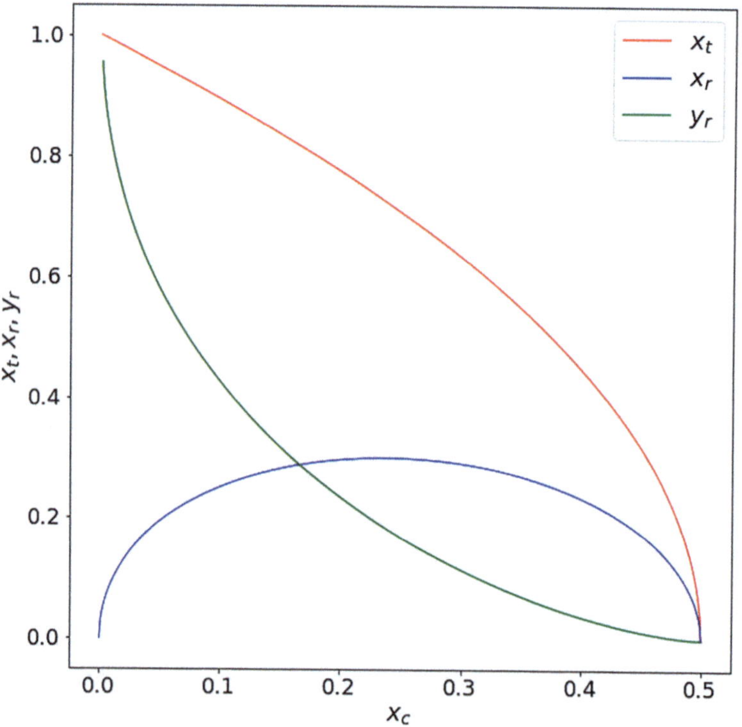

Figura 5.12 Raggio delle linee critiche radiale e tangenziale in funzione della dimensione del nucleo x_c. La linea verde mostra la dimensione della caustica radiale

5.4 Lenti ellittiche

Dopo aver esplorato gli effetti della variazione della pendenza del profilo di densità e dell'introduzione di un nucleo centrale, consideriamo ora come l'ellitticità influisce sulle proprietà della lente. L'aggiunta di ellitticità rimuove la simmetria circolare della lente. Di conseguenza, la caustica tangenziale non è più un punto al centro della lente, ma assume la forma di un'astroide, che può presentare due o quattro cuspidi.

5.4.1 Ellissoide Isotermo Singolare

Come visto nella sezione precedente, il profilo isotermo singolare è particolarmente trattabile per derivarne le proprietà di lente gravitazionale. Analogamente, la generalizzazione al caso ellittico è piuttosto semplice.

Convergenza

Come mostrato da Kormann et al. (1994), il modello di *Ellissoide Isotermo Singolare* (SIE) può essere ottenuto dalla SIS sostituendo:

$$\xi \Rightarrow \sqrt{\xi_1^2 + f^2 \xi_2^2} \, . \tag{5.76}$$

Allora, $\Sigma(\xi)$ diventa

$$\Sigma(\vec{\xi}) = \frac{\sigma_v^2}{2G} \frac{\sqrt{f}}{\sqrt{\xi_1^2 + f^2 \xi_2^2}} \, , \tag{5.77}$$

che è costante lungo ellissi con asse minore ξ e asse maggiore ξ/f, orientate in modo che l'asse maggiore sia lungo la direzione ξ_2. Nelle formule sopra, f è il rapporto tra gli assi delle ellissi, con $0 < f \leq 1$. La normalizzazione del profilo assicura che la massa contenuta entro un contorno di iso-densità ellittico a densità superficiale fissata sia indipendente da f.

Scegliendo $\xi_0 = \xi_{0,SIS}$ come scala di riferimento e ripetendo la stessa procedura illustrata in Eq. 5.50, otteniamo

$$\kappa(\vec{x}) = \frac{\sqrt{f}}{2\sqrt{x_1^2 + f^2 x_2^2}} \, . \tag{5.78}$$

Utilizzando coordinate polari, otteniamo

$$\kappa(x, \varphi) = \frac{\sqrt{f}}{2x\,\Delta(\varphi)} \, , \tag{5.79}$$

dove

$$\Delta(\varphi) = \sqrt{\cos\varphi^2 + f^2 \sin\varphi^2} \; . \tag{5.80}$$

Ciò mostra che la convergenza è il prodotto del profilo di convergenza della lente SIS e della funzione $\sqrt{f}/\Delta(\varphi)$.

Potenziale del lensing

Il potenziale del lensing può essere trovato risolvendo l'equazione di Poisson:

$$\frac{\partial^2\Psi}{\partial x^2} + \frac{1}{x}\frac{\partial\Psi}{\partial x} + \frac{1}{x^2}\frac{\partial^2\Psi}{\partial\varphi^2} = 2\kappa = \frac{\sqrt{f}}{x\Delta(\varphi)} \; . \tag{5.81}$$

Facendo l'ansatz $\Psi(x,\varphi) := x\tilde{\Psi}(\varphi)$, troviamo:

$$\tilde{\Psi}(\varphi) + \frac{d^2}{d\varphi^2}\tilde{\Psi}(\varphi) = \frac{\sqrt{f}}{\Delta(\varphi)} \; . \tag{5.82}$$

Questa equazione differenziale può essere risolta con il metodo di Green (Kormann et al. 1994). La soluzione mostra che il potenziale del lensing è dato da:

$$\Psi(x,\varphi) = x\frac{\sqrt{f}}{f'}\left[\sin\varphi\,\arcsin\,(f'\sin\varphi) + \cos\varphi\,\text{arsinh}\,(f'/f\,\cos\varphi)\right] \; . \tag{5.83}$$

Nella formula sopra abbiamo introdotto $f' = \sqrt{1-f^2}$.

In Fig. 5.13, confrontiamo la mappa della convergenza e del potenziale per una lente SIE. I contorni di convergenza costante sono effettivamente ellissi con rapporto degli assi $f = 0.6$. I contorni iso-potenziale sono invece molto più arrotondati: hanno un rapporto degli assi $f_\Psi \sim 0.84 = 1.4f$.

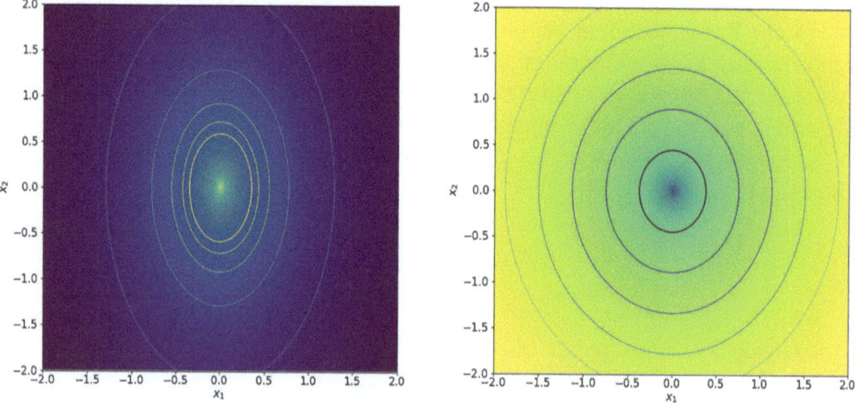

Figura 5.13 Mappe della convergenza e del potenziale del lensing per una lente SIE con $f = 0.6$

Angolo di deflessione

L'angolo di deflessione può essere ottenuto come di consueto calcolando il gradiente del potenziale del lensing. È conveniente operare in coordinate polari, così che:

$$\frac{\partial}{\partial x_1} = \cos\varphi \frac{\partial}{\partial x} - \frac{\sin\varphi}{x}\frac{\partial}{\partial\varphi} \tag{5.84}$$

e

$$\frac{\partial}{\partial x_2} = \sin\varphi \frac{\partial}{\partial x} + \frac{\cos\varphi}{x}\frac{\partial}{\partial\varphi} \; . \tag{5.85}$$

Le componenti dell'angolo di deflessione risultano quindi:

$$\alpha_1(\vec{x}) = \frac{\sqrt{f}}{f'} \operatorname{arsinh}\left(\frac{f'}{f}\cos\varphi\right)$$
$$\alpha_2(\vec{x}) = \frac{\sqrt{f}}{f'} \arcsin(f'\sin\varphi) \tag{5.86}$$

Come per la SIS, l'angolo di deflessione della SIE non dipende da x.

Shear

Le componenti dello shear possono essere ottenute dalle derivate dell'angolo di deflessione:

$$\gamma_1(\vec{x}) = \frac{1}{2}\left(\frac{\partial\alpha_1}{\partial x_1} - \frac{\partial\alpha_2}{\partial x_2}\right) ,$$
$$\gamma_2(\vec{x}) = \frac{\partial\alpha_1}{\partial x_2} \; . \tag{5.87}$$

Utilizzando gli operatori differenziali in coordinate polari e i risultati sopra, troviamo che le componenti dello shear sono

$$\gamma_1(\vec{x}) = -\frac{\sqrt{f}}{2x\Delta(\varphi)}\cos 2\varphi = -\kappa(\vec{x})\cos 2\varphi$$
$$\gamma_2(\vec{x}) = -\frac{\sqrt{f}}{2x\Delta(\varphi)}\sin 2\varphi = -\kappa(\vec{x})\sin 2\varphi \; , \tag{5.88}$$

e che $\gamma = \sqrt{\gamma_1^2 + \gamma_2^2} = \kappa$, come per la SIS.

Linee critiche

Ora possiamo calcolare la matrice Jacobiana della lente, che è

$$A = \begin{bmatrix} 1 - \kappa - \gamma_1 & -\gamma_2 \\ \gamma_2 & 1 - \kappa + \gamma_1 \end{bmatrix} = \begin{bmatrix} 1 - 2\kappa \sin^2 \varphi & \kappa \sin 2\varphi \\ \kappa \sin 2\varphi & 1 - 2\kappa \cos^2 \varphi \end{bmatrix} . \tag{5.89}$$

Gli autovalori tangenziale e radiale di A sono

$$\lambda_t(\vec{x}) = 1 - \kappa(\vec{x}) - \gamma(\vec{x}) = 1 - 2\kappa(\vec{x})$$
$$\lambda_r(\vec{x}) = 1 - \kappa(\vec{x}) + \gamma(\vec{x}) = 1 . \tag{5.90}$$

Si osserva che, analogamente alla lente SIS, la SIE non presenta una linea critica radiale, poiché la magnificazione radiale è sempre unitaria. La linea critica tangenziale, invece, è l'ellisse definita dalla condizione

$$\kappa(\vec{x}) = \frac{1}{2} . \tag{5.91}$$

Le coordinate dei punti sull'ellisse possono essere ottenute invertendo Eq. 5.79:

$$\vec{x}_t(\varphi) = \frac{\sqrt{f}}{\Delta(\varphi)}[\cos \varphi, \sin \varphi] . \tag{5.92}$$

Le linee critiche di due lenti SIE con $f = 0.6$ e $f = 0.2$ sono mostrate con linee tratteggiate rosse nei pannelli sinistro e destro di Fig. 5.14.

Caustica e cut

I punti sulla linea critica possono essere mappati sul piano della sorgente usando l'equazione della lente, per ottenere i punti corrispondenti sulla caustica tangenziale:

$$y_{t,1}(\varphi) = \frac{\sqrt{f}}{\Delta(\varphi)} \cos \varphi - \frac{\sqrt{f}}{f'} \operatorname{arsinh}\left(\frac{f'}{f} \cos \varphi\right) ,$$
$$y_{t,2}(\varphi) = \frac{\sqrt{f}}{\Delta(\varphi)} \sin \varphi - \frac{\sqrt{f}}{f'} \arcsin(f' \sin \varphi) . \tag{5.93}$$

Le curve risultanti per le stesse lenti con $f = 0.6$ e $f = 0.2$ sono rappresentate dalle linee rosse continue in Fig. 5.14. L'introduzione dell'ellitticità rompe la simmetria assiale della lente SIS, trasformando la caustica puntiforme in una curva estesa con quattro cuspidi e quattro pieghe.

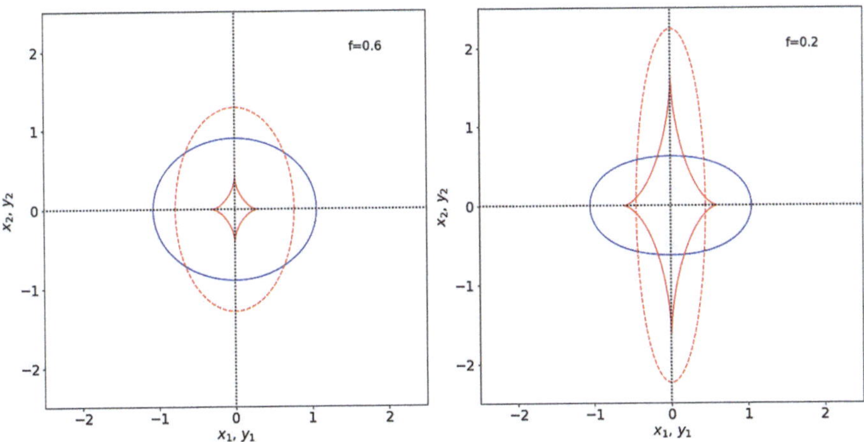

Figura 5.14 Linea critica (tratteggio rosso), caustica (rosso continuo), cut (blu continuo) per due lenti SIE con $f = 0.6$ (pannello sinistro) e $f = 0.2$ (pannello destro)

Come per la SIS (vedi Eq. 5.56), possiamo determinare il *cut*, i cui punti sono definiti come

$$\vec{y}_c(\varphi) = \lim_{x \to 0} \vec{y}(x, \varphi) = -\vec{\alpha}(\varphi) \ . \tag{5.94}$$

Si ottiene quindi

$$y_{c,1}(\varphi) = -\frac{\sqrt{f}}{f'} \ \mathrm{arsinh}\left(\frac{f'}{f} \cos \varphi \right)$$

$$y_{c,2}(\varphi) = -\frac{\sqrt{f}}{f'} \ \arcsin(f' \sin \varphi) \ . \tag{5.95}$$

I cut delle due lenti SIE con $f = 0.6$ e $f = 0.2$ sono rappresentati dalle curve blu continue in ciascun pannello di Fig. 5.14.

Il cut e la caustica intersecano gli assi y_1 e y_2 in punti simmetrici rispetto al centro della lente. Questi punti hanno coordinate:

$$s_{1,\pm,c} = [y_{c,1}(\varphi = 0, \pi), 0] \ ,$$

$$s_{2,\pm,c} = [0, y_{c,2}(\varphi = \pi/2, -\pi/2)] \tag{5.96}$$

per il cut, e

$$s_{1,\pm,t} = [y_{t,1}(\varphi = 0, \pi), 0] \ ,$$

$$s_{2,\pm,t} = [0, y_{t,2}(\varphi = \pi/2, -\pi/2)] \tag{5.97}$$

per la caustica. Il segno $\pm$ indica se i punti si trovano sui semiassi positivi o negativi.

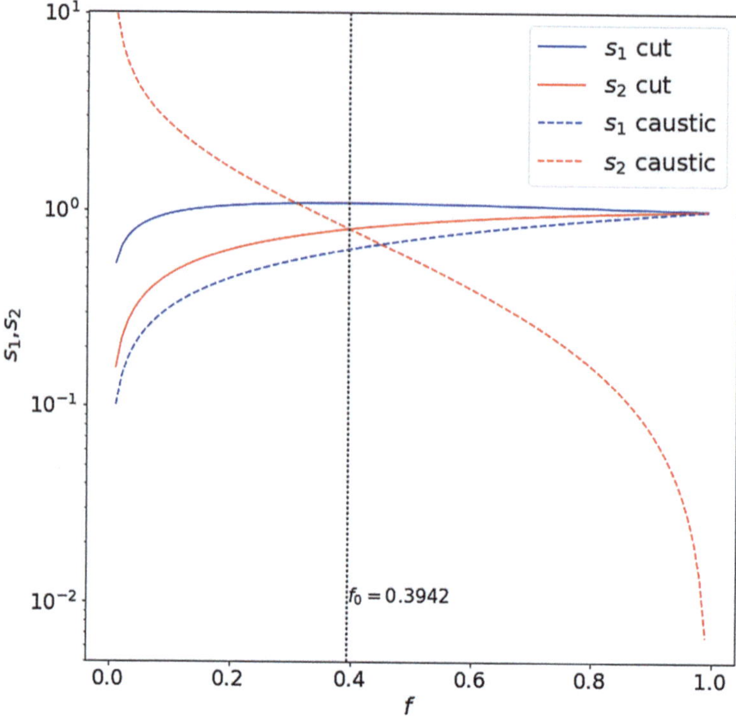

Figura 5.15 Intersezioni tra il cut (linee continue) e le caustiche (linee tratteggiate) con i semiassi positivi y_1 e y_2 (blu e rosso, rispettivamente) in funzione di f

La Fig. 5.15 mostra come s_1 e s_2 (sugli assi y_1 e y_2 positivi) variano in funzione di f sia per il cut che per la caustica. Chiaramente, $s_{1,c} > s_{1,t}$ per ogni valore di f, il che significa che il cut è sempre esterno alla caustica tangenziale lungo l'asse y_1, ossia lungo l'asse minore della lente. Al contrario, esiste un valore $f = f_0 = 0.3942$ tale che:

$$s_{2,c} \leq s_{2,t} \quad \text{per } f \leq f_0 \,,$$
$$s_{2,c} > s_{2,t} \quad \text{per } f > f_0 \,. \tag{5.98}$$

Di conseguenza, per ellitticità elevate (corrispondenti a valori bassi di f), la caustica tangenziale si estende oltre il cut lungo l'asse y_2. Le cuspidi che non sono contenute nel cut sono dette *nude*.

Immagini multiple

Determinare le immagini multiple di una sorgente per la lente SIE richiede l'uso di metodi numerici. L'implementazione di uno di questi algoritmi in Python è discussa nella Sez. 5.11.1.

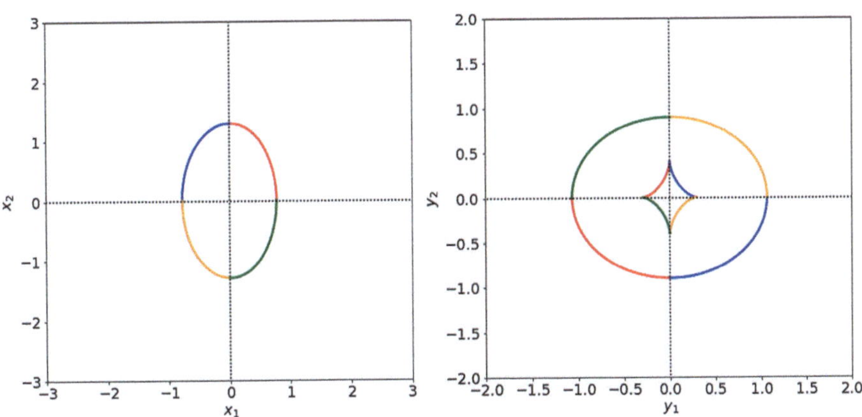

Figura 5.16 Mappatura dei punti sulla linea critica rispetto alla caustica. I colori diversi corrispondono ai diversi quadranti nel piano della lente. La mappatura è mostrata anche per il cut, che diventerebbe la caustica radiale in presenza di un nucleo

È utile analizzare come porzioni della linea critica tangenziale vengano mappate sulla caustica. Nel pannello sinistro della Fig. 5.16, la linea critica è suddivisa in quattro parti, corrispondenti ai quattro quadranti del piano della lente. Usiamo colori diversi per indicare i punti critici con angoli polari nei range $[0, \pi/2)$, $[\pi/2, \pi)$, $[\pi, 3/2\pi)$ e $[3/2\pi, 2\pi)$ (vedi Eq. 5.92). Nel pannello destro, i punti corrispondenti sulla caustica, ottenuti usando Eq. 5.93, sono mostrati con gli stessi colori. Usiamo lo stesso codice colore per visualizzare i punti sul cut, a seconda dell'angolo polare φ.

Osserviamo che la mappatura dei punti critici segue una regola sinistra-destra: il primo e il quarto quadrante nel piano della lente ($\varphi \in [0, \pi/2)$ e $\varphi \in [3/2\pi, 2\pi)$) sono mappati sul secondo e terzo quadrante del piano della sorgente, e viceversa.

I punti sul cut, invece, seguono una regola diagonale. Ad esempio, la porzione del cut nel primo quadrante del piano della sorgente corrisponde a $\varphi \in [\pi, 3/2\pi)$.

Osservazione 5.5 Come visto in precedenza, nelle lenti con una linea critica radiale, il cut diventa la caustica radiale. Di conseguenza, la stessa regola diagonale si applica alla mappatura dei punti critici radiali sulla caustica radiale nelle lenti che hanno questa caustica.

Con questi risultati in mente, possiamo facilmente prevedere la posizione di una sorgente le cui immagini si trovano in prossimità di una porzione della linea critica. Ad esempio, se osserviamo immagini vicino alla porzione rossa della linea critica in Fig. 5.16, allora la posizione corrispondente della sorgente sarà vicino alla porzione rossa della caustica.

La molteplicità delle immagini prodotte dalla lente SIE dipende dalla forma della caustica e del cut e dalla posizione della sorgente rispetto a queste due curve. Si applicano le seguenti regole:

- una sorgente lontana dalla lente, ossia esterna sia al cut che alla caustica, ha una sola immagine;
- il numero di immagini aumenta di uno se la sorgente è all'interno del cut;
- il numero di immagini aumenta di due se la sorgente è all'interno della caustica.

Le ultime due regole non si escludono a vicenda, ossia se la sorgente è all'interno del cut e della caustica, il numero di immagini aumenta di tre. Pertanto, una lente SIE può produrre fino a quattro immagini di una singola sorgente. Più precisamente:

- se $f > f_0$, la lente può produrre 1, 2 o 4 immagini, a seconda che la sorgente sia fuori dal cut, tra il cut e la caustica o all'interno della caustica;
- se $f \leq f_0$, la lente può produrre 1, 2, 3 o 4 immagini. In effetti, per tali lenti, una sorgente può trovarsi all'interno della caustica ma all'esterno del cut. In questo caso, si possono formare fino a tre immagini.

La Fig. 5.17 mostra le immagini di sorgenti circolari posizionate a diverse distanze relative alla caustica e al cut. La lente SIE usata in questi esempi ha $f = 0.6$. Le linee continue e tratteggiate nei pannelli a sinistra indicano le caustiche e il cut, rispettivamente. I cerchi colorati indicano le posizioni di diverse sorgenti circolari con raggi $r = 0.05\xi_0$. Le immagini corrispondenti sono mostrate nei pannelli a destra. Le linee nere continue indicano le linee critiche tangenziali.

I pannelli superiori mostrano come la geometria delle immagini cambia quando la sorgente si avvicina al centro della lente attraversando il cut e la piega della caustica. Le sorgenti fuori dal cut hanno un'unica immagine situata nello stesso quadrante del piano immagine in cui è proiettata la posizione della sorgente. Quando la sorgente attraversa il cut, compare un'ulteriore immagine vicino al centro della lente. Ciò non sorprende, dato che il cut è definito dall'Eq. 5.94. Avvicinando la sorgente alla caustica, l'immagine centrale si allontana dal centro della lente e si trova nel quadrante del piano della lente opposto a quello della sorgente. In questo caso, si applica la regola diagonale sopra menzionata. Quando la sorgente attraversa la caustica, compaiono due immagini sui lati opposti della linea critica. Se la sorgente è vicina alla piega nel primo quadrante del piano della sorgente, queste due immagini appariranno nel secondo quadrante del piano della lente, seguendo la regola sinistra-destra applicata ai punti critici tangenziali. Avvicinando ulteriormente la sorgente al centro della lente, le immagini assumono una configurazione simmetrica nota come *croce di Einstein*.

I pannelli centrale e inferiore si riferiscono alla stessa lente. La sorgente viene spostata dall'esterno del cut verso il centro della lente, passando attraverso le cuspidi della caustica tangenziale. Quando la sorgente attraversa la cuspide, tre immagini si uniscono sulla linea critica. Anche in questo caso si applica la regola sinistra-destra.

La Fig. 5.18 è analoga alla Fig. 5.17, ma per una lente SIE con $f = 0.2$. Si noti che i pannelli centrali mostrano le configurazioni di immagine per una sorgente che attraversa la cuspide nuda. Quando la sorgente è sulla cuspide, tre immagini si uniscono. Se la sorgente è all'interno della caustica ma ancora al di fuori del cut, la molteplicità delle immagini è tre, come anticipato in precedenza.

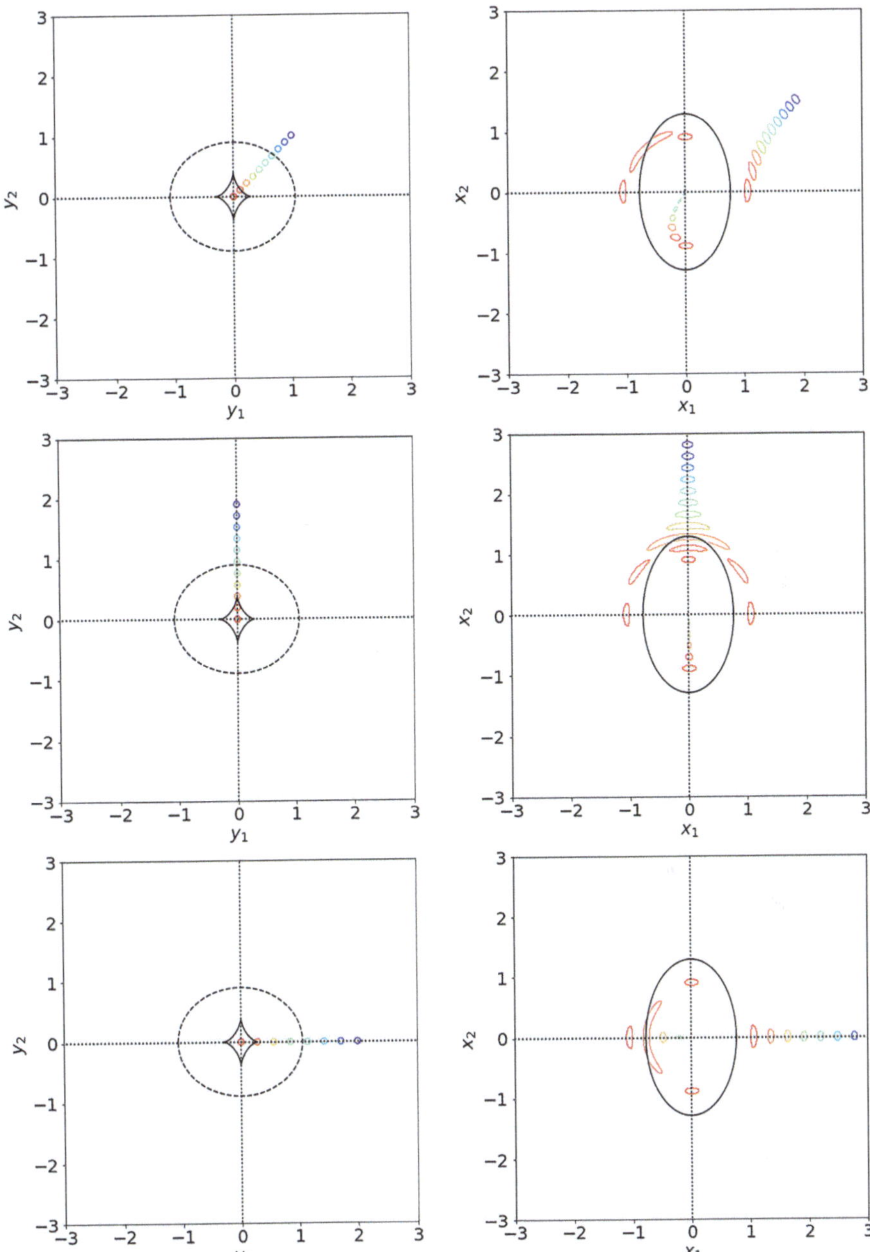

Figura 5.17 Lensing di sorgenti circolari da parte di una lente SIE con $f = 0.6$. Nei pannelli a sinistra, i colori diversi indicano sorgenti a varie separazioni angolari dal centro della lente. La caustica e il cut sono dati dalle linee nere continue e tratteggiate. Le immagini (contorni colorati) e la linea critica (linea nera continua) sono mostrate nei pannelli a destra

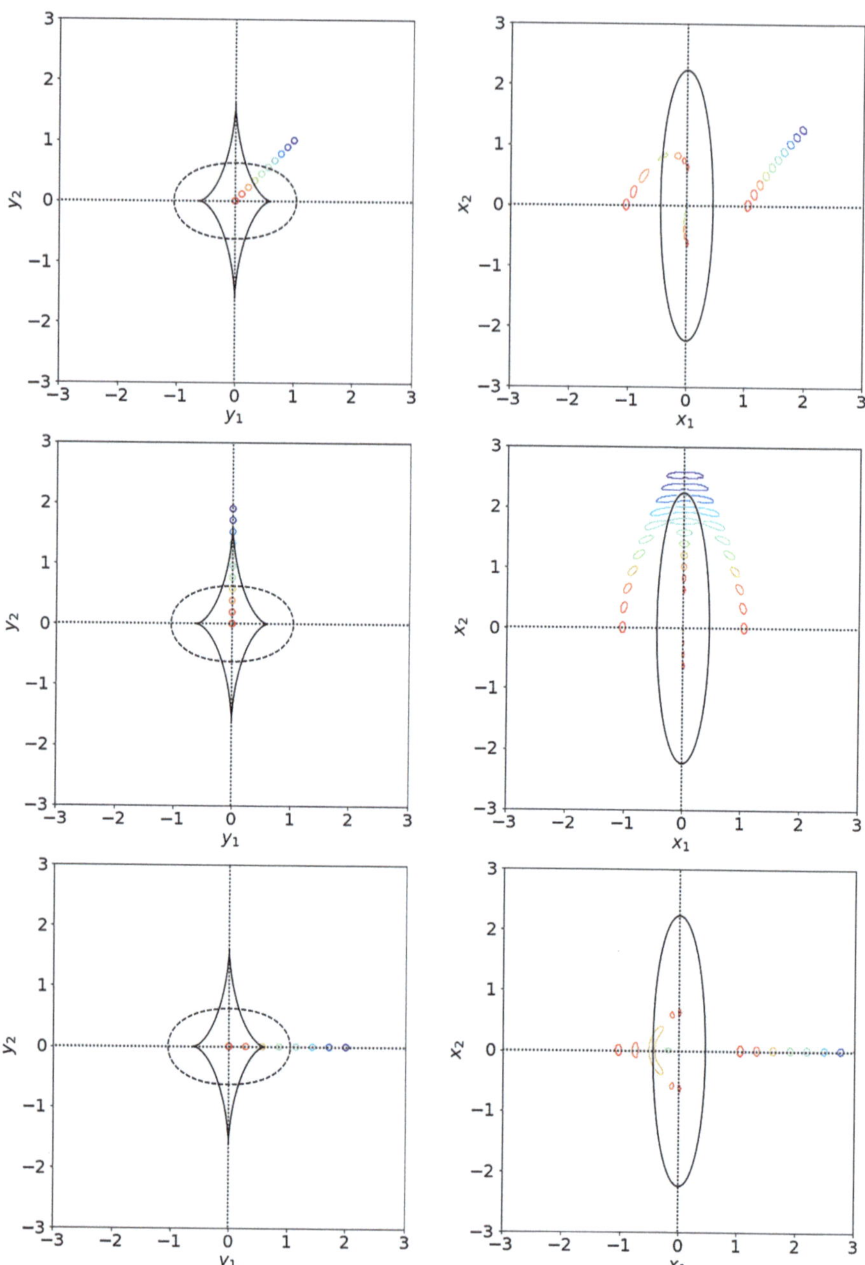

Figura 5.18 Come in Fig. 5.17, ma per una lente SIE con $f = 0.2$

Distorsione e parità delle immagini

Possiamo ora commentare sulla magnificazione e sulla parità delle immagini. Dalle Eq. 5.79 e 5.88, otteniamo

$$\mu = \frac{1}{1 - 2\kappa} \, , \tag{5.99}$$

il che implica che $\mu > 0$ per $\kappa < 0.5$. Pertanto, la parità delle immagini è positiva al di fuori della linea critica, mentre è negativa all'interno.

Data la singolarità del potenziale gravitazionale vicino al centro, le immagini sono o minimi o punti di sella della superficie di ritardo temporale. Le immagini all'interno della linea critica sono punti di sella, mentre quelle all'esterno della linea critica sono minimi.

La magnificazione delle immagini vicino al centro della lente è minima ($|\mu| \sim 0$), poiché il potenziale gravitazionale è discontinuo al centro della lente. Poiché la magnificazione radiale è sempre unitaria, le immagini vicine al centro della lente sono demagnificate tangenzialmente. Naturalmente, la magnificazione diverge vicino alla linea critica.

Le Fig. 5.17 e 5.18 mostrano che le immagini vicine alla linea critica sono distorte tangenzialmente, portando alla formazione di archi gravitazionali. Le immagini individuali sono allungate e si fondono sulla linea critica. Gli archi gravitazionali più grandi derivano dalla fusione di tre immagini di sorgenti vicine alle cuspidi della caustica.

Negli esempi mostrati nelle Fig. 5.17 e 5.18, la sorgente ha un raggio $r = 0.05$ in unità di ξ_0. Nella Fig. 5.19, mostriamo come una sorgente di raggio $r = 0.5$ posta al centro della caustica venga distorta fino a formare un anello di Einstein completo.

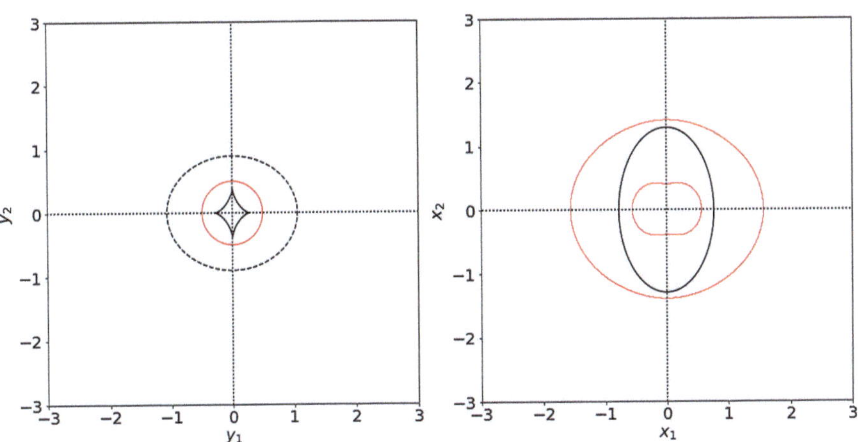

Figura 5.19 Lensing di una sorgente estesa di raggio $r = 0.5$ (mostrata in rosso) da parte di una lente SIE con $f = 0.6$. Le linee nere continue e tratteggiate nel pannello di sinistra mostrano la caustica e il cut della lente. La linea nera continua nel pannello di destra è la linea critica

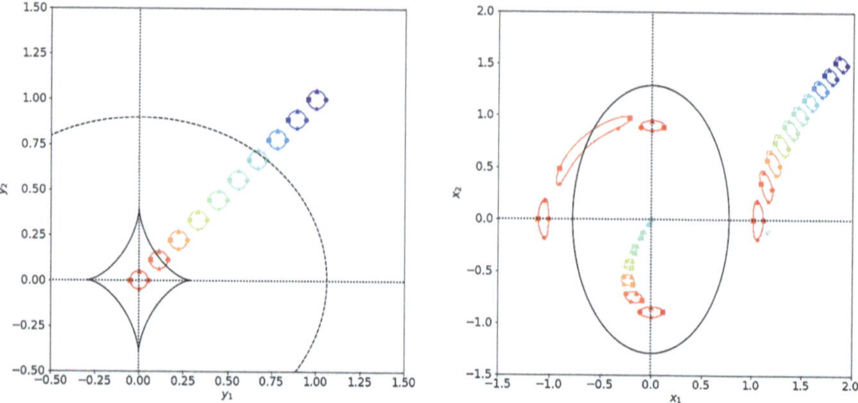

Figura 5.20 Lensing di una sorgente estesa di raggio $r = 0.05$ da parte di una lente SIE con $f = 0.6$, spostata attraverso il cut e la piega della caustica. Quattro punti sui contorni della sorgente sono contrassegnati da simboli. Gli stessi simboli vengono mappati nel piano immagine sui contorni delle immagini

Dunque, le distorsioni osservate dipendono dalla dimensione della sorgente rispetto alla caustica. Se la sorgente è grande rispetto alla caustica, l'effetto dell'ellitticità è scarsamente rilevabile.

La Fig. 5.20 illustra come la parità delle immagini cambi passando dall'interno all'esterno della linea critica. Per ciascuna sorgente nel pannello sinistro, contrassegniamo quattro punti caratteristici nei loro contorni. Li indichiamo con cerchi, triangoli, quadrati e stelle in ordine antiorario. Possiamo osservare che la stessa sequenza di simboli è preservata nelle immagini all'esterno della linea critica nel pannello di destra. Nelle immagini all'interno della linea critica, invece, cerchi e quadrati sono scambiati, seguendo la regola sinistra-destra introdotta sopra.

Si noti che metà della sorgente arancione è all'interno della caustica. Pertanto, solo una parte di questa sorgente ha quattro immagini, mentre la restante parte ne ha solo due. Ad esempio, i punti contrassegnati con un cerchio e un triangolo in questa sorgente non appaiono nell'arco piegato nel secondo quadrante del piano della lente.

5.4.2 Modelli ellittici con nucleo (non-singolari)

Possiamo introdurre un nucleo anche nel modello di lente SIE. In questo caso, tuttavia, il modello diventa difficilmente trattabile analiticamente. Una discussione sulle proprietà dell'Ellissoide Isotermico Non-Singolare (NIE) è fornita da Kormann et al. (1994). Problemi simili sorgono modificando la pendenza del profilo di densità. Una descrizione dettagliata del modello di lente ellittica a legge di potenza è disponibile in Tessore e Metcalf (2015).

Qui riassumiamo solo alcune proprietà del modello NIE, la cui densità superficiale è espressa come

$$\Sigma(\vec{\xi}) = \frac{\sigma^2}{2G} \frac{\sqrt{f}}{\sqrt{\xi_1^2 + f^2\xi_2^2 + \xi_c^2}} \, , \qquad (5.100)$$

dove ξ_c è il raggio del nucleo. Con la solita scelta di $\xi_0 = \xi_{0,SIS}$, il profilo di convergenza diventa

$$\kappa(\vec{x}) = \frac{\sqrt{f}}{2\sqrt{x_1^2 + f^2x_2^2 + x_c^2}} \, . \qquad (5.101)$$

Mostriamo alcuni esempi di linee critiche e caustiche in Fig. 5.21. A seconda dei valori di f e di x_c, la lente può avere due linee critiche e caustiche distinte (una radiale e una tangenziale), solo una linea critica e caustica tangenziale, o nessuna linea critica e caustica. In particolare:

- se $x_c < f^{3/2}/2$ ci sono due linee critiche e caustiche distinte. Una caustica è la caustica tangenziale e ha quattro cuspidi. L'altra è la caustica radiale e non ha cuspidi. La caustica tangenziale è completamente contenuta all'interno della caustica radiale se l'ellitticità è piccola (f è grande). Anche nel caso di lenti moderatamente ellittiche, la caustica radiale contiene la caustica tangenziale se il nucleo è sufficientemente piccolo;
- se $f^{3/2}/2 < x_c < f^{3/2}/(1 + f)$, la caustica radiale è contenuta all'interno della caustica tangenziale. Inoltre, sia la caustica radiale che quella tangenziale hanno solo due cuspidi;
- se $f^{3/2}/(1 + f) < x_c < f^{1/2}/(1 + f)$, la lente ha solo una linea critica e caustica tangenziale. Le linee critiche e le caustiche radiali scompaiono per $x_c = f^{3/2}/(1 + f)$;
- anche la caustica tangenziale scompare se $x_c = f^{1/2}/(1 + f)$. Quindi, per $x_c > f^{1/2}/(1 + f)$ la lente non presenta linee critiche né caustiche.

A seconda della struttura delle caustiche, il modello NIE può produrre 1, 3 o 5 immagini di una sorgente. Questi casi sono illustrati in Fig. 5.21.

5.4.3 Modelli pseudo-ellittici

Le lenti pseudo-ellittiche sono modelli di lenti in cui i contorni delle iso-potenziali sono ellissi con rapporto degli assi f.

Consideriamo un potenziale a simmetria circolare $\Psi(x)$, dove x è, come di consueto, la distanza dal centro della lente in unità adimensionali. Come già fatto per la densità superficiale, possiamo trasformare i contorni circolari delle iso-potenziali

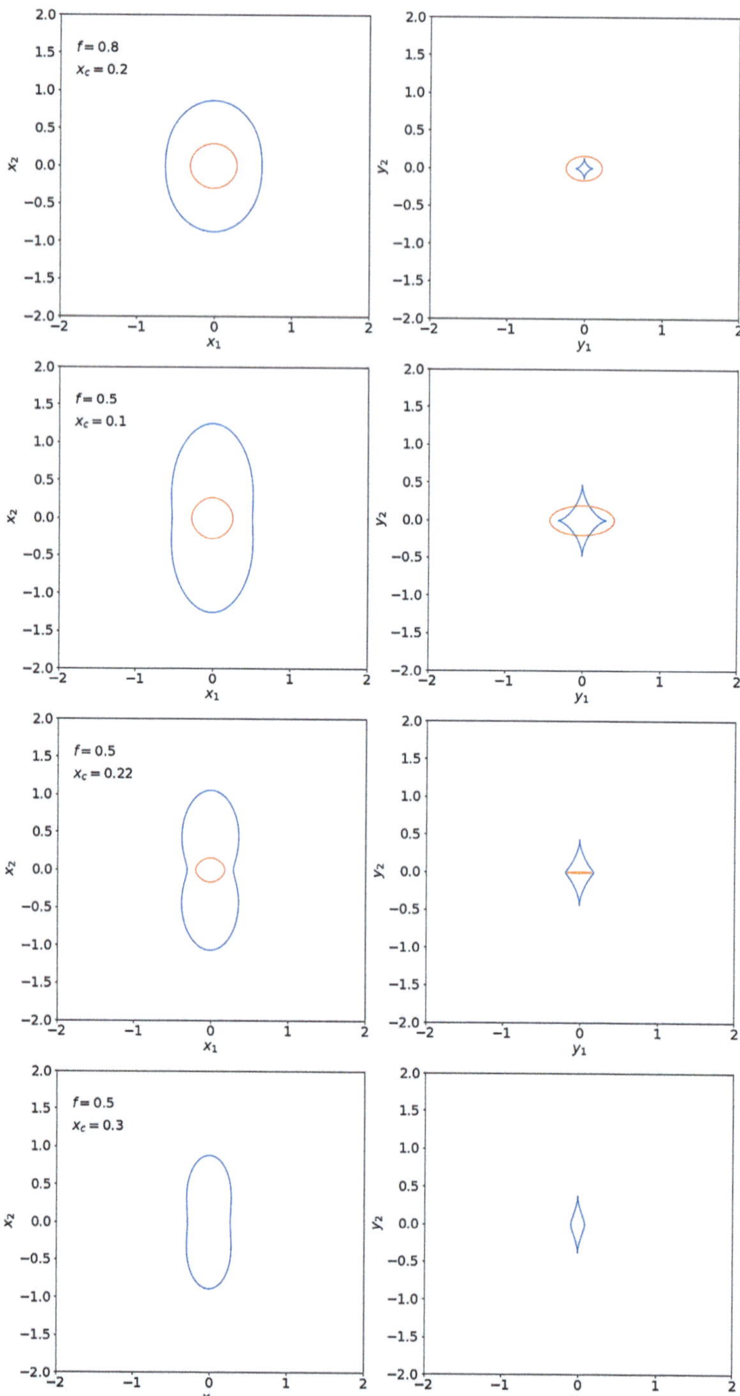

Figura 5.21 Linee critiche e caustiche per lenti NIE con diversi valori di f e x_c. Sono mostrati esempi di ciascuna topologia

in ellissi con la sostituzione

$$x \rightarrow x = \sqrt{x_1^2 + f^2 x_2^2} \,. \tag{5.102}$$

Le ellissi hanno asse minore x e asse maggiore x/f, con gli assi maggiori allineati all'asse x_2.

Il grande vantaggio di introdurre l'ellitticità nel potenziale piuttosto che nella densità superficiale è che tutte le proprietà della lente possono essere ottenute più facilmente mediante derivate. Ad esempio, le componenti dell'angolo di deflessione sono date da

$$\alpha_1(\vec{x}) = \frac{\partial \Psi(x)}{\partial x_1} = \Psi'(x)\frac{\partial x}{\partial x_1} = \tilde{\alpha}(x)\frac{\partial x}{\partial x_1} \,,$$

$$\alpha_2(\vec{x}) = \frac{\partial \Psi(x)}{\partial x_2} = \Psi'(x)\frac{\partial x}{\partial x_2} = \tilde{\alpha}(x)\frac{\partial x}{\partial x_2} \,. \tag{5.103}$$

dove $\tilde{\alpha}(x)$ è l'angolo di deflessione della lente a simmetria circolare con potenziale $\Psi(x)$.

La convergenza e il shear sono combinazioni lineari delle derivate seconde del potenziale gravitazionale, o, equivalentemente, delle derivate prime dei componenti dell'angolo di deflessione:

$$\Psi_{11}(\vec{x}) = \frac{\partial \alpha_1(\vec{x})}{\partial x_1} = \tilde{\alpha}'(x)\left(\frac{\partial x}{\partial x_1}\right)^2 + \tilde{\alpha}(x)\frac{\partial^2 x}{\partial x_1^2} \,,$$

$$\Psi_{22}(\vec{x}) = \frac{\partial \alpha_2(\vec{x})}{\partial x_2} = \tilde{\alpha}'(x)\left(\frac{\partial x}{\partial x_2}\right)^2 + \tilde{\alpha}(x)\frac{\partial^2 x}{\partial x_2^2} \,,$$

$$\Psi_{12}(\vec{x}) = \frac{\partial \alpha_1(\vec{x})}{\partial x_2} = \tilde{\alpha}'(x)\frac{\partial x}{\partial x_1}\frac{\partial x}{\partial x_2} + \tilde{\alpha}(x)\frac{\partial^2 x}{\partial x_1 x_2} \,. \tag{5.104}$$

Pertanto, il calcolo delle proprietà della lente è veloce anche quando effettuato con metodi numerici.

Lo svantaggio di introdurre l'ellitticità nel potenziale invece che nella densità superficiale è che i contorni di densità superficiale risultanti non sono ellittici, ma presentano una caratteristica forma a manubrio, come mostrato in Fig. 5.22 (vedi e.g. Kassiola e Kovner 1993).

La figura mostra la mappa di convergenza di un modello pseudo-NIE (pNIE) con potenziale gravitazionale

$$\Psi(\vec{x}) = \sqrt{x_1^2 + f^2 x_2^2 + x_c^2} \tag{5.105}$$

e rapporto degli assi $f = 0.7$. Le linee solide rappresentano i contorni a densità superficiale costante. Le linee tratteggiate mostrano invece contorni equivalenti per una lente NIE con lo stesso valore di f. Si nota che il potenziale gravitazionale è più arrotondato rispetto alla distribuzione di massa corrispondente.

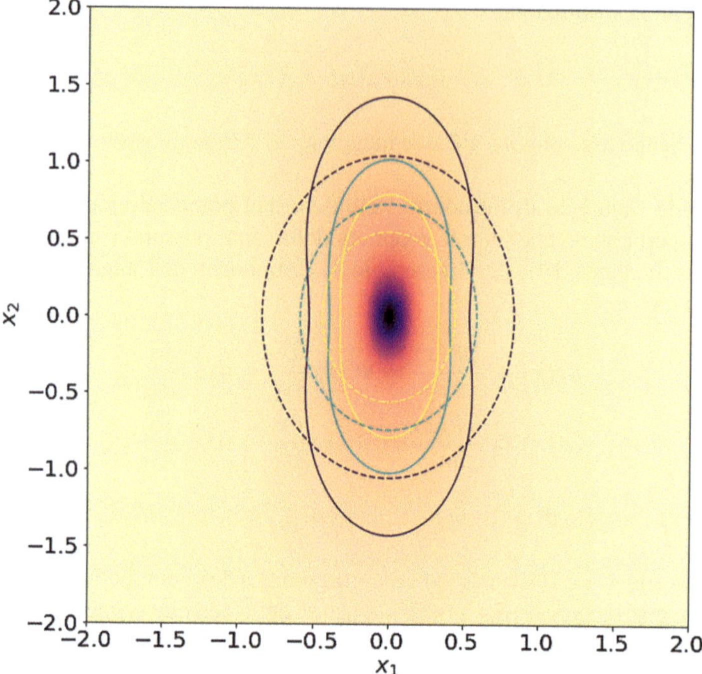

Figura 5.22 Mappa di convergenza di una lente pNIE con $f = 0.7$. Le linee solide rappresentano alcuni contorni a convergenza costante. Per confronto, le linee tratteggiate corrispondono a una lente NIE con lo stesso valore di f

Nel caso di grandi ellitticità, i potenziali pseudo-ellittici corrispondono a distribuzioni di massa non fisiche (ad esempio, con convergenza negativa) (Kassiola e Kovner 1993; Golse e Kneib 2002).

5.5 Altri profili

Una grande varietà di profili di massa è stata utilizzata in letteratura per modellare le lenti gravitazionali. Un catalogo relativamente esaustivo di tali modelli è presentato in Keeton (2001). Qui discutiamo brevemente due di essi. Il primo è il modello di Navarro-Frenk-White, mentre il secondo è il modello Dual Pseudo-Isothermal Elliptical.

5.5.1 *Il modello di Navarro-Frenk-White*

Navarro et al. (1997) ha scoperto che il profilo di densità degli aloni di materia oscura, simulati numericamente nel contesto della cosmogonia della Materia Oscura Fredda (CDM), può essere ben descritto dalla funzione radiale

$$\rho(r) = \frac{\rho_s}{(r/r_s)(1 + r/r_s)^2} \,, \tag{5.106}$$

su un ampio intervallo di masse $3 \times 10^{11} \lesssim M_{vir}/(h^{-1} M_\odot) \lesssim 3 \times 10^{15}$. La pendenza logaritmica di questo profilo di densità varia da -1 al centro a -3 a grandi distanze. Pertanto, è più piatta rispetto a quella dell'SIS nella regione interna dell'alone e più ripida nella regione esterna. I due parametri r_s e ρ_s sono il raggio di scala e la densità caratteristica dell'alone. Il profilo in Eq. 5.106 è noto come profilo di densità di Navarro-Frenk-White (NFW).

Navarro et al. (1997) ha parametrizzato gli aloni di materia oscura in base alle loro masse M_{200}, ossia le masse contenute in sfere di raggio r_{200} in cui la densità media è 200 volte la densità critica. La relazione tra M_{200} e r_{200} è data da

$$r_{200} = 1.63 \times 10^{-2} \left(\frac{M_{200}}{h^{-1} M_\odot} \right)^{1/3} \left[\frac{\Omega_0}{\Omega(z)} \right]^{-1/3} (1 + z)^{-1} h^{-1} \text{ kpc} \,, \tag{5.107}$$

Questa definizione dipende dal redshift z a cui l'alone è identificato, così come dal modello cosmologico di sfondo. In particolare, Ω_0 e $\Omega(z)$ sono i parametri di densità dell'universo al redshift 0 e z, rispettivamente.

Dalla precedente definizione di r_{200}, la *concentrazione*, $c \equiv r_{200}/r_s$, e la densità caratteristica sono collegate dalla relazione

$$\rho_s = \frac{200}{3} \rho_{\text{cr}} \frac{c^3}{[\ln(1 + c) - c/(1 + c)]} \,. \tag{5.108}$$

Le simulazioni numeriche mostrano che i raggi di scala degli aloni di materia oscura, a qualsiasi redshift z, cambiano sistematicamente con la massa in modo tale che la concentrazione è una funzione caratteristica di M_{200} (Dolag et al. 2004; Duffy A. R. et al. 2008; De Boni et al. 2013; Bhattacharya et al. 2013; Dutton e Macciò 2014; Ludlow A. D. et al. 2014; Diemer B. 2015; Meneghetti et al. 2017).

Le proprietà lente degli aloni con profili NFW sono discusse in diversi lavori (e.g. Bartelmann 1996; Wright e Brainerd 2000; Meneghetti et al. 2007). Se scegliamo $\xi_0 = r_s$, il profilo di densità (5.106) implica la densità di massa superficiale

$$\Sigma(x) = \frac{2\rho_s r_s}{x^2 - 1} f(x) \,, \tag{5.109}$$

con

$$f(x) = \begin{cases} 1 - \dfrac{2}{\sqrt{x^2-1}} \arctan \sqrt{\dfrac{x-1}{x+1}} & (x > 1) \\[2ex] 1 - \dfrac{2}{\sqrt{1-x^2}} \operatorname{artanh} \sqrt{\dfrac{1-x}{1+x}} & (x < 1) \cdot \\[2ex] 0 & (x = 1) \end{cases} \qquad (5.110)$$

Il potenziale gravitazionale è dato da

$$\Psi(x) = 4\kappa_s g(x) , \qquad (5.111)$$

dove

$$g(x) = \frac{1}{2} \ln^2 \frac{x}{2} + \begin{cases} 2 \arctan^2 \sqrt{\dfrac{x-1}{x+1}} & (x > 1) \\[2ex] -2 \operatorname{artanh}^2 \sqrt{\dfrac{1-x}{1+x}} & (x < 1) , \\[2ex] 0 & (x = 1) \end{cases} \qquad (5.112)$$

e $\kappa_s \equiv \rho_s r_s \Sigma_{\mathrm{cr}}^{-1}$.

Questa equazione implica che l'angolo di deflessione è dato da

$$\alpha(x) = \frac{4\kappa_s}{x} h(x) , \qquad (5.113)$$

con

$$h(x) = \ln \frac{x}{2} + \begin{cases} \dfrac{2}{\sqrt{x^2-1}} \arctan \sqrt{\dfrac{x-1}{x+1}} & (x > 1) \\[2ex] \dfrac{2}{\sqrt{1-x^2}} \operatorname{artanh} \sqrt{\dfrac{1-x}{1+x}} & (x < 1) \cdot \\[2ex] 1 & (x = 1) \end{cases} \qquad (5.114)$$

Un aspetto importante del potenziale lente NFW (Eq. 5.111) è che il suo profilo radiale è significativamente meno curvato vicino al centro rispetto al profilo SIS (Eq. 5.83). Poiché la curvatura di Ψ determina le proprietà locali delle immagini, ciò implica immediatamente cambiamenti sostanziali nelle proprietà lente.

La convergenza può essere scritta come

$$\kappa(x) = \frac{\Sigma(x)}{\Sigma_{\mathrm{cr}}} = 2\kappa_s \frac{f(x)}{x^2 - 1} , \qquad (5.115)$$

da cui otteniamo la massa adimensionale,

$$m(x) = 2 \int_0^x \kappa(x')x'dx' = 4\kappa_s h(x) . \qquad (5.116)$$

Infine, il profilo dello shear può essere derivato da Eq. 5.20.

Possiamo risolvere l'equazione lente per questo tipo di modello utilizzando metodi numerici anche nel caso di simmetria circolare (ad esempio, impiegando il diagramma delle immagini). A massa di alone fissata, le curve critiche di una lente NFW sono più vicine al suo centro rispetto a una lente SIS a causa del suo profilo di densità più piatto. Qui, il potenziale è meno curvato. Di conseguenza, l'ingrandimento dell'immagine è maggiore e diminuisce più lentamente allontanandosi dalle curve critiche. Pertanto, le lenti NFW sono meno efficienti nella formazione di immagini multiple rispetto alle lenti SIS, ma comparabilmente efficienti nell'ingrandimento dell'immagine. Una caratteristica importante del modello NFW è che può avere una linea critica radiale ed è quindi in grado di riprodurre gli archi radiali osservati in diversi ammassi di galassie.

A causa della relativa complessità di questo modello di lente, l'ellitticità viene solitamente introdotta nel potenziale lente (e.g. Golse e Kneib 2002; Meneghetti et al. 2007), come discusso nella Sez. 5.4.3.

5.5.2   *La distribuzione di massa Duale Pseudo-Isoterma*

Il modello Duale Pseudo-Isotermo (dual Pseudo-Isothermal-Ellipsoid, dPIE) è una variante del modello isotermo discusso in precedenza, che include sia un raggio del nucleo che un raggio di troncamento nel profilo di densità. Questa caratteristica, unita alla sua semplicità, lo rende utile per descrivere distribuzioni di massa sia su scala galattica che su scala di ammassi di galassie.

Il profilo della densità tridimensionale è dato da

$$\rho(r) = \frac{\rho_0}{(1 + r^2/r_{core}^2)(1 + r^2/r_{cut}^2)} \, , \tag{5.117}$$

dove r_{core} e r_{cut} sono rispettivamente il raggio del nucleo e il raggio di troncamento, con $r_{cut} > r_{core}$. Il profilo è isotermo, $\rho \propto r^{-2}$, per $r_{core} < r < r_{cut}$. A piccoli raggi, $r < r_{core}$, la densità si stabilizza su un valore costante con densità centrale ρ_0. Infine, per $r \gg r_{cut}$, la densità decade molto rapidamente secondo la legge $\rho \propto r^{-4}$.

La densità centrale ρ_0 è correlata alla dispersione di velocità centrale monodimensionale, σ_0, secondo (Eliasdóttir Á. et al. 2007; Limousin et al. 2005)

$$\rho_0 = \frac{\sigma_0^2}{2\pi G} \frac{r_{cut} + r_{core}}{r_{core}^2 r_{cut}} \, . \tag{5.118}$$

Nel limite in cui $r_{core} \to 0$ e $r_{cut} \to \infty$, Eq. 5.117 si riduce a Eq. 5.47 con $\sigma_v = \sigma_0$.

Integrando la densità tridimensionale lungo la linea di vista, otteniamo la densità superficiale:

$$\Sigma(\xi) = \frac{\sigma_0^2}{2G} \frac{r_{cut}}{r_{cut} - r_{core}} \left(\frac{1}{\sqrt{\xi^2 + r_{core}^2}} - \frac{1}{\sqrt{\xi^2 + r_{cut}^2}} \right) \, . \tag{5.119}$$

Questo evidenzia una proprietà interessante del modello: il profilo di densità superficiale è la differenza tra due profili NIS (vedi Eq. 5.62). Questa caratteristica permette di calcolare le proprietà del modello di lente utilizzando le equazioni discusse nella Sez. 5.3.

È importante notare che la massa di una lente Duale Pseudo-Isoterma è finita. Infatti, il profilo della massa proiettata è dato da:

$$M(\xi) = 2\pi \int_0^\xi \Sigma(\xi')\xi' d\xi'$$

$$= \frac{\pi\sigma_0^2}{G} \frac{r_{cut}}{r_{cut} - r_{core}} \left(\sqrt{r_{core}^2 + \xi^2} - r_{core} - \sqrt{r_{cut}^2 + \xi^2} + r_{cut} \right) , \quad (5.120)$$

e, nel limite $\xi \to \infty$, otteniamo:

$$M_{tot} = \frac{\pi\sigma_0^2 r_{cut}}{G} . \quad (5.121)$$

5.6   Perturbazioni esterne

Spesso è necessario includere una lente in un campo di shear esterno per tenere conto della materia circostante alla lente. Un approccio utile è modellare questo shear tramite un potenziale Ψ_γ, che deve soddisfare le seguenti condizioni:

$$\gamma_1 = \frac{1}{2}(\Psi_{11} - \Psi_{22}) = \text{costante}$$

$$\gamma_2 = \Psi_{12} = \text{costante}$$

$$\kappa = \frac{1}{2}(\Psi_{11} + \Psi_{22}) = \text{costante} . \quad (5.122)$$

Se si richiede che $\Psi_{11} \pm \Psi_{22}$ siano costanti, allora Ψ_{11} e Ψ_{22} devono essere separatamente costanti, e dunque:

$$\Psi_\gamma(\vec{x}) = C x_1^2 + C' x_2^2 + D x_1 x_2 + E . \quad (5.123)$$

Derivando, otteniamo:

$$\frac{1}{2}(\Psi_{11} - \Psi_{22}) = C - C' = \gamma_1$$

$$\Psi_{12} = D = \gamma_2$$

$$\frac{1}{2}(\Psi_{11} + \Psi_{22}) = C + C' = \kappa \quad (5.124)$$

Imponendo $\kappa = 0$, otteniamo:

$$C = -C' \quad \Rightarrow \quad C = \frac{\gamma_1}{2} . \quad (5.125)$$

Pertanto,

$$\Psi_\gamma(\vec{x}) = \frac{\gamma_1}{2}(x_1^2 - x_2^2) + \gamma_2 x_1 x_2 \,. \tag{5.126}$$

Se ϕ_γ è l'angolo che definisce la direzione dello shear esterno (o meglio la direzione degli autovettori dello shear con autovalore γ, vedi Sez. 3.3), ossia:

$$\gamma_1 = \gamma \cos 2\phi_\gamma \,,$$
$$\gamma_2 = \gamma \sin 2\phi_\gamma \,, \tag{5.127}$$

allora, in coordinate polari,

$$\Psi_\gamma(x, \phi) = \frac{\gamma}{2} x^2 \cos 2(\phi - \phi_\gamma) \,. \tag{5.128}$$

Analogamente, se la lente è immersa in un piano di densità superficiale costante che non produce shear, dalla Eq. 5.124 troviamo:

$$\Psi_\kappa(\vec{x}) = \frac{\kappa}{2}(x_1^2 + x_2^2) = \frac{\kappa}{2} x^2 \,. \tag{5.129}$$

Nelle equazioni sopra sono state omesse costanti irrilevanti.

L'angolo di deflessione di un piano di densità superficiale costante è

$$\vec{\alpha}(\vec{x}) = \vec{\nabla}\Psi_\kappa(\vec{x}) = \kappa \vec{x} \,. \tag{5.130}$$

Dunque, l'equazione della lente in questo caso è:

$$\vec{y} = \vec{x} - \vec{\alpha}(\vec{x}) = \vec{x}(1 - \kappa) \,. \tag{5.131}$$

Se $\kappa = 1$, $y = 0$ per tutte le immagini, ovvero questo piano focalizza tutti i raggi luminosi esattamente nell'origine. Questa lente gravitazionale ha quindi un punto focale ben definito.

Il potenziale Ψ_γ è un caso particolare di una classe più generale di perturbazioni descritte da potenziali del tipo:

$$\Psi_{ext}(x, \phi) = \frac{\epsilon}{m} x^n \cos m(\phi - \phi_\epsilon) \,. \tag{5.132}$$

Ad esempio, lo shear esterno corrisponde a $m = 2$ e $n = 2$. Perturbazioni di ordine superiore possono essere modellate con tali potenziali (vedi e.g. Oguri et al. 2013; Meneghetti et al. 2014).

5.7 Componenti di massa multiple

Spesso non possiamo descrivere le lenti gravitazionali con distribuzioni di massa uniformi composte da un singolo ammasso di massa. In questi casi, è spesso conveniente trattare la lente come una gerarchia di masse. Le componenti di massa più grandi, che possiamo chiamare *macro-lenti*, sono responsabili degli effetti di lente su larga scala, spesso i più facili da identificare e misurare. Al contrario, le strutture di massa più piccole all'interno delle macro-lenti, dette *sottostrutture*, agiscono come perturbatori della macro-lente.

Il principio di sovrapposizione permette di calcolare il potenziale totale della lente come somma dei potenziali delle singole componenti di massa. Dunque, il potenziale totale di una lente composta da n_{smooth} componenti di massa grandi e uniformi e da n_{sub} strutture di massa piccole può essere scritto come

$$\Psi(\vec{x}) = \sum_{i=1}^{n_{smooth}} \Psi_{smooth,i}(\vec{x} - \vec{x}_{smooth,i}) + \sum_{i=1}^{n_{sub}} \Psi_{sub,i}(\vec{x} - \vec{x}_{sub,i}) \,, \qquad (5.133)$$

dove $\Psi_{smooth,i}$ e $\Psi_{sub,i}$ sono i potenziali gravitazionali della i-esima struttura di grande e piccola scala, rispettivamente, situate nelle posizioni $\vec{x}_{smooth,i}$ e $\vec{x}_{sub,i}$.

Nel caso di lenti immerse in una perturbazione esterna descritta da un potenziale Ψ_{ext}, possiamo aggiungerlo all'Eq. 5.133:

$$\tilde{\Psi}(\vec{x}) = \Psi(\vec{x}) + \Psi_{ext}(\vec{x}) \,. \qquad (5.134)$$

Possiamo calcolare le proprietà della lente, come gli angoli di deflessione, la convergenza e lo shear, come di consueto, derivando il potenziale gravitazionale e combinandone i risultati.

La multimodalità nella distribuzione di massa delle lenti gravitazionali è particolarmente rilevante nei gruppi e negli ammassi di galassie. Nel modello gerarchico di formazione delle strutture, gli ammassi di galassie sono le strutture più grandi e più giovani dell'universo. Si formano attraverso l'aggregazione di strutture più piccole e, per questo motivo, sono spesso osservati durante fusioni. Numerosi studi hanno dimostrato che le distribuzioni di massa multimodali sono lenti gravitazionali molto efficienti. Infatti, lo shear di ciascuna componente di massa fa sì che le linee critiche e le caustiche della lente si estendano in regioni di bassa convergenza (vedi, ad esempio, Torri et al. 2004; Meneghetti et al. 2010).

Le sottostrutture agiscono come lenti all'interno di lenti più grandi. Possono influenzare significativamente l'aspetto e la posizione delle immagini delle sorgenti lente dall'elemento principale in cui risiedono. L'entità di questi effetti dipende dalle dimensioni relative della sottostruttura e della sorgente. Se quest'ultima è molto più estesa dell'anello di Einstein della sottostruttura, la sottostruttura si manifesta come una piccola perturbazione della luminosità superficiale delle immagini lente. Se invece la sorgente è sufficientemente piccola, la sottostruttura può indurre variazioni significative di magnificazione, spesso osservate come "anomalie".

Le cosiddette "anomalie nel rapporto di flusso" rappresentano un problema di lunga data nel lensing forte (Kochanek 1991). In molti quasar con immagini multiple, le posizioni delle immagini possono essere riprodotte con modelli di lente con distribuzioni di massa uniformi, ma i rapporti di flusso tra le immagini non sono coerenti. In particolare, ci sono configurazioni in cui devono essere soddisfatte semplici relazioni matematiche tra i flussi delle immagini. Ad esempio, nel caso di

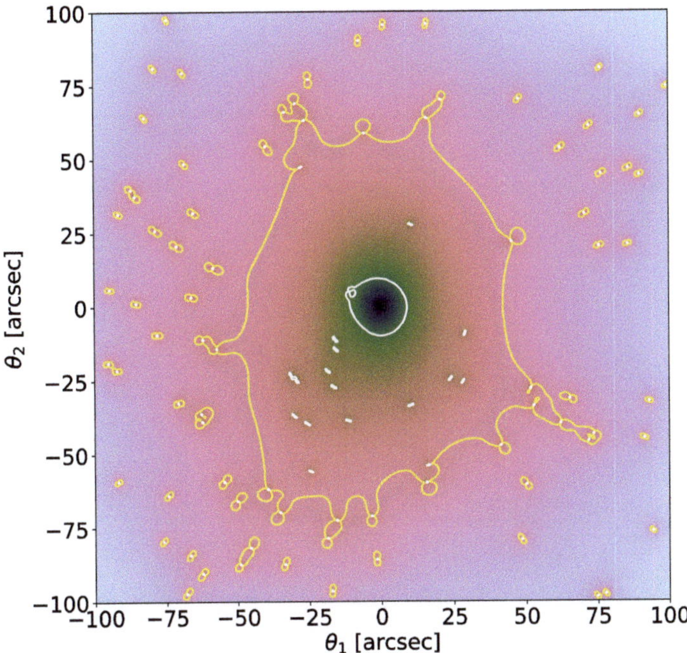

Figura 5.23 L'immagine mostra una distribuzione di massa ottenuta combinando diversi ammassi di massa modellati come lenti NIE. Oltre a una componente di massa su larga scala, la lente contiene 100 sottostrutture distribuite casualmente, tutte con la stessa massa. Le linee gialle e bianche mostrano rispettivamente le linee critiche tangenziali e radiali

una sorgente vicino alla cuspide della caustica tangenziale di una lente ellittica, si formano tre immagini vicine alla linea critica tangenziale, come mostrato nei pannelli centrali e inferiori delle Fig. 5.17 e 5.18. Se chiamiamo queste immagini 1, 2 e 3, i loro flussi dovrebbero soddisfare la cosiddetta "relazione di cuspide":

$$R_{cusp} = \frac{\mu_1 + \mu_2 + \mu_3}{|\mu_1| + |\mu_2| + |\mu_3|} \to 0 \ , \quad \text{per } \mu_{tot} \to \infty \ , \tag{5.135}$$

ovvero la somma delle magnificazioni firmate delle immagini cuspide si avvicina a zero quando la sorgente si sposta verso la cuspide (Blandford e Narayan 1986; Schneider et al. 1992). Analogamente, una sorgente vicino alla piega della caustica ha due immagini, una dentro e una fuori dalla linea critica, che devono soddisfare la cosiddetta "relazione di piega":

$$R_{fold} = \frac{\mu_1 + \mu_2}{|\mu_1| + |\mu_2|} \to 0 \ , \quad \text{per } \mu_{tot} \to \infty \ , \tag{5.136}$$

ovvero la somma delle magnificazioni firmate delle immagini piegate si avvicina a zero quando la sorgente si avvicina alla piega. Si è ipotizzato che le sottostrutture

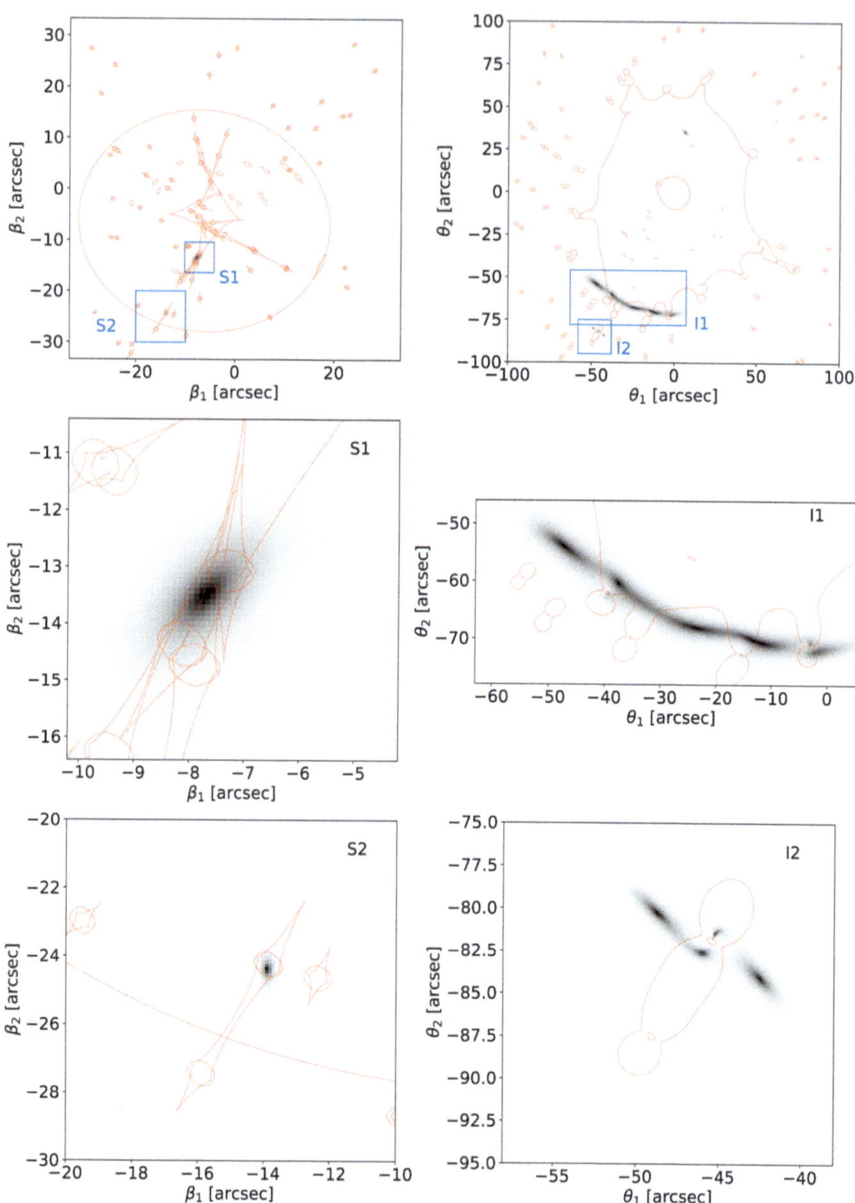

Figura 5.24 Effetti di lensing forte dovuti alle sottostrutture. Nei pannelli superiori sinistro e destro mostriamo le caustiche e le linee critiche della lente in Fig. 5.23. Due sorgenti sono posizionate all'interno dei rettangoli blu S1 e S2 nel pannello superiore sinistro. Facciamo uno zoom sulle stesse regioni nei pannelli centrali e inferiori sinistri, e mostriamo le immagini corrispondenti I1 e I2 nei pannelli destri

nelle galassie possano essere una delle possibili cause per cui queste relazioni non sono spesso soddisfatte (Mao e Schneider 1998; Metcalf e Zhao 2002; Metcalf e Madau 2001; Amara et al. 2006; Xu et al. 2015).

Consideriamo la distribuzione di massa nella Fig. 5.23, ottenuta combinando diverse masse modellate come lenti NIE. Oltre a una componente di massa su larga scala, la lente contiene 100 sottostrutture distribuite casualmente, tutte aventi la stessa massa. Questo modello semplificato di lente potrebbe rappresentare un ammasso di galassie massiccio.

Nella Fig. 5.24, mostriamo alcuni esempi di effetti di lente gravitazionale forte dovuti alle sottostrutture. Sottostrutture massicce, come le galassie degli ammassi, possono suddividere grandi archi gravitazionali in piccoli arclet(Kassiola et al. 1992; Desprez et al. 2018; Rivera-Thorsen et al. 2019), come nel caso dell'immagine indicata come I1 nel pannello in alto a destra. La sorgente corrispondente è etichettata come S1 nel pannello in alto a sinistra. La lente principale e le sottostrutture hanno le loro linee critiche e caustiche, mostrate in rosso nei pannelli a destra e a sinistra.

La sorgente S1 si trova all'interno della cuspide della caustica tangenziale della lente primaria. Per questo motivo, tre delle sue immagini si fondono nell'arco tangenziale del pannello I1. Inoltre, la sorgente in S1 si trova anche all'intersezione di diverse piccole caustiche delle sottostrutture, come si può vedere meglio nel pannello centrale a sinistra. Le parti della sorgente che si sovrappongono a queste caustiche vengono viste più volte attorno alle linee critiche delle sottostrutture. Di conseguenza, l'arco appare frammentato in più piccole porzioni e si incurva localmente attorno alle sottostrutture. Un ingrandimento dell'arco è mostrato nel pannello centrale a destra.

Se la sorgente è sufficientemente piccola da essere completamente contenuta all'interno di una caustica secondaria, come la sorgente S2, essa produrrà insiemi di immagini multiple distinte attorno alla corrispondente linea critica secondaria. Per esempio, mostriamo le immagini I2 di S2 nel pannello in basso a destra. Si stima che le sottostrutture contribuiscano per circa il 30% all'efficienza degli ammassi di galassie nella produzione di effetti di lente gravitazionale forte (Meneghetti et al. 2003).

5.8 Ritardi temporali

Come visto nella Sez. 3.6.1, il ritardo temporale con il quale giunge il segnale luminoso di una sorgente in $\vec{y}$ è dato da:

$$t(\vec{x}) = \frac{(1 + z_L)}{c} \frac{D_L D_S}{D_{LS}} \frac{\xi_0^2}{D_L^2} \left[\frac{1}{2}(\vec{x} - \vec{y})^2 - \Psi(\vec{x}) \right]$$

$$= \frac{(1 + z_L)}{c} \frac{D_L D_S}{D_{LS}} \tau(\vec{x}) = (1 + z_L)\frac{D_{\Delta t}}{c} \tau(\vec{x}) \,. \tag{5.137}$$

Non possiamo misurare il ritardo temporale assoluto di immagini singole. Tuttavia, se la sorgente è intrinsecamente variabile, possiamo misurare il ritardo temporale relativo tra le immagini. In tal caso, le stesse caratteristiche della variabilità dovrebbero apparire nelle curve di luce delle immagini multiple in momenti diversi, a seconda del ritardo accumulato lungo ciascun percorso ottico.

Consideriamo una lente circolare con un profilo di massa a legge di potenza dato in Eq. 5.37. Il profilo dell'angolo di deflessione è dato in Eq. 5.39. Poiché l'angolo di deflessione è il gradiente del potenziale del lensing, si ottiene che quest'ultimo è

$$\Psi(x) = \frac{x^{3-n}}{3-n} \, . \tag{5.138}$$

Se $n < 2$, la lente può produrre fino a tre immagini multiple di una sorgente, a seconda che y sia minore o maggiore del raggio della linea critica radiale, y_r.

Supponiamo che vi siano tre immagini multiple, denominate A, B e C, dove A è l'immagine situata al minimo della superficie del ritardo temporale. Possiamo usare questa immagine come riferimento per misurare i ritardi temporali relativi delle altre due immagini. Supponiamo inoltre che le immagini B e C corrispondano rispettivamente al punto di sella e al massimo della superficie del ritardo temporale.

Inserendo la forma appropriata del potenziale del lensing nella funzione di ritardo temporale, otteniamo che il potenziale di Fermat della i-esima immagine è:

$$\tau(x_i) = \frac{\xi_0^2}{D_L^2} \left[\frac{1}{2} x_i^{2(2-n)} - \frac{1}{3-n} x_i^{3-n} \right] \, . \tag{5.139}$$

Dunque, il ritardo temporale relativo all'immagine A è:

$$\Delta t_{iA} \propto \Delta \tau_{iA} = \frac{\xi_0^2}{D_L^2} \left[\frac{1}{2} \left(x_i^{2(2-n)} - x_A^{2(2-n)} \right) - \frac{1}{3-n} \left(x_i^{3-n} - x_A^{3-n} \right) \right] , \tag{5.140}$$

dove $i \in [B, C]$.

Supponiamo che l'offset spaziale osservato tra le immagini i e A sia $\Delta x_{iA} = x_A - x_i$. Allora, il ritardo temporale relativo può essere scritto in funzione della posizione dell'immagine A come:

$$\Delta t_{iA} \propto \Delta \tau_{iA} = \frac{\xi_0^2}{D_L^2} \left\{ \frac{1}{2} \left[(x_A - \Delta x_{iA})^{2(2-n)} - x_A^{2(2-n)} \right] \right.$$
$$\left. - \frac{1}{3-n} \left[(x_A - \Delta x_{iA})^{3-n} - x_A^{3-n} \right] \right\} \, . \tag{5.141}$$

Consideriamo ora il caso di una sorgente molto vicina alla caustica tangenziale della lente. In questo caso, le immagini A e B si troveranno vicine all'anello di Einstein, con $\Delta x_{BA} \sim 2$, indipendentemente dal valore di n. Invece, l'immagine C sarà situata vicino al centro della lente, con $\Delta x_{CA} \sim 1$.

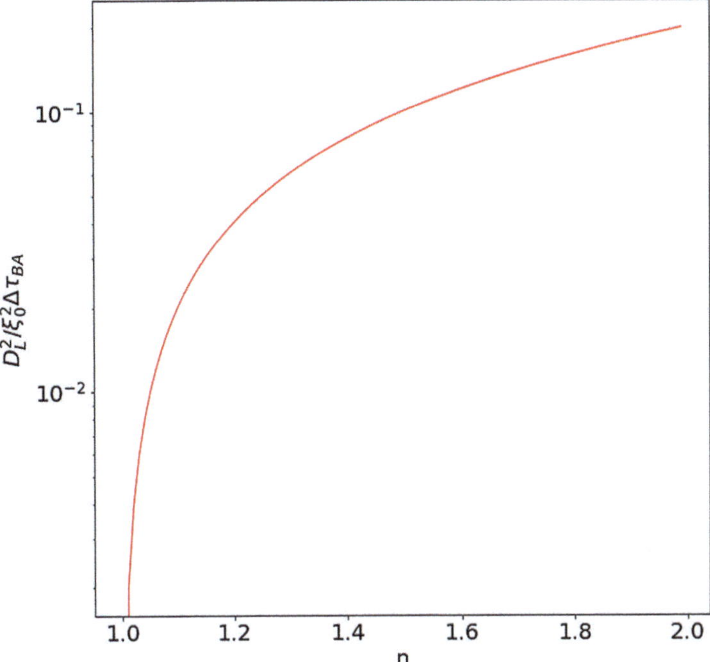

Figura 5.25 Ritardo temporale relativo tra le immagini di una sorgente lente da una lente a legge di potenza. I risultati sono mostrati in funzione dell'indice della legge di potenza n per una sorgente posizionata leggermente fuori centro rispetto alla lente, assumendo che le immagini A e B, corrispondenti rispettivamente al minimo e al punto di sella della superficie del ritardo temporale, abbiano una separazione $\Delta x_{BA} \sim 1$

Poiché l'immagine centrale è solitamente non rilevabile, ci concentriamo sull'immagine B. In Fig. 5.25, possiamo vedere che maggiore è la pendenza logaritmica n, maggiore è il ritardo temporale relativo tra questa immagine e l'immagine A.

Questo esempio mostra che lenti più ripide e, in generale, più compatte producono ritardi temporali più lunghi tra le immagini multiple della stessa sorgente.

Ovviamente, la posizione esatta delle immagini rispetto alla lente influenzerà l'entità del ritardo temporale. Nel caso discusso sopra, se la sorgente è troppo vicina alla caustica tangenziale, le immagini A e B avranno ritardi temporali brevi indipendentemente dalla pendenza del profilo di massa, data la quasi perfetta simmetria della superficie del ritardo temporale (vedi Sez. 3.6.3). Al contrario, maggiore è l'offset tra la lente e la sorgente (a condizione che la sorgente sia ancora all'interno della caustica radiale o del cut, altrimenti non si formerebbero immagini multiple), maggiore sarà il ritardo temporale tra la coppia di immagini.

5.9   Mass sheet degeneracy

Consideriamo una lente con potenziale $\Psi(\vec{x})$ posta su un piano di materia a densità costante. Dalle Eq. 5.129 e 5.134, il potenziale totale è dato da:

$$\tilde{\Psi}(\vec{x}) = \Psi(\vec{x}) + \frac{1}{2}\kappa_{ext}x^2 \; . \tag{5.142}$$

L'equazione della lente può quindi essere scritta come:

$$\vec{y} = \vec{x} - \vec{\nabla}\tilde{\Psi}(\vec{x}) = (1 - \kappa_{ext})\vec{x} - \vec{\nabla}\Psi(\vec{x}) \; . \tag{5.143}$$

Questo mostra che, se riscaliamo il potenziale $\Psi(\vec{x})$ e la posizione della sorgente $\vec{y}$ con il fattore $(1 - \kappa_{ext})$, otteniamo una nuova equazione della lente che ha le stesse soluzioni dell'equazione della lente isolata (cioè senza il piano di materia a densità costante):

$$\vec{y} = \vec{x} - \vec{\nabla}\Psi(\vec{x}) \; . \tag{5.144}$$

Più in generale, qualsiasi trasformazione del potenziale della forma:

$$\Psi(\vec{x}) \rightarrow \tilde{\Psi}(\vec{x}) = \frac{1}{2}(1 - \lambda)x^2 + \lambda\Psi(\vec{x}) \tag{5.145}$$

dove λ gioca il ruolo di $(1 - \kappa_{ext})$, lascia inalterate le soluzioni dell'equazione della lente. Questa degenerazione è chiamata *mass sheet degeneracy* e la trasformazione del potenziale in Eq. 5.145 è detta *mass sheet transformation* (MST).

Prendendo le derivate seconde del potenziale in Eq. 5.145, troviamo che, sotto trasformazioni di tipo MST, la convergenza e il shear si trasformano come:

$$\tilde{\kappa}(\vec{x}) = (1 - \lambda) + \lambda\kappa(x) \; , \tag{5.146}$$

$$\tilde{\gamma}(\vec{x}) = \lambda\gamma(x) \; . \tag{5.147}$$

Di conseguenza, gli autovalori della matrice Jacobiana si trasformano come:

$$\tilde{\lambda}_t(\vec{x}) = 1 - \tilde{\kappa}(\vec{x}) - \tilde{\gamma}(\vec{x}) = \lambda[1 - \kappa(\vec{x}) - \gamma(\vec{x})] \; , \tag{5.148}$$

$$\tilde{\lambda}_r(\vec{x}) = 1 - \tilde{\kappa}(\vec{x}) + \tilde{\gamma}(\vec{x}) = \lambda[1 - \kappa(\vec{x}) + \gamma(\vec{x})] \; . \tag{5.149}$$

Pertanto, le trasformazioni MST mantengono invariate le linee critiche della lente.

Anche lo shear ridotto non è alterato dalla MST, poiché:

$$\tilde{g}(\vec{x}) = \frac{\tilde{\gamma}(\vec{x})}{1 - \tilde{\kappa}(\vec{x})} = \frac{\lambda\gamma(\vec{x})}{\lambda(1 - \kappa(\vec{x}))} = g(\vec{x}) \; . \tag{5.150}$$

Al contrario, il determinante della matrice Jacobiana si trasforma come:

$$\det \tilde{A}(\vec{x}) = [1 - \tilde{\kappa}(\vec{x})]^2 - \tilde{\gamma}(\vec{x})^2 = \lambda^2\{[1 - \kappa(\vec{x})]^2 - \gamma(\vec{x})^2\} = \lambda^2 \det A(\vec{x}) \ . \tag{5.151}$$

Quindi, la magnificazione cambia secondo:

$$\tilde{\mu}(\vec{x}) = \lambda^{-2}\mu(\vec{x}) \ . \tag{5.152}$$

A meno che la dimensione della sorgente non sia nota in senso statistico, la magnificazione non è direttamente osservabile. Possiamo confrontare le magnificazioni delle immagini multiple della stessa sorgente attraverso i rapporti di flusso, che però rimangono invariati sotto le trasformazioni MST.

La trasformazione della superficie del ritardo temporale può essere derivata come segue:

$$\begin{aligned}
\tilde{t}(\vec{x}) &\propto \frac{1}{2}(\vec{x} - \tilde{\vec{y}})^2 - \tilde{\Psi}(\vec{x}) \\
&= \frac{(\vec{x} - \lambda\vec{y})^2}{2} - \lambda\Psi(\vec{x}) - \frac{1-\lambda}{2}x^2 \\
&= \lambda\left[\frac{1}{2}(\vec{x} - \vec{y})^2 - \Psi(\vec{x})\right] + \frac{1}{2}\lambda(1 + \lambda)y^2 \\
&= \lambda t(\vec{x}) + \frac{1}{2}\lambda(1 + \lambda)y^2 \ .
\end{aligned} \tag{5.153}$$

Il ritardo temporale assoluto di un'immagine non è misurabile, ma possiamo misurare i ritardi temporali relativi tra immagini, nel caso di sorgenti intrinsecamente variabili. Poiché la posizione della sorgente è la stessa, il termine additivo nel secondo membro dell'equazione sopra si cancella. Quindi:

$$\Delta\tilde{t}_{ij} = \lambda\Delta t_{ij} \ . \tag{5.154}$$

Dunque, i ritardi temporali sembrano offrire un'opportunità per rompere la degenerazione. Tuttavia, questo è vero solo se la distanza del ritardo temporale $D_{\Delta t}$ è nota.

5.10   Piani della lente multipli

Durante la propagazione da una sorgente distante fino a un osservatore, la luce può incontrare più lenti gravitazionali a diverse distanze. Possiamo assumere che ciascuna lente si trovi su un piano della lente distinto. Se la separazione angolare tra le lenti nel cielo non è troppo grande, in modo che la curvatura del cielo possa essere trascurata, i piani della lente possono essere considerati paralleli. Possiamo

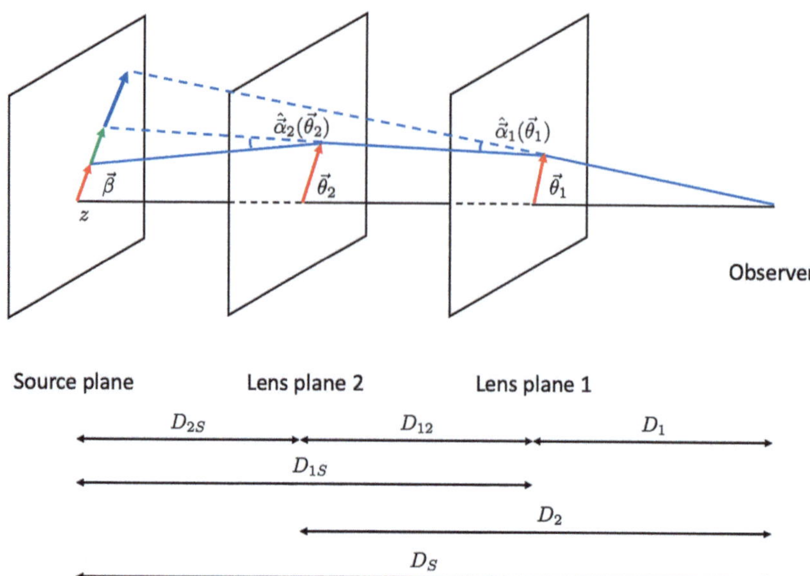

Figura 5.26 Schema di una sequenza di piani della lente multipli

studiare come la luce si propaga attraverso la sequenza di piani della lente usando l'approssimazione dello schermo sottile, come discusso nel Capitolo 3, e derivare una nuova equazione della lente multi-piano.

Per iniziare, consideriamo il caso di due piani della lente. Le distanze di diametro angolare ai due piani sono D_i con $i \in [1, 2]$. Il primo piano è il più vicino all'osservatore. Assumiamo che la sorgente si trovi su un terzo piano a una distanza D_S. Uno schema di questo sistema è mostrato in Fig. 5.26. La luce è emessa da una sorgente con posizione angolare $\vec{\beta}$ rispetto a una linea di vista arbitraria scelta come riferimento. La luce intercetta il secondo piano della lente nella posizione $\vec{\theta}_2$, dove viene deflessa con un angolo $\hat{\vec{\alpha}}_2(\vec{\theta}_2)$. Successivamente, intercetta il primo piano della lente nella posizione $\vec{\theta}_1$, dove viene ulteriormente deflessa con un angolo $\hat{\vec{\alpha}}_1(\vec{\theta}_1)$. Infine, raggiunge l'osservatore, che vedrà l'immagine nella posizione $\vec{\theta}_1$ in cielo.

Dalla figura possiamo notare che:

$$D_S\vec{\beta} = D_S\vec{\theta}_1 - D_{1S}\hat{\vec{\alpha}}_1(\vec{\theta}_1) - D_{2S}\hat{\vec{\alpha}}_2(\vec{\theta}_2) \,, \tag{5.155}$$

dove D_{iS} è la distanza di diametro angolare tra l'i-esimo piano della lente e la sorgente. Dividendo per D_S e introducendo gli angoli di deflessione ridotti, $\vec{\alpha}_i = D_{iS}/D_S\hat{\vec{\alpha}}_i$, otteniamo:

$$\vec{\beta} = \vec{\theta}_1 - \sum_{i=1}^{2} \vec{\alpha}_i(\vec{\theta}_i) \,. \tag{5.156}$$

I vettori $\vec{\theta}_1$ e $\vec{\theta}_2$ sono correlati. Infatti, se la sorgente fosse in posizione $\vec{\theta}_2$, l'osservatore vedrebbe un'immagine in $\vec{\theta}_1$ tale che:

$$\vec{\theta}_2 = \vec{\theta}_1 - \frac{D_{12}}{D_2}\hat{\vec{\alpha}}_1(\vec{\theta}_1)$$
$$= \vec{\theta}_1 - \frac{D_{12}}{D_2}\frac{D_S}{D_{1S}}\vec{\alpha}_1(\vec{\theta}_1) \tag{5.157}$$

dove D_{12} è la distanza di diametro angolare tra il primo e il secondo piano della lente.

Le Eq. 5.156 e 5.157 possono essere generalizzate al caso di N piani della lente:

$$\vec{\beta} = \vec{\theta}_1 - \sum_{i=1}^{N}\vec{\alpha}_i(\vec{\theta}_i) \, , \tag{5.158}$$

$$\vec{\theta}_i = \vec{\theta}_1 - \sum_{j=1}^{i-1}\frac{D_{ji}}{D_i}\frac{D_S}{D_{jS}}\vec{\alpha}_j(\vec{\theta}_j) \, . \tag{5.159}$$

Gli effetti di masse lungo la linea di vista possono essere significativi e, in diverse applicazioni, devono essere presi in considerazione per spiegare gli effetti di lensing osservati (D'Aloisio e Natarajan 2011; Fassnacht et al. 2006; Rusu et al. 2017). Le posizioni delle immagini, i flussi e persino i ritardi temporali possono essere influenzati da perturbatori lungo la linea di vista (D'Aloisio et al. 2014; Xu et al. 2012; Dalal et al. 2005; Inoue 2016; Chirivì et al. 2018). Le sezioni d'urto per il lensing forte possono essere amplificate dalla presenza di strutture lungo la linea di vista. Pertanto, le galassie e gli ammassi di galassie selezionati in base alla loro capacità di produrre effetti di lensing forte potrebbero costituire una popolazione distorta, ovvero tendenzialmente allineata con altre strutture cosmiche (vedi, ad esempio, Faure et al. 2009; Puchwein e Hilbert 2009; Bayliss et al. 2014).

5.11   Applicazioni in Python

5.11.1   Soluzione numerica dell'equazione della lente

Nella maggior parte dei casi, la complessità dei modelli di lente non consente di risolvere analiticamente l'equazione della lente per una data posizione della sorgente. Pertanto, dobbiamo trovare le immagini utilizzando metodi numerici. Sono disponibili diversi algoritmi per questo scopo. Qui, ne discuteremo due.

Immagini multiple prodotte da una lente SIE

Kormann et al. (1994) propongono un metodo per risolvere l'equazione della lente per le lenti SIE (vedi Sez. 5.4.1). Iniziamo con le due coordinate della sorgente,

$$y_1 = x_1 - \alpha_1(\vec{x}) \tag{5.160}$$

$$y_2 = x_2 - \alpha_2(\vec{x}) \ . \tag{5.161}$$

Moltiplicando l'Eq. 5.160 per $\cos\varphi$ e l'Eq. 5.161 per $\sin\varphi$, otteniamo:

$$y_1 \cos\varphi = x_1 \cos\varphi - \alpha_1(\vec{x})\cos\varphi = x\cos^2\varphi - \alpha(x,\varphi)\cos^2\varphi \ , \tag{5.162}$$

$$y_2 \sin\varphi = x_2 \sin\varphi - \alpha_2(\vec{x})\sin\varphi = x\sin^2\varphi - \alpha(x,\varphi)\sin^2\varphi \ , \tag{5.163}$$

Ricordiamo che

$$\alpha(x,\varphi) = \tilde{\psi}(\varphi) \tag{5.164}$$

per la lente SIE.

Le Eq. 5.162 e 5.163 possono essere combinate per calcolare la distanza dal centro della lente in funzione di φ:

$$x(\varphi) = y_1 \cos\varphi + y_2 \sin\varphi + \tilde{\psi}(\varphi) \ . \tag{5.165}$$

Reinserendo l'Eq. 5.165 nell'equazione della lente, otteniamo infine:

$$F(\varphi) = \left[y_1 + \frac{\sqrt{f}}{f'} \operatorname{arsinh}\left(\frac{f'}{f} \cos\varphi \right) \right] \sin\varphi$$

$$- \left[y_2 + \frac{\sqrt{f}}{f'} \arcsin(f' \sin\varphi) \right] \cos\varphi = 0 \tag{5.166}$$

Ora il problema di trovare le immagini di una sorgente in (y_1, y_2) si riduce al problema di trovare gli zeri di $F(\varphi)$. Una volta determinato φ, può essere inserito nell'Eq. 5.165 per ottenere x.

Le soluzioni non possono essere trovate analiticamente: è necessario impiegare un algoritmo di ricerca delle radici, come il metodo di Brent (Brent 1972).

Il codice seguente implementa una classe per la lente SIE. Un'istanza della classe ha cinque parametri in ingresso, ovvero i redshift della lente e della sorgente `zl` e `zs`, la dispersione di velocità `sigmav`, il rapporto d'asse `f` e l'angolo di posizione `pa`. Quest'ultimo è l'angolo tra l'asse maggiore della lente e l'asse x_2. È necessario fornire anche un oggetto cosmologico `astropy`, `co`. La classe include metodi per calcolare diverse quantità in funzione delle coordinate sul piano della lente, come l'angolo di deflessione, la convergenza, il shear e il potenziale di lensing. Include inoltre funzioni per calcolare la linea critica, il cut e la caustica.

```python
from astropy.constants import c, G
import numpy as np
from scipy.optimize import brentq
from astropy.cosmology import FlatLambdaCDM

class sie_lens(object):
    """

    Classe SIE
    """
    def __init__(self,co, zl=0.3,zs=2.0,sigmav=200,f=0.6,pa=45.0):
        """

        Inizializza l'oggetto SIE.
        Le unità utilizzate sono adimensionali. L'angolo di scala è dato
        dal raggio di Einstein della lente SIS.
        """

        self.sigmav=sigmav # dispersione di velocità
        self.co=co # modello cosmologico
        self.zl=zl # redshift della lente
        self.zs=zs # redshift della sorgente
        self.f=f # rapporto degli assi
        self.pa=pa*np.pi/180.0 # angolo di posizione
        # calcola le distanze angolari:
        self.dl=self.co.angular_diameter_distance(self.zl)
        self.ds=self.co.angular_diameter_distance(self.zs)
        self.dls=self.co.angular_diameter_distance_z1z2(self.zl,self.zs)
        # calcola il raggio di Einstein della lente SIS
        # in arcsec
        self.theta0=np.rad2deg((4.0*np.pi*sigmav**2/(c.to("km/s"))**2*
                     self.dls/self.ds).value)*3600.0

    def delta(self,f,phi):
        return np.sqrt(np.cos(phi-self.pa)**2+
                       self.f**2*np.sin(phi-self.pa)**2)

    def kappa(self,x,phi):
        """

        Convergenza della lente SIE
        """
        return(np.sqrt(self.f)/2.0/x/self.delta(self.f,phi))

    def gamma(self,x,phi):
        """

        Shear della lente SIE
        """
        return(-self.kappa(x,phi)*np.cos(2.0*phi-self.pa),
               -self.kappa(x,phi)*np.sin(2.0*phi-self.pa))

    def mu(self,x,phi):
        """

        Magnificazione della lente SIE
        """
        ga1,ga2=self.gamma(x,phi)
        ga=np.sqrt(ga1*ga1+ga2*ga2)
        return 1.0/(1.0-self.kappa(x,phi)-ga)/(1.0-self.kappa(x,phi)+ga)

    def psi_tilde(self,phi):
        """

        Parte angolare del potenziale di lensing
```

```python
        """
        if (self.f < 1.0):
            fp=np.sqrt(1.0-self.f**2)
            return np.sqrt(self.f)/fp*\
                    (np.sin(phi-self.pa)*np.arcsin(fp*np.sin(phi-self.pa))+
                     np.cos(phi-self.pa)*np.arcsinh(fp/self.f
                     *np.cos(phi-self.pa)))
        else:
            return(1.0)

    def psi(self,x,phi):
        """
        Potenziale di lensing.
        """
        psi = x * self.psi_tilde(phi)
        return psi

    def alpha(self,phi):
        """
        Angolo di deflessione in funzione dell'angolo polare phi.
        """
        fp = np.sqrt(1.0 - self.f**2)
        a1 = np.sqrt(self.f) / fp * np.arcsinh(fp / self.f * np.cos(phi))
        a2 = np.sqrt(self.f) / fp * np.arcsin(fp * np.sin(phi))
        return a1, a2

    def cut(self,phi_min=0,phi_max=2.0*np.pi,nphi=1000):
        """
        Coordinate dei punti sul cut.
        Gli argomenti phi_min, phi_max, nphi definiscono l'intervallo
        di angoli polari utilizzati.
        """
        phi = np.linspace(phi_min, phi_max, nphi)
        y1_, y2_ = self.alpha(phi)
        y1 = y1_ * np.cos(self.pa) - y2_ * np.sin(self.pa)
        y2 = y1_ * np.sin(self.pa) + y2_ * np.cos(self.pa)
        return -y1, -y2

    def tan_caustic(self,phi_min=0,phi_max=2.0*np.pi,nphi=1000):
        """
        Coordinate dei punti sulla caustica tangenziale.
        Gli argomenti phi_min, phi_max, nphi definiscono l'intervallo
        di angoli polari utilizzati.
        """
        phi = np.linspace(phi_min, phi_max, nphi)
        delta = np.sqrt(np.cos(phi)**2 + self.f**2 * np.sin(phi)**2)
        a1, a2 = self.alpha(phi)
        y1_ = np.sqrt(self.f) / delta * np.cos(phi) - a1
        y2_ = np.sqrt(self.f) / delta * np.sin(phi) - a2
        y1 = y1_ * np.cos(self.pa) - y2_ * np.sin(self.pa)
        y2 = y1_ * np.sin(self.pa) + y2_ * np.cos(self.pa)
        return y1, y2

    def tan_cc(self,phi_min=0,phi_max=2.0*np.pi,nphi=1000):
        """
        Coordinate dei punti sulla linea critica tangenziale.
        Gli argomenti phi_min, phi_max, nphi definiscono l'intervallo
        di angoli polari utilizzati.
        """
```

```python
phi = np.linspace(phi_min, phi_max, nphi)
delta = np.sqrt(np.cos(phi)**2 + self.f**2 * np.sin(phi)**2)
r = np.sqrt(self.f) / delta
x1 = r * np.cos(phi + self.pa)
x2 = r * np.sin(phi + self.pa)
return x1, x2
```

Il metodo per risolvere Eq. 5.166 è implementato nella funzione `phi_ima` riportata di seguito. Per prima cosa, la funzione F viene valutata su un array di angoli polari φ. Successivamente, si esegue un ciclo sugli elementi dell'array per verificare se F cambia segno tra due angoli polari consecutivi. Se ciò accade, un punto zero della funzione F è compreso tra questi due angoli, e il valore esatto viene determinato utilizzando il metodo di Brent. Questo è implementato, ad esempio, nel modulo `scipy.optimize`.

```python
def x_ima(self,y1,y2,phi):
    """
    Distanza dell'immagine dal centro della lente
    """
    x=y1*np.cos(phi)+y2*np.sin(phi)+(self.psi_tilde(phi+self.pa))
    return x

def phi_ima(self,y1,y2,checkplot=True,eps=0.001,nphi=100):
    """
    Risolve l'equazione della lente per una data posizione della
    sorgente (y1,y2)
    """
    # Posizione della sorgente nel sistema di riferimento in cui l'asse
    # maggiore della lente è allineato con l'asse x2.
    y1_ = y1 * np.cos(self.pa) + y2 * np.sin(self.pa)
    y2_ = - y1 * np.sin(self.pa) + y2 * np.cos(self.pa)

    # Questa è Eq.~\ref{eq:ffunct}
    def phi_func(phi):
        a1,a2=self.alpha(phi)
        func=(y1_+a1)*np.sin(phi)-(y2_+a2)*np.cos(phi)
        return func

    # Valutiamo phi_func e il segno di phi_func su un array di angoli
    # polari
    U=np.linspace(0.,2.0*np.pi+eps,nphi)
    c = phi_func(U)
    s = np.sign(c)
    phi=[]
    xphi=[]
    # Ciclo sugli angoli polari
    for i in range(len(U)-1):
        # Se due angoli polari delimitano uno zero di phi_func,
        # utilizza il metodo di Brent per trovare la soluzione esatta
        if s[i] + s[i+1] == 0: # segni opposti
            u = brentq(phi_func, U[i], U[i+1])
            z = phi_func(u)
            if np.isnan(z) or abs(z) > 1e-3:
                continue
            x=self.x_ima(y1_,y2_,u)
            # Aggiunge la soluzione a una lista solo se corrisponde a
            # una distanza radiale x>0; altrimenti la scarta
            # (soluzioni spurie)
```

```
    if (x>0):
        phi.append(u)
        xphi.append(x)

# Converte le liste in array numpy
xphi=np.array(xphi)
phi=np.array(phi)

# Restituisce raggi e angoli polari delle immagini. Aggiunge
# l'angolo di posizione per tornare al sistema di riferimento
# ruotato della lente.
return xphi,phi+self.pa
```

La funzione `phi_ima` restituisce le coordinate delle immagini multiple in coordinate polari (x_i, φ_i).

Nel seguente esempio, utilizziamo le funzioni sopra definite per trovare le immagini di una sorgente in posizione $(y_1 = 0.2, y_2 = 0.2)$:

```
# Definizione di una lente SIE con sigmav=200 km/s, f=0.3, pa=0.0
sigmav=200.0
f=0.3
pa=0.0
co = FlatLambdaCDM(Om0=0.3,H0=70.0)
sie=sie_lens(co,sigmav=sigmav,f=f,pa=pa)

# Coordinate della sorgente
y1=0.2
y2=0.2

# Coordinate polari delle immagini
x,phi=sie.phi_ima(y1,y2)

# Conversione in coordinate cartesiane
x1_ima=x*np.cos(phi)
x2_ima=x*np.sin(phi)

# Calcolo del cut, della caustica e della linea critica
y1_cut,y2_cut=sie.cut()
y1_cau,y2_cau=sie.tan_caustic()
x1_cc,x2_cc=sie.tan_cc()
```

I risultati sono mostrati in Fig. 5.27. Le funzioni $F(\varphi)$ e $x(\varphi)$ sono rappresentate rispettivamente dalle linee blu e arancioni nel pannello di sinistra. Gli zeri di $F(\varphi)$ trovati con il metodo sopra descritto sono segnati con punti verdi. Le linee continua e tratteggiata nel pannello di destra mostrano rispettivamente la caustica e il cut della lente. La linea blu continua rappresenta la linea critica della lente. La posizione della sorgente è indicata dal punto arancione, mentre le immagini sono mostrate in verde.

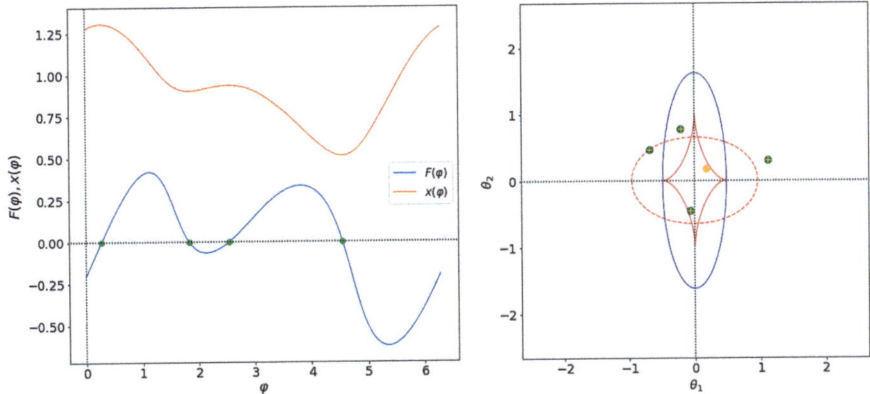

Figura 5.27 Soluzione dell'equazione della lente per una lente SIE. Pannello sinistro: le linee blu e arancioni mostrano le funzioni $F(\varphi)$ e $x(\varphi)$. I punti verdi indicano gli zeri di $F(\varphi)$. Nel pannello destro, la caustica e il cut della lente sono indicati rispettivamente dalle linee continua e tratteggiata. La linea blu continua rappresenta la linea critica della lente. Le posizioni della sorgente e delle immagini multiple calcolate con il metodo descritto nella Sez. 5.11.1 sono indicate rispettivamente con punti arancioni e verdi. Le croci gialle sovrapposte ai punti verdi mostrano le posizioni delle immagini determinate utilizzando il metodo di mappatura a triangoli discusso nella Sez. 5.11.2

5.11.2 *Mappatura a triangoli*

Il metodo della mappatura a triangoli (vedi, ad esempio, Schneider et al. 1992; Bartelmann 2003) è più generico e può essere utilizzato con qualsiasi modello di lente, inclusi quelli con distribuzioni di massa non analitiche.

Il metodo si basa su una griglia. Consideriamo una griglia regolare che copre il piano della lente, con i vertici delle celle alle posizioni x_{ij}, con $i, j \in [0, N)$. Possiamo trovare le immagini di una data sorgente verificando se essa cade in una o più celle della griglia quando queste vengono mappate sul piano della sorgente tramite ray-tracing (vedi, ad esempio, Sez. 3.7.1). Tuttavia, sorge una complicazione dal fatto che, mentre le celle della griglia sul piano della lente sono quadrate (o rettangolari, se la griglia è rettangolare), la loro forma può essere altamente distorta quando vengono mappate sul piano della sorgente. Ad esempio, vicino alle caustiche della lente, i vertici opposti delle celle della griglia originale possono essere scambiati, rendendo difficile stabilire se un dato punto nel piano della sorgente sia dentro o fuori dalla cella della griglia mappata.

Questo problema può essere risolto suddividendo ciascuna cella della griglia sul piano della lente in due triangoli. Quando vengono mappati sul piano della sorgente, questi rimangono triangoli. Se uno o più di questi triangoli contengono la sorgente, allora la sorgente può essere associata alle posizioni dell'immagine al centro dei triangoli corrispondenti sul piano della lente.

Per verificare se un punto sorgente è dentro o fuori un triangolo, si può impiegare il seguente metodo. Sia $\vec{d}_k$ il vettore che collega i vertici del triangolo al punto sorgente, con $k \in [1..3]$. Si può dimostrare che il punto sorgente cade all'interno del triangolo se i tre prodotti vettoriali

$$\vec{d}_1 \times \vec{d}_2 \; ; \; \vec{d}_1 \times \vec{d}_3 \; ; \; \vec{d}_2 \times \vec{d}_3 \tag{5.167}$$

sono tutti positivi. Il metodo è implementato nella funzione Python seguente.

```python
def find_images(self,ys1_,ys2_,xmin=-2,xmax=2,npix=2048):
    ys1 = ys1_ * np.cos(self.pa) + ys2_ * np.sin(self.pa)
    ys2 = - ys1_ * np.sin(self.pa) + ys2_ * np.cos(self.pa)
    # crea una mesh nella regione di ricerca:
    x=np.linspace(xmin,xmax,npix)
    grid_pixel = x[1]-x[0]
    x1,x2 = np.meshgrid(x,x)

    # calcola le deflessioni in ogni punto della griglia
    phi=np.arctan2(x2,x1)
    x=np.sqrt(x1*x1+x2*x2)
    a1,a2=self.alpha(phi)

    # esegue il ray-tracing della griglia del deflettore sul piano
    # della sorgente
    y1 = x1 - a1
    y2 = x2 - a2

    # converte in unit\`a di pixel
    xray = y1 / grid_pixel + (len(x)-1) / 2.0
    yray = y2 / grid_pixel + (len(x)-1) / 2.0

    y1s = ys1 / grid_pixel + (len(x)-1) / 2.0
    y2s = ys2 / grid_pixel + (len(x)-1) / 2.0

    # sposta le mappe di un pixel
    xray1 = np.roll(xray, 1, axis=1)
    xray2 = np.roll(xray1, 1, axis=0)
    xray3 = np.roll(xray2, -1, axis=1)
    yray1 = np.roll(yray, 1, axis=1)
    yray2 = np.roll(yray1, 1, axis=0)
    yray3 = np.roll(yray2, -1, axis=1)

    # per ogni pixel sul piano della lente, costruisce due triangoli
    x1 = y1s - xray
    y1 = y2s - yray

    x2 = y1s - xray1
    y2 = y2s - yray1

    x3 = y1s - xray2
    y3 = y2s - yray2

    x4 = y1s - xray3
    y4 = y2s - yray3

    prod12 = x1 * y2 - x2 * y1
    prod23 = x2 * y3 - x3 * y2
    prod31 = x3 * y1 - x1 * y3
```

```python
    prod13 = -prod31
    prod34 = x3 * y4 - x4 * y3
    prod41 = x4 * y1 - x1 * y4

    image = np.zeros(xray.shape)
    image[((np.sign(prod12) == np.sign(prod23)) &
           (np.sign(prod23) == np.sign(prod31)))] = 1
    image[((np.sign(prod13) == np.sign(prod34)) &
           (np.sign(prod34) == np.sign(prod41)))] = 2

    # primo tipo di immagini (primo triangolo)
    images1 = np.argwhere(image == 1)
    xi_images_ = images1[:, 1]
    yi_images_ = images1[:, 0]
    xi_images = xi_images_[(xi_images_ > 0) & (yi_images_ > 0)]
    yi_images = yi_images_[(xi_images_ > 0) & (yi_images_ > 0)]

    # compute the weights
    w = np.array([1. / np.sqrt(x1[xi_images, yi_images] ** 2 +
                              y1[xi_images, yi_images] ** 2),
                 1. / np.sqrt(x2[xi_images, yi_images] ** 2 +
                              y2[xi_images, yi_images] ** 2),
                 1. / np.sqrt(x3[xi_images, yi_images] ** 2 +
                              y3[xi_images, yi_images] ** 2)])
    xif1, yif1 = self.refineImagePositions(xi_images, yi_images, w, 1)

    # secondo tipo di immagini (secondo triangolo)
    images1 = np.argwhere(image == 2)
    xi_images_ = images1[:, 1]
    yi_images_ = images1[:, 0]
    xi_images = xi_images_[(xi_images_ > 0) & (yi_images_ > 0)]
    yi_images = yi_images_[(xi_images_ > 0) & (yi_images_ > 0)]

    # Calcola i pesi
    w = np.array([1. / np.sqrt(x1[xi_images, yi_images] ** 2 +
                              y1[xi_images, yi_images] ** 2),
                 1. / np.sqrt(x3[xi_images, yi_images] ** 2 +
                              y3[xi_images, yi_images] ** 2),
                 1. / np.sqrt(x4[xi_images, yi_images] ** 2 +
                              y4[xi_images, yi_images] ** 2)])
    xif2, yif2 = self.refineImagePositions(xi_images, yi_images, w, 2)

    xi = np.concatenate([xif1, xif2])
    yi = np.concatenate([yif1, yif2])

    xi = (xi - 1 - (len(x)-1) / 2.0) * grid_pixel
    yi = (yi - 1 - (len(x)-1) / 2.0) * grid_pixel

    xi_ = xi * np.cos(self.pa) - yi * np.sin(self.pa)
    yi_ = xi * np.sin(self.pa) + yi * np.cos(self.pa)
    return (xi_, yi_)

def refineImagePositions(self, x, y, w, typ):
    """
    Le posizioni delle immagini sono calcolate come la media ponderata
    delle posizioni dei vertici del triangolo. I pesi sono le distanze
    tra i vertici mappati sul piano della sorgente e la posizione della
    sorgente.
    """
```

```python
if (typ == 2):
    xp = np.array([x, x + 1, x + 1])
    yp = np.array([y, y, y + 1])
else:
    xp = np.array([x, x + 1, x])
    yp = np.array([y, y + 1, y + 1])
xi = np.zeros(x.size)
yi = np.zeros(y.size)
for i in range(x.size):
    xi[i] = (xp[:, i] / w[:, i]).sum() / (1. / w[:, i]).sum()
    yi[i] = (yp[:, i] / w[:, i]).sum() / (1. / w[:, i]).sum()
return (xi, yi)
```

Questo metodo funziona bene se la separazione tra le immagini è maggiore della dimensione delle celle della griglia nel piano dell'immagine. Pertanto, potrebbe non riuscire a trovare immagini di sorgenti appena all'interno delle caustiche. Infatti, tali sorgenti generano coppie o terne di immagini vicine che si formano su lati opposti delle linee critiche. Per risolvere questo problema, si possono implementare griglie adattive per affinare il numero di celle nei pressi di queste regioni.

La funzione `find_images` può essere inclusa nella classe `SIE` e utilizzata per ricalcolare le immagini multiple della sorgente nell'esempio discusso nella Sez. 5.11.1. Le posizioni delle immagini risultanti sono mostrate con croci gialle sovrapposte ai punti verdi in Fig. 5.27 e coincidono con quelle calcolate con il metodo precedente.

5.11.3   *Lente SIS in un shear esterno*

Come cambiano le proprietà di una lente SIS quando la si inserisce in un shear esterno? In questo esempio rispondiamo a questa domanda.

Iniziamo implementando una classe per il modello di lente con shear esterno. La classe conterrà metodi per calcolare diverse quantità, ovvero il potenziale del lensing, l'angolo di deflessione e lo shear. Le Eq. 5.128 e 5.127 forniscono il potenziale del lensing e le componenti di uno shear esterno costante. Per costruzione, la convergenza è nulla. Otteniamo le componenti dell'angolo di deflessione derivando il potenziale del lensing:

$$\alpha_1(x,\phi) = \cos\phi \frac{\partial \Psi_\gamma(x,\phi)}{\partial x} - \frac{\sin\phi}{x} \frac{\partial \Psi_\gamma(x,\phi)}{\partial \phi} \, , \tag{5.168}$$

$$\alpha_2(x,\phi) = \sin\phi \frac{\partial \Psi_\gamma(x,\phi)}{\partial x} + \frac{\cos\phi}{x} \frac{\partial \Psi_\gamma(x,\phi)}{\partial \phi} \, , \tag{5.169}$$

che si semplificano in:

$$\alpha_1(x,\phi) = \gamma x \cos(2\phi_\gamma - \phi) \, , \tag{5.170}$$

$$\alpha_2(x,\phi) = \gamma x \sin(2\phi_\gamma - \phi) \, . \tag{5.171}$$

L'implementazione della classe è la seguente:

```python
class ext_shear(object):
    def __init__(self,g,phi_g):
        """
        Inizializza uno shear esterno usando
        l'ampiezza g e l'angolo phi_g (in gradi)
        """
        self.g = g
        self.phi_g = np.deg2rad(phi_g)

    def psi(self,x,phi):
        """
        Restituisce il potenziale del lensing nelle coordinate
        polari x, phi
        """
        return 0.5*self.g*x**2*np.cos(2*(phi-self.phi_g))

    def alpha(self,x,phi):
        """
        Restituisce le componenti dell'angolo di deflessione
        nelle coordinate polari x, phi
        """
        a1=self.g*x*np.cos(2*self.phi_g-phi)
        a2=self.g*x*np.sin(2*self.phi_g-phi)
        return a1, a2

    def gamma(self):
        """
        Restituisce le componenti dello shear
        """
        g1=self.g*np.cos(2*self.phi_g)
        g2=self.g*np.sin(2*self.phi_g)
        return g1, g2
```

Assumiamo uno shear esterno con ampiezza $\gamma = 0.1$ e direzione $\phi_\gamma = 45°$ rispetto all'asse x_2:

```python
eg=ext_shear(g=0.1,phi_g=45.0)
```

Creiamo un'istanza di una lente SIS utilizzando la classe `sie_lens` dell'esempio precedente, impostando $f = 1$:

```python
# definisce una lente SIS con sigmav=200 km/s, f=1.0, pa=0.0)
sigmav=200.0
f=1.0
pa=0.0
# assume una cosmologia LCDM piatta con Om0=0.3
co = FlatLambdaCDM(Om0=0.3,H0=70.0)
sie=sie_lens(co,sigmav=sigmav,f=f,pa=pa)
```

Per immergere la SIS nello shear esterno, utilizziamo il principio di sovrapposizione. Il potenziale totale è la somma dei potenziali della SIS e dello shear esterno. Definiamo una griglia regolare sul piano della lente e calcoliamo le coordinate polari:

```python
# definisce una griglia sul piano della lente
fov=3.0
x_ = np.linspace(-fov/2.,fov/2.,1000)
```

```
x1,x2 = np.meshgrid(x_,x_)
# calcola le fasi e le distanze dal centro della SIS,
# assunto al centro della griglia, in (0,0)
phi=np.arctan2(x2,x1)
x=np.sqrt(x1*x1+x2*x2)
```

La convergenza totale in qualsiasi posizione sul piano della lente coincide con la convergenza della SIS:

```
# mappa di kappa della SIS:
kappa_SIS = sie.kappa(x,phi)
```

Questa mappa è mostrata nel pannello A della Fig. 5.28. Invece, otteniamo il potenziale totale come segue:

```
# mappa del potenziale della SIS:
psi_SIS=sie.psi(x,phi)
# mappa del potenziale dello shear esterno:
psi_eg=eg.psi(x,phi)
# potenziale totale di lente
psi_tot=psi_SIS+psi_eg
```

Nel pannello B della Fig. 5.28, mostriamo il potenziale totale di lente della SIS immersa nello shear esterno. Le linee continue rappresentano i livelli di potenziale costante. Queste curve risultano allungate nella direzione dello shear esterno. Pertanto, il potenziale del lensing non è più a simmetria circolare. Al contrario, assume una forma simile a quella di una lente ellittica, sebbene le curve di livello non siano ellittiche e la loro elongazione non sia uniforme. Per confronto, mostriamo anche i livelli del potenziale della SIS senza shear esterno utilizzando linee tratteggiate.

Per derivare le linee critiche, calcoliamo la mappa dell'autovalore tangenziale della Jacobiana della lente. A questo scopo, dobbiamo prima calcolare le componenti dello shear:

```
# componenti dello shear della SIS:
g1_SIS,g2_SIS=sie.gamma(x,phi)
# componenti dello shear esterno:
g1_eg, g2_eg = eg.gamma()
# componenti totali dello shear
g1_tot=g1_SIS+g1_eg
g2_tot=g2_SIS+g2_eg
```

Otteniamo la mappa dell'autovalore tangenziale nel seguente modo:

```
# autovalore tangenziale:
lambdat_tot = 1.0 - kappa_SIS - np.sqrt(g1_tot**2+g2_tot**2)
```

La linea critica tangenziale è il contorno di livello zero di questa mappa. La mostriamo nel pannello C della Fig. 5.28 (linea rossa continua). Poiché il potenziale del lensing non è più a simmetria circolare, la linea critica della lente non è un cerchio come nel caso della SIS isolata (linea blu tratteggiata). Analogamente alle curve di livello del potenziale, essa risulta allungata nella direzione di ϕ_γ. Proiettando i punti critici nel piano della sorgente, otteniamo la caustica della lente, che non è più un punto singolo, come nel caso della SIS. Essa assume una forma simile a un astroide con cuspidi e pieghe, caratteristica tipica delle lenti ellittiche. Poiché la caustica non è puntiforme, una lente SIS immersa in uno shear esterno produce quattro immagini se la sorgente si trova all'interno della caustica.

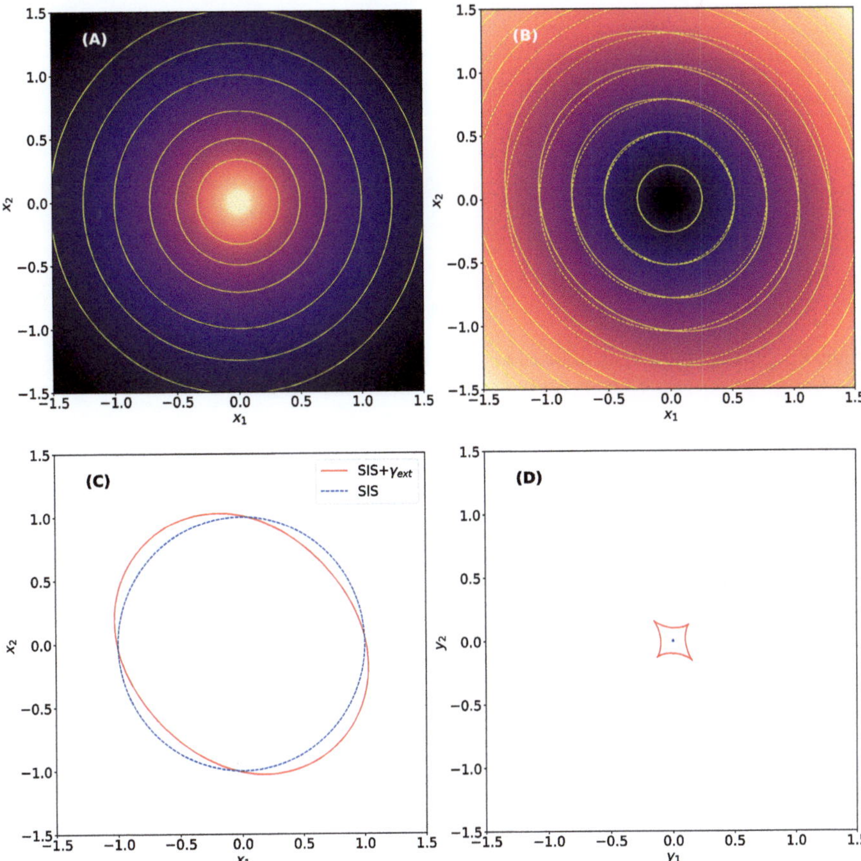

Figura 5.28   Pannello A: mappa della convergenza di una lente SIS. Anche se immersa in uno shear esterno costante, la convergenza rimane assialmente simmetrica, come mostrato dalle curve di livello gialle. Infatti, lo shear esterno non contribuisce alla convergenza. Pannello B: mappa del potenziale del lensing di una SIS immersa in uno shear esterno con ampiezza $\gamma_{ext} = 0.1$ e direzione $\phi_\gamma = 45°$. Le linee gialle continue rappresentano alcune curve di livello. Per confronto, sono mostrate le stesse curve di livello per la lente SIS senza shear esterno (linee tratteggiate). Pannello C: linee critiche tangenziali della SIS immersa nello shear esterno e della SIS isolata (rispettivamente linee rosse continue e linee blu tratteggiate). Pannello D: come nel pannello C, ma per le caustiche della lente

5.11.4   *Piani della lente multipli*

In questo esempio, implementiamo un algoritmo di ray-tracing per propagare i raggi di luce attraverso più piani della lente. Uno di questi piani contiene la distribuzione di massa proiettata di un ammasso di galassie. Questo oggetto massiccio, chiamato *Ares*, ha una massa viriale di $M_{vir} \sim 10^{15}\, M_\odot$ a redshift $z_2 = 0.5$. È composto da due aloni principali e da molti sotto-aloni di piccola scala. Una descrizione dettagliata di

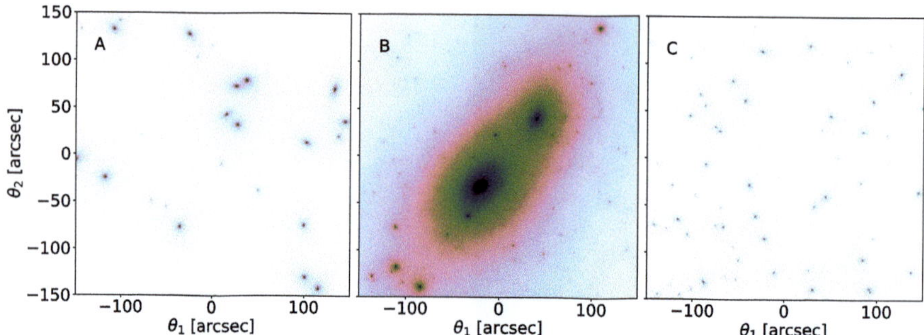

Figura 5.29 Distribuzioni di massa su tre piani della lente ai redshift 0.25, 0.5 e 0.75 (pannelli A, B e C, rispettivamente). La lente nel pannello B è un ammasso di galassie massiccio (Meneghetti et al. 2014)

questa lente è disponibile in Meneghetti et al. (2014). La sua distribuzione di massa è mostrata nel pannello B della Fig. 5.29.

Gli altri due piani della lente si trovano ai redshift $z_1 = 0.25$ e $z_3 = 0.75$ e contengono alcune concentrazioni di massa su scala galattica. Questi piani sono mostrati nei pannelli A e C della Fig. 5.29. Tutti i piani della lente hanno dimensioni pari a 300×300 arcsec.

Lavoriamo in un modello cosmologico ΛCDM piatto con $\Omega_{m,0} = 0.3$:

```python
from astropy.cosmology import FlatLambdaCDM
cosmo = FlatLambdaCDM(H0=70, Om0=0.3)
```

Calcoliamo le mappe degli angoli di deflessione per ciascun piano della lente come mostrato nella Sez. 3.7.1. Non ripetiamo qui i calcoli. Le mappe degli angoli di deflessione sono salvate in file `.fits`, i cui header contengono tutte le informazioni necessarie per i calcoli successivi. Per gestire questi file, creiamo una classe chiamata `lensplane`:

```python
import astropy.io.fits as pyfits
import numpy as np
from scipy.ndimage import map_coordinates

class lensplane(object):
    def __init__(self,filename):
        # legge le mappe degli angoli di deflessione dal file fits
        myhd=pyfits.open(filename)
        self.a1=myhd[0].data
        self.a2=myhd[1].data
        # legge i parametri del piano di lente dall'header del file fits
        self.z=myhd[0].header['ZLENS']
        self.xmin=myhd[0].header['XMIN']
        self.xmax=myhd[0].header['XMAX']
        self.ymin=myhd[0].header['YMIN']
        self.ymax=myhd[0].header['YMAX']
        self.omega=myhd[0].header['OMEGA']
        self.lambd=myhd[0].header['LAMBDA']
        self.hubble=myhd[0].header['H']
        # calcola la scala dei pixel
        self.px=(self.xmax-self.xmin)/(myhd[0].header['NAXIS1']-1)
```

```python
    def angles(self,theta1,theta2):
        """
        Questa funzione restituisce i valori interpolati delle componenti
        dell'angolo di deflessione nelle coordinate theta1, theta2
        """
        theta1pix=(theta1-self.xmin)/self.px
        theta2pix=(theta2-self.ymin)/self.px
        a1 = map_coordinates(self.a1,[theta2pix,theta1pix],order=2)
        a2 = map_coordinates(self.a2,[theta2pix,theta1pix],order=2)
        return(a1,a2)

# crea una lista di piani della lente
listplane=['lensplane_z=0.25.fits','deflAnglesAres.fits',
                'lensplane_z=0.75.fits']
lp=[]
for lenspl in listplane:
    lp.append(lensplane(lenspl))
```

Oltre alla funzione di inizializzazione, la classe contiene un metodo chiamato
angles, che interpola le mappe degli angoli di deflessione in posizioni arbitrarie.

Propaghiamo un fascio di 60×60 raggi di luce dalla posizione dell'osservatore
attraverso una griglia regolare che copre il primo piano della lente:

```python
fov=300.0 # FOV in arcsec
theta=np.linspace(-fov/2.,fov/2.,60)
theta1,theta2=np.meshgrid(theta,theta)
```

Ai fini di questo esempio, utilizzeremo solo posizioni comoventi e distanze angolari:

$$\xi_c = (1 + z)\xi \,, \tag{5.172}$$

$$T = (1 + z)D \,. \tag{5.173}$$

Le distanze angolari comoventi possono essere calcolate utilizzando la funzione
comoving_transverse_distance di astropy.cosmology. Questa funzio-
ne restituisce la distanza trasversa comovente in Mpc a un dato redshift corrispondente a una separazione angolare di 1 radiante. Pertanto, le posizioni comoventi dei
raggi di luce sul primo piano della lente sono:

```python
from astropy.cosmology import FlatLambdaCDM

cosmo = FlatLambdaCDM(H0=70, Om0=0.3)
x1_1=np.deg2rad(theta1/3600.0)*cosmo.comoving_transverse_distance(lp[0].z)
x2_1=np.deg2rad(theta2/3600.0)*cosmo.comoving_transverse_distance(lp[0].z)
```

Dopo essere stati deflessi sul primo piano della lente, i raggi di luce si propagano
verso il secondo piano. Calcoliamo le loro posizioni di arrivo come segue:

```python
# differenza tra le distanze trasverse ai redshift
# del secondo e primo piano della lente
T_last = cosmo.comoving_transverse_distance(lp[1].z)
T_before = cosmo.comoving_transverse_distance(lp[0].z)
deltaT=T_last-T_before
# componenti dell'angolo di deflessione alle posizioni dei raggi sul primo
# piano
alpha1,alpha2=lp[0].angles(theta1,theta2)
```

```
# angolo tra il raggio deflesso e l'asse ottico
Talpha1_1=theta1-alpha1
Talpha2_1=theta2-alpha2
# posizioni di arrivo sul secondo piano della lente
x1_2=x1_1+np.deg2rad(Talpha1_1/3600.0)*deltaT
x2_2=x2_1+np.deg2rad(Talpha2_1/3600.0)*deltaT
```

Nelle ultime equazioni, sommiamo le coordinate comoventi sul primo piano di lente (traslate al secondo piano) e lo spostamento tra il primo e il secondo piano corrispondente all'angolo (`Talpha1_1,Talpha2_1`). Questo rappresenta l'angolo tra il raggio deflesso e l'asse ottico.

Le posizioni angolari dei raggi di luce sul secondo piano della lente (in arcsec) sono date da:

```
theta1_2=np.rad2deg((x1_2/T_last).value)*3600.0
theta2_2=np.rad2deg((x2_2/T_last).value)*3600.0
```

Ora passiamo al terzo piano di lente:

```
# differenza tra le distanze trasverse ai redshift
# del terzo e secondo piano della lente
T_last = cosmo.comoving_transverse_distance(lp[2].z)
T_before = cosmo.comoving_transverse_distance(lp[1].z)
deltaT=T_last-T_before
# componenti dell'angolo di deflessione alle posizioni dei raggi sul secondo
# piano
alpha1,alpha2=lp[1].angles(theta1_2,theta2_2)
# angolo tra il raggio deflesso e l'asse ottico
Talpha1_2=Talpha1_1-alpha1
Talpha2_2=Talpha2_1-alpha2
# posizioni di arrivo sul terzo piano della lente
x1_3=x1_2+np.deg2rad(Talpha1_2/3600.0)*deltaT
x2_3=x2_2+np.deg2rad(Talpha2_2/3600.0)*deltaT
# posizioni di arrivo in arcsec
theta1_3=np.rad2deg((x1_3/T_last).value)*3600.0
theta2_3=np.rad2deg((x2_3/T_last).value)*3600.0
```

Infine, calcoliamo le posizioni di arrivo dei raggi di luce sul piano della sorgente, che assumiamo a redshift $z_s = 3.0$:

```
# redshift della sorgente
zs=3.0
# differenza tra le distanze trasverse ai redshift
# della sorgente e del terzo piano di lente
T_source = cosmo.comoving_transverse_distance(zs)
T_before = cosmo.comoving_transverse_distance(lp[2].z)
deltaT=T_source-T_before
# componenti dell'angolo di deflessione alle posizioni dei raggi sul terzo
# piano
alpha1,alpha2=lp[2].angles(theta1_3,theta2_3)
# angolo tra il raggio deflesso e l'asse ottico
Talpha1_3=Talpha1_2-alpha1
Talpha2_3=Talpha2_2-alpha2
# posizioni di arrivo sul piano della sorgente
x1_s=x1_3+np.deg2rad(Talpha1_3/3600.0)*deltaT
x2_s=x2_3+np.deg2rad(Talpha2_3/3600.0)*deltaT
# posizioni di arrivo in arcsec
beta1=np.rad2deg((x1_s/T_source).value)*3600.0
beta2=np.rad2deg((x2_s/T_source).value)*3600.0
```

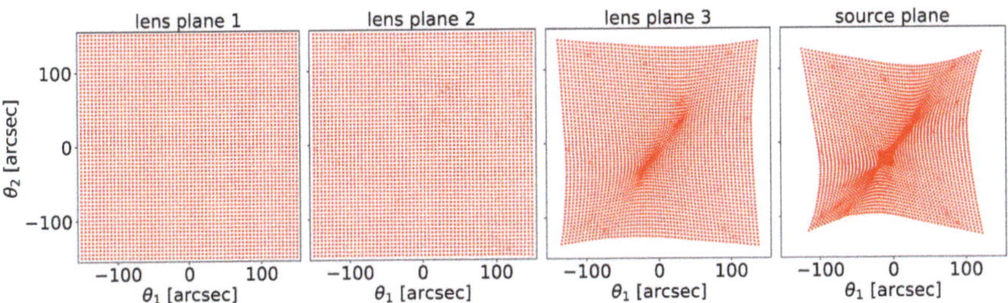

Figura 5.30 Posizioni di arrivo dei raggi di luce su ciascun piano di lente mostrato in Fig. 5.29 e sul piano della sorgente a redshift $z_S = 2$

In Fig. 5.30 mostriamo le posizioni di arrivo dei raggi di luce su ciascun piano della lente e sul piano finale della sorgente. Come evidente, le deflessioni più grandi si verificano sul secondo piano di lente, che contiene la distribuzione di massa dell'ammasso di galassie.

Come si può osservare, i calcoli per ciascun piano di lente sono ricorsivi. Pertanto, l'intera procedura può essere scritta in modo molto più compatto ed efficiente. Lo facciamo nella classe `multiplane` qui sotto:

```python
class multiplane(object):

    def __init__(self,cosmo,lp,zs):
        """
        Inizializza un'istanza di multiplane utilizzando una lista
        di piani della lente e un redshift sorgente
        """
        self.lp=lp
        self.cosmo = cosmo
        zl_=[]
        # crea una lista dei redshift dei piani della lente.
        # Considera solo i piani della lente a redshift
        # inferiore al redshift della sorgente
        self.nlens=0
        for i in range(len(lp)):
            if lp[i].z < zs:
                self.nlens+=1
                zl_.append(lp[i].z)
        # aggiunge il redshift del piano della sorgente
        zl_.append(zs)

        # ciclo sui piani della lente per inizializzare le distanze
        # differenze tra le distanze trasverse sui piani i,j
        self.deltaT_list=[]
        # distanze tra l'osservatore e i piani della lente
        self.T_list=[]

        # inizia dal redshift z=0
        z_before = 0.0
```

```python
for idex in range(self.nlens):
    z_lens = zl_[idex]
    # calcola le differenze tra le distanze trasverse
    # in coppie consecutive di piani della lente
    T_last=self.cosmo.comoving_transverse_distance(z_lens)
    T_before=self.cosmo.comoving_transverse_distance(z_before)
    delta_T = T_last-T_before
    self.deltaT_list.append(delta_T.value)
    # salva la distanza trasversa comovente per il piano di lente
    self.T_list.append(T_last.value)
    z_before = z_lens
# aggiunge deltaT tra il piano della sorgente e l'ultimo piano di
# lente
T_source = self.cosmo.comoving_transverse_distance(zs)
T_before = self.cosmo.comoving_transverse_distance(z_before)
delta_T = T_source-T_before
self.deltaT_list.append(delta_T.value)
# salva la distanza trasversa comovente al redshift della sorgente
self.T_source = T_source.value

def com2rad_source(self, x_1, x_2):
    """

    Calcola le posizioni angolari dei raggi di luce sul piano della
    sorgente
    """
    T = self.T_source
    theta_1 = x_1 / T
    theta_2 = x_2 / T
    return theta_1, theta_2

def com2rad(self, x_1, x_2, idex):
    """

    Calcola le posizioni angolari dei raggi di luce sul piano della
    lente
    """
    T = self.T_list[idex]
    theta_1 = x_1 / T
    theta_2 = x_2 / T
    return theta_1, theta_2

def raytrace(self, theta_1, theta_2):
    """

    Propaga i raggi di luce dal primo piano della lente verso la
    sorgente
    """
    x1 = np.zeros_like(theta_1)
    x2 = np.zeros_like(theta_2)
    alpha_1 = theta_1
    alpha_2 = theta_2
    i = 0
    for i in range(self.nlens):
        delta_T = self.deltaT_list[i]
        x1, x2 = self.next_step(x1, x2, alpha_1, alpha_2, delta_T)
        alpha_1, alpha_2 = self.Talpha(x1, x2, alpha_1, alpha_2, i)
    delta_T = self.deltaT_list[i+1]
    x1, x2 = self.next_step(x1, x2, alpha_1, alpha_2, delta_T)
    beta_1, beta_2 = self.com2rad_source(x1, x2)
    return beta_1, beta_2
```

```python
    def next_step(self, x1, x2, alpha_1, alpha_2, delta_T):
        """
        Calcola la posizione di arrivo del raggio di luce sul piano attuale
        """
        x1_ = x1 + alpha_1 * delta_T
        x2_ = x2 + alpha_2 * delta_T

        return x1_, x2_

    def Talpha(self, x1, x2, alpha_1, alpha_2, idex):
        """
        Calcola Talpha al passo idex
        """
        theta_1, theta_2 = self.com2rad(x1, x2, idex)
        alpha_1_arcsec, alpha_2_arcsec = \
        self.lp[idex].angles(np.rad2deg(theta_1)*3600.0,
                             np.rad2deg(theta_2)*3600.0)
        Talpha_1 = alpha_1 - np.deg2rad(alpha_1_arcsec/3600.0)
        Talpha_2 = alpha_2 - np.deg2rad(alpha_2_arcsec/3600.0)

        return Talpha_1, Talpha_2

    def alpha(self,theta1,theta2,beta1,beta2):
        a1,a2=theta1-beta1,theta2-beta2
        return (a1,a2)

# inizializza le distanze tra i piani
theta=np.linspace(-150.,150.,1000)
theta1,theta2=np.meshgrid(theta,theta)

mp=multiplane(cosmo,lp,zs)
beta1_,beta2_=mp.raytrace(np.deg2rad(theta1/3600.0),
                          np.deg2rad(theta2/3600.0))
beta1_=np.rad2deg(beta1_)*3600.0
beta2_=np.rad2deg(beta2_)*3600.0
```

Gli angoli di deflessione efficaci dei raggi di luce sono la differenza tra le loro posizioni iniziali sul primo piano di lente e le loro posizioni di arrivo sul piano della sorgente:

```python
a1=theta1-beta1_
a2=theta2-beta2_
```

Calcolando le derivate prime di `a1` e `a2`, possiamo determinare la convergenza efficace come segue:

```python
def convergence(a1,a2,px):
    a12,a11=np.gradient(a1/px)
    a22,a21=np.gradient(a2/px)
    ka=0.5*(a11+a22)
    g1=0.5*(a11-a22)
    g2=a21
    return (ka,g1,g2)

px=theta[1]-theta[0]
ka,g1,g2=convergence(a1,a2,px)
```

Mostriamo le mappe della convergenza efficace per redshift sorgente $z_S = 0.4$, 0.65 e 3 in Fig. 5.31. Le linee critiche della lente sono mostrate in giallo. I piani della

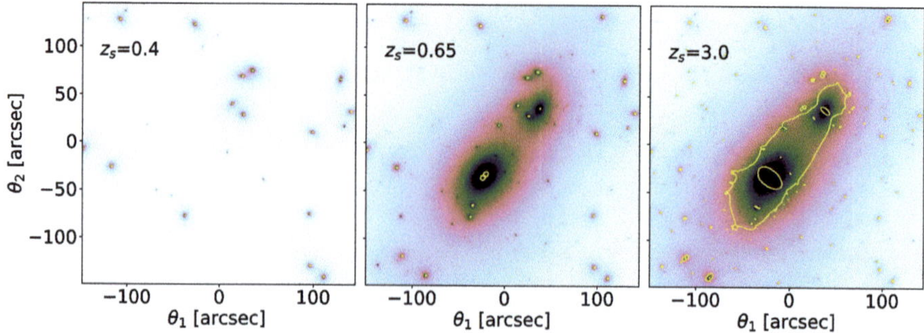

Figura 5.31 Convergenza efficace per diversi redshift sorgente. Solo i piani della lente a redshift inferiore al redshift della sorgente deflettono i raggi di luce. Pertanto, alcune strutture massicce diventano visibili nelle mappe di convergenza efficace solo per redshift sorgente elevati. Mostriamo le linee critiche della lente in giallo.

lente a redshift superiori al redshift della sorgente non contribuiscono agli angoli di deflessione efficaci. Di conseguenza, gli aloni di massa su questi piani della lente non sono visibili nelle mappe di convergenza efficace fino a quando non viene scelto un redshift sorgente sufficientemente alto. Ad esempio, l'ammasso massiccio non appare nella mappa di convergenza per $z_S = 0.4$, ma diventa visibile per $z_S > 0.5$. Inoltre, le masse sui piani della lente a redshift più elevato appaiono distorte dagli effetti di lente dei piani a redshift inferiore.

Riferimenti bibliografici

Amara, A., Metcalf, R. B., Cox, T. J., & Ostriker J. P. (2006). Simulations of strong gravitational lensing with substructure. *MNRAS, 367*(4), 1367–1378. https://doi.org/10.1111/j13652966.200610053.x. arXiv: astroph/0411587 [astro-ph]

Bartelmann, M. (1996). Arcs from a universal dark-matter halo profile. *A & A 313*, 697–702. arXiv: astroph/9602053 [astro-ph]

Bartelmann, M. (2003). Numerical methods in gravitational lensing. arXiv e-prints, astro-ph/0304162. arXiv: astroph/0304162 [astro-ph]

Bayliss, M. B., Johnson, T., Gladders, M. D., Sharon, K., & Oguri, M. (2014). Line-of-sight structure toward strong lensing galaxy clusters. *ApJ, 783*(1), 41. https://doi.org/10.1088/0004-637X/783/1/41. arXiv: 1312.3637 [astro-ph.CO]

Bhattacharya, S., Habib, S., Heitmann, K., & Vikhlinin, A. (2013) Dark matter halo profiles of massive clusters: Theory versus observations. *ApJ, 766*(1), 32. https://doi.org/10.1088/0004-637X/766/1/32. arXiv: 1112.5479 [astro-ph.CO]

Blandford, R. D., & Narayan, R. (1986). Fermat's principle, caustics, and the classification of gravitational lens images. *ApJ, 310*, 568. https://doi.org/10.1086/164709

Brent, R. P. (1972). *Algorithms for minimization without derivatives (Prentice-Hall series in automatic computation)*. Prentice-Hall. Retrieved from https://www.xarg.org/ref/a/0130223352/

Chirivì, G., Suyu, S. H., Grillo, C., Halkola, A., Balestra, I., Caminha, G. B., & Rosati, P. (2018). MACS J0416.1-2403: Impact of line-of-sight structures on strong gravitational lensing modelling of galaxy clusters. *A & A, 614*, A8. https://doi.org/10.1051/00046361/201731433. arXiv: 1706.07815 [astro-ph.CO]

D'Aloisio, A., & Natarajan, P. (2011). Cosmography with cluster strong lenses: The influence of substructure and line-of-sight haloes. *MNRAS, 411*(3), 1628–1640. https://doi.org/10.1111/j13652966.2010.17795.x. arXiv: 1010.0004 [astro-ph.CO]

D'Aloisio, A., Natarajan, P., & Shapiro, P. R. (2014). The effect of large-scale structure on the magnification of high-redshift sources by cluster lenses. *MNRAS, 445*(4), 3581–3591. https://doi.org/10.1093/mnras/stu1931. arXiv: 1311.1614 [astro-ph.CO]

Dalal, N., Hennawi, J. F., & Bode, P. (2005). Noise in strong lensing cosmography. *ApJ, 622*(1), 99–105. https://doi.org/10.1086/427323. arXiv: astroph/0409028 [astro-ph]

De Boni, C., Ettori, S., Dolag, K., & Moscardini, L. (2013). Hydrodynamical simulations of galaxy clusters in dark energy cosmologies II. c-M relation. *MNRAS, 428*(4), 2921–2938. https://doi.org/10.1093/mnras/sts235. arXiv: 1205.3163 [astro-ph.CO]

Desprez, G., Richard, J., Jauzac, M., Martinez, J., Siana, B., & Clément, B. (2018). Galaxy-galaxy lensing in the outskirts of CLASH clusters: Constraints on local shear and testing mass-luminosity scaling relation. *MNRAS, 479*(2), 2630–2648. https://doi.org/10.1093/mnras/sty1666. arXiv: 1806.08120 [astro-ph.GA]

Diemer B., & Kravtsov A. V. (2015). A universal model for Halo concentrations. *ApJ, 799*(1), 108. https://doi.org/10.1088/0004637X/799/1/108. arXiv: 1407.4730 [astro-ph.CO]

Dolag, K., Bartelmann, M., Perrotta, F., Baccigalupi, C., Moscardini, L., Meneghetti, M., & Tormen, G. (2004). Numerical study of halo concentrations in dark-energy cosmologies. *A & A, 416*, 853–864. https://doi.org/10.1051/00046361:20031757. arXiv: astroph/0309771 [astro-ph]

Duffy A. R., Schaye, J., Kay S. T., & Dalla Vecchia, C. (2008). Dark matter halo concentrations in the Wilkinson Microwave Anisotropy Probe year 5 cosmology. *MNRAS, 390*(1), L64–L68. https://doi.org/10.1111/j.17453933.2008.00537.x. arXiv: 0804.2486 [astro-ph]

Dutton, A. A., & Macciò, A. V. (2014). Cold dark matter haloes in the Planck era: Evolution of structural parameters for Einasto and NFW profiles. *MNRAS, 441*(4), 3359–3374. https://doi.org/10.1093/mnras/stu742. arXiv: 1402.7073 [astro-ph.CO]

Eliasdóttir Á., Limousin, M., Richard, J., Hjorth, J., Kneib, J.-P., Natarajan, P., & Paraficz, D. (2007). Where is the matter in the merging cluster Abell 2218? ArXiv e-prints. arXiv: 0710.5636

Fassnacht, C. D., Gal, R. R., Lubin, L. M., McKean, J. P., Squires, G. K., & Readhead, A. C. S. (2006). Mass along the line of sight to the gravitational lens B1608+656: Galaxy groups and implications for H0. *ApJ, 642*(1), 30–38. https://doi.org/10.1086/500927. arXiv: astroph/0510728 [astro-ph]

Faure, C., Kneib, J.-P., Hilbert, S., Massey R., Covone, G., Finoguenov A., & Koekemoer A. M. (2009). On the contribution of large-scale structure to strong gravitational lensing. *ApJ, 695*(2), 1233–1243. https://doi.org/10.1088/0004637X/695/2/1233. arXiv: 0810.4838 [astro-ph]

Golse, G., & Kneib, J.-P. (2002). Pseudo elliptical lensing mass model: Application to the NFW mass distribution. *A & A, 390*, 821–827. https://doi.org/10.1051/0046361:20020639. arXiv: astro ph/0112138 [astro-ph]

Inoue, K. T. (2016). On the origin of the flux ratio anomaly in quadruple lens systems. *MNRAS, 461*(1), 164–175. https://doi.org/10.1093/mnras/stw1270. arXiv: 1601.04414 [astro-ph.CO]

Kassiola, A., & Kovner, I. (1993). Elliptic mass distributions versus elliptic potentials in gravitational lenses. *ApJ, 417*, 450. https://doi.org/10.1086/173325

Kassiola, A., Kovner I., & Fort, B. (1992). Perturbations of cluster cusps by galaxies: The triple arc in CL 0024+1654. *ApJ, 400*, 41. https://doi.org/10.1086/171971

Keeton, C. R. (2001). A catalog of mass models for gravitational lensing. arXiv e-prints astro-ph/0102341. arXiv: astroph/0102341 [astro-ph]

Kochanek, C. S. (1991). The implications of lenses for galaxy structure. *ApJ, 373*, 354. https://doi.org/10.1086/170057

Kormann, R., Schneider P., & Bartelmann, M. (1994). Isothermal elliptical gravitational lens models. *A & A, 284*, 285–299.

Limousin, M., Kneib, J.-P., & Natarajan, P. (2005). Constraining the mass distribution of galaxies using galaxy-galaxy lensing in clusters and in the field. *MNRAS, 356*, 309–322. https://doi.org/10.1111/j.13652966.2004.08449.x. eprint: astroph/0405607

Ludlow A. D., Navarro, J. F., Angulo, R. E., Boylan-Kolchin, M., Springel, V., Frenk, C., & White, S. D. M. (2014). The mass-concentration-redshift relation of cold dark matter haloes. *MNRAS, 441*(1), 378–388. https://doi.org/10.1093/mnras/stu483. arXiv: 1312.0945 [astro-ph.CO]

Mao, S., & Schneider, P. (1998). Evidence for substructure in lens galaxies? *MNRAS, 295*(3), 587–594. https://doi.org/10.1046/j.13658711.1998.01319.x. arXiv: astroph/9707187 [astro-ph]

Meneghetti, M., Bartelmann, M., & Moscardini, L. (2003). Cluster cross-sections for strong lensing: Analytic and numerical lens models. *MNRAS, 340*(1), 105–114. https://doi.org/10.1046/j.1365-8711.2003.06276.x. arXiv: astroph/0201501 [astro-ph]

Meneghetti, M., Argazzi, R., Pace, F., Moscardini, L., Dolag, K., Bartelmann, M., Oguri, M. (2007). Arc sensitivity to cluster ellipticity asymmetries, and substructures. *A & A, 461*(1), 25–38. https://doi.org/10.1051/00046361:20065722. arXiv: astroph/0606006 [astro-ph]

Meneghetti, M., Fedeli, C., Pace, F., Gottlöber S., & Yepes, G. (2010). Strong lensing in the MARENOSTRUM UNIVERSE. I. Biases in the cluster lens population. *A & A, 519*, A90. https://doi.org/10.1051/00046361/201014098. arXiv: 1003.4544 [astro-ph.CO]

Meneghetti, M., Rasia, E., Vega, J., Merten, J., Postman, M., Yepes, G., & Zitrin, A. (2014). The MUSIC of CLASH: Predictions on the concentration-mass relation. *ApJ, 797*(1), 34. https://doi.org/10.1088/0004637X/797/1/34. arXiv: 1404.1384 [astro-ph.CO]

Meneghetti, M., Natarajan, P., Coe, D., Contini, E., De Lucia, G., Giocoli, C., & Zitrin, A. (2017). The Frontier Fields lens modelling comparison project. *MNRAS, 472*(3), 3177–3216. https://doi.org/10.1093/mnras/stx2064. arXiv: 1606.04548 [astro-ph.CO]

Metcalf, R. B., & Madau, P. (2001). Compound gravitational lensing as a probe of dark matter substructure within galaxy halos. *ApJ, 563*(1), 9–20. https://doi.org/10.1086/323695. arXiv: astro ph/0108224 [astro-ph]

Metcalf, R. B., & Zhao, H. (2002). Flux ratios as a probe of dark substructures in quadruple-image gravitational lenses. *ApJL, 567*(1), L5–L8. https://doi.org/10.1086/339798. arXiv: astroph/0111427 [astro-ph]

Navarro, J. F., Frenk, C. S., & White, S. D. M. (1997). A Universal density profile from Hierar chical clustering. *ApJ, 490*(2), 493–508. https://doi.org/10.1086/304888. arXiv: astro ph/9611107 [astro-ph]

Oguri, M., Schrabback, T., Jullo, E., Ota, N., Kochanek, C. S., Dai, X., & Fohlmeister J. (2013). The Hidden Fortress: structure and substructure of the complex strong lensing cluster SDSS J1029+2623. *MNRAS, 429*(1), 482–493. https://doi.org/10.1093/mnras/sts351. arXiv: 1209 458 [astro-ph.CO]

Puchwein, E., & Hilbert, S. (2009). Cluster strong lensing in the Millennium simulation: The effect of galaxies and structures along the line-of-sight. *MNRAS, 398*(3), 1298–1308. https://doi.org/10.1111/j.13652966.2009.15227.x. arXiv: 0904.0253 [astro-ph.CO]

Rivera-Thorsen, T. E., Dahle, H., Chisholm, J., Florian, M. K., Gronke, M., Rigby J. R., & Bayliss, M. (2019). Gravitational lensing reveals ionizing ultraviolet photons escaping from a distant galaxy. *Science, 366*(6466), 738–741. https://doi.org/10.1126/science.aaw0978. arXiv: 1904.08186 [astro-ph.GA]

Rusu, C. E., Fassnacht, C. D., Sluse, D., Hilbert, S., Wong, K. C., Huang, K-H., & Koopmans, L. V. E. (2017). H0LiCOW III. Quantifying the effect of mass along the line of sight to the gravitational lens HE 0435-1223 through weighted galaxy counts*. *MNRAS, 467*(4), 4220–4242. https://doi.org/10.1093/mnras/stx285. arXiv: 1607.01047 [astro-ph.GA]

Schneider P., Ehlers, J., & Falco, E. E. (1992). *Gravitational lenses*. https://doi.org/10.1007/978-3-662-03758-4

Tessore, N., & Metcalf, R. B. (2015). The elliptical power law profile lens. *A & A, 580*, A79. https://doi.org/10.1051/00046361/201526773. arXiv: 1507.01819

Torri, E., Meneghetti, M., Bartelmann, M., Moscardini, L., Rasia, E., & Tormen, G. (2004). The impact of cluster mergers on arc statistics. *MNRAS, 349*(2), 476–490. https://doi.org/10.1111/j.1365-2966.2004.07508.x. arXiv: astroph/0310898 [astro-ph]

Wright, C. O., & Brainerd, T. G. (2000). Gravitational lensing by NFW halos. *ApJ, 534*(1), 34–40. https://doi.org/10.1086/308744

Xu, D. D., Mao, S., Cooper A. P., Gao, L., Frenk, C. S., Angulo, R. E., & Helly J. (2012). On the effects of line-of-sight structures on lensing flux-ratio anomalies in a Λ CDM universe. *MNRAS, 421*(3), 2553–2567. https://doi.org/10.1111/j13652966.2012.20484.x. arXiv: 1110.1185 [astro-ph.CO]

Xu, D., Sluse, D., Gao, L., Wang, J., Frenk, C., Mao, S., & Springel, V (2015). How well can cold dark matter substructures account for the observed radio flux-ratio anomalies. *MNRAS, 447*(4), 3189–3206. https://doi.org/10.1093/mnras/stu2673. arXiv: 1410.3282 [astro-ph.CO]

Capitolo 6
Lensing da galassie e ammassi

Dalle prime osservazioni dei fenomeni di lente gravitazionale nel cielo extragalattico, avvenute negli anni '80 (vedi Capitolo 1), il lensing gravitazionale è diventato uno degli strumenti più potenti per studiare la distribuzione di materia all'interno di galassie e ammassi di galassie. Numerosi autori hanno sviluppato tecniche per costruire modelli di massa delle lenti utilizzando osservazioni di lensing forte e debole. Questo capitolo è principalmente dedicato alla modellizzazione della massa in lenti estese. Esamineremo le idee fondamentali alla base delle strategie di modellizzazione più comuni e le illustreremo e discuteremo attraverso esempi. Affronteremo anche il problema dell'identificazione delle lenti forti. Infine, forniremo una breve panoramica sulle possibili applicazioni dei modelli di massa, che spaziano dalla comprensione della natura della materia oscura alla misura dei parametri cosmologici, fino all'uso di galassie e ammassi come telescopi cosmici per esplorare l'universo distante.

6.1 Lensing forte da galassie e ammassi di galassie

6.1.1 Scala degli eventi di lensing

Come discusso estensivamente nel Capitolo 5, gli effetti di lensing forte si verificano in prossimità delle linee critiche della lente. Queste linee separano le immagini multiple delle sorgenti che subiscono effetti di lensing forte. Gli archi gravitazionali si formano a seguito della fusione di immagini multiple attraverso le linee critiche, originate da sorgenti estese che si sovrappongono alle caustiche.

È naturale utilizzare la dimensione delle linee critiche per descrivere la scala di una lente forte. Nel caso di una lente circolare, quantifichiamo la dimensione della linea critica tangenziale con il raggio di Einstein (vedi Eq. 5.32). Tuttavia, sia le galassie che gli ammassi di galassie non sono circolari.

M. Meneghetti, *Introduzione al lensing gravitazionale*,
https://doi.org/10.1007/978-3-031-96504-3_6

Le galassie, in particolare le galassie early-type, sono ragionevolmente ben descritte da distribuzioni di massa ellittiche. Gli ammassi di galassie sono le strutture gravitazionalmente legate più grandi dell'universo. Di conseguenza, sono anche le strutture cosmiche più giovani, spesso osservate mentre sono ancora in formazione. Pertanto, le loro distribuzioni di massa sono frequentemente altamente asimmetriche e multimodali. Le corrispondenti linee critiche risultano allungate, irregolari e lontane dall'essere circolari.

Indipendentemente dalla complessità della distribuzione di massa della lente, possiamo comunque utilizzare il raggio di Einstein per quantificare la dimensione di una lente forte. In particolare, possiamo definire il raggio di Einstein equivalente come il raggio del cerchio che racchiude la stessa area A della linea critica della lente,

$$\theta_{E,eq.} = \sqrt{\frac{A}{\pi}} \, . \tag{6.1}$$

Per galassie con masse dell'ordine di $\sim 10^{11}$–10^{12} $M_\odot$, assumendo redshift tipici per le lenti e le sorgenti, la dimensione del raggio di Einstein è dell'ordine di $\sim 1''$. Gli ammassi di galassie, con masse comprese tra 10^{14}–10^{15} $M_\odot$, hanno tipicamente raggi di Einstein dell'ordine di decine di arcosecondi.

6.1.2 Sezione d'urto del lensing forte

Nel caso del microlensing, abbiamo definito la sezione d'urto come l'area racchiusa dall'anello di Einstein della lente (vedi Sez. 4.1.6). Questa definizione della sezione d'urto per la formazione di immagini multiple si applicherebbe alle galassie e agli ammassi di galassie se fossero descritti come SIS. In tal caso, potrebbero formarsi immagini multiple se le sorgenti si trovassero all'interno del raggio del cut, che corrisponde all'anello di Einstein proiettato sul piano della sorgente. Più in generale, la sezione d'urto del lensing forte per la formazione di immagini multiple in galassie e ammassi di galassie è l'area racchiusa dalle caustiche della lente. Questa definizione è esatta nel caso di sorgenti puntiformi. Le sorgenti estese possono produrre immagini multiple anche se sono parzialmente contenute all'interno delle caustiche.

Per ordine di grandezza, la sezione d'urto per la formazione di immagini multiple è fino a pochi arcosecondi quadrati per le galassie e di diverse centinaia di arcosecondi quadrati per gli ammassi di galassie. A causa della piccola sezione d'urto, il lensing forte da parte di galassie è un fenomeno raro. Ad oggi, sono note solo poche centinaia di galassie con lensing forte. Generalmente, in questi eventi una singola galassia lente distorce una sola sorgente retrostante, anche se esistono eccezioni (vedi, ad esempio, Gavazzi et al. 2008).

Gli ammassi di galassie sono oggetti più rari rispetto alle galassie, ma la loro sezione d'urto per il lensing forte è significativamente più grande. Di conseguenza, nelle regioni centrali degli ammassi piú massivi si possono osservare diverse famiglie di immagini multiple originate da sorgenti differenti.

6.1.3   La ricerca di galassie con lensing forte

Mentre le prime scoperte di lenti gravitazionali furono fortuite, a partire dagli anni '90 sono state sviluppate diverse strategie per individuare le lenti forti in modo più sistematico. Possiamo suddividere questi metodi di ricerca in due grandi categorie: quelli orientati alla sorgente e quelli orientati alla lente.

Nel primo caso, gli obiettivi sono sorgenti che hanno un'alta probabilità di essere soggette a lensing. Un esempio di survey di lenti che ha utilizzato questa strategia è il "Cosmic Lens All-Sky Survey" (Myers et al. 2003), che ha cercato sorgenti radio compatte che subiscono effetti di lensing gravitazionale. La survey ha analizzato oltre 10^4 sorgenti radio selezionate da osservazioni snapshot con il Very Large Array (VLA). Queste sorgenti sono state scelte in base alla loro densità di flusso, superiore a 30 µJy a 5 GHz, e al loro spettro radio piatto, ovvero con indice spettrale $\gtrsim 0.5$ tra 1.4 e 5 GHz. Le sorgenti radio a spettro piatto dovrebbero apparire puntiformi in osservazioni a bassa risoluzione come quelle del VLA. Tuttavia, se risultano estese o con componenti multiple, c'è un'alta probabilità che siano fortemente distorte e magnificate da una galassia lungo la linea di vista.

Nella procedura di CLASS, le sorgenti con queste caratteristiche venivano osservate nuovamente con il Multi-Element Radio Linked Interferometer Network (MERLIN), la cui risoluzione spaziale più elevata permetteva di risolvere le emissioni più estese e confermare l'origine gravitazionale della lente. Le candidate lenti che richiedevano una risoluzione ancora maggiore venivano poi osservate con il Very Long Baseline Array (VLBA). Questo strumento consente di rilevare sottostrutture nelle componenti della sorgente e verificare l'ipotesi del lensing controllando se tali sottostrutture presentano morfologie simili in tutte le immagini multiple. La survey CLASS ha identificato 22 lenti gravitazionali: 12 sistemi doppi, 9 quadrupli e un sistema sestuplo.

Un altro esempio di ricerca di lenti che impiega una strategia orientata alla sorgente è stato condotto a lunghezze d'onda sub-mm da Negrello et al. (2010) (vedi anche Negrello et al. 2017), nel contesto dell'Herschel Astrophysical Terahertz Large Area Survey (H-ATLAS; Eales et al. 2010). In questo caso, l'effetto noto come bias di magnificazione è stato usato per identificare galassie polverose ricche di formazione stellare (DSFGs) soggette al lensing di galassie in primo piano. Consideriamo una popolazione di sorgenti la cui densità numerica cumulativa in funzione del flusso può essere approssimata con una legge di potenza, in modo che, in assenza di lensing, la densità numerica cumulativa delle sorgenti sia:

$$n_0(> F) = Q F^{-\delta} , \tag{6.2}$$

dove Q è una costante di proporzionalità, e $\delta > 0$ può dipendere dal flusso.

A causa del lensing, la densità numerica cumulativa osservata delle sorgenti cambia in due modi. Da un lato, il lensing amplifica i flussi delle sorgenti di un fattore μ. Questo effetto aumenta la densità numerica delle sorgenti sopra un dato flusso, poiché $n_0(> F/\mu) > n_0(> F)$. Dall'altro lato, il lensing ingrandisce anche lo spazio tra le sorgenti, causando una diminuzione della densità numerica osservata di

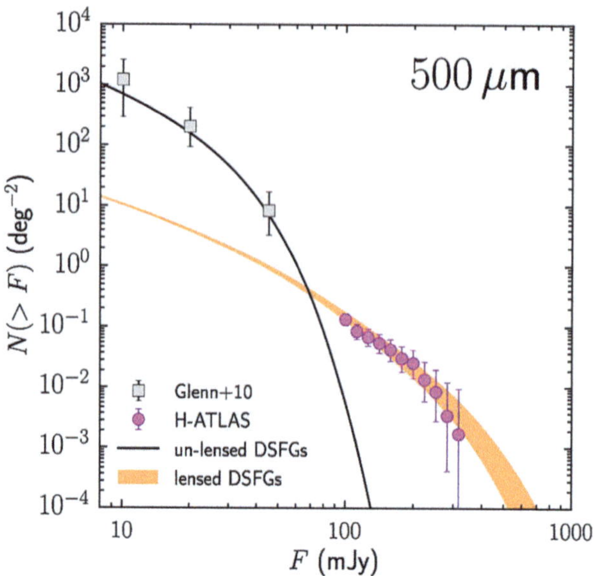

Figura 6.1 L'effetto del bias di magnificazione sulla densità numerica delle DSFGs a 500 μm nella survey H-ATLAS. La linea nera mostra la densità numerica cumulativa delle sorgenti non magnificate in funzione del flusso. I punti in viola rappresentano le misurazioni della survey H-ATLAS, coerenti con la densità numerica cumulativa prevista per sorgenti magnificate, indicata dall'area arancione ombreggiata. Immagine per gentile concessione di M. Negrello

un fattore μ. Tenendo conto di entrambi gli effetti, la densità numerica cumulativa osservata delle sorgenti sopra il flusso F diventa:

$$n(> F) = \frac{Q(F/\mu)^{-\delta}}{\mu} = n_0(> F)\mu^{\delta-1} \, . \tag{6.3}$$

Di conseguenza, quale dei due effetti prevale dipende dal valore di δ. Poiché $\mu \gtrsim 1$, se $\delta > 1$, il numero di sorgenti aumenta. Al contrario, se $\delta < 1$, esso diminuisce.

La Fig. 6.1 illustra come l'effetto di bias di magnificazione può essere usato per identificare lenti gravitazionali forti. La densità numerica cumulativa delle DSFGs non magnificate è rappresentata dalla linea nera continua (vedi Glenn et al. 2010). La curva diventa più ripida con il flusso. Di conseguenza, la densità numerica delle DSFGs diminuisce molto rapidamente per flussi superiori a 100 mJy. I punti dati in viola mostrano la densità numerica osservata di queste sorgenti nella survey H-ATLAS. Questi sono coerenti con le aspettative nel caso di magnificazione da lensing (area arancione ombreggiata). Il lensing diventa dominante per flussi elevati. In particolare, tutte le sorgenti con flusso > 100 mJy sono probabilmente sorgenti magnificate. Usando questo metodo, Negrello et al. (2017) ha identificato 80 galassie che subiscono effetti di lensing forte in un'area di 600 gradi quadrati.

Un esempio di survey di lenti che ha adottato una strategia di ricerca più orientata alla lente è la Sloan Lens ACS survey (SLACS) (Bolton et al. 2006). In questo caso, le candidate lenti vengono selezionate dal Sloan Digital Sky Survey (SDSS). Si tratta di sorgenti i cui spettri mostrano evidenza della presenza di più di una galassia lungo la linea di vista. Per esempio, una galassia di tipo Early Type (ETG) dovrebbe avere lo spettro tipico di una sorgente passiva, senza righe di emissione intense. Se queste sono presenti nello spettro, indicano la presenza di una galassia con formazione stellare lungo la linea di vista. Se questa si trova a un redshift maggiore rispetto alla ETG, è probabile che si tratti di una sorgente che subisce effetti di lensing.

I candidati lente trovati da SLACS sono stati in gran parte ri-osservati con la Advanced Camera for Surveys (ACS) a bordo del telescopio spaziale Hubble. Grazie alla maggiore risoluzione spaziale di queste osservazioni, la presenza di immagini multiple e archi può essere rilevata facilmente, specialmente se sono disponibili immagini multi-banda. Mentre le ETG passive appaiono di colore rossastro, le galassie retrostanti che tipicamente contengono regioni di intensa formazione stellare risultano più blu, facilitandone l'identificazione. SLACS ha identificato circa 150 lenti e candidate lenti in questo modo (Auger et al. 2009; Treu et al. 2011; Brewer et al. 2012; Brownstein et al. 2012; Shu et al. 2017). Si tratta tipicamente di galassie piuttosto massive, l'80% delle quali hanno morfologia ellittica. Il restante 20% è equamente suddiviso tra galassie lenticolari e spirali. Un sottocampione di queste lenti è mostrato in Fig. 6.2.

Altri metodi per trovare lenti gravitazionali includono l'uso di software di ricerca di archi o anelli, ossia codici che individuano automaticamente strutture allungate e blu attorno a galassie rosse (ad esempio Alard 2006; Cabanac et al. 2007; Seidel e Bartelmann 2007; Gavazzi et al. 2014; Maturi et al. 2014; Sonnenfeld et al. 2018). Questi metodi sono stati applicati con successo in survey come lo Strong Lensing Legacy Survey (Seidel e Bartelmann 2007) o la Survey of Gravitationally-lensed Objects in Hyper-Suprime-Cam Imaging (SuGOHI) (Sonnenfeld et al. 2018), individuando decine di lenti e candidate lenti.

Più recentemente, l'avvento di survey su larga scala che coprono migliaia di gradi quadrati di cielo con una buona profondità, come la Kilo-Degree-Survey (KiDS) (de Jong et al. 2017) e la Dark-Energy-Survey (DES) (The Dark Energy Survey Collaboration 2005), ha stimolato l'interesse per l'uso dell'Intelligenza Artificiale nella ricerca di lenti gravitazionali. Nei metodi supervisionati, gli algoritmi vengono addestrati (principalmente con simulazioni realistiche di lenti gravitazionali) a riconoscere le lenti tra diverse morfologie galattiche, sfruttando specifiche caratteristiche. Algoritmi di deep learning, come le reti neurali convolutive (Convolutional Neural Networks, CNNs) (Lecun et al. 2015), sono in grado di apprendere queste caratteristiche distintive dagli esempi forniti durante la fase di addestramento. Esempi di applicazione di queste tecniche in survey recenti sono riportati in Petrillo et al. 2017; Jacobs et al. 2017; Lanusse et al. 2018; Pourrahmani et al. 2018; Jacobs et al. 2019; Huang et al. 2020; Canameras et al. 2020. Per un confronto tra diversi algoritmi e le loro prestazioni, si rimanda a Metcalf et al. 2019.

Questi algoritmi avranno un ruolo cruciale nella ricerca di lenti gravitazionali in future survey, come quelle che verranno realizzate con il Large Synoptic Survey Telescope (recentemente rinominato Rubin Observatory LSST Science Collaboration

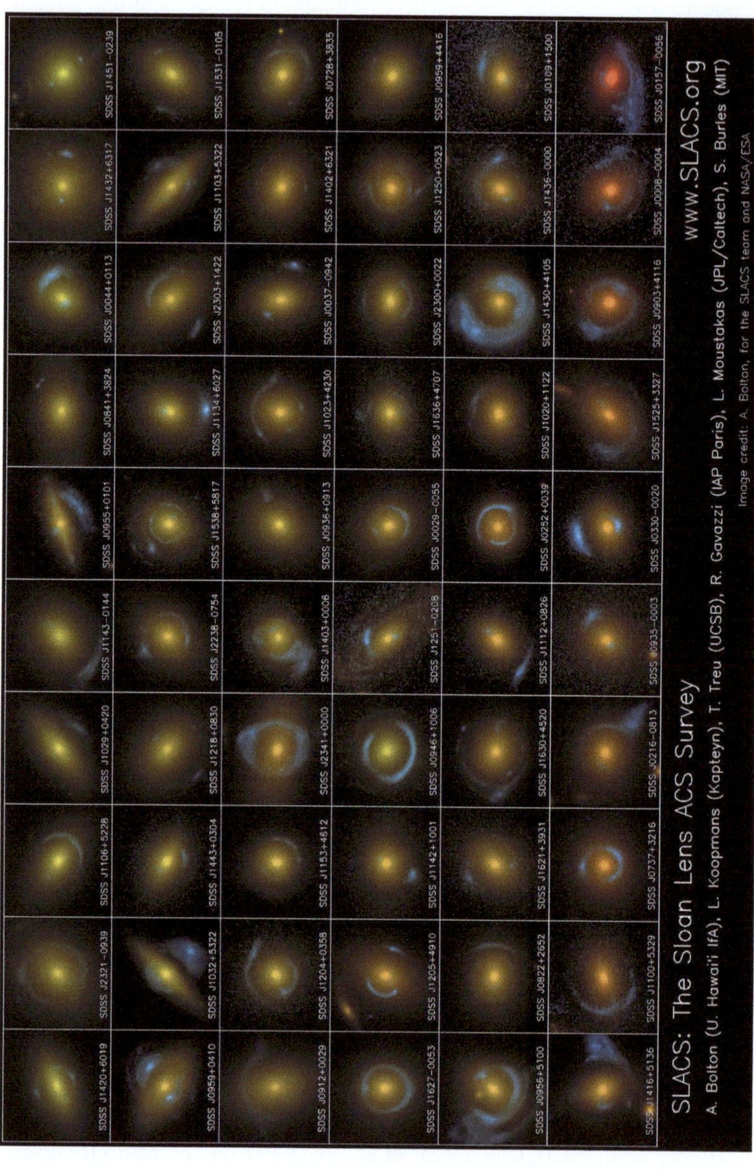

Figura 6.2 Un mosaico a colori di immagini del telescopio spaziale Hubble di 60 galassie lente gravitazionali scoperte dalla survey SLACS. In ciascun caso, la galassia massiccia in primo piano appare in giallo-rosso, mentre le caratteristiche distorte della galassia di sfondo più distante appaiono in blu. Le immagini sono ordinate dall'angolo in alto a sinistra in base alla distanza crescente della galassia lente dalla Terra. Crediti: A. Bolton (UH/IfA) per SLACS e NASA/ESA

et al. 2009), nonché con i telescopi spaziali *Euclid* e *Nancy Grace Roman* (Laureijs et al. 2011; Spergel et al. 2015). Queste survey si prevede aumenteranno il numero di lenti gravitazionali note di diversi ordini di grandezza.

6.1.4 Lensing forte da ammassi di galassie

La fenomenologia del lensing gravitazionale forte negli ammassi di galassie è estremamente variegata, a causa della complessità della loro distribuzione di massa. La Fig. 6.3 mostra il nucleo dell'ammasso di galassie MACS J1206.2-0847 a $z = 0.439$, osservato nell'ambito del Cluster Lensing and Supernova Survey with Hubble (CLASH, Postman et al. 2012). Le caratteristiche più evidenti del lensing forte in questo ammasso sono gli archi tangenziali e radiali giganti, che si estendono per decine di arcosecondi nel cielo. Un singolo ammasso può distorcere contemporaneamente molte sorgenti lontane, generando anche centinaia di immagini multiple. Bergamini et al. (2019) ha identificato e confermato spettroscopicamente 82 immagini multiple di 27 galassie con redshift compreso tra $z_L \sim 1$–7 nel campo di MACSJ1206 (vedi anche Caminha et al. 2017; Bonamigo et al. 2018). Queste immagini sono indicate con cerchi nella Fig. 6.3.

Inoltre, anche le singole galassie all'interno dell'ammasso possono agire come lenti forti, distorcendo le immagini di sorgenti di fondo e producendo immagini multiple attorno a linee critiche secondarie più piccole (vedi, ad esempio, il pannello in basso a sinistra della Fig. 6.3). Questi eventi di lensing forte tra galassie sono più comuni negli ammassi rispetto al campo, in parte grazie all'elevata densità di massa nell'ambiente dell'ammasso (Meneghetti et al. 2020).

Il numero di immagini multiple di una sorgente dipende dalla sua posizione rispetto alle caustiche. Le lenti composte da più componenti di massa, come gli ammassi di galassie, possono presentare caustiche molto complesse, con le caustiche delle singole componenti che si sovrappongono o si fondono insieme. Di conseguenza, una singola sorgente, o parti di essa, può generare più di cinque immagini (il numero massimo di immagini che una lente ellittica può produrre). Un caso eccezionale di elevata molteplicità di immagini è mostrato in Fig. 6.4. L'ammasso PSZ1 G311.65-18.48, situato a redshift $z = 0.443$, ospita un magnifico sistema di archi tangenziali giganti, noto come *Sunburst arc* (Dahle et al. 2016). Questi archi sono immagini multiple di una sorgente a redshift $z = 2.369$. Rivera-Thorsen et al. (2019) ha identificato in questa sorgente una regione compatta di formazione stellare che viene riprodotta ben 12 volte all'interno del sistema Sunburst arc. Questo fenomeno è dovuto al fatto che diverse galassie dell'ammasso (almeno cinque) perturbano la linea critica dell'alone principale dell'ammasso. La molteplicità di questa regione compatta e brillante è stata confermata spettroscopicamente: infatti, Rivera-Thorsen et al. (2019) ha rilevato in tutte queste immagini multiple una caratteristica spettrale tipica, indicativa della emissione di radiazione nel continuo di Lyman.

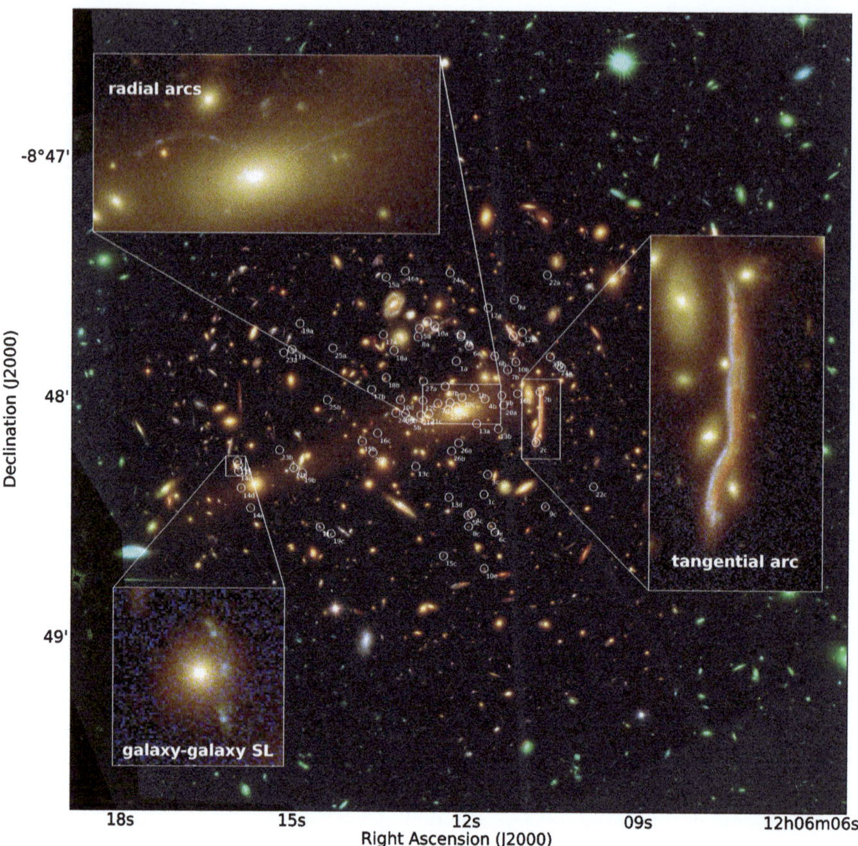

Figura 6.3   Immagine a colori dell'ammasso di galassie MACS J1206.2-0847, osservato con il telescopio spaziale Hubble. Questo ammasso presenta molteplici caratteristiche di lensing forte, tra cui archi tangenziali e radiali giganti, numerose famiglie di immagini multiple di sorgenti lontane (segnalate con cerchi) e persino eventi di lensing forte tra galassie (come mostrato nel pannello in basso a sinistra). Bergamini et al. (2019), Caminha et al. (2017) e Bonamigo et al. (2018) hanno utilizzato le immagini multiple qui mostrate per costruire il modello di massa di questo ammasso di galassie. Le etichette accanto a ciascun cerchio indicano la famiglia cui le immagini appartengono e la loro molteplicità

Pertanto, il lensing forte da parte degli ammassi di galassie può manifestarsi in diversi modi, rendendo difficile automatizzare completamente la ricerca di questi effetti. Finora, sono stati sviluppati alcuni *arc finders* per rilevare automaticamente strutture allungate come gli archi gravitazionali (Alard 2006; Seidel e Bartelmann 2007; Maturi et al. 2014; Xu et al. 2016; Stapelberg et al. 2019). Questi archi, tra le più evidenti manifestazioni di lensing forte, possono rappresentare il punto di partenza per individuare ulteriori immagini multiple e archi piú piccoli. Ad esempio, (Carrasco et al. 2020) ha proposto di costruire un primo modello di lente per l'ammasso basandosi sugli archi rilevati, assumendo che la distribuzione di luce delle

Figura 6.4 Immagine a colori del nucleo dell'ammasso di galassie PSZ1 G311.65-18.48, osservato con il telescopio spaziale Hubble. Nel nucleo dell'ammasso è visibile un sistema unico di archi gravitazionali, soprannominato *Sunburst arc*. Questi archi corrispondono alle immagini multiple di una sorgente a redshift $z = 2.369$. All'interno degli archi, una regione compatta di formazione stellare della sorgente, di colore violaceo, appare 12 volte, come indicato dalle etichette bianche. Crediti: ESA/Hubble, NASA, Rivera-Thorsen et al

galassie dell'ammasso tracci la sua distribuzione di massa. Questo modello può poi essere utilizzato per prevedere la posizione di ulteriori immagini multiple.

Tuttavia, più comunemente, la ricerca delle manifestazioni del lensing forte negli ammassi di galassie non è un processo automatico e richiede un notevole intervento umano. I candidati immagini multiple vengono identificati combinando diverse informazioni. Innanzitutto, quando sono disponibili immagini multi-banda, è possibile utilizzare la similarità dei colori delle immagini. In secondo luogo, sebbene le perturbazioni causate da componenti di massa secondarie possano spostare le posizioni delle immagini multiple di alcuni arcosecondi e aumentare la loro molteplicità, in generale la geometria dei sistemi di immagini è approssimativamente coerente con quella discussa nel Capitolo 5 per lenti relativamente semplici, come le lenti ellittiche. In terzo luogo, come mostrato nella Sez. 5.4.1, le immagini multiple devono soddisfare le regole di inversione di parità, poiché si formano su lati opposti rispetto alle linee critiche della lente. Le galassie distanti sono spesso galassie con regioni di formazione stellare, irregolari o spirali. Se osservate con strumenti come il telescopio spaziale Hubble, è possibile identificare facilmente, all'interno delle immagini multiple della stessa sorgente, caratteristiche comuni come ammassi di stelle o bracci a spirale (come mostrato in precedenza per l'arco Sunburst), e le loro posizioni relative possono essere utilizzate per verificare la coerenza con le regole di parità menzionate.

Una volta individuate le possibili immagini multiple, è essenziale confermare le identificazioni utilizzando la spettroscopia. Infatti, le immagini multiple devono condividere lo stesso spettro della sorgente originale. L'identificazione inequivocabile di caratteristiche spettrali, come linee di emissione o assorbimento, permette di misurare il redshift della sorgente, un parametro cruciale per costruire il modello di massa della lente.

Negli ultimi anni, l'introduzione di strumenti come lo spettrografo Multi-Unit-Spectroscopic-Explorer (MUSE) montato sul Very-Large-Telescope (VLT) (Bacon et al. 2010) si è rivelata estremamente utile per le analisi di lensing forte negli ammassi di galassie. MUSE è uno spettrografo a campo integrale con un campo visivo di 1 arcmin quadrato, abbastanza ampio da contenere le linee critiche di un ammasso di massa medio-alta. Anche negli ammassi più gramdo, MUSE può coprire la regione critica del lensing con pochi puntamenti. L'osservazione con MUSE produce un data-cube, ovvero una serie di immagini monocromatiche del campo dell'ammasso a diverse lunghezze d'onda comprese tra 4750–9350 Å. Grazie a questo strumento, è possibile estrarre gli spettri di tutte le sorgenti nel campo di vista, inclusi membri dell'ammasso, galassie in primo piano e sullo sfondo, nonché immagini multiple di sorgenti lontane che subiscono gli effetti di lensing forte dell'ammasso. MUSE si è dimostrato particolarmente utile nell'identificare immagini multiple di sorgenti con emissione di righe spettrali, le quali possono essere facilmente isolate nel data-cube con il continuo sottratto.

Ad esempio, la Fig. 6.5 mostra una sezione del data-cube MUSE centrata a 7593 Å con una larghezza di 5 Å, estratta per l'ammasso MACS J1206.2-0847. La sorgente visibile è la stessa che appare come l'arco tangenziale gigante mostrato in Fig. 6.3. A nord dell'arco si nota chiaramente una contro-immagine alla stessa lunghezza d'onda, mentre tutte le altre sorgenti, inclusi i membri dell'ammasso, non compaiono nella sezione con il continuo sottratto. Questa radiazione corrisponde all'emissione [OII] di una sorgente a $z = 1.0369$. Sebbene questo arco sia visibile anche nelle osservazioni di HST, altre sorgenti con righe in emissione possono talvolta essere identificate nel data-cube MUSE senza alcuna controparte ottica (vedi, ad esempio, Caminha et al. 2017).

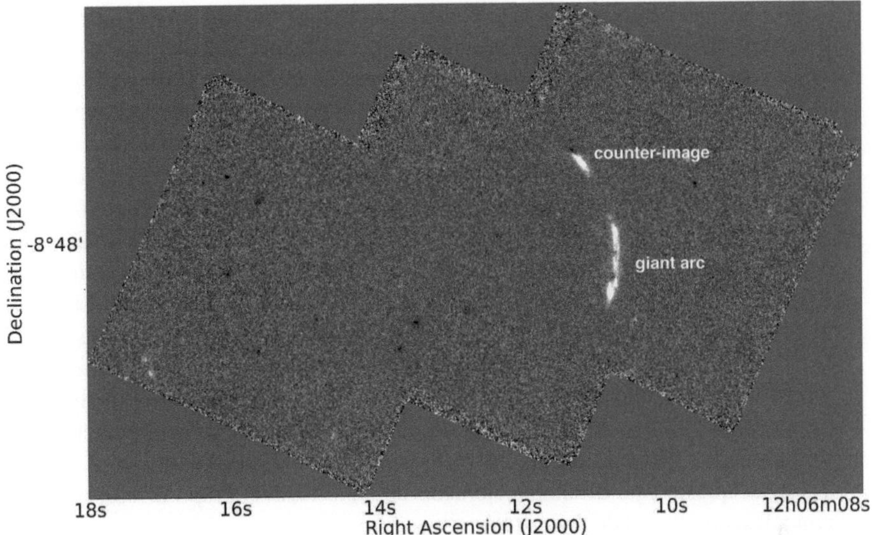

Figura 6.5 Porzione di spettro centrata a 7593 Å e con larghezza di 5 Å, estratta dal data-cube MUSE di MACS J1206.2-0847. A questa lunghezza d'onda, l'emissione [OII] dell'arco gigante mostrato in Fig. 6.3 ($z_S = 1.0369$) è chiaramente visibile e isolata dalle altre sorgenti. È facile riconoscere la contro-immagine dell'arco piú a nord

6.1.5   *Inversione della lente*

Una delle principali applicazioni del lensing gravitazionale è la ricostruzione della distribuzione di massa della lente. A questo scopo si possono utilizzare tre tipi di vincoli:

1. le posizioni delle immagini multiple della sorgente forniscono informazioni sul campo di deflessione della lente, ovvero sulle derivate prime del potenziale del lensing. Questi vincoli sono i più facili da ottenere, a condizione che siano disponibili dati di imaging profondi e ad alta risoluzione. Lo strumento attualmente più avanzato per l'osservazione di lenti gravitazionali forti nel visibile e nel vicino infrarosso è il telescopio spaziale Hubble, grazie alla sensibilità e risoluzione della sua Advanced Camera for Surveys (ACS) e della Wide-Field Camera 3 (WFC3). In alternativa, per osservazioni da terra, solo l'imaging con ottica adattiva (AO) è in grado di fornire la risoluzione necessaria (Chen et al. 2019, 2016). L'AO è una tecnologia che corregge in tempo reale le distorsioni del fronte d'onda causate dall'atmosfera (Rousset et al. 1990), consentendo di ottenere immagini con una *point-spread-function* (PSF) quasi corrispondente al limite di diffrazione. Poiché la correzione delle distorsioni viene calcolata utilizzando le immagini di stelle vicine, l'uso di questa tecnologia è attualmente limitato a pochi sistemi su scala galattica e non è ancora applicabile su scala di ammassi di

galassie. Questo limite potrà essere superato con l'arrivo della nuova generazione di sistemi di *Multi-Conjugate-Adaptive-Optics* (Rigaut e Neichel 2020).

2. i flussi (magnificazione) e le forme delle immagini multiple e degli archi gravitazionali forniscono informazioni sulle derivate di ordine superiore (principalmente seconde) del potenziale del lensing. Per questa ragione, questi vincoli sono sensibili anche alle componenti di massa su piccola scala della lente. Ad esempio, la curvatura dell'arco tangenziale gigante in Fig. 6.3 riflette la presenza di un grande alone di materia oscura centrato sulla Brightest-Central-Galaxy (BCG) di MACS J1206.2-0847. Inoltre, la parte più meridionale dell'arco è ulteriormente distorta da una delle galassie dell'ammasso. Analogamente, le sottostrutture nelle galassie perturbano le immagini delle sorgenti estese, come discusso nella Sez. 5.7. Effetti dovuti a sottostrutture con masse $\sim 10^8 \ M_\odot$, o forse anche più piccole, possono essere rilevati con osservazioni ad altissima risoluzione, oggi possibili grazie all'interferometria nelle lunghezze d'onda centimetriche e millimetriche (Hezaveh et al. 2016; Spingola et al. 2018; Powell et al. 2020). Tuttavia, questo tipo di analisi richiede un significativo tempo di osservazione con telescopi di grande apertura.

3. i ritardi temporali relativi tra immagini multiple. Come discusso nelle Sez. 3.6.1 e 5.8, i ritardi temporali forniscono informazioni sul potenziale del lensing. Tuttavia, questi vincoli sono disponibili solo per poche decine di lenti, poiché possono essere misurati solo se la sorgente è intrinsecamente variabile (i.e. Refsdal 1964). Queste sorgenti sono rare: si tratta principalmente di quasar o esplosioni di supernovae. Inoltre, i ritardi temporali sono difficili da misurare, in quanto richiedono un monitoraggio continuo delle sorgenti con un'elevata precisione fotometrica per lunghi periodi. La sorgente deve mostrare variazioni di luminosità significative su scale temporali più brevi rispetto alla durata del monitoraggio. Molti quasar hanno una variabilità ridotta, mentre le esplosioni di supernovae sono imprevedibili. È quindi necessario un sistema di allerta per avviare il loro follow-up subito dopo la scoperta. Una volta acquisite le curve di luce delle singole immagini, queste devono essere confrontate per determinare il ritardo temporale. Questo processo è complesso, poiché errori sistematici nella fotometria o eventi di microlensing sulle singole immagini possono introdurre variazioni non correlate tra le curve di luce (Eigenbrod et al. 2005; Kochanek et al. 2006; Courbin et al. 2011; Tewes et al. 2013).

Il processo che converte i vincoli osservativi del lensing forte nella distribuzione di massa della lente è chiamato *inversione della lente*. Esistono due principali classi di algoritmi per l'inversione, noti come *parametrici* e *free-form* (o non-parametrici), che verranno discussi dettagliatamente nelle sezioni seguenti.

Algoritmi di ricostruzione parametrica

Nel *modeling parametrico* della lente, la distribuzione di massa viene ricostruita combinando più componenti di massa, spesso posizionate assumendo che la luce

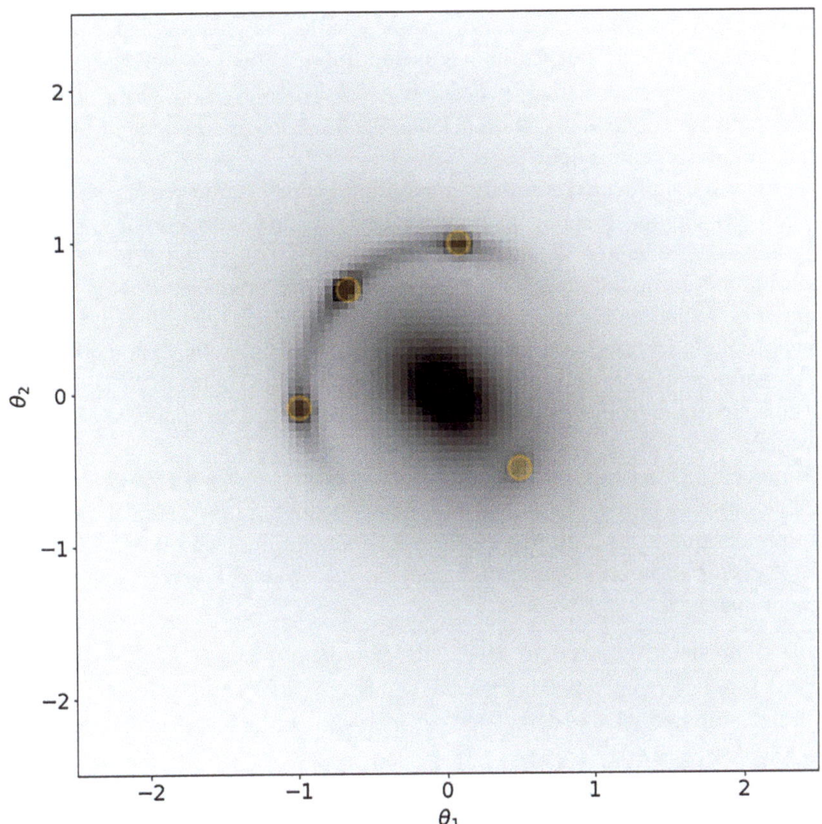

Figura 6.6 Immagine simulata di un evento di lensing forte osservato con un telescopio simile a HST. La scala dei pixel è di 0.03″ e il lato dell'immagine misura 5″. La banda osservativa non è rilevante in questo esempio. L'evento coinvolge una galassia lente early-type e una sorgente ellittica che ospita un quasar al suo centro. La simulazione include la PSF dello strumento (vedi Sez. 6.2.6), qui assunta di forma gaussiana con una Full-Width-at-Half-Maximum (FWHM) di 0.1″

sia un buon tracciante di come la materia è distribuita nella lente. Ad esempio, un ammasso di galassie è descritto come un insieme di componenti di massa associate a ciascuna galassia dell'ammasso, oltre a uno o più aloni di massa più estesi legati alle BCG. Ogni componente di massa è caratterizzato da un insieme di parametri che ne descrivono il profilo di densità e la forma. Alcuni dei modelli più utilizzati per descrivere queste distribuzioni di materia sono stati presentati nel Capitolo 5. Lo spazio dei parametri di questi modelli viene esplorato per trovare la combinazione migliore che riproduca le posizioni, le forme, le magnitudini e i ritardi temporali relativi delle immagini multiple e degli archi.

Consideriamo, innanzitutto, un evento di lensing forte simile a quello mostrato in Fig. 6.6. Questa immagine simulata mostra una galassia early-type ellittica che agisce da lente gravitazionale su un quasar e sulla sua galassia ospite. Possiamo facilmente identificare quattro immagini multiple del quasar (indicate con cerchi gialli pieni). Le loro posizioni, $\vec{\theta}_i$ con $1 \leq i \leq 4$, possono essere utilizzate per vincolare la distribuzione di massa della lente. A tale scopo, assumiamo di conoscere i redshift della sorgente e della lente.

Seguendo l'approccio parametrico, assumiamo che la lente possa essere modellata con una singola componente di massa, descritta da un modello in cui la densità superficiale della lente è funzione di n parametri, $\vec{p} = [p_1, \ldots, p_n]$. Ad esempio, se decidiamo di modellare la lente con un profilo SIE (vedi Sez. 5.4.1), i parametri possono includere il rapporto degli assi, l'orientazione (cioè l'angolo tra l'asse maggiore della lente e l'asse verticale dell'immagine) e la dispersione di velocità σ_v. Il centro della lente può essere assunto coincidere col centro della galassia lente (assumendo quindi che la luce della lente tracci la sua massa) oppure lasciato libero di variare.

Il procedimento per adattare il modello alla lente consiste nel trovare la combinazione ottimale di parametri che riproduce le posizioni osservate delle immagini multiple del quasar. Questo può essere implementato in diversi modi. Consideriamo, ad esempio, la cosiddetta *ottimizzazione sul piano della lente*, che prevede i seguenti passaggi:

1. dato un insieme di parametri della lente, calcoliamo l'angolo di deflessione nelle posizioni osservate delle immagini del quasar, $\vec{\alpha}(\vec{\theta}_i | \vec{p})$;
2. utilizziamo l'equazione della lente per mappare queste posizioni nel piano della sorgente:

$$\vec{\beta}_i(\vec{p}) = \vec{\theta}_i - \vec{\alpha}(\vec{\theta}_i | \vec{p}) \; ; \tag{6.4}$$

3. i punti risultanti, $\vec{\beta}_i(\vec{p})$, possono essere utilizzati per determinare la posizione presunta della sorgente. Sebbene essi siano distribuiti su una regione estesa del piano della sorgente e non siano coincidenti, essendo il modello imperfetto, possiamo stimare la posizione della sorgente calcolando la loro posizione media:

$$\vec{\beta}(\vec{p}) = \frac{\sum_{i=1}^{i=N_{ima}} \vec{\beta}_i(\vec{p})}{N_{ima}} \; , \tag{6.5}$$

dove $N_{ima} = 4$ è il numero di immagini osservate del quasar;
4. risolvendo l'equazione della lente, la posizione presunta della sorgente può essere mappata nuovamente nel piano della lente in un insieme di punti immagine,

$$\vec{\beta}(\vec{p}) \rightarrow \{\vec{\theta}_i(\vec{p}) \; ; i = 1, \ldots, N_{ima,\vec{p}}\} \; . \tag{6.6}$$

Si noti che il numero di immagini predette dal modello in questo modo, $N_{ima,\vec{p}}$, può differire da N_{ima};

5. per confrontare le posizioni osservate e quelle previste delle immagini, possiamo definire una funzione di costo come

$$\chi^2(\vec{p}) = \sum_{i=1}^{N_{ima}} \frac{[\vec{\theta}_i - \vec{\theta}_i(\vec{p})]^2}{\sigma_i^2} \, , \qquad (6.7)$$

dove $\vec{\theta}_i(\vec{p})$ è la posizione dell'immagine più vicina a quella osservata in $\vec{\theta}_i$ e σ_i è l'errore sulla posizione della i-esima immagine;

6. per trovare il miglior modello di lente, possiamo variare i parametri $\vec{p}$ in modo da minimizzare la funzione χ^2, oppure, equivalentemente, massimizzare la verosimiglianza per le posizioni osservate delle immagini dato il set di parametri $\vec{p}$,

$$\mathcal{L}(\vec{p}) = \frac{1}{\prod_{i=1}^{N_{ima}} \sigma_i \sqrt{2\pi}} \exp -\frac{\chi^2(\vec{p})}{2} \, . \qquad (6.8)$$

Nel caso in cui siano presenti più famiglie di immagini multiple, può essere applicata la stessa procedura, ma la funzione di verosimiglianza deve essere ridefinita come il prodotto delle verosimiglianze per ciascuna famiglia:

$$\mathcal{L}(\vec{p}) = \prod_{j=1}^{N_{fam}} \frac{1}{\prod_{i=1}^{N_{ima}} \sigma_{ji} \sqrt{2\pi}} \exp -\frac{\chi_j^2(\vec{p})}{2} \, , \qquad (6.9)$$

dove χ_j^2 è definito come in Eq. 6.7, ma si riferisce alla j-esima famiglia di immagini multiple e σ_{ji} è l'errore sulla posizione della i-esima immagine della j-esima famiglia. Si noti che massimizzare questa verosimiglianza equivale a minimizzare il χ^2 totale definito come

$$\chi^2_{tot}(\vec{p}) = \sum_{j=1}^{N_{fam}} \chi_j^2(\vec{p}) \, . \qquad (6.10)$$

Un'alternativa all'ottimizzazione sul piano della lente è data dall'*ottimizzazione sul piano della sorgente*. Idealmente, le immagini multiple dovrebbero essere mappate nella stessa posizione nel piano della sorgente se i parametri del modello coincidessero esattamente con quelli della lente. Pertanto, possiamo definire un χ^2 nel piano della sorgente come

$$\chi_s^2(\vec{p}) = \sum_{i=1}^{N_{ima}} \frac{[\vec{\beta}_i(\vec{p}) - \vec{\beta}(\vec{p})]^2}{\mu_i(\vec{p})^{-2}\sigma_i^2} \, , \qquad (6.11)$$

che possiamo minimizzare variando i parametri $\vec{p}$. Il principale vantaggio di questo approccio è che il passo 4 della procedura descritta sopra può essere evitato. La risoluzione numerica dell'equazione della lente è computazionalmente onerosa, specialmente quando si utilizzano molte famiglie di immagini multiple come vincoli. Per questo motivo, l'ottimizzazione nel piano della lente è significativamente più lenta rispetto a quella nel piano della sorgente. Inoltre, non è necessario confrontare una per una le immagini osservate con quelle previste dal modello nel calcolo del χ^2.

Tuttavia, questo approccio ha anche alcuni svantaggi. Uno è dato dal fatto che l'errore su ciascun $\beta_i(\vec{p})$ deve essere stimato utilizzando la magnificazione $\mu_i(\vec{p}) = \mu(\vec{\theta}_i|\vec{p})$ prevista dal modello nella posizione dell'immagine. Inoltre, l'ottimizzazione nel piano della sorgente può introdurre bias sistematici, favorendo modelli con profili di densità più piatti e maggiore ellitticità (Kneib e Natarajan 2011).

La funzione χ^2 totale può essere ulteriormente estesa per includere termini aggiuntivi, nel caso in cui siano disponibili altri vincoli. Ad esempio, per includere anche i vincoli dai flussi (o dai rapporti di flusso) e dai ritardi temporali relativi tra le immagini multiple, oltre a quelli derivanti dalle posizioni delle immagini, possiamo definire il χ^2 totale come

$$\chi^2_{tot}(\vec{p}) = \chi^2_{pos}(\vec{p}) + \chi^2_{flux}(\vec{p}) + \chi^2_{time}(\vec{p}) \, , \tag{6.12}$$

dove $\chi^2_{pos}(\vec{p})$ è definito nelle Eq. 6.7 e 6.10, mentre gli altri due termini sono definiti in modo analogo. Per una singola sorgente, il contributo al χ^2 totale derivante dai flussi è dato da

$$\chi^2_{flux}(\vec{p}) = \sum_{i=1}^{N_{ima}} \frac{[\mu_i(\vec{p})F_s - F_i]^2}{\sigma^2_{F_i}} \, , \tag{6.13}$$

dove F_i e σ_{F_i} sono rispettivamente il flusso osservato e il suo errore per la i-esima immagine. Il flusso intrinseco della sorgente F_s è un parametro libero nel fit. In alternativa, si può modellare direttamente il rapporto tra i flussi delle immagini, eliminando così F_s come parametro libero.

Il contributo al χ^2 totale derivante dai ritardi temporali è invece

$$\chi^2_{time}(\vec{p}) = \sum_{ik} \frac{[\Delta t_{ik}(\vec{p}) - \Delta t_{ik}]^2}{\sigma^2_{\Delta t_{ik}}} \, , \tag{6.14}$$

dove $\Delta t_{ik}(\vec{p})$ e Δt_{ik} sono rispettivamente i ritardi temporali previsti dal modello e quelli osservati tra le immagini i e k. Nell'Eq. 6.14, $\sigma^2_{\Delta t_{ik}}$ rappresenta l'errore sulle misure dei ritardi temporali.

Ricostruzione simultanea della sorgente e della lente

Finora, si è assunto che le sorgenti fossero puntiformi. Questa approssimazione viene spesso utilizzata anche in presenza di sorgenti estese. Nell'esempio mostrato nella sezione precedente, i vincoli sono stati derivati dalle immagini di un quasar, senza considerare la presenza della sua galassia ospite. Anche all'interno di archi molto estesi, come quello mostrato in Fig. 6.4, si possono identificare regioni luminose di formazione stellare ripetute nelle immagini multiple, che possono essere utilizzate come vincoli puntiformi.

Tuttavia, è possibile anche sfruttare l'intera informazione proveniente dalle sorgenti estese, ricostruendo contemporaneamente sia la sorgente che la lente. Consideriamo una sorgente con brillanza superficiale intrinseca $I_s(\vec{\beta})$. La brillanza superficiale delle sue immagini è $I(\vec{\theta})$. Possiamo modellare la brillanza superficiale della sorgente con un insieme di parametri $\vec{p}_s$, definendo $I_s(\vec{\beta}|\vec{p}_s)$. Poiché la brillanza superficiale si conserva, per un dato insieme di parametri della lente, $\vec{p}$, possiamo ricavare la brillanza superficiale dell'immagine predetta dal modello come

$$I(\vec{\theta}|\vec{p}, \vec{p}_s) = I_s[\vec{\theta} - \vec{\alpha}(\vec{\theta}|\vec{p})|\vec{p}_s] \ . \tag{6.15}$$

Possiamo considerare le immagini come una collezione di N_{pix} pixel. Il i-esimo pixel fornisce una misura della luminosità superficiale, I_i, nella posizione $\vec{\theta}_i$. Queste misure possono essere raccolte in un vettore dati osservato, $\vec{d}$. Allo stesso modo, utilizzando Eq. 6.15, possiamo costruire il vettore dati del modello $\vec{d}_{mod} = [I(\vec{\theta}_i|\vec{p}, \vec{p}_s)]$. Infine, possiamo definire la funzione di χ^2 come

$$\chi^2 = [\vec{d} - \vec{d}_{mod}]^T C_I^{-1} [\vec{d} - \vec{d}_{mod}] \ , \tag{6.16}$$

dove C_I è la matrice di covarianza della brillanza superficiale dei pixel.

La sorgente può essere modellata in diversi modi. Ad esempio, è possibile parametrizzare la sua brillanza superficiale con una funzione analitica e assumere che essa abbia una forma ellittica. Una scelta comune è il profilo di brillanza superficiale di Sérsic (vedi Eq. 3.100). In questo caso, i parametri della sorgente includerebbero il raggio efficace, l'indice di Sérsic, il flusso totale, le coordinate del centro, l'ellitticità e l'angolo di posizione.

In alternativa, la sorgente può essere modellata come una collezione di pixel o espansa in una serie di funzioni base. In questi casi, ogni pixel o coefficiente dell'espansione rappresenta un parametro libero da determinare minimizzando la funzione di χ^2 (Warren e Dye 2003; Suyu et al. 2006; Vegetti e Koopmans 2009).

Nel caso di sorgenti pixelizzate, la cui brillanza superficiale viene valutata in posizioni finite $\vec{\beta}_i$ con $i = [1, \ldots, N_{pix,s}]$, il vettore dati del modello può essere scritto come il prodotto di un operatore di lensing $L(\vec{p})$ di dimensione $N_{pix} \times N_{pix,s}$ e del vettore sorgente $\vec{s} = [I_s(\vec{\beta}_i)]$:

$$\vec{d}_{mod} = L(\vec{p})\vec{s} \ . \tag{6.17}$$

Vegetti e Koopmans (2009) ha mostrato che $L(\vec{p})$ può essere scritto come un operatore di interpolazione, ossia ciascun elemento $d_k = I(\vec{\theta}_k)$ di $\vec{d}_{mod}$ viene ottenuto eseguendo un'interpolazione bilineare nel piano della sorgente utilizzando tre valori della luminosità superficiale della sorgente valutati ai vertici di un triangolo contenente il punto $\vec{\beta}_k = \vec{\theta}_k - \vec{\alpha}(\vec{\theta}_k | \vec{p})$.

Per un dato insieme di parametri della lente, $\vec{p}$, è possibile determinare il vettore sorgente $\vec{s}$ come

$$\vec{s} = L(\vec{p})^{-1}\vec{d} \ . \tag{6.18}$$

Esplorando lo spazio dei parametri della lente, si può trovare la combinazione ottimale di parametri $\vec{p}$ e della sorgente $\vec{s}$ che meglio riproduce i dati, ottenendo così la ricostruzione simultanea della sorgente e della lente.

Nella descrizione di questo algoritmo, abbiamo trascurato diversi problemi. Innanzitutto, le immagini sono rumorose. Ciò implica che la sorgente ricostruita tramite Eq. 6.18 può presentare forti discontinuità e variazioni tra pixel e pixel, risultando non fisicamente plausibile. Per imporre una variazione più regolare nei valori dei pixel nel piano della sorgente, è necessario introdurre un vincolo sui parametri della sorgente. Questo può essere ottenuto ridefinendo il χ^2 con l'aggiunta di un termine di regolarizzazione,

$$\chi^2 \rightarrow \chi^2 + \lambda \vec{s}^T H \vec{s} \ , \tag{6.19}$$

dove λ è una costante di regolarizzazione e H è una matrice di regolarizzazione (Suyu et al. 2006).

Inoltre, è necessario tenere conto dell'effetto di sfocatura introdotto dalla PSF nel calcolo del vettore dati del modello, affinché possa essere confrontato con i dati osservati. A tal fine, si introduce un ulteriore operatore B, chiamato *operatore di sfocatura*, in modo che l'Eq. 6.17 venga riscritta come

$$\vec{d}_{mod} = BL(\vec{p})\vec{s} \ . \tag{6.20}$$

Modelli parametrici complessi

Gli ammassi e i gruppi di galassie presentano distribuzioni di massa complesse e si trovano spesso in ambienti densi, con filamenti di materia che si estendono dalle loro periferie e si collegano ad altri ammassi (Limousin et al. 2012; Merten et al. 2011; Dietrich et al. 2012; Jauzac et al. 2016; Kondo et al. 2020). Nell'approccio parametrico, i modelli di lente di questi sistemi contengono tipicamente molte componenti di massa e perturbazioni esterne, combinate come descritto nella Sez. 5.7. Le osservazioni suggeriscono che la distribuzione di massa degli ammassi sia dominata da un alone esteso di materia oscura. Quando si costruisce un modello di lente, questo alone è modellato con una o più componenti di massa su larga scala. Tali componenti hanno raggi viriali dell'ordine di $\sim 1\mathrm{Mpc}$ e sono tipicamente associate alle BCG. La combinazione di più componenti su larga scala si rende necessaria per descrivere ammassi di galassie in fase di fusione (merger), ma anche per riprodurre asimmetrie e allungamenti nelle distribuzioni di materia di queste strutture cosmiche relativamente giovani. La presenza di ulteriori componenti di massa nei dintorni dell'ammasso può essere modellata tramite perturbazioni esterne (vedi Sez. 5.6). Inoltre, circa il 15% della massa degli ammassi è costituito da gas caldo e diffuso (Sarazin 1988; Ettori et al. 2013), che può essere incluso come una ulteriore componente nel modello della lente, come mostrato da Bonamigo et al. (2018). Infine, come discusso nella Sez. 6.1.4, i modelli devono includere componenti su piccola scala associate alle galassie dell'ammasso.

I modelli di lente che comprendono più componenti di massa e perturbazioni esterne hanno un numero elevato di parametri liberi. Di conseguenza, sono necessari molti vincoli per rompere le possibili degenerazioni del modello e determinare in modo robusto la distribuzione di massa della lente. Un grosso limite è rappresentato dal fatto che gli ammassi contengono centinaia di galassie nelle loro regioni centrali. Se tutte venissero incluse nei modelli di lente, il numero di parametri liberi supererebbe di gran lunga il numero di vincoli disponibili per costruire un modello. Per mitigare questo problema, è pratica comune includere solo le galassie dell'ammasso più luminose di una certa soglia, situate entro una regione attorno al centro dell'ammasso, la cui dimensione è approssimativamente il doppio del raggio di Einstein dell'ammasso stesso. Ad esempio, Bergamini et al. (2019) include solo le galassie con magnitudine nella banda F160W di HST inferiore a 24. Questa magnitudine è un buon indicatore della massa stellare, e quindi la selezione in luminosità è motivata dall'assunzione che solo le galassie più massicce producano effetti di lensing non trascurabili.

Sebbene l'uso di un sottogruppo di galassie aiuti a ridurre il numero di parametri liberi del modello, spesso ciò non è sufficiente. Infatti, diverse decine di galassie per ammasso superano il taglio in magnitudine menzionato sopra. Fortunatamente, solo alcune di queste galassie sono sufficientemente vicine alle immagini multiple e agli archi da richiedere che i loro effetti di lente siano modellati individualmente. Per tutte le altre galassie, si può adottare un approccio in grado di ridurre notevolmente la dimensionalità dello spazio dei parametri, trattandole come una popolazione che segue relazioni di scala ben motivate.

Ad esempio, basandosi sul teorema viriale, la massa totale di una galassia può essere collegata alla dispersione di velocità delle sue stelle e al raggio efficace come

$$M \propto \sigma_v^2 r_e \; . \tag{6.21}$$

La luminosità della galassia è legata alla brillanza superficiale media all'interno del raggio efficace, I_e, dalla relazione

$$L \propto I_e r_e^2 \; . \tag{6.22}$$

Il rapporto massa-luminosità è quindi

$$\left(\frac{M}{L}\right) \propto \frac{\sigma_v^2}{r_e I_e} \; . \tag{6.23}$$

Assumendo che $M/L \propto L^{-\delta}$, si ottiene che

$$\left(\frac{M}{L}\right) \propto (I_e r_e^2)^{-\delta} \, . \tag{6.24}$$

Combinando le Eq. 6.23 e 6.24, si ricava che

$$r_e \propto \sigma_v^{\frac{2}{2-\delta}} I_e^{\frac{\delta-1}{1-2\delta}} \, . \tag{6.25}$$

Questa relazione descrive il *piano fondamentale delle galassie ellittiche* (Djorgovski e Davis 1987; Binney e Tremaine 2008).

È comune modellare le galassie dell'ammasso utilizzando il modello dPIE introdotto nella Sez. 5.5.2 (Brainerd et al. 1996; Natarajan e Kneib 1997; Eliasdóttir et al. 2007; Limousin et al. 2005; Kneib e Natarajan 2011). Le forme delle galassie vengono spesso assunte circolari o con ellitticità fissata a quella delle distribuzioni di brillanza superficiale osservate. Si assume che i parametri del profilo di densità dPIE scalino con la luminosità secondo le relazioni

$$\sigma_v = \sigma_{v,0} \left(\frac{L}{L_0}\right)^{\alpha} \, ,$$

$$r_{cut} = r_{cut,0} \left(\frac{L}{L_0}\right)^{\beta} \, ,$$

$$r_{core} = r_{core,0} \left(\frac{L}{L_0}\right)^{\gamma} \, . \tag{6.26}$$

Il raggio del core delle galassie è noto per essere molto piccolo. Infatti, non si osservano immagini centrali nelle lenti gravitazionali su scala galattica. Ciò implica che queste immagini siano assenti o fortemente de-amplificate, suggerendo che il profilo di densità delle galassie sia quasi isotermo (Koopmans et al. 2009; Treu 2010). Per questo motivo, il raggio del core può essere trascurato o assunto costante e piccolo. La massa totale del modello dPIE scala con il raggio di troncamento e la dispersione di velocità secondo l'Eq. 5.121. Insieme all'Eq. 6.26, ciò implica che

$$M \propto L^{2\alpha+\beta} \, . \tag{6.27}$$

Poiché

$$\frac{M}{L} \propto L^{2\alpha+\beta-1} \propto L^{-\delta} \, , \tag{6.28}$$

i parametri α e β delle relazioni di scala in Eq. 6.26 e il parametro δ del piano fondamentale sono legati dalla relazione

$$\beta = 1 - \delta - 2\alpha \, . \tag{6.29}$$

Questo mostra che, assumendo che le galassie dell'ammasso giacciano sul piano fondamentale ($\delta \sim 0.2$; Faber et al. 1987; Bender et al. 1992), è possibile eliminare un parametro libero. La popolazione delle galassie dell'ammasso è quindi completamente descritta da soli tre parametri ($\sigma_{v,0}$, $r_{cut,0}$ e uno tra α e β).

Algoritmi di ricostruzione free-form

Nell'approccio *free-form* (o non parametrico), la lente viene suddivisa in una griglia strutturata o non strutturata su cui vengono mappate le osservabili di lensing. La griglia viene quindi trasformata in una distribuzione di massa discreta (per esempio sotto forma di pixel o tasselli) utilizzando le relazioni tra le osservabili e la densità superficiale della lente.

Questo approccio è stato ampiamente utilizzato nella letteratura sia per lenti su scala galattica che per lenti su scala di ammasso, ed è stato implementato in modi molto diversi (Blandford et al. 2001; Saha e Williams 2004; Bradač et al. 2005; Koopmans 2005; Diego et al. 2005; Liesenborgs et al. 2006; Suyu e Blandford 2006; Jee et al. 2007; Diego et al. 2007; Coe et al. 2008; Suyu et al. 2009; Merten et al. 2009; Coles et al. 2014; Merten 2016; Birrer et al. 2015; Sebesta et al. 2016). Qui discutiamo un semplice esempio per illustrare i principi di base.

Consideriamo una distribuzione di massa della lente corrispondente a un potenziale del lensing $\Psi(\vec{\theta})$. Una rappresentazione discreta di questo potenziale è data da un vettore di valori del potenziale $\vec{\Psi} = [\Psi_k]$, $k = 1, \ldots, N_{pix}$ nelle posizioni $\vec{\theta}_k$. Gli elementi di questo vettore sono le incognite da determinare.

Consideriamo ora una famiglia di immagini multiple con posizioni $\vec{\theta}_i$ con $i = [1, \ldots, N_{ima}]$. Le corrispondenti posizioni nel piano della sorgente sono date da

$$\vec{\beta}_i = \vec{\theta}_i - \vec{\alpha}(\vec{\theta}_i) \, . \tag{6.30}$$

L'angolo di deflessione è il gradiente del potenziale del lensing (Eq. 3.9). Poiché il potenziale è definito su una griglia, le componenti del suo gradiente possono essere stimate come una combinazione lineare dei punti della griglia vicini, utilizzando uno schema di differenze finite. In notazione matriciale, le componenti dell'angolo di deflessione sono

$$\alpha_1(\vec{\theta}_i) = D_{jk}^{(1)} \Psi_k \, ,$$
$$\alpha_2(\vec{\theta}_i) = D_{jk}^{(2)} \Psi_k \, . \tag{6.31}$$

dove D_{jk} sono matrici sparse a banda che codificano l'informazione sullo schema di differenze finite. Queste matrici sono perfettamente note (Fornberg 1988).

A questo punto, possiamo procedere come nell'ottimizzazione nel piano della sorgente per l'approccio parametrico. Partendo da una stima iniziale dei valori Ψ_k, possiamo calcolare la posizione media della sorgente per la famiglia di immagini multiple in funzione dei valori del potenziale Ψ_k, come fatto nell'Eq. 6.5, e definire il χ_s^2 come nell'Eq. 6.11. Il potenziale pixelizzato della lente può quindi essere determinato risolvendo

$$\frac{d\chi_s^2}{d\Psi_k} = 0 \, . \tag{6.32}$$

Poiché le componenti dell'angolo di deflessione sono funzioni lineari dei valori del potenziale, l'Eq. 6.32 si riduce a un sistema di equazioni lineari che può essere risolto per ottenere i valori di Ψ_k.

Questo processo viene eseguito iterativamente: a ogni passo dell'iterazione, vengono determinati nuovi valori di Ψ_k, utilizzati per calcolare una nuova posizione media della sorgente, che viene poi impiegata per aggiornare i valori di Ψ_k fino a raggiungere la convergenza. Nel caso di più famiglie di immagini multiple, il χ_s^2 può essere calcolato sommando il contributo di ciascuna famiglia.

Il vantaggio dell'approccio free-form è che non richiede alcuna assunzione sul potenziale della lente. Tuttavia, il numero di immagini multiple è generalmente inferiore al numero di valori del potenziale da determinare. Per questa ragione, è necessario introdurre un termine di regolarizzazione nel χ_s^2 per sfavorire fluttuazioni su piccola scala nel potenziale.

Un ulteriore vantaggio è che altri vincoli complementari possono essere facilmente combinati con le posizioni delle immagini multiple, aggiungendo altri termini alla funzione di χ^2. Ad esempio, Merten et al. (2009) utilizzano coppie di immagini multiple per tracciare le linee critiche della lente. Allo stesso modo, le misure di lensing debole possono essere combinate con il lensing forte per vincolare le regioni più esterne di lenti come gli ammassi di galassie, come verrà mostrato nelle sezioni seguenti.

6.2   Lensing debole da ammassi di galassie

6.2.1   Il principio

Lontano dalle linee critiche degli ammassi di galassie, le variazioni spaziali del campo di deflessione sono molto piccole sulle scale angolari tipiche delle galassie lontane, ossia meno di un arcosecondo. In questo limite, la convergenza e la shear sono costanti, e la mappatura tra i piani della lente e della sorgente è completamente descritta dalla matrice Jacobiana del lensing.

Come discusso nella Sez. 3.3, in questo regime, il lensing trasforma sorgenti circolari in ellissi, i cui assi maggiori puntano nella direzione dell'autovettore del tensore di shear Γ, associato all'autovalore γ. Gli assi maggiore e minore delle ellissi sono legati ai valori locali della convergenza e dello shear come nelle Eq. 3.52. Definendo l'ellitticità della sorgente come

$$\epsilon = \frac{a - b}{a + b} , \tag{6.33}$$

l'Eq. 3.53 afferma che

$$\epsilon = g , \tag{6.34}$$

dove g è lo *shear ridotto*, definito come

$$g \equiv \frac{\gamma}{1 - \kappa} . \tag{6.35}$$

Poiché il tensore di shear Γ è un tensore 2×2, per analogia possiamo definire il tensore dello shear ridotto $\tilde{g}$:

$$\tilde{g} \equiv \begin{pmatrix} g_1 & g_2 \\ g_2 & -g_1 \end{pmatrix}$$

$$= \frac{1}{1-\kappa} \begin{pmatrix} \gamma_1 & \gamma_2 \\ \gamma_2 & -\gamma_1 \end{pmatrix}. \tag{6.36}$$

Chiaramente, gli autovettori di Γ sono anche autovettori di $\tilde{g}$, e le componenti dello shear ridotto possono essere scritte come

$$g_1 = g\cos(2\varphi)\,, \tag{6.37}$$

$$g_2 = g\sin(2\varphi)\,. \tag{6.38}$$

Utilizzando la notazione complessa introdotta nella Sez. 3.5.1, possiamo anche definire lo shear ridotto e l'ellitticità in forma complessa:

$$g = g_1 + ig_2\,, \tag{6.39}$$

$$\epsilon = \epsilon_1 + i\epsilon_2\,. \tag{6.40}$$

La Fig. 6.7 illustra come una griglia regolare di sorgenti circolari (mostrata nel pannello a sinistra) viene distorta da una lente ellittica in primo piano posta al centro del campo di vista. Le curve blu continue rappresentano le linee critiche della

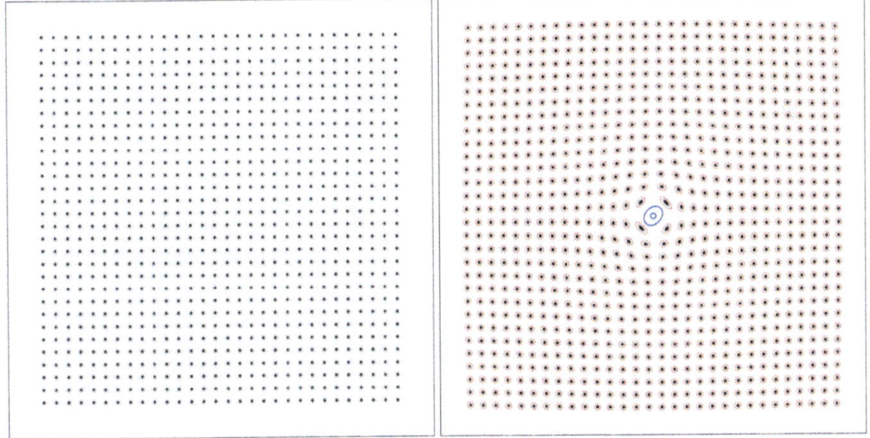

Figura 6.7 Pannello sinistro: griglia regolare di 30×30 sorgenti circolari, ciascuna modellata con un profilo di luminosità superficiale di Sérsic con $n = 1$ e un raggio efficace $r_e = 1''$, distribuite su una regione di lato $600'' \times 600''$ su un piano a $z_S = 1$. Pannello destro: la griglia di sorgenti è distorta da una lente ellittica in primo piano, modellata come un dPIE con $\sigma_v = 1200\,\mathrm{km/s}$ e $r_{core} = 2''$ a redshift $z_L = 0.5$. La lente è al centro del campo di vista. Le linee critiche della lente sono mostrate in blu. Le ellissi tratteggiate in rosso sono le ellissi che meglio descrivono la forma di ogni singola immagine distorta

lente. Si può osservare che, allontanandosi dalle linee criche, le forme delle immagini sono ben descritte da ellissi, confermando quanto discusso sopra. È evidente un allineamento coerente delle ellissi attorno alla lente e una diminuzione dell'ellitticità con la distanza dal centro della lente, riflettendo il comportamento della shear della lente, il cui modulo diminuisce all'aumentare della distanza dal centro.

Questo esempio e le equazioni sopra illustrate illustrano bene l'applicazione principale del lensing debole. Misurando l'ellitticità delle immagini distorte delle sorgenti di sfondo, possiamo dedurre la distribuzione di massa della lente. Infatti, l'ellitticità fornisce una misura combinata dello shear e della convergenza, che sono a loro volta legate alle derivate seconde del potenziale del lensing.

6.2.2 *Misura dell'ellitticità*

L'ellitticità delle immagini deve essere misurata a partire dalle loro distribuzioni di brillanza superficiale. Consideriamo un'immagine ellittica. Iniziamo definendo il centroide dell'immagine, che è dato dal primo momento della brillanza superficiale $I(\vec{\theta})$:

$$\vec{\theta}_0 = \frac{\int I(\vec{\theta})\vec{\theta}d^2\theta}{\int I(\vec{\theta})d^2\theta} . \tag{6.41}$$

La forma dell'immagine, invece, è determinata dai momenti di quadrupolo (o secondi momenti),

$$Q_{ij} = \frac{\int I(\vec{\theta})(\theta_i - \theta_{0i})(\theta_j - \theta_{0j})d^2\theta}{\int I(\vec{\theta})d^2\theta} \tag{6.42}$$

dove $(i, j) \in \{1, 2\}$.

Si noti che Q_{ij} sono gli elementi di un tensore simmetrico 2×2, infatti, $Q_{12} = Q_{21}$. Questo tensore può essere diagonalizzato e i suoi autovettori definiscono gli assi principali della distribuzione di brillanza superficiale quando essa è assimilata ad una ellisse. L'ellisse che descrive l'immagine avrà assi maggiore e minore orientati secondo gli assi principali di Q. Le lunghezze dei semiassi maggiore e minore, a e b, sono date dal reciproco della radice quadrata degli autovalori di Q:

$$\lambda_+ = \frac{1}{2}\left(Q_{11} + Q_{22} + \sqrt{(Q_{11} - Q_{22})^2 + 4Q_{12}^2}\right) = \frac{1}{a^2} ,$$

$$\lambda_- = \frac{1}{2}\left(Q_{11} + Q_{22} - \sqrt{(Q_{11} - Q_{22})^2 + 4Q_{12}^2}\right) = \frac{1}{b^2} \tag{6.43}$$

Per un'immagine con isofote circolari, si ha $Q_{11} = Q_{22}$ e $Q_{12} = Q_{21} = 0$.

L'ellitticità dell'immagine è quindi data, in termini degli elementi del tensore Q, da:

$$|\epsilon| = \frac{\sqrt{(Q_{11} - Q_{22})^2 + 4Q_{12}^2}}{Q_{11} + Q_{22} + 2(Q_{11}Q_{22} - Q_{12})^{1/2}} .\tag{6.44}$$

Poiché $|\epsilon| = \sqrt{\epsilon_1^2 + \epsilon_2^2}$, le componenti del tensore di ellitticità sono:

$$\epsilon_1 = \frac{Q_{11} - Q_{22}}{Q_{11} + Q_{22} + 2(Q_{11}Q_{22} - Q_{12})^{1/2}} ,$$
$$\epsilon_2 = \frac{2Q_{12}}{Q_{11} + Q_{22} + 2(Q_{11}Q_{22} - Q_{12})^{1/2}} .\tag{6.45}$$

Queste quantità corrispondono anche alla parte reale e immaginaria dell'ellitticità complessa ϵ.

L'angolo di posizione dell'ellisse fornisce la direzione della shear φ,

$$\tan(2\varphi) = \frac{\epsilon_2}{\epsilon_1} = \frac{2Q_{12}}{Q_{11} - Q_{22}} .\tag{6.46}$$

In pratica, l'ellitticità delle sorgenti viene misurata su immagini pixelizzate, quindi gli integrali nelle Eq. 6.41 e 6.42 devono essere sostituiti con somme sui pixel dell'immagine. Inoltre, l'estensione dell'immagine è definita da una soglia di brillanza superficiale I_{th}. Possiamo quindi moltiplicare la brillanza superficiale $I(\vec{\theta})$ nelle Eq. 6.41 e 6.42 per una funzione a gradino di Heaviside $q_I = H(I - I_{th})$,

$$H(I - I_{th}) = \begin{cases} 1 & I \geq I_{th} \\ 0 & I < I_{th} \end{cases} .\tag{6.47}$$

In questo modo, solo i pixel con brillanza superiore a I_{th} contribuiranno al calcolo del centroide e della forma dell'immagine. Questo è particolarmente importante poiché il rumore nelle immagini astronomiche reali compromette le misure di forma a bassi livelli di brillanza superficiale.

Applicando le equazioni sopra descritte alle immagini in Fig. 6.7, otteniamo misure di ellitticità per ogni sorgente. Il risultato di queste misure è mostrato dalle ellissi tratteggiate in rosso nel pannello a destra.

6.2.3   *Componente tangenziale dello shear*

A causa della natura scalare del potenziale del lensing, il lensing gravitazionale indotto da una singola lente può causare solo distorsioni tangenziali e radiali delle immagini (vedi ad esempio Fig. 3.4). È spesso conveniente ridefinire le componenti della shear in un sistema di riferimento ruotato, dove l'asse θ_1' passa attraverso il centroide dell'immagine e il centro della lente. Di conseguenza, l'asse θ_2' è perpendicolare a θ_1'. Sia ϕ l'angolo tra θ_1 e θ_1'. La trasformazione tra le coordinate (θ_1, θ_2) e (θ_1', θ_2') è quindi data da

$$R(\phi) = \begin{bmatrix} \cos(\phi) & -\sin(\phi) \\ \sin(\phi) & \cos(\phi) \end{bmatrix} . \tag{6.48}$$

Il tensore di shear nel sistema di riferimento ruotato è quindi

$$\Gamma' = R^T(\phi) \Gamma R(\phi) , \tag{6.49}$$

e le sue componenti sono

$$\gamma_1' = \gamma_1 \cos(2\phi) + \gamma_2 \sin(2\phi) , \tag{6.50}$$

$$\gamma_2' = \gamma_1 \sin(2\phi) - \gamma_2 \cos(2\phi) . \tag{6.51}$$

Come si può vedere dalla Fig. 3.4, qualsiasi distorsione nelle direzioni radiale o tangenziale rispetto alla lente è causata da un tensore di shear con $\gamma_2' = 0$. Le immagini sono allungate tangenzialmente se $\gamma_1' < 0$, mentre sono allungate radialmente se $\gamma_1' > 0$.

Le quantità $\gamma_t = -\gamma_1'$ e $\gamma_\times = -\gamma_2'$ sono chiamate rispettivamente *componente tangenziale* e *componente "cross"* dello shear. La prima rappresenta il segnale puro del lensing, mentre la seconda dovrebbe essere zero, a meno che non siano presenti errori sistematici nelle misure.

Analogamente, possiamo definire le componenti tangenziale e cross dello shear ridotto $(g_t, g_\times)$ e dell'ellitticità $(\epsilon_t, \epsilon_\times)$.

La Fig. 6.8 mostra che la componente tangenziale dell'ellitticità delle sorgenti nel pannello destro della Fig. 6.7 diminuisce con la distanza dal centro della lente. I punti arancioni indicano le misure effettuate per ogni sorgente. I punti blu mostrano i valori di input dello shear ridotto tangenziale nei centroidi delle immagini. Questi coincidono molto bene con le ellitticità misurate, tranne nella regione centrale del campo di vista, vicino alle linee critiche della lente. In questa regione, la mappatura tra i piani della lente e della sorgente non può essere descritta adeguatamente con una trasformazione lineare, poiché è necessario considerare distorsioni di ordine superiore. La componente cross dell'ellitticità è compatibile con zero a tutti i raggi, confermando così l'assenza di errori sistematici nelle misure.

Dato un modello di lente e un set di parametri $\vec{p}$, possiamo ora calcolare le ellitticità attese di tutte le N_{ima} immagini distorte, $\epsilon_i(\vec{p}) = g_{t,i}(\vec{p})$, dove $i \in N_{ima}$, e confrontarle con quelle misurate per valutare l'adeguatezza del modello ai dati.

Definiamo il χ^2 come

$$\chi^2_{WL}(\vec{p}) = \sum_{i=1}^{N_{ima}} \frac{[\epsilon_{t,i} - g_{t,i}(\vec{p})]^2}{\sigma_i^2} , \tag{6.52}$$

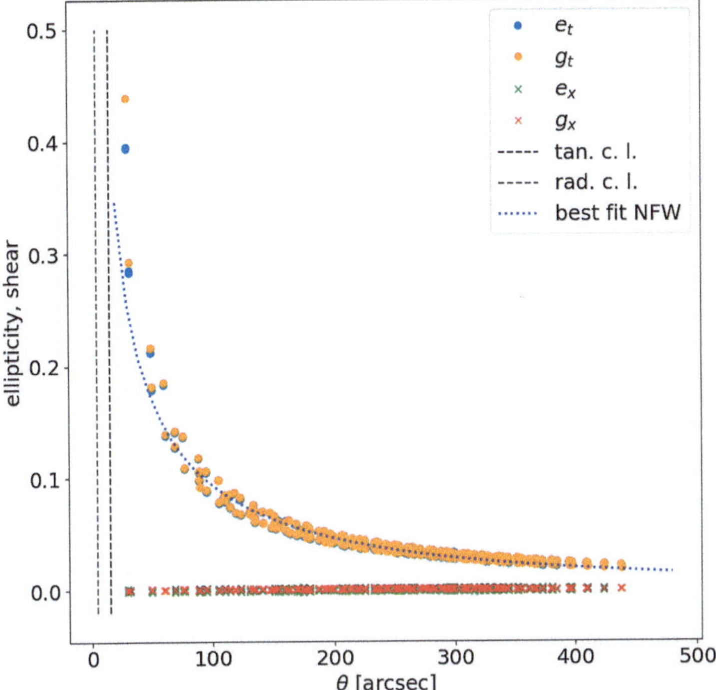

Figura 6.8 Componenti tangenziale e cross dello shear ridotto e dell'ellitticità delle sorgenti nella simulazione illustrata in Fig. 6.7. Le linee tratteggiate verticali indicano le posizioni medie delle linee critiche della lente. I valori dello shear tangenziale vero sono mostrati con punti arancioni. Essi coincidono quasi perfettamente con i valori stimati dalla componente tangenziale dell'ellitticità delle immagini, rappresentati dai punti blu, specialmente lontano dalle linee critiche della lente. Le croci rosse e verdi mostrano rispettivamente le componenti cross dello shear vero e dell'ellitticità delle immagini. Questi valori sono compatibili con zero, come atteso. La linea tratteggiata blu mostra il miglior fit di un modello NFW ai dati (vedi Sez. 6.4.2)

dove σ_i rappresenta l'errore associato alla misura dell'ellitticità della i-esima immagine. Minimizzando χ^2_{WL} rispetto a $\vec{p}$, otteniamo i parametri che meglio descrivono la lente.

6.2.4 Densitometria della massa in apertura

Utilizzando il Teorema della Divergenza, possiamo ottenere una relazione tra la massa racchiusa entro il raggio θ e lo shear tangenziale:

$$m(\theta) = \frac{1}{\pi} \int \kappa(\vec{\theta}) d^2\theta = \frac{\theta}{2\pi} \oint \frac{\partial \hat{\Psi}}{\partial \theta} d\phi , \tag{6.53}$$

dove il primo e il secondo integrale sono eseguiti rispettivamente sulla superficie e sul perimetro del cerchio di raggio θ. Usiamo la lettera minuscola m perché questa massa è adimensionale.

Derivando rispetto a θ, otteniamo:

$$\frac{dm(\theta)}{d\theta} = \frac{m(\theta)}{\theta} + \frac{\theta}{2\pi} \oint \frac{\partial^2 \hat{\Psi}}{\partial \theta^2} \, d\phi \; . \tag{6.54}$$

Essendo $\partial^2 \hat{\Psi}/\partial \theta^2 = \kappa - \gamma_t$, l'integrale sopra porta a

$$\frac{dm(\theta)}{d\theta} = \frac{m(\theta)}{\theta} + \theta[\langle \kappa \rangle(\theta) - \langle \gamma_t \rangle(\theta)] \; , \tag{6.55}$$

dove $\langle \kappa \rangle(\theta)$ e $\langle \gamma_t \rangle(\theta)$ indicano rispettivamente la convergenza media e lo shear medio lungo il cerchio di raggio θ. Poiché $dm(\theta)/d\theta = 2\theta \langle \kappa \rangle(\theta)$, otteniamo che

$$\langle \gamma_t \rangle = -\frac{1}{2\pi\theta}\left[\frac{dm(\theta)}{d\theta} - 2\frac{m(\theta)}{\theta}\right] \; . \tag{6.56}$$

Notiamo che questa relazione è formalmente identica a quella in Eq. 5.20 per le lenti circolari. Infatti,

$$m(\theta) = \theta^2 \overline{\kappa}(< \theta) = 2 \int_0^\theta \langle \kappa \rangle(\theta)\theta \, d\theta \; , \tag{6.57}$$

e quindi

$$\langle \gamma_t \rangle(\theta) = \overline{\kappa}(< \theta) - \langle \kappa \rangle(\theta) \; . \tag{6.58}$$

Questo mostra che lo shear tangenziale è legato alla sovra-densità superficiale $\Delta \Sigma(\theta) = \overline{\Sigma}(< \theta) - \Sigma(\theta)$:

$$\Delta \Sigma(\theta) = \langle \gamma_t \rangle(\theta) \Sigma_{\mathrm{cr}} \; . \tag{6.59}$$

Inoltre, possiamo facilmente verificare che

$$\frac{\partial \overline{\kappa}(< \theta)}{\partial \ln \theta} = \frac{1}{\pi\theta}\left[\frac{dm(\theta)}{d\theta} - 2\frac{m(\theta)}{\theta}\right] = -2\langle \gamma_t \rangle(\theta) \; . \tag{6.60}$$

Di conseguenza, possiamo esprimere la differenza tra le convergenze medie entro due raggi, θ_1 e θ_2, come

$$\overline{\kappa}(< \theta_1) - \overline{\kappa}(< \theta_2) = 2 \int_{\theta_1}^{\theta_2} \langle \gamma_t \rangle(\theta) d \ln \theta \; . \tag{6.61}$$

Inoltre, esiste una relazione tra $\overline{\kappa}(<\theta_1)$, $\overline{\kappa}(<\theta_2)$ e la convergenza media nell'anello definito dai due raggi θ_1 e θ_2:

$$\theta_2^2 \overline{\kappa}(<\theta_2) = \theta_1^2 \overline{\kappa}(<\theta_1) + (\theta_2^2 - \theta_1^2)\overline{\kappa}(\theta_1 < \theta < \theta_2) \ . \tag{6.62}$$

Combinando le Eq. 6.61 e 6.62, otteniamo:

$$\overline{\kappa}(<\theta_1) - \overline{\kappa}(\theta_1 < \theta < \theta_2) = \frac{2}{1 - \theta_1^2/\theta_2^2} \int_{\theta_1}^{\theta_2} \langle \gamma_t \rangle (\theta) d \ln \theta \ . \tag{6.63}$$

Questa equazione mostra che possiamo determinare la convergenza media entro il raggio θ integrando il profilo dello shear tangenziale mediato azimutalmente in un anello esterno a quel raggio. Tuttavia, questo rappresenta solo un limite inferiore alla convergenza media reale della lente, a causa del termine sconosciuto $\overline{\kappa}(\theta_1 < \theta < \theta_2)$.

Clowe et al. (1998) ha introdotto una versione modificata della formula precedente, mostrando che

$$\overline{\kappa}(<\theta_1) - \overline{\kappa}(\theta_2 < \theta < \theta_{max}) = 2 \int_{\theta_1}^{\theta_2} \langle \gamma_t \rangle d \ln \theta$$

$$+ \frac{2}{1 - \theta_2^2/\theta_{max}^2} \int_{\theta_2}^{\theta_{max}} \langle \gamma_t \rangle (\theta) d \ln \theta \ . \tag{6.64}$$

Nel caso di osservazioni su campi molto grandi, i raggi θ_2 e θ_{max} possono essere scelti sufficientemente grandi affinché $\overline{\kappa}(\theta_2 < \theta < \theta_{max})$ sia trascurabile.

Questo metodo per ottenere la convergenza della lente è chiamato *densitometria della massa in apertura*. Appartiene alla classe dei cosiddetti metodi *free-form*, poiché non richiede alcuna ipotesi sulla forma del profilo di massa della lente.

6.2.5 *L'algoritmo di inversione di Kaiser e Squires*

Sia la convergenza che le componenti dello shear sono combinazioni lineari delle derivate seconde del potenziale del lensing. Di conseguenza, le relazioni tra queste quantità nello spazio di Fourier sono lineari. Questo permette di esprimere la convergenza come una convoluzione dello shear con una funzione kernel appropriata Kaiser e Squires (1993).

Le trasformate di Fourier della convergenza e dello shear sono date da:

$$\tilde{\kappa} = -\frac{1}{2}(k_1^2 + k_2^2)\tilde{\Psi} \ , \tag{6.65}$$

$$\tilde{\gamma}_1 = -\frac{1}{2}(k_1^2 - k_2^2)\tilde{\Psi} \ , \tag{6.66}$$

$$\tilde{\gamma}_2 = -k_1 k_2 \tilde{\Psi} \ , \tag{6.67}$$

dove (k_1, k_2) sono gli elementi del vettore d'onda e il simbolo ~ indica le trasformate di Fourier.

Ora possiamo eliminare il potenziale dalle equazioni sopra, trovando le relazioni tra le trasformate di Fourier delle componenti dello shear e della convergenza:

$$\begin{pmatrix} \tilde{\gamma}_1 \\ \tilde{\gamma}_2 \end{pmatrix} = k^{-2} \begin{pmatrix} k_1^2 - k_2^2 \\ 2k_1 k_2 \end{pmatrix} \tilde{\kappa} \; . \tag{6.68}$$

Utilizzando

$$\left[k^{-2} \begin{pmatrix} k_1^2 - k_2^2 \\ 2k_1 k_2 \end{pmatrix} \right] \left[k^{-2} \begin{pmatrix} k_1^2 - k_2^2 \\ 2k_1 k_2 \end{pmatrix} \right]^T = 1 \; , \tag{6.69}$$

l'Eq. 6.68 può essere invertita per ottenere:

$$\tilde{\kappa} = \left[k^{-2} \begin{pmatrix} k_1^2 - k_2^2 \\ 2k_1 k_2 \end{pmatrix} \right]^T \begin{pmatrix} \tilde{\gamma}_1 \\ \tilde{\gamma}_2 \end{pmatrix} \; . \tag{6.70}$$

Applicando la trasformata inversa all'Eq. 6.70, otteniamo:

$$\kappa(\vec{\theta}) = \frac{1}{\pi} \int \left[D_1(\vec{\theta} - \vec{\theta}')\gamma_1(\vec{\theta}') + D_2(\vec{\theta} - \vec{\theta}')\gamma_2(\vec{\theta}') \right] d^2\theta' \; , \tag{6.71}$$

dove

$$D_1(\theta_1, \theta_2) = \frac{\theta_2^2 - \theta_1^2}{\theta^4} \; , \tag{6.72}$$

$$D_2(\theta_1, \theta_2) = \frac{2\theta_1 \theta_2}{\theta^4} \; . \tag{6.73}$$

L'algoritmo di Kaiser & Squires appartiene anch'esso alla classe dei metodi free-form. Diversamente dai metodi precedenti basati sulla misura del profilo della shear tangenziale, questo metodo consente di ottenere un modello bidimensionale della distribuzione di materia della lente.

6.2.6 Complicazioni nelle misure di shear

Ellitticità intrinseca delle sorgenti

Finora abbiamo trascurato diverse complicazioni che influenzano le misure dello shear. Ad esempio, abbiamo assunto che le sorgenti fossero circolari. In realtà, le galassie non hanno forme circolari. Le sorgenti tipicamente utilizzate nelle misure di lensing debole sono galassie con forme irregolari e molto deboli, ossia con brillanza superficiale vicina alla soglia del rumore. In prima approssimazione, possiamo assumere che queste sorgenti abbiano ellitticità intrinseche proprie, che possono essere descritte dai momenti di quadrupolo della brillanza superficiale intrinseca, $I_s(\vec{\beta})$,

$$Q_{s,ij} = \frac{\int I_s(\vec{\beta})(\beta_i - \beta_{0i})(\beta_j - \beta_{0j})d^2\beta}{\int I_s(\vec{\beta})d^2\beta} \, . \tag{6.74}$$

Nella formula precedente, β_{0i} sono le coordinate del centroide della sorgente, in analogia con la definizione in Eq. 6.41.

Utilizzando le Eq. 3.4 e 3.30, dopo alcuni semplici passaggi algebrici troviamo che:

$$Q_{s,ij} = \sum_k \sum_l A_{ik} Q_{kl} A_{jl} \, , \tag{6.75}$$

il che mostra che la relazione tra il tensore del momento di quadrupolo intrinseco e quello osservato è

$$Q_s = AQA^T = AQA \, . \tag{6.76}$$

Schneider e Seitz (1995) hanno mostrato che, combinando le Eq. 6.75 e 6.45, la relazione tra l'ellitticità complessa intrinseca e quella osservata è

$$\epsilon_s = \begin{cases} \dfrac{\epsilon - g}{1 - g^*\epsilon} & \text{se } |g| \leq 1 \, , \\[2ex] \dfrac{1 - g\epsilon^*}{\epsilon^* - g^*} & \text{se } |g| > 1 \, . \end{cases} \tag{6.77}$$

La trasformazione inversa si ottiene scambiando l'ellitticità della sorgente con quella dell'immagine e sostituendo $g \to -g$.

Se assumiamo che le galassie sorgenti siano orientate casualmente, in modo che $\langle \epsilon_s \rangle = 0$, allora mediando su un numero sufficientemente grande di esse, l'Eq. 6.77 ci dice che:

$$\langle \epsilon \rangle = \begin{cases} g & \text{se } |g| \leq 1 \, , \\ 1/g^* & \text{se } |g| > 1 \, , \end{cases} \tag{6.78}$$

cioè il valore atteso dell'ellitticità dell'immagine corrisponde allo shear ridotto (o all'inverso del complesso coniugato di g).

Quindi, anche se le sorgenti non sono intrinsecamente circolari, una relazione identica a quella dell'Eq. 6.34 rimane valida tra l'ellitticità dell'immagine e lo shear ridotto, permettendoci di ricavare la massa della lente esattamente come descritto nella Sez. 6.2.3. Infatti, ogni ellitticità misurata rappresenta uno stimatore non distorto dello shear ridotto locale. Purtroppo, questo stimatore è affetto da un elevato rumore, dovuto alla dispersione delle ellitticità intrinseche:

$$\sigma_\epsilon = \sqrt{\langle \epsilon_s \epsilon_s^* \rangle} \, . \tag{6.79}$$

Questo implica che, mediando su N_g immagini in cui lo shear ridotto locale è g, la deviazione standard a 1-σ delle ellitticità misurate rispetto al vero valore di g è pari a $\sigma_\epsilon / \sqrt{N_g}$ (vedi e.g. Schneider 2006).

Per una distribuzione di massa come quella della lente nell'esempio discusso nelle sezioni precedenti o come ad esempio quella di un ammasso di galassie, si può assumere che lo shear sia quasi costante per tutte le sorgenti retrostanti poste alla stessa distanza dal centro della lente. Dunque, mediando su un numero sufficientemente elevato di galassie disposte in anelli concentrici di raggio crescente, si può ottenere una stima del profilo dello shear tangenziale della lente. Questo profilo può poi essere interpolato con un modello parametrico per ricavare la distribuzione di massa della lente. Analogamente, mediando su un numero sufficiente di sorgenti in aperture attorno a una data posizione, è possibile stimare il valore locale dello shear e utilizzarlo per ottenere la convergenza della lente, ad esempio tramite l'algoritmo di Kaiser e Squires.

Effetti della Point-Spread-Function

Tutti gli effetti strumentali e non strumentali che alterano la forma delle sorgenti sono critici per le misure di shear. La PSF $P(\vec{\theta})$ descrive come una sorgente puntiforme viene sfocata dall'ottica del telescopio, dal sistema di guida, dai vari passaggi nella riduzione dei dati e dalla turbolenza atmosferica (nel caso di osservazioni da terra). Naturalmente, lo stesso effetto di sfocatura si applica alle immagini estese delle galassie lontane. La loro brillanza superficiale osservata diventa

$$I_{\mathrm{obs}}(\vec{\theta}) = \int I(\vec{\theta}') P(\vec{\theta} - \vec{\theta}') d^2\theta' \, . \tag{6.80}$$

Nelle osservazioni da terra, la sfocatura atmosferica è il principale contributo alla PSF ed è chiamata seeing. In buone condizioni, il Full-Width-at-Half-Maximum (FWHM) del seeing è di circa $0.6 - 0.8''$, un valore comparabile o superiore alla dimensione tipica delle galassie lontane utilizzate nelle analisi di lensing debole. L'effetto principale del seeing è ridurre l'ellitticità delle sorgenti, rendendole più tonde e portando quindi a una sottostima dello shear. D'altra parte, distorsioni ottiche e altri effetti del rivelatore possono introdurre anisotropie nella PSF che possono imitare un segnale di lensing. Per questo motivo, è essenziale correggere tutti questi effetti nelle analisi di lensing.

La PSF può essere determinata utilizzando stelle possibilmente vicine alle sorgenti di cui si vuole misurare la forma. Essa infatti può variare spazialmente. Per descrivere queste variazioni, è prassi comune interpolare la PSF tra le posizioni delle stelle osservate usando polinomi di basso ordine.

Una volta determinata la PSF, sono stati proposti diversi metodi per correggere l'ellitticità osservata delle immagini e ridurre gli errori sistematici nelle misure di shear ridotto. Alcuni di questi, incluso il cosiddetto metodo KSB (Kaiser et al. 1995; Luppino e Kaiser 1997; Hoekstra et al. 1998), consistono nel correggere analiticamente i momenti della brillanza superficiale, utilizzando tensori per descrivere come l'ellitticità delle immagini risponda alle anisotropie della PSF e allo shear in presenza di seeing. Altri metodi tentano di fittare le immagini osservate con modelli della brillanza superficiale convoluti con la PSF misurata (e.g. Kuijken 1999; Refregier e Bacon 2003; Miller et al. 2013). Più recentemente, sono stati proposti metodi basati sull'intelligenza artificiale (e.g. Ribli et al. 2019).

6.2.7 Dipendenza del segnale dal redshift

Finora non abbiamo considerato che il segnale di lensing debole, ovvero l'ellitticità indotta delle immagini, dipende dal redshift della sorgente. Sia la convergenza che lo shear scalano con le distanze come $v(z_S) = D_{LS}/D_S$. Possiamo scriverle in termini del loro valore per sorgenti a redshift infinito. Quindi, $\gamma = \gamma_\infty v(z_S)/v_\infty$ e $\kappa = \kappa_\infty v(z_S)/v_\infty$. Di conseguenza, lo shear ridotto varia con il redshift della sorgente come

$$g(z_S) = \frac{\gamma_\infty v(z_S)/v_\infty}{1 - \kappa_\infty v(z_S)/v_\infty} \, . \tag{6.81}$$

Nelle osservazioni, si misura l'ellitticità di molte sorgenti distribuite su un intervallo di redshift. La conoscenza dei loro redshift è necessaria per convertire il segnale di lensing misurato in una stima della massa della lente.

Determinare il redshift di ogni galassia usata per una misura di shear è generalmente impossibile. Le tipiche sorgenti utilizzate nelle analisi di lensing debole sono galassie lontane e deboli, difficili da osservare con tecniche spettroscopiche. I redshift fotometrici rappresentano un'alternativa, ma richiedono osservazioni in più bande e la loro accuratezza diminuisce per le sorgenti meno luminose.

In molti casi, si utilizza un valore efficace $\langle v(z_S) \rangle$ per descrivere l'intera popolazione di sorgenti dietro una lente. Questo valore viene determinato da cataloghi di redshift fotometrici disponibili in letteratura, possibilmente ricavati da osservazioni profonde in bande multiple (come ad esempio la survey COSMOS Ilbert et al. 2009). Assumendo che la popolazione di sorgenti usate per costruire questi cataloghi sia rappresentativa dell'intera popolazione di galassie nell'universo, è possibile stimare il redshift efficace in funzione della magnitudine limite delle osservazioni. Purtroppo, questo approccio può introdurre errori sistematici. Le curve solide in Fig. 6.9 mostrano $v(z_S)$ per due lenti a redshift $z_L = 0.2$ e $z_L = 0.6$. Entrambe crescono rapidamente e poi raggiungono un valore asintotico, più alto per le lenti

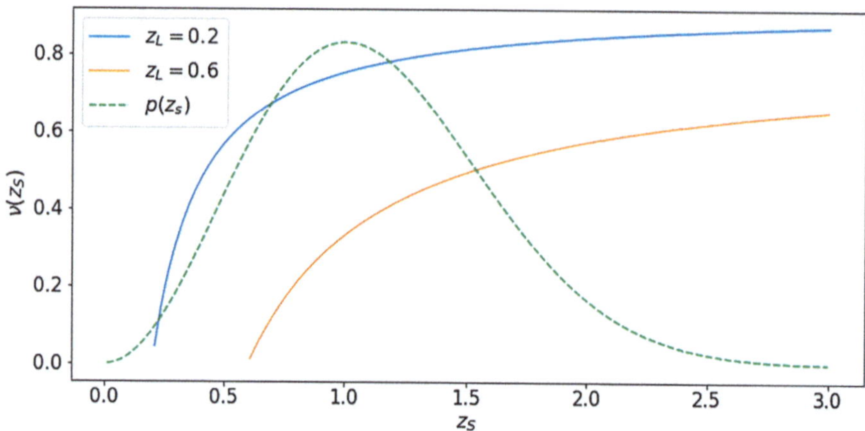

Figura 6.9 Le linee blu e arancione mostrano la funzione $\nu(z_S)$ per due lenti a redshift $z_L = 0.2$ e $z_L = 0.6$. La linea tratteggiata verde rappresenta una distribuzione di redshift delle sorgenti con picco a $z_S = 1$

a redshift inferiore. A seconda della profondità delle osservazioni, la distribuzione dei redshift delle sorgenti nei survey di lensing attuali ha un picco a $z_S \sim 0.6-1$. La curva tratteggiata mostra una distribuzione indicativa di redshift con picco a $z_s = 1$. Per una lente a $z_L = 0.2$, la maggior parte delle sorgenti si trova a distanze caratterizzate da valori simili di $\nu(z_S)$. Al contrario, per la lente a $z_L = 0.6$ l'evoluzione di $\nu(z_S)$ all'interno dell'intervallo di redshift coperto dalla maggioranza delle sorgenti è significativa. Quindi, specialmente per lenti ad alto redshift, stimare $\nu(z_S)$ richiede una buona conoscenza della distribuzione reale dei redshift delle sorgenti.

Vale la pena notare che, poiché la dispersione di una stima di shear ottenuta mediando su N_g galassie è σ_ϵ^2 / N_g, il rapporto segnale-rumore dello shear è

$$\frac{S}{N} = \frac{\gamma}{\sigma_\epsilon} N_g^{1/2} \ . \tag{6.82}$$

Poiché le lenti a redshift più alto hanno meno sorgenti rilevabili nel loro sfondo a una data profondità, la misura dello shear è molto più difficile per questi ammassi di galassie.

Consideriamo una lente SIS. Il numero di sorgenti in un anello di raggi interno ed esterno θ_1 e θ_2 centrato sulla lente è

$$N = n_{gal} \pi (\theta_2^2 - \theta_1^2) \ , \tag{6.83}$$

dove n_{gal} è la densità spaziale delle galassie in cielo. Il valore medio dello shear nell'anello è

$$\overline{\gamma}(\theta_1 < \theta < \theta_2) = \frac{\theta_E}{\theta_1 + \theta_2} \ . \tag{6.84}$$

Sostituendo le Eq. 6.83 e 6.84 nella Eq. 6.82, e ricordando che $\theta_E = 4\pi(\sigma_v/c)^2 D_{LS}/D_S$, otteniamo che il rapporto segnale-rumore è

$$\frac{S}{N} = \frac{\theta_E}{\sigma_\epsilon}\sqrt{n_{gal}\pi}\sqrt{\frac{\theta_2/\theta_1 - 1}{\theta_2/\theta_1 + 1}} = \frac{4\pi^{3/2}}{c^2}\sigma_v^2\sqrt{n_{gal}}\sigma_\epsilon^{-1}\sqrt{\frac{\theta_2/\theta_1 - 1}{\theta_2/\theta_1 + 1}}\frac{D_{LS}}{D_S} \; . \quad (6.85)$$

Questa formula mostra che ammassi a redshift intermedi con masse $M_{vir} \sim 10^{15}\, M_\odot$, corrispondenti a una dispersione di velocità $\sigma_v \sim 1000\,,\mathrm{km\,s^{-1}}$, sono rilevabili in osservazioni profonde da terra ($n_{gal} \sim 20 - 30\,,\mathrm{arcmin^{-2}}$) con un rapporto segnale-rumore $S/N \sim 10$, assumendo $\theta_2/\theta_1 \sim 10$ e $\sigma_\epsilon \sim 0.2$. Di conseguenza, gli ammassi di galassie più massicci possono essere studiati individualmente. Per ammassi meno massicci o a redshift più elevati, il rapporto S/N diventa troppo basso ed è necessario aumentare la densità numerica delle sorgenti utilizzando osservazioni più profonde con il telescopio spaziale Hubble. In alternativa, ammassi con masse simili possono essere combinati (stacking) per misurare la loro distribuzione di massa media (Umetsu 2020).

6.2.8 Limitazioni dei metodi

Purtroppo, sia le Eq. 6.64 che 6.71 mettono in relazione la convergenza con lo shear, e non con lo shear ridotto, che è ciò che effettivamente misuriamo dai dati.

Un metodo per mitigare questo problema è adottare un approccio iterativo. Ad esempio, possiamo iniziare assumendo che $\kappa = 0$. In questo caso, le ellitticità misurate delle sorgenti forniscono una stima dello shear, e la Eq. 6.71 permette di stimare $\kappa(\vec{\theta})$. Nella successiva iterazione, utilizziamo questa convergenza per convertire lo shear ridotto misurato nello shear effettivo e ripetiamo il calcolo per ottenere una nuova stima di $\kappa(\vec{\theta})$. Dopo alcune iterazioni, si ottiene solitamente una soluzione stabile.

Il metodo di Kaiser e Squires assume inoltre che l'integrale nella Eq. 6.71 si estenda all'infinito, mentre i campi osservati sono finiti. Dunque, come visto per la densitometria della massa in apertura, l'uso di immagini a largo campo aiuta a mitigare questo problema.

I metodi che ricostruiscono la convergenza della lente basandosi sulla misura del profilo dello shear tangenziale soffrono di un'altra limitazione critica: essi assumono che il centro della lente sia noto. Come discusso da Meneghetti et al. (2010), ciò introduce errori sistematici se la lente non è isolata o se sono presenti sottostrutture massicce, poiché l'assunzione che lo shear sia tangenziale ad una unica concentrazione di materia non è corretta.

Tutti i metodi sono inoltre soggetti a bias derivanti da una possibile contaminazione da parte di galassie di fronte alla lente o appartenenti ad essa. Se queste galassie vengono erroneamente incluse tra le sorgenti usate per misurare lo shear, il segnale viene diluito, portando a una sottostima della convergenza e, di conseguenza, della massa della lente. I metodi per identificare le sorgenti di sfondo rispetto

alla lente si basano generalmente su misure di redshift fotometrico o, quando queste
non sono disponibili, su selezioni basate sul colore (Formicola et al. 2016; Masters
et al. 2015; Medezinski et al. 2018).

6.3 Applicazioni del lensing da galassie e ammassi di galassie

Questo capitolo si concentra su come gli effetti del lensing gravitazionale possano
mappare la distribuzione della materia nelle galassie e negli ammassi di galassie.
I modelli di massa risultanti vengono utilizzati in molte applicazioni con lo scopo
di rispondere a domande fondamentali in cosmologia e astrofisica. Diversi articoli
illustrano dettagliatamente queste applicazioni (Treu 2010; Kneib e Natarajan 2011;
Limousin et al. 2013; Meneghetti et al. 2013; Treu e Marshall 2016; Umetsu 2020).
In questa sezione, forniamo un breve e conciso riassunto di alcune di esse.

La natura della materia oscura

Nel modello cosmologico standard, il contenuto di materia dell'universo è dominato
dalla materia oscura fredda (Cold Dark Matter, CDM), particelle prive di collisioni che interagiscono tra loro e con la materia ordinaria (barioni) solo attraverso la
gravità. Gli aloni di materia oscura legati gravitazionalmente si formano gerarchi-
camente, con i sistemi più massicci che si creano attraverso la fusione di quelli più
piccoli. Poiché le strutture si assemblano in questo modo, i grandi aloni di materia oscura contengono sottostrutture su scala più piccola sotto forma di sub-aloni.
Teoricamente, ci si aspetta che la funzione di massa di questi sub-aloni segua un
comportamento di legge di potenza,

$$\frac{dn}{d\ln m} \propto m^{\delta} , \qquad (6.86)$$

dove m è la massa del sub-alone e $\delta \sim 0.8$ (Giocoli et al. 2010; Despali e Vegetti
2017).

Inoltre, diverse simulazioni numeriche della formazione delle strutture mostrano che gli aloni di CDM sviluppano un profilo di densità caratteristico, simile
al profilo NFW introdotto nella Sez. 5.5.1. Risultati teorici recenti indicano che
questo profilo dovrebbe essere universale su 20 ordini di grandezza della massa
dell'alone (Wang et al. 2020). Inoltre, la massa dell'alone e la concentrazione sono
strettamente correlate in modo dipendente dalla cosmologia.

Il lensing gravitazionale è uno strumento potente per verificare le previsioni del
modello cosmologico standard. Come discusso, le sottostrutture nella lente producono effetti caratteristici di lensing, come fluttuazioni di brillanza, spostamenti delle
immagini o persino immagini aggiuntive delle sorgenti di fondo. Attraverso il lensing gravitazionale, le sottostrutture possono essere rilevate anche se sono oscure,
ovvero se non ospitano stelle che emettono luce. Una pratica comune per indivi-
duarle nelle galassie con lensing forte è quella di ricostruire le immagini estese
utilizzando distribuzioni di massa prive di sottostrutture. Le sottostrutture vengono

individuate come residui nella sottrazione di queste immagini da quelle osservate. Questa tecnica è chiamata "gravitational imaging" (Vegetti e Koopmans 2009; Vegetti et al. 2010). La massa della sottostruttura può essere stimata aggiungendo perturbatori nel modello di lente cercando di eliminare i residui (Vegetti et al. 2012; Birrer et al. 2015; Hezaveh et al. 2016).

Molto lavoro è stato fatto per identificare le sottostrutture più piccole nelle galassie lente usando questa tecnica, poiché modelli alternativi alla CDM prevedono che queste vengano soppresse al di sotto di una scala caratteristica che dipende dalla fisica assunta per le particelle di materia oscura (vedi, ad esempio, Lovell et al. 2012). Purtroppo, le perturbazioni prodotte da questi piccoli grumi di materia oscura sono molto deboli. Rilevarle nelle immagini di sorgenti estese richiede un'alta risoluzione spaziale, attualmente ottenibile solo con tecniche di interferometria nelle lunghezze d'onda sub-mm e radio (Hezaveh et al. 2016; Powell et al. 2020). In alternativa, la presenza di sottostrutture viene dedotta dalle anomalie nei flussi delle immagini multiple di sorgenti puntiformi (Nierenberg et al. 2020). Finora, le osservazioni non hanno mostrato discrepanze con il paradigma CDM.

Le galassie tracciano le sottostrutture più massicce negli ammassi di galassie. I loro effetti di lensing forte si verificano su scale dell'ordine di ~ 1 arcosecondo, permettendo di studiare la materia oscura negli aloni galattici, misurandone le masse e la distribuzione spaziale all'interno degli ammassi stessi (Natarajan e Kneib 1997; Natarajan et al. 2002; Natarajan e Springel 2004; Limousin et al. 2007; Grillo et al. 2015; Natarajan et al. 2017). Studi recenti hanno mostrato che le galassie d'ammasso sono particolarmente efficaci nel produrre effetti di lensing gravitazionale forte su altre galassie retrostanti. Infatti, il numero di eventi di lensing forte che coinvolgono galassie d'ammasso eccede le attese nel modello CDM di circa un ordine di grandezza. Ciò sembra dovuto al fatto che gli aloni di materia oscura di queste galassie sono molto più compatti di quanto non lo siano quelli di galassie che si formano in simulazioni numeriche idrodinamiche assumendo una materia oscura fredda. Forse a causa di questa maggiore compattezza, sembra che esse possano resistere più efficacemente all'erosione mareale che sperimentano orbitando negli aloni densi degli ammassi di galassie, finendo per raggiungere più facilmente le regioni centrali di queste strutture. La presenza di galassie compatte in zone molto dense e prossime alle linee critiche principali degli ammassi amplifica la loro sezione d'urto per il lensing forte (Meneghetti et al. 2020).

Il profilo di densità interno delle galassie può essere misurato combinando il lensing forte con misure di cinematica stellare, ottenute da misure spettroscopiche. Infatti, il lensing forte da solo non è sufficiente per misurare la pendenza del profilo di densità interno, poiché è sensibile solo alla massa totale entro il raggio di Einstein. Per determinare la pendenza e separare la componente barionica da quella oscura, sono necessarie misure indipendenti della massa entro raggi più piccoli, dove la massa stellare domina (e.g. Auger et al. 2009; Koopmans et al. 2009).

Il profilo esterno degli aloni di materia oscura sulla scala degli ammassi può essere studiato con il lensing debole (Umetsu 2020). La combinazione di lensing forte e debole consente di mappare la distribuzione della materia oscura nelle strutture cosmiche più grandi, dalle regioni centrali dove si osservano archi radiali, fino al raggio viriale. Risultati recenti del Cluster Lensing And Supernova Survey with Hubble (CLASH) indicano che il profilo NFW descrive bene la distribuzione di massa negli ammassi più massicci e che la relazione tra concentrazione e massa è coerente con le aspettative del modello cosmologico standard (Meneghetti et al. 2014; Merten et al. 2015; Umetsu et al. 2014). Inoltre, il lensing debole è stato utilizzato per caratterizzare le regioni esterne degli aloni di materia oscura per campioni statistici di galassie early-type fino a redshift intermedi (e.g. Hoekstra et al. 2004).

Ulteriori vincoli derivano dalla cinematica stellare nelle BCGs, che aiuta a separare la componente stellare da quella oscura e a misurare la pendenza più interna del profilo di densità degli ammassi. Alcuni risultati suggeriscono che i profili di materia oscura al centro di alcuni ammassi possano essere meno ripidi di quanto previsto dal modello CDM (Sand et al. 2008; Newman et al. 2013, 2015). Non è ancora chiaro se questa caratteristica indichi una tensione con il modello CDM o se sia il risultato dell'interazione tra materia oscura e barioni.

L'interazione tra materia oscura e barioni

Le osservazioni di lensing gravitazionale forte e debole possono essere confrontate con altri metodi di indagine complementari sulla distribuzione della materia nelle galassie e negli ammassi di galassie, al fine di misurare con precisione la distribuzione della materia oscura e dei barioni nelle strutture cosmiche. Tra questi metodi rientrano: la cinematica stellare o galattica, le osservazioni del gas d'ammasso nelle lunghezze d'onda X e radio, ecc. Questo confronto fornisce importanti indizi sull'interazione tra materia oscura e materia ordinaria. Il gas che costituisce il mezzo intra-ammasso si condensa all'interno degli aloni di materia oscura, raffreddando e formando stelle. La formazione stellare è regolata da meccanismi di raffreddamento e riscaldamento del gas che dipendono, tra le altre cose, da molti processi fisici, come il feedback energetico proveniente dai nuclei galattici attivi e dalle esplosioni di supernovae, i venti galattici, l'arricchimento di metalli del mezzo interstellare, le fusioni tra galassie, ecc. Il lensing forte può aiutarci a comprendere questi processi fornendo misurazioni precise della frazione di massa totale sotto forma di materia oscura entro il raggio di Einstein e dei rapporti massa-luminosità nelle galassie e negli ammassi (e.g. Jiang e Kochanek 2007).

La materia oscura, in particolare nelle regioni centrali delle galassie e degli ammassi di galassie, può essere influenzata dalla fisica dei barioni a causa delle interazioni gravitazionali tra le sue particelle e la materia ordinaria. Pertanto, è interessante misurare come la forma dei profili di densità cambi sotto l'effetto dei barioni in un ampio intervallo di masse delle lenti. Ad esempio, (Newman et al. 2013) trova indizi di una tendenza sistematica alla diminuzione della pendenza interna dei profili di densità in funzione della massa.

Telescopi cosmici

Grazie al loro effetto di magnificazione, le galassie e gli ammassi di galassie fungono da potenti telescopi cosmici. Le sorgenti vicine alle caustiche della lente sono così fortemente magnificate che nelle loro immagini si possono risolvere dettagli piccoli quanto ammassi globulari (cioè con dimensioni intrinseche di $\lesssim 200\,pc$) Vanzella et al. (2017b,a). Inoltre, alcune delle sorgenti più distanti dell'universo sono state osservate dietro agli ammassi di galassie (e.g. Zheng et al. 2012; Coe et al. 2013).

Più in generale, le lenti gravitazionali offrono la possibilità di studiare in dettaglio popolazioni di sorgenti che sarebbero altrimenti irraggiungibili anche con i telescopi più potenti e ad alta risoluzione attualmente disponibili. Alcune di queste popolazioni di sorgenti sono particolarmente interessanti perché possono aiutare a comprendere le fasi iniziali della formazione ed evoluzione stellare e galattica. Ad esempio, la più intensa formazione stellare dell'universo avviene in galassie ricche di polvere a $z \gtrsim 1$, dove il tasso di formazione stellare ammonta a $> 100\text{–}1000\ M_\odot$ yr$^-$1 (Casey et al. 2014). La radiazione UV emessa dalle giovani stelle massicce viene in gran parte ri-processata dalla polvere interstellare e ri-emessa nelle lunghezze d'onda dell'infrarosso lontano e del sub-millimetrico. Come visto nella Sez. 6.1.3, le galassie con intensa formazione stellare e polverose (DSFGs) magnificate da altre galassie lungo la linea di vista vengono identificate come le sorgenti più luminose nelle survey infrarosse e sub-millimetriche grazie al bias di magnificazione (Vieira et al. 2010; Negrello et al. 2010). Una volta rilevate, possono essere osservate con maggiore risoluzione utilizzando interferometri come l'Atacama Large Millimeter Array (ALMA) (Spilker et al. 2016; Hezaveh et al. 2016). Un'attenta ricostruzione della lente permette di de-lensare le sorgenti e studiarne le proprietà intrinseche. Riprodurre una popolazione realistica di DSFGs è stata a lungo una sfida per i modelli teorici di evoluzione galattica (Narayanan et al. 2015), e il lensing offre un modo per studiarle in dettaglio.

Uno dei motivi principali per lo studio dell'universo primordiale è osservare le stelle e le galassie nei primi miliardi di anni della storia cosmica. Le sorgenti non magnificate di questa epoca sono estremamente deboli (> 28 mag). Esse potrebbero aver giocato un ruolo essenziale nel processo di re-ionizzazione del gas nell'universo tra i redshift 15 e 8. Prima di quell'epoca, durante le cosiddette "ere oscure", l'universo non conteneva ancora stelle e galassie, e il gas era neutro (Gunn e Peterson 1965; Madau et al. 1997; Ciardi e Ferrara 2005; Dijkstra 2014; Planck Collaboration et al. 2020). Successivamente, la re-ionizzazione è avvenuta probabilmente a causa dei fotoni UV e X emessi dai primi oggetti formatisi. Non è ancora chiaro quali sorgenti abbiano contribuito maggiormente alla re-ionizzazione cosmica. Sono stati proposti diversi candidati: la prima popolazione di stelle (le cosiddette stelle Pop III), una popolazione di galassie nane deboli, buchi neri nucleari, binarie a raggi X, ecc. Zaroubi (2013).

Sebbene il James-Webb-Space-Telescope (JWST) permetterà di esplorare questa epoca in dettaglio, possiamo già anticipare alcuni risultati combinando la risoluzione di HST con l'ingrandimento gravitazionale fornito dagli ammassi massicci. Infatti, ampie survey di ammassi di galassie condotti con HST, tra cui il CLASH e i Frontier Fields, hanno dimostrato l'efficacia del lensing gravitazionale forte nel fornire grandi campioni di galassie ad alto redshift (Bradley et al. 2014; Atek et al. 2015). Combinando i dati di imaging di HST con le osservazioni spettroscopiche ottenute con MUSE al VLT, Vanzella et al. (2020) ha inoltre identificato un candidato complesso di stelle Pop III a redshift 6.63, fortemente magnificato dall'ammasso di galassie MACSJ0416.

Applicazioni cosmologiche

Infine, è impossibile non menzionare le applicazioni del lensing gravitazionale da parte di galassie e ammassi di galassie in cosmologia. Ci sono almeno tre ragioni fondamentali che rendono il lensing gravitazionale uno strumento cosmologico di grande importanza. Primo, come abbiamo discusso ampiamente, l'intensità degli effetti di lensing gravitazionale è determinata dalle distanze tra le lenti, le sorgenti e l'osservatore. Di conseguenza, il lensing dipende fortemente dalla geometria dell'universo, che a sua volta è determinata dai valori dei parametri cosmologici. Secondo, l'efficacia delle galassie e degli ammassi di galassie nel produrre effetti di lensing dipende dalla loro struttura interna. Ad esempio, a parità di massa, le lenti più concentrate sono più efficienti nel produrre effetti di lensing forte, poiché la loro densità superficiale centrale può superare più facilmente Σ_{cr}. È noto che la concentrazione degli aloni di materia oscura dipende dalla cosmologia (e.g. Navarro et al. 1997; Bullock et al. 2001; Eke et al. 2001; Dolag et al. 2004). Ad esempio, nei modelli cosmologici in cui essi si formano più precocemente, quando la densità media dell'universo è più alta, galassie e ammassi di galassie risultano più concentrati. Terzo, l'abbondanza di lenti nell'universo dipende dall'epoca della loro formazione. Se galassie e ammassi di galassie si formano prima, un numero maggiore di potenziali lenti sarà già presente a redshift compresi tra $z \sim 0.2$ e $z \sim 0.6$, intervallo in cui il loro potere di lensing è massimo per una popolazione di sorgenti il cui redshift medio si colloca attorno a $z \sim 1$. Poiché la formazione e l'evoluzione delle strutture cosmiche sono regolate dal contenuto di materia ed energia dell'universo, che determina come esso si espande nel tempo, la frequenza degli eventi di lensing gravitazionale può essere utilizzata per vincolare parametri cosmologici come la densità di materia oscura e l'equazione di stato dell'energia oscura.

Di seguito elenchiamo brevemente alcuni test cosmologici basati sul lensing gravitazionale da parte di galassie e ammassi di galassie:

- **Cosmografia con ritardi temporali:** i ritardi temporali possono essere misurati negli eventi di lensing gravitazionale prodotti da galassie o ammassi di galassie in cui sorgenti variabili (e.g., quasar o supernovae) appaiono come immagini multiple (Refsdal 1964; Treu e Marshall 2016; Treu et al. 2016). Come discusso nella Sez. 5.8, il ritardo temporale totale è proporzionale alla distanza di ritardo temporale, $D_{\Delta t}$, che dipende dai parametri cosmologici (vedi Sez. 9.6). In particolare, essa è inversamente proporzionale al valore attuale della costante di Hubble, H_0, che misura il tasso di espansione relativo dell'universo (Sez. 9.5). Per campionare accuratamente le curve di luce delle singole immagini, confrontarle e misurare i ritardi temporali, è necessaria una continua osservazione delle immagini multiple su scale temporali di anni.

  Progetti come il COSmological MOnitoring of GRAvItational Lenses (COSMO-GRAIL) stanno attualmente portando avanti queste misure utilizzando curve di luce misurate con piccoli telescopi negli emisferi nord e sud (Eigenbrod et al. 2005; Bonvin et al. 2019; Millon et al. 2020). L'obiettivo è misurare i ritardi temporali con un'accuratezza inferiore al 3%.

I ritardi temporali e le altre osservabili del lensing (e.g., le posizioni delle immagini multiple) vengono modellati simultaneamente per misurare la distribuzione di massa della lente e i parametri cosmologici. Il successo della tecnica dipende dalla disponibilità e dalla dimensione di un campione adeguato di quasar o supernovae lensati, dalla precisione delle misure dei ritardi temporali, dall'accuratezza della modellizzazione del potenziale gravitazionale delle lenti e dalla capacità di caratterizzare la distribuzione della massa lungo la linea di vista verso la sorgente. Infatti, come visto nella Sez. 5.9, in presenza di una convergenza esterna κ_{ext}, il ritardo temporale cambia di un fattore $\lambda = (1 - \kappa_{ext})$.

La misura di H_0 tramite il lensing gravitazionale è altamente complementare ad altri test cosmologici, come le osservazioni della Radiazione Cosmica di Fondo effettuate dalla missione Planck dell'ESA (Planck Collaboration et al. 2020) o delle supernovae di tipo Ia (SNae) calibrate tramite la scala delle distanze (Sandage et al. 2006; Freedman et al. 2012; Riess et al. 2016, 2018, 2019). Si noti che gli ultimi risultati ottenuti da questi due tipi di test sono in forte tensione tra loro. La collaborazione Supernovae, H0, for the Equation of State of Dark Energy (SH0ES, Riess et al. 2016) ha trovato un valore più alto di H_0 ($H_0 = 74.03 \pm 1.42\,\mathrm{km\,s^{-1}\,Mpc^{-1}}$) rispetto a quello misurato da Planck ($H_0 = 67.4 \pm 0.5\,\mathrm{km\,s^{-1}\,Mpc^{-1}}$). Recentemente, la collaborazione H_0 Lenses in COSMOGRAIL's Wellspring (H0LiCOW) ha misurato $H_0 = 73.3^{+1.7}_{-1.8}\,\mathrm{km\,s^{-1}\,Mpc^{-1}}$ in un modello ΛCDM, basandosi sull'analisi di sei quasar con immagini multiple (Wong et al. 2020). Questo valore è coerente con la misura di H_0 della collaborazione SH0ES, confermando la tensione tra le misure di H_0 ottenute dalle osservazioni dell'universo primordiale e quelle dell'universo locale.

- **Cosmografia con lensing forte:** Il lensing gravitazionale forte può essere utilizzato per vincolare i parametri cosmologici attraverso la dipendenza dell'angolo di deflessione dal rapporto di distanza D_{LS}/D_S. Per illustrare questa tecnica, consideriamo una lente SIS semplice. Il raggio di Einstein, ovvero la separazione angolare tra due immagini multiple, dipende dalla dispersione di velocità e dalle distanze angolari D_S e D_{LS} come $\theta_E \propto D_{LS}/D_S \sigma_0^2$. Misurando il raggio di Einstein dalle posizioni delle immagini multiple di una sorgente a un dato redshift, z_S, si ottiene una misura del rapporto di distanza. Sfortunatamente, questo è degenere con la dispersione di velocità della lente (e quindi con la sua massa), rendendo difficile trarre conclusioni cosmologiche. Tuttavia, se vengono osservate immagini multiple di una seconda sorgente a un diverso redshift z'_S, si può ottenere una seconda stima del raggio di Einstein, e il rapporto tra i due raggi dipenderà solo dalle distanze angolari, e quindi dalla cosmologia. Più precisamente, tale rapporto fornisce una misura del cosiddetto family ratio,

$$\Xi(z_{LS}, z_S, z'_S, \vec{\Pi}) = \frac{D_{LS}}{D_S}\frac{D'_S}{D'_{LS}}\,, \qquad (6.87)$$

dove $\vec{\Pi}$ denota l'insieme dei parametri cosmologici.

Nelle lenti con distribuzioni di massa complesse e profili di densità non isoterma, il family ratio rimane degener con la distribuzione di massa. Tuttavia, la degenerazione può essere attenuata se vengono osservate simultaneamente più sorgenti a redshift differenti, come spesso accade negli ammassi di galassie massicci. Ad esempio, Jullo et al. (2010) ha utilizzato un metodo di inversione parametrica del lensing per vincolare simultaneamente la distribuzione di massa dell'ammasso Abell 1689 e i parametri cosmologici, come la densità di materia Ω_m e l'equazione di stato dell'energia oscura w_{DE}, ottenendo $\Omega_{m,0} = 0.25 \pm 0.05$ e $w_{DE} = -0.97 \pm 0.07$. Più recentemente, Caminha et al. (2016), applicando lo stesso metodo all'ammasso RXCJ2248.7-4431 e assumendo una cosmologia piatta, ha ottenuto $\Omega_{m,0} = 0.2^{+0.13}_{-0.16}$ e $w_{DE} = -1.07^{+0.16}_{-0.42}$. Questi valori sono in accordo con altri test cosmologici (e.g., Planck Collaboration et al. 2020). D'Aloisio e Natarajan (2011) ha mostrato che strutture lungo la linea di vista possono introdurre bias nella stima dei parametri cosmologici e ha suggerito di combinare le osservazioni di più ammassi per mitigare tali effetti.

La Supernova "Refsdal", esplosa in una galassia con immagini multiple prodotte dall'ammasso di galassie MACS J1149.6+2223 (Kelly et al. 2015, 2016), ha offerto la possibilità di ottenere misure dei ritardi temporali in un ammasso di galassie. Generalmente, i ritardi temporali vengono misurati in lenti su scala galattica. Nelle osservazioni profonde di MACSJ1149 con il telescopio spaziale Hubble (HST), sono state individuate diverse famiglie di immagini multiple di galassie lontane. Per questo ammasso, la combinazione della dipendenza delle posizioni delle immagini multiple e dei ritardi temporali dai parametri cosmologici ha permesso di ricavare i valori di H_0 e $\Omega_{m,0}$ con errori statistici relativi (1σ) rispettivamente del 6% e del 31% in modelli cosmologici piatti (Grillo et al. 2018).

- **Calibrazione della massa per la cosmologia con gli ammassi:** Gli ammassi di galassie rappresentano la coda ad alta massa della formazione gerarchica delle strutture, il cui tasso di crescita è esponenzialmente sensibile alla cosmologia. Per questo motivo, la normalizzazione e l'evoluzione con il redshift della funzione di massa degli ammassi di galassie possono essere usati per porre vincoli su parametri cosmologici come $\Omega_{m,0}$, σ_8 e l'equazione di stato dell'energia oscura w_{DE} (Rosati et al. 2002). Gli ammassi di galassie sono in effetti al centro di numerosi esperimenti cosmologici passati, attuali e futuri (Vikhlinin et al. 2009; Planck Collaboration et al. 2014; Merloni et al. 2012; Laureijs et al. 2011; Ivezić et al. 2019; Abbott et al. 2020). Alcuni di questi esperimenti, condotti a lunghezze d'onda molto diverse, stanno mappando vaste porzioni del cielo, fornendo osservazioni di migliaia di ammassi di galassie. Un esempio è la missione Planck, il cui catalogo PSZ2 contiene 1653 candidati ammassi identificati tramite il loro effetto Sunyaev-Zel'dovich (Planck Collaboration et al. 2014). La missione eRosita permetterà di rilevare tra 50 000 e 100 000 ammassi e gruppi di galassie tramite l'emissione X del mezzo intra-ammasso (Pillepich et al. 2012). La massa di di tutti questi ammassi non può essere misurata modellando ciascuno di essi singolarmente, poiché ciò richiederebbe un enorme carico di lavoro. Un approccio diverso e più facile da implementare consiste nello stimare le masse attraverso relazioni di scala tra la massa e osservabili facilmente accessibili, come la temperatura, la pressione e la luminosità del gas che emette in banda X Vikhlinin et al. (2009), il segnale dell'effetto Sunyaev-Zel'dovich (quantificato dal parametro di Compton integrato y, proporzionale all'integrale lungo la linea di vista della densità elettronica termica pesata per la temperatura dell'ICM) (Planck Collaboration et al. 2014), o la ricchezza dell'ammasso (una misura del numero di galassie associate all'ammasso) (Johnston et al. 2007; Rozo et al. 2010; McClintock et al. 2019). Per ottenere stime non distorte dei parametri cosmologici, è fondamentale calibrare queste relazioni di scala utilizzando misure di massa accurate per un sotto-campione di oggetti. Come abbiamo visto, tra i metodi per misurare la massa degli ammassi possiamo annoverare quelli basati sull'osservazione di fenomeni di lensing.

Meneghetti et al. (2010) ha mostrato che la massa derivata dalla combinazione di lensing gravitazionale debole e forte è in media non affetta da bias, sebbene caratterizzata da una significativa dispersione a causa degli effetti di proiezione (si veda anche Giocoli et al. 2014; Becker e Kravtsov 2011). È importante ricordare che il lensing misura la massa integrata lungo la linea di vista. Gli ammassi di galassie sono oggetti triassiali (Jing e Suto 2002; Despali et al. 2017; Bonamigo et al. 2015; Limousin et al. 2013), la cui massa proiettata in una data apertura può variare significativamente lungo diverse linee di vista. Al contrario, altre misure della massa degli ammassi basate sull'osservazione dell'emissione X del gas, sull'effetto SZ o persino sulla cinematica delle galassie dell'ammasso possono essere meno sensibili agli effetti di proiezione, ma potrebbero essere soggette a significativi bias poiché si basano sull'assunzione che il gas o le galassie siano in qualche tipo di equilibrio (idrostatico o viriale) col potenziale dell'ammasso. Diversi studi recenti hanno confrontato le stime della massa ottenute con il lensing gravitazionale debole e con le misure in banda X o tramite l'effetto SZ per quantificare l'ampiezza di questi bias (von der Linden et al. 2014; Hoekstra et al. 2015; Smith et al. 2016; Sereno et al. 2017; Penna-Lima et al. 2017; Hilton et al. 2018; Miyatake et al. 2019).

6.4 Applicazioni Python

6.4.1 *Ricostruzione parametrica con il lensing forte*

In questo esempio utilizzeremo il modello SIE per adattare alcuni osservabili del lensing forte. L'obiettivo è illustrare come funziona l'approccio parametrico, discusso nella Sez. 6.1.5.

Simulazione di una lente

Iniziamo simulando l'osservazione di una lente. A tal fine, utilizzeremo il pacchetto Python LENSTRONOMY[1] (Birrer e Amara 2018). Questo pacchetto è ricco di funzionalità e ben documentato. Nel seguito, ci siamo ispirati a uno dei notebook Jupyter distribuiti con `lenstronomy_extensions`[2].

Iniziamo importando i moduli necessari:

```
import lenstronomy.Util.simulation_util as sim_util
import lenstronomy.Util.image_util as image_util
from lenstronomy.Util import param_util
from lenstronomy.ImSim.image_model import ImageModel
from lenstronomy.PointSource.point_source import PointSource
from lenstronomy.LensModel.lens_model import LensModel
from lenstronomy.LensModel.Solver.lens_equation_solver
    import LensEquationSolver
from lenstronomy.LightModel.light_model import LightModel
from lenstronomy.Sampling.parameters import Param
from lenstronomy.Data.imaging_data import ImageData
from lenstronomy.Data.psf import PSF
```

Per impostare la simulazione, dobbiamo specificare alcuni parametri per caratterizzare l'osservazione simulata. Ad esempio, il rumore per pixel, il tempo di esposizione e la dimensione dell'immagine in output. In questo esempio, creiamo un'immagine di 100×100 pixel centrata sulla lente. La scala del pixel è di $0.05''$. Assumiamo una PSF gaussiana con FWHM pari a $0.1''$:

```
# parametri di osservazione:
background_rms = 0.5  # rumore di fondo per pixel
exp_time = 100   # tempo di esposizione (unità arbitrarie)
numPix = 100   # numero di pixel
deltaPix = 0.05   # dimensione pixel in arcsec

#  PSF
fwhm = 0.1  # FWHM della PSF
kwargs_data = sim_util.data_configure_simple(numPix, deltaPix,
                                             exp_time,
                                             background_rms)
data_class = ImageData(**kwargs_data)
kwargs_psf = {'psf_type': 'GAUSSIAN',
              'fwhm': fwhm,
              'pixel_size': deltaPix,
              'truncation': 5}
psf_class = PSF(**kwargs_psf)
```

La distribuzione di massa della lente è modellata utilizzando un modello SIE. La lente è caratterizzata da un insieme di parametri, ovvero la dispersione di velocità σ_v, il rapporto degli assi f e l'angolo di posizione φ. Il centro della lente si trova all'origine del piano della lente, ovvero nella posizione $(0, 0)$. Per i parametri della lente, impostiamo $\sigma_v = 200\,\mathrm{km/s}$, $f = 0.7$ e $\varphi = 45$ gradi. Il redshift della lente è $z_L = 0.3$.

---

[1] https://lenstronomy.readthedocs.io/en/latest/index.html.
[2] https://github.com/sibirrer/lenstronomy_extensions.

LENSTRONOMY utilizza una propria implementazione del modello SIE e adotta una definizione di ellitticità diversa da quella utilizzata in Sez. 5.11.1. Infatti, le componenti dell'ellitticità sono collegate al parametro f come segue:

$$e_1 = \frac{1-f}{1+f} \cos(2\varphi)$$

$$e_2 = \frac{1-f}{1+f} \sin(2\varphi) \tag{6.88}$$

In LENSTRONOMY, la dimensione del raggio di Einstein è utilizzata per definire la scala della lente. Per calcolarlo utilizzando l'Eq. 5.49, impostiamo il redshift della sorgente a $z_S = 1.5$. Assumiamo inoltre un modello cosmologico ΛCDM piatto con $\Omega_{m,0} = 0.3$ per calcolare le distanze angolari:

```python
# parametri della lente
f=0.7
sigmav=200.
pa=np.pi/4.0 # angolo di posizione in radianti
zl=0.3 # redshift della lente
zs=1.5 # redshift della sorgente

# raggio di Einstein della lente
from astropy.cosmology import FlatLambdaCDM
co = FlatLambdaCDM(H0=70, Om0=0.3)
from astropy.constants import c, G
dl=co.angular_diameter_distance(zl)
ds=co.angular_diameter_distance(zs)
dls=co.angular_diameter_distance_z1z2(zl,zs)

# calcolo del raggio di Einstein
thetaE=1e6*(4.0*np.pi*sigmav**2/c**2*dls/ds*180.0/np.pi*3600.0).value

# calcolo dell'ellitticità
e1,e2=(1-f)/(1+f)*np.cos(-2*pa),(1-f)/(1+f)*np.sin(-2*pa)
lens_model_list = ['SIE']
kwargs_sie = {'theta_E': thetaE,
              'center_x': 0,
              'center_y': 0,
              'e1': e1,
              'e2': e2}
kwargs_lens = [kwargs_sie]
lens_model_class = LensModel(lens_model_list=lens_model_list)
```

La distribuzione di brillanza superficiale della galassia lente è modellata usando un profilo di Sérsic ellittico, implementato nella classe `LightModel` di LENSTRONOMY. L'ellitticità e il centro della distribuzione di brillanza superficiale sono assunti coerenti con la distribuzione di massa. Il raggio efficace e l'indice di Sérsic sono scelti come $r_e = 2''$ e $n = 4$, rispettivamente.

Assumiamo che la sorgente sia una galassia che ospita un quasar al centro. La sua posizione nel piano della sorgente è $(-0.1\theta_E, \theta_E)$. La galassia ospite è un oggetto esteso ed ellittico, modellato con un profilo di Sérsic con $r_e = 0.1''$ e $n = 3$. Le componenti dell'ellitticità sono $(0.1, 0.01)$. Il quasar, invece, è una sorgente puntiforme, modellata utilizzando le funzioni fornite dal modulo `PointSource`.

Il codice seguente utilizza Lenstronomy per eseguire le seguenti operazioni:

1. risolve l'equazione della lente per la posizione della sorgente e il modello di lente forniti. In questo passaggio, la sorgente è trattata come una sorgente puntiforme;
2. calcola i flussi magnificati del quasar e aggiunge alcune fluttuazioni che simulano il microlensing nella galassia lente;
3. crea le immagini della lente e della sorgente, aggiungendo rumore osservativo e includendo gli effetti della PSF;
4. produce una simulazione dell'osservazione dell'evento di lensing.

```
# crea il modello di brillanza superficiale per la lente (SERSIC_ELLIPSE)
lens_light_model_list = ['SERSIC_ELLIPSE']
kwargs_sersic = {'amp': 3500, # flusso della lente (unità arbitrarie)
                 'R_sersic': 2., # raggio efficace
                 'n_sersic': 4, # indice di Sersic
                 'center_x': 0, # coordinata x
                 'center_y': 0, # coordinata y
                 'e1': e1,
                 'e2': e2}
kwargs_lens_light = [kwargs_sersic]
lens_light_model_class = LightModel(light_model_list=lens_light_model_list)

# crea il modello di brillanza superficiale per la sorgente (SERSIC_ELLIPSE)
source_model_list = ['SERSIC_ELLIPSE']

# imposta la posizione della sorgente
ra_source, dec_source = -0.1*thetaE, thetaE

kwargs_sersic_ellipse = {'amp': 4000.,
                         'R_sersic': .1,
                         'n_sersic': 3,
                         'center_x': ra_source,
                         'center_y': dec_source,
                         'e1': 0.1,
                         'e2': 0.01}
kwargs_source = [kwargs_sersic_ellipse]
source_model_class = LightModel(light_model_list=source_model_list)

# risolve l'equazione della lente e trova le posizioni delle immagini
# utilizzando la classe LensEquationSolver di Lenstronomy.
lensEquationSolver = LensEquationSolver(lens_model_class)
x_image, y_image = lensEquationSolver.image_position_from_source(ra_source,
                        dec_source,
                        kwargs_lens,
                        min_distance=deltaPix,
                        search_window=numPix * deltaPix,
                        precision_limit=1e-10, num_iter_max=100,
                        arrival_time_sort=True,
                        initial_guess_cut=True,
                        verbose=False,
                        x_center=0,
                        y_center=0,
                        num_random=0,
                        non_linear=False,
                        magnification_limit=None)

# calcola l'amplificazione del lensing nelle posizioni delle immagini
```

```python
mag = lens_model_class.magnification(x_image, y_image,
kwargs=kwargs_lens)
mag = np.abs(mag)   # ignora il segno dell'amplificazione

# introduce perturbazioni alla magnificazione osservata dovute, ad esempio,
# al microlensing. Il rumore è generato da una distribuzione normale
# con media 'mag' e deviazione standard 0.5
mag_pert = np.random.normal(mag, 0.5, len(mag))

# posizione del quasar nel piano della lente
kwargs_ps = [{'ra_image': x_image,
              'dec_image': y_image,
              'point_amp': point_amp}]

point_source_list = ['LENSED_POSITION']
point_source_class =
PointSource(point_source_type_list=point_source_list,
            fixed_magnification_list=[False])

# crea la simulazione dell'osservazione della lente e della sorgente
kwargs_numerics = {'supersampling_factor': 1,
                   'supersampling_convolution': False}
# imageModel include i dettagli dello strumento, PSF, lente e sorgente
imageModel = ImageModel(data_class, psf_class, lens_model_class,
source_model_class,lens_light_model_class,point_source_class,
kwargs_numerics=kwargs_numerics)
# ora, l'immagine simulata è salvata in image_sim
image_sim = imageModel.image(kwargs_lens, kwargs_source,
kwargs_lens_light, kwargs_ps)

# aggiunge rumore e background
poisson = image_util.add_poisson(image_sim, exp_time=exp_time)
bkg = image_util.add_background(image_sim, sigma_bkd=background_rms)
image_sim = image_sim + bkg + poisson
```

L'immagine simulata risultante è mostrata in Fig. 6.6. La galassia ospite è distorta fino a formare un anello di Einstein incompleto. Il quasar presenta quattro immagini, le cui posizioni sono indicate con punti gialli. Utilizzeremo queste immagini come vincoli per determinare la distribuzione di massa della lente.

Modellizzazione della lente

Per iniziare, utilizziamo solo le posizioni delle immagini multiple del quasar come vincoli per modellare la galassia lente. In una situazione realistica, queste posizioni, misurate sull'immagine astronomica, sono affette da un'incertezza. Simuliamo un errore posizionale aggiungendo una piccola incertezza ($0.015''$) alle posizioni reali delle immagini memorizzate nelle variabili x_image e y_image:

```python
mu, sigma = 0, 0.015 # media e deviazione standard
s1 = np.random.normal(mu, sigma, len(x_image))
s2 = np.random.normal(mu, sigma, len(y_image))
x1_ima=x_image_+s1
x2_ima=y_image_+s2
```

Ora possiamo avviare il processo di ottimizzazione e tentare di recuperare i parametri di input della lente. Invece di usare l'implementazione del modello SIE di LENSTRONOMY, utilizziamo la classe `sie_lens` introdotta nella Sez. 5.11.1.

Facciamo un'ipotesi sui parametri della lente ($\sigma_v = 180\,\mathrm{km/s}$, $f = 0.3$, e $\varphi = 40$ gradi) e utilizziamo l'equazione della lente per mappare le immagini sul piano della sorgente:

```python
# funzione che calcola le posizioni della sorgente
# a partire dalle immagini puntiformi
def guess_source(sie_m,x1_ima,x2_ima):
    # calcola l'angolo di deflessione nelle posizioni delle immagini
    phi=np.arctan2(x2_ima,x1_ima)
    a1_ima_,a2_ima_=sie_m.alpha(phi-sie_m.pa)
    # applica la rotazione dell'angolo di posizione della lente
    a1_ima=a1_ima_*np.cos(sie_m.pa)-a2_ima_*np.sin(sie_m.pa)
    a2_ima=a1_ima_*np.sin(sie_m.pa)+a2_ima_*np.cos(sie_m.pa)
    # usa l'equazione della lente per trovare le posizioni della sorgente
    y1_ima=x1_ima-a1_ima
    y2_ima=x2_ima-a2_ima
    return y1_ima, y2_ima


# prima stima del modello di lente: assumendo sigmav=180 km/s,
# f=0.3, e pa=40 gradi
sie_m=sie_lens(co,sigmav=180.0,zl=0.3,zs=2.0,f=0.3,pa=40.0)

# calcola le posizioni della sorgente usando il modello
y1_ima,y2_ima = guess_source(sie_m,
                             x1_ima/sie_m.theta0,
                             x2_ima/sie_m.theta0)
```

Troviamo quattro posizioni diverse della sorgente, una per ogni immagine del quasar, poiché il modello di lente non è quello corretto. Nel pannello sinistro della Fig. 6.10, queste sono indicate con stelle arancioni. La caustica tangenziale e il cut del modello di lente sono indicati rispettivamente con linee continue e tratteggiate.

Possiamo assumere che la migliore stima della posizione non affetta da lensing del quasar, dato questo modello di lente, sia la posizione media di queste quattro sorgenti, indicata con una stella blu. Ora possiamo mappare questa sorgente nuovamente sul piano della lente risolvendo l'equazione della lente:

```python
x_m,phi_m=sie_m.phi_ima(y1_m,y2_m,checkplot=False,verbose=False)
x1_ima_m=x_m*np.cos(phi_m)
x2_ima_m=x_m*np.sin(phi_m)
```

Nel pannello centrale della Fig. 6.10, le posizioni delle immagini del quasar predette dal modello sono mostrate come punti rossi. I punti verdi, invece, indicano le posizioni osservate delle immagini del quasar. Come discusso nella Sez. 6.1.5, per eseguire l'ottimizzazione nel piano dell'immagine (o della lente), dobbiamo costruire una funzione di costo per confrontare le posizioni osservate con quelle predette dal modello. Procediamo come segue: per ogni immagine osservata del quasar, troviamo l'immagine predetta dal modello più vicina. Poi misuriamo la distanza tra le due posizioni. Queste distanze sono visualizzate come segmenti blu nel pannello centrale della Fig. 6.10.

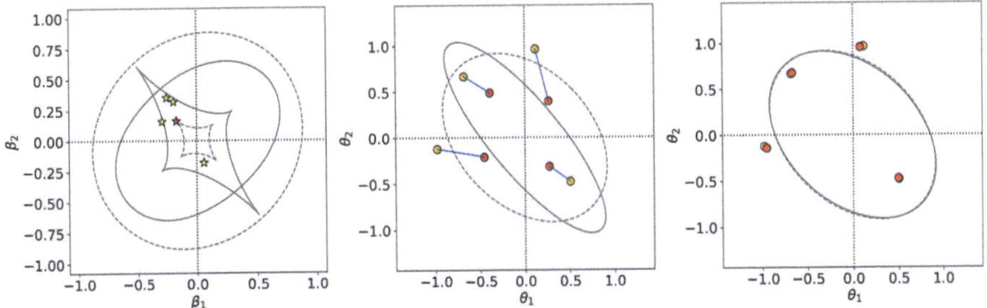

Figura 6.10 Visualizzazione dei vari passi coinvolti nella ricostruzione parametrica della lente in Fig. 6.6. L'algoritmo implementa la procedura di ottimizzazione nel piano dell'immagine. Pannello sinistro: utilizzando un modello iniziale, le immagini multiple del quasar sono mappate sul piano della sorgente (stelle gialle). La media delle loro posizioni (stella blu) viene utilizzata come stima iniziale per la posizione della sorgente. Le curve grigie continue indicano la caustica e il cut della lente, rispettivamente. Le curve tratteggiate indicano la caustica e il cut veri. Pannello centrale: risolvendo l'equazione della lente, vengono trovate le immagini della stella blu (cerchi rossi). Queste sono confrontate con le posizioni osservate delle immagini del quasar (cerchi arancioni). I segmenti blu mostrano le distanze tra ciascuna immagine del quasar e l'immagine più vicina prevista dal modello. Pannello destro: minimizzando le distanze tra le posizioni previste dal modello e quelle osservate del quasar, si trova la migliore combinazione di parametri della lente. Le curve grigie continue nei pannelli centrale e destro sono le linee critiche del modello della lente prima e dopo l'ottimizzazione, rispettivamente. La linea grigia tratteggiata indica la vera linea critica della lente in entrambi i pannelli

Il passo successivo consiste nell'esplorare lo spazio dei parametri alla ricerca della combinazione di σ_v, f e φ che minimizza queste distanze. Come fatto nella Sez. 4.9.2, utilizziamo il pacchetto `lmfit` a questo scopo. La funzione di costo implementata di seguito restituisce un array di differenze tra dati e modello. La somma dei quadrati dell'array viene inviata alla funzione di ottimizzazione tramite il metodo `minimize`.

```python
import lmfit


# Valori iniziali dei parametri. Per ogni parametro
# indichiamo anche l'intervallo di valori in cui verrà cercata
# la soluzione (es. sigma_v è inizialmente impostato a 130 km/s
# e il range è tra 50 e 300 km/s)
p = lmfit.Parameters()
p.add_many(('sigmav', 130., True, 50, 300),
           ('f', 0.8, True, 0.2, 1.0),
           ('pa', 45.0, True, 20., 60.))


# implementazione della funzione di costo:
# restituisce le distanze tra le posizioni osservate e quelle
# previste dal modello.
def cost_function(p,x1_ima,x2_ima,sigma_ima):
    sie_m=sie_lens(co,sigmav=p['sigmav'],
                   zl=0.3,zs=2.0,
                   f=p['f'],pa=p['pa'])
```

```python
y1_ima,y2_ima =
guess_source(sie_m,x1_ima/sie_m.theta0,x2_ima/sie_m.theta0)
y1_m=y1_ima.mean()
y2_m=y2_ima.mean()
x_m,phi_m=sie_m.phi_ima(y1_m,y2_m,checkplot=False,
                       verbose=False)
x1_ima_m=x_m*np.cos(phi_m)*sie_m.theta0
x2_ima_m=x_m*np.sin(phi_m)*sie_m.theta0
imod=[]
for i in range(len(x1_ima)):
    d=(x1_ima[i]-x1_ima_m)**2+(x2_ima[i]-x2_ima_m)**2
    imod.append(np.argmin(d))

res1=(x1_ima_m[imod]-x1_ima)/sigma_ima
res2=(x2_ima_m[imod]-x2_ima)/sigma_ima

return res1, res2

# minimizzazione della funzione di costo (qui usando il metodo 'powell')
mi = lmfit.minimize(cost_function, p,
                    method='powell',
                    args=(x1_ima,x2_ima,sigma_ima))
```

Assumiamo che l'errore gaussiano su ciascuna posizione dell'immagine
(sigma_ima) sia di 0.015″. La minimizzazione restituisce i seguenti valori per
i parametri del modello best fit: $\sigma_v = 200.52\,\mathrm{km/s}$, $f = 0.69$, $\varphi = 46.15$ gradi.
Con questi parametri, le posizioni delle immagini previste dal modello corrispondo-
no molto bene a quelle osservate, come mostrato nel pannello destro della Fig. 6.10.
Il χ^2 ridotto del fit è 0.98.

Infine, utilizzando il pacchetto emcee, calcoliamo le distribuzioni di probabilità
a posteriori per i parametri e stimiamo gli errori. Possiamo visualizzarli utilizzando il pacchetto corner (Foreman-Mackey 2016), come mostrato in Fig. 6.11. Le
mediane delle distribuzioni di probabilità e l'intervallo 1σ, stimato come metà della differenza tra il 16° e l'84° percentile, sono riportati sopra gli istogrammi 1D
che mostrano le distribuzioni marginalizzate. Si noti che quando si utilizza la funzione minimize con il metodo emcee, la funzione di costo è stata ridefinita in
modo che restituisca un valore scalare, cioè il χ^2, come specificato impostando
float_behavior='chi2' nella chiamata della funzione:

```python
# ridefinire la funzione di costo in modo che restituisca il chi2
def chi2(p,x1_ima,x2_ima):
    d1,d2=cost_function(p,x1_ima,x2_ima)
    return np.sqrt(d1**2+d2**2)


# chiamata alla funzione minimize usando il metodo 'emcee' e
# la funzione di costo chi2. Scegliamo di eseguire 1000 passi
# di MCMC e impostiamo i passi di 'burn-in' a 300
res = lmfit.minimize(chi2, method='emcee',
                     nan_policy='omit', burn=300, steps=1000,
                     params=mi.params,
                     float_behavior='chi2',
                     progress=True,args=(x1_ima,x2_ima))
```

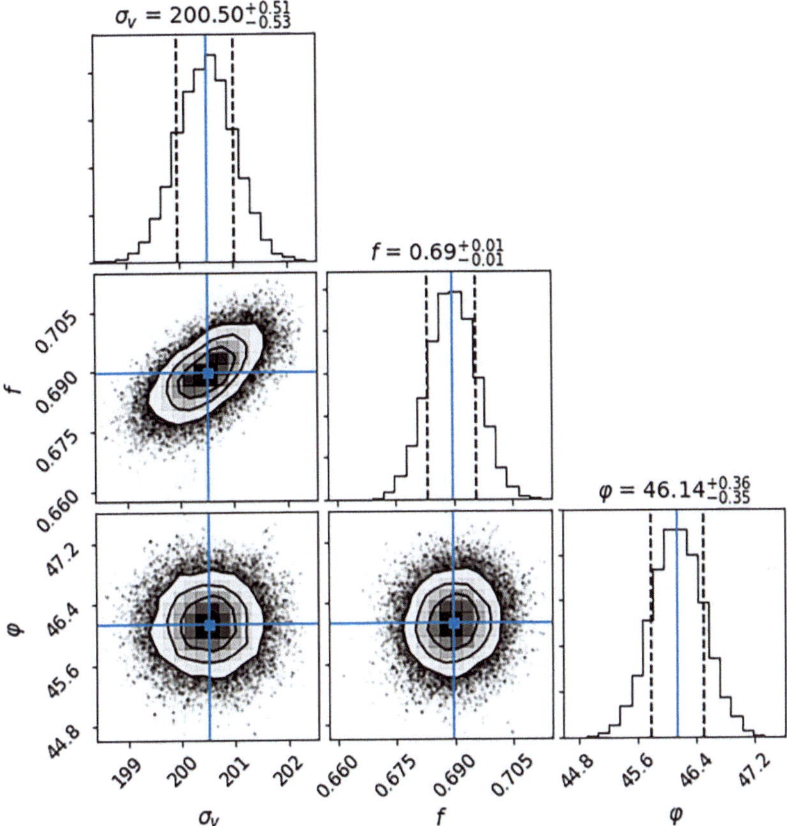

Figura 6.11 Corner plot che mostra le distribuzioni di probabilità a posteriori dei parametri del modello basate sulle posizioni delle immagini multiple del quasar mostrate in Fig. 6.6. Le mediane e il 16° e 84° percentile delle distribuzioni marginalizzate per la dispersione di velocità (σ_v), il rapporto degli assi (f) e l'angolo di posizione (φ) sono riportati e mostrati come linee verticali continue e tratteggiate in ciascun istogramma

```python
# mostrare il corner plot (limiti di confidenza, distribuzioni
# dei parametri, correlazioni)
import corner
figure = corner.corner(res.flatchain,
            labels=[r"$\sigma_v$", r"$f$",
                    r"$\varphi$"],
            truths=list(res.params.valuesdict().values()),
            quantiles=[0.16, 0.84],
            show_titles=True,
            title_kwargs={"fontsize": 14},
            label_kwargs={"fontsize": 14})
for ax in figure.get_axes():
    ax.tick_params(axis='both', labelsize=12)
```

Utilizzare più vincoli

Se sono disponibili vincoli aggiuntivi, possono essere inclusi nella funzione di costo. Ad esempio, possiamo utilizzare le informazioni derivate dai flussi delle immagini multiple. Durante la creazione della lente simulata, i fattori di magnificazione delle immagini del quasar (con alcune perturbazioni) sono stati memorizzati nella variabile `mag_pert`. Invece di fittare i flussi (il che implicherebbe l'aggiunta di un altro parametro libero, ovvero il flusso intrinseco del quasar), optiamo qui per fittare i rapporti di flusso tra le immagini. In particolare, scegliamo di calcolare i flussi relativi alla prima immagine. Si noti che, quando abbiamo utilizzato la classe `LensEquationSolver` di LENSTRONOMY, abbiamo richiesto di ordinare le immagini multiple in base al loro tempo di arrivo impostando la parola chiave `arrival_time_sort=True`. I rapporti di flusso vengono quindi calcolati come:

```
fr_ima=(mag_pert/mag_pert[0])
```

La funzione di costo che tiene conto anche dei rapporti di flusso misurati può essere scritta come segue:

```
def cost_with_flux_ratios(p,x1_ima,x2_ima,fr_ima,sigma_ima,sigma_fr):
    sie_m=sie_lens(co,sigmav=p['sigmav'],zl=0.3,zs=2.0,
                   f=p['f'],pa=p['pa'])
    y1_ima,y2_ima = guess_source(sie_m,
                                 x1_ima/sie_m.theta0,
                                 x2_ima/sie_m.theta0)
    y1_m=y1_ima.mean()
    y2_m=y2_ima.mean()
    x_m,phi_m=sie_m.phi_ima(y1_m,y2_m,checkplot=False,
                           verbose=False)
    x1_ima_m=x_m*np.cos(phi_m)*sie_m.theta0
    x2_ima_m=x_m*np.sin(phi_m)*sie_m.theta0
    mu_ima_m=sie_m.mu(x_m,phi_m)
    imod=[]
    for i in range(len(x1_ima)):
        d=(x1_ima[i]-x1_ima_m)**2+(x2_ima[i]-x2_ima_m)**2
        imod.append(np.argmin(d))
    # calcolo dei rapporti di flusso
    m_ord=np.abs(mu_ima_m[imod])
    fr_ima_m=m_ord/m_ord[0]

    # calcolo delle differenze tra modello e dati
    res1=(x1_ima_m[imod]-x1_ima)/sigma_ima
    res2=(x2_ima_m[imod]-x2_ima)/sigma_ima
    res3=(fr_ima_m-fr_ima)/sigma_fr

    return res1, res2, res3
```

dove `sigma_fr` rappresenta gli errori sulle misure dei rapporti di flusso. Ripetendo la procedura di fitting descritta sopra utilizzando questa funzione di costo si ottiene un miglioramento nella precisione e accuratezza del fit. I parametri stimati risultano $\sigma_v = 200.40^{+0.49}_{-0.51}$, $f = 0.72^{+0.01}_{-0.01}$, e $\varphi = 44.91^{+0.34}_{-0.35}$.

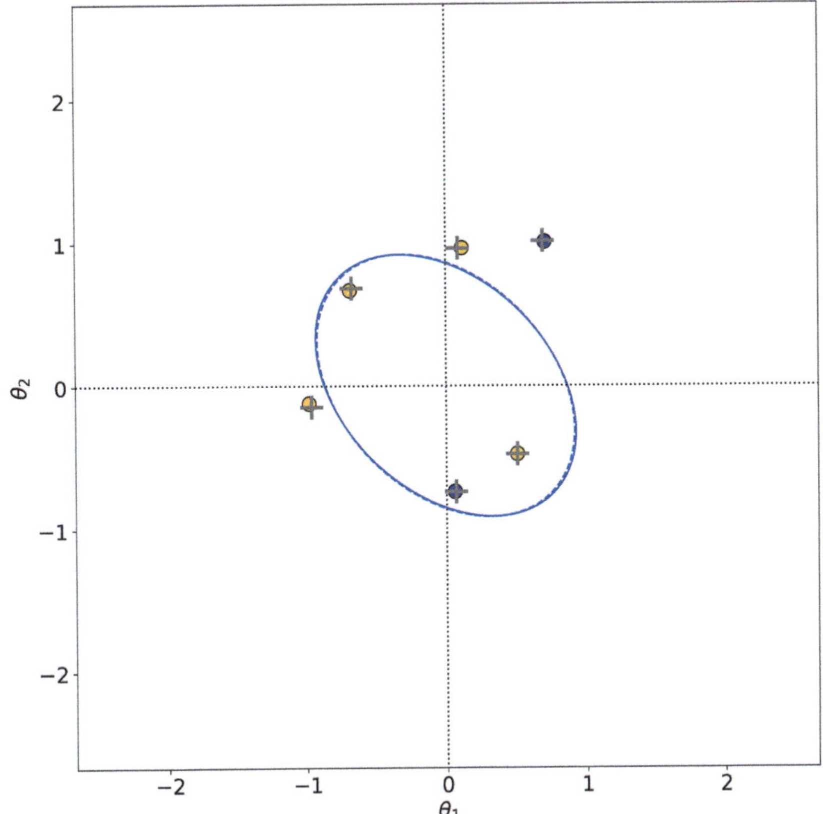

Figura 6.12 Rappresentazione di una cosiddetta *lente compund*. In questa simulazione, abbiamo utilizzato la stessa lente mostrata in Fig. 6.6. Oltre alle quattro immagini di un quasar a redshift $z_S = 2$ (cerchi arancioni), la lente produce due immagini di un'altra sorgente a redshift $z_{S,2} = 4$. Queste due famiglie di immagini multiple vengono utilizzate per eseguire l'inversione della lente. Dopo l'ottimizzazione nel piano dell'immagine, le posizioni delle immagini previste dal modello sono indicate con croci grigie

Possiamo anche combinare i vincoli derivati da altre famiglie di immagini multiple. Ad esempio, i cerchi blu in Fig. 6.12 mostrano le due immagini di una seconda sorgente a $z_S = 4$, che possono essere utilizzate in combinazione con le quattro immagini del quasar, indicate nuovamente con i cerchi arancioni. Supponiamo che le posizioni osservate di queste immagini multiple aggiuntive siano memorizzate negli array `x1_ima2`, `x2_ima2`. Possiamo procedere come segue:

```
# raggruppare le posizioni e gli errori di tutte le immagini
# della prima e della seconda sorgente in liste
x1_allima = [x1_ima,x1_ima2]
x2_allima = [x2_ima,x2_ima2]
sigma_allima = [sigma_ima,sigma_ima2]
```

```python
# nuova funzione di costo: iterare sulle famiglie di immagini
# multiple per calcolare le differenze tra dati e modello
def cost_with_morefamilies(p,x1_allima,x2_allima,
                           sigma_allima,zs_fam):

    res1=[]
    res2=[]
    # ciclo sulle famiglie di immagini multiple
    for j in range(len(x1_allima)):
        sie_m=sie_lens(co,sigmav=p['sigmav'],
                       zl=0.3,zs=zs_fam[j],
                       f=p['f'],pa=p['pa'])
        x1_ima=x1_allima[j]
        x2_ima=x2_allima[j]
        sigma_ima=sigma_allima[j]
        # calcolo della posizione della sorgente
        y1_ima,y2_ima = guess_source(sie_m,
                                     x1_ima/sie_m.theta0,
                                     x2_ima/sie_m.theta0)
        y1_m=y1_ima.mean()
        y2_m=y2_ima.mean()
        # calcolo delle immagini
        x_m,phi_m=sie_m.phi_ima(y1_m,y2_m,
                                checkplot=False,
                                verbose=False)
        x1_ima_m=x_m*np.cos(phi_m)*sie_m.theta0
        x2_ima_m=x_m*np.sin(phi_m)*sie_m.theta0
        # associare le immagini previste a quelle osservate utilizzando
        # la distanza
        imod=[]
        for i in range(len(x1_ima)):
            d=(x1_ima[i]-x1_ima_m)**2+(x2_ima[i]-x2_ima_m)**2
            res1.append((x1_ima_m[np.argmin(d)]-x1_ima[i])
            /sigma_ima[i])
            res2.append((x2_ima_m[np.argmin(d)]-x2_ima[i])
            /sigma_ima[i])
    return np.array(res1), np.array(res2)

# specificare il redshift delle due famiglie di immagini multiple
zs_fam=[2.0,4.0]

# minimizzare la funzione di costo utilizzando lmfit.minimize
mi = lmfit.minimize(cost_with_morefamilies, p,
                    method='powell',
                    args=(x1_allima,x2_allima,
                    sigma_allima,zs_fam))
```

Le croci grigie in Fig. 6.12 mostrano le posizioni previste dal modello delle immagini multiple dopo l'ottimizzazione nel piano dell'immagine. Le linee continue e tratteggiate rappresentano rispettivamente le linee critiche del modello e della lente reale. L'accordo tra il modello e la realtà sembra essere molto buono.

Ottimizzazione nel piano sorgente

L'ottimizzazione nel piano immagine è spesso impegnativa dal punto di vista computazionale poiché richiede di trovare le soluzioni dell'equazione della lente a ogni

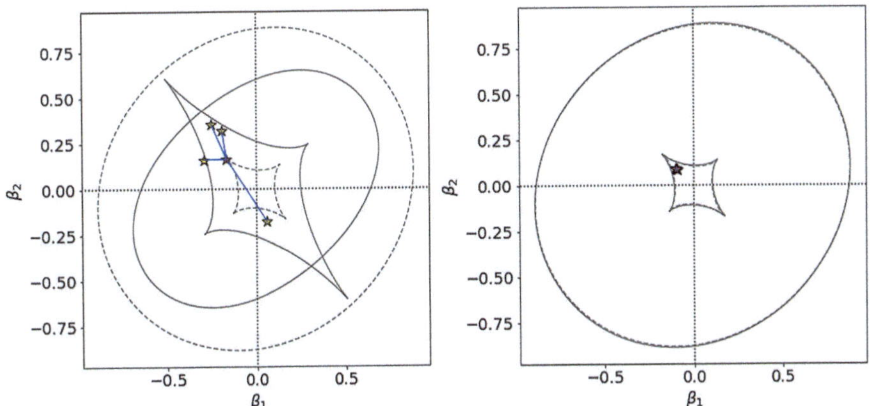

Figura 6.13 Ottimizzazione nel piano sorgente. Pannello sinistro: come nel pannello sinistro della Fig. 6.10, le posizioni delle quattro immagini del quasar, mappate nel piano sorgente utilizzando il modello iniziale, sono indicate dalle stelle gialle. La media di queste posizioni è rappresentata dalla stella rossa. Calcoliamo le distanze tra le stelle gialle e la stella rossa, indicate qui con le linee blu. Pannello destro: minimizzando queste distanze, troviamo la combinazione ottimale di parametri per adattare i dati. Dopo l'ottimizzazione, le quattro stelle gialle si avvicinano molto alla stella rossa. Le caustiche previste dal modello e quelle reali sono mostrate con curve continue e tratteggiate in entrambi i pannelli

iterazione e per ciascuna famiglia di immagini multiple. Un approccio alternativo e più veloce consiste nel trovare la combinazione migliore dei parametri del modello che minimizzi la dispersione tra le posizioni delle sorgenti previste, ottenute de-lensando ciascuna famiglia di immagini multiple. Come discusso nella Sez. 6.1.5, questo processo è chiamato ottimizzazione nel piano sorgente ed è illustrato in Fig. 6.13. La figura è simile al pannello sinistro della Fig. 6.10. Le stelle gialle rappresentano le posizioni delle immagini multiple del quasar mappate nel piano sorgente utilizzando il modello di lente. La stella rossa è la media delle posizioni delle quattro stelle gialle. Le linee blu mostrano le distanze tra le stelle gialle e la stella rossa. Dopo l'ottimizzazione, le quattro stelle gialle si avvicinano molto alla stella rossa.

Possiamo implementare facilmente l'ottimizzazione nel piano sorgente scrivendo la funzione di costo appropriata (e.g., vedere Eq. 6.11). Ad esempio:

```python
def cost_sp(p,x1_allima,x2_allima):
    sie_m=sie_lens(co,sigmav=p['sigmav'],zl=0.3,zs=2.0,f=p['f'],pa=p['pa'])
    res1=[]
    res2=[]
    # ciclo sulle famiglie di immagini multiple
    for j in range(len(x1_allima)):
        x1_ima=x1_allima[j]
        x2_ima=x2_allima[j]
        # calcolo della posizione della sorgente
        y1_ima,y2_ima = guess_source(sie_m,
                                    x1_ima/sie_m.theta0,
                                    x2_ima/sie_m.theta0)
```

```
        y1_m=y1_ima.mean()
        y2_m=y2_ima.mean()
        # calcolo delle distanze e inserimento negli array
        for i in range(len(x1_ima)):
            res1.append(y1_ima[i]-y1_m)
            res2.append(y2_ima[i]-y2_m)
    return np.array(res1), np.array(res2)
```

Si noti che le distanze restituite `res1` e `res2` non sono ponderate dagli errori sulle posizioni delle immagini nel piano sorgente. La stima di questi errori è complessa, poiché coinvolge il calcolo del fattore di magnificazione di ciascuna immagine. La magnificazione diverge vicino alle linee critiche. I lettori interessati potranno modificare la funzione di costo sopra per includere gli errori.

6.4.2 *Misura parametrica della massa con il lensing debole*

Questo esempio mostra come la massa di un ammasso di galassie possa essere stimata fittando con modelli analitici i profili delle ellitticità tangenziali ottenuti dall'analisi del lensing debole.

Misure di lensing debole

Consideriamo la situazione molto irrealistica rappresentata in Fig. 6.7. Le sorgenti sono circolari e distribuite su una griglia regolare su un singolo piano a $z_S = 1$. Tutte hanno profili di brillanza superficiale di tipo Sérsic con parametri $n = 1$ e $r_e = 1''$.

Per applicare gli effetti di lensing a ciascuna sorgente, eseguiamo una simulazione completa di ray-tracing, come mostrato nell'esempio della Sez. 3.7.6. In questo caso, però, utilizziamo un potenziale dPIE per la lente. Questo modello di lente può essere facilmente implementato utilizzando le equazioni della Sez. 5.5.2. La dispersione di velocità della lente è $\sigma_v = 1200\,\mathrm{km/s}$. Il raggio del nucleo è $r_{core} = 2''$ e il raggio di troncamento è $r_{cut} = 1000''$. L'asse maggiore della lente è orientato a 45 gradi rispetto all'asse θ_1. Infine, il rapporto degli assi della lente è $q = 0.8$.

Iniziamo misurando l'ellitticità di ciascuna sorgente. I metodi discussi nella Sez. 6.2.2 sono implementati nella classe `image_fit`. Un'istanza della classe viene creata passando alla funzione di inizializzazione un'immagine sotto forma di un array `numpy` e un valore di soglia I_{th} che definisce i limiti della sorgente (vedi Eq. 6.47). Il centroide e i momenti di quadrupolo della brillanza superficiale sono misurati utilizzando versioni discrete delle Eq. 6.41 e 6.42. Le componenti dell'ellitticità vengono quindi ottenute dalle Eq. 6.45:

```
class image_fit(object):
    """
    Misura dell'ellitticità dell'immagine e del centroide
    dalla distribuzione di brillanza superficiale.
    """
```

```python
def __init__(self,img,ith=0):
    """
    Input:
    - img = immagine da analizzare
    - ith = soglia che definisce i confini della sorgente
    """
    self.img=img
    self.ith=ith
    # usa solo i pixel sopra la soglia
    isel= img > ith
    self.img_sel=self.img[isel].flatten()
    # calcola l'array delle coordinate dei pixel
    theta1 = np.linspace(0, img.shape[0] - 1 ,img.shape[0])
    theta2 = np.linspace(0, img.shape[0] - 1, img.shape[0])
    x_,y_=np.meshgrid(theta1,theta2)
    self.r = np.stack((x_[isel].flatten(), y_[isel].flatten()), axis=1)
    # calcola il flusso totale, il centroide e i momenti di quadrupolo
    self.flux=self.img_sel.sum()
    self.c=self.centroid()
    self.Q=self.quadrupoles()

def centroid(self):
    """
    Calcolo del centroide
    """
    c=[np.sum(self.img_sel*self.r[:,i])/np.sum(self.img_sel)
        for i in range(2)]
    return c

def quadrupoles(self):
    """
    Momenti di quadrupolo
    """
    Q=np.zeros((2,2))
    for i in range(2):
        for j in range(2):
            Q[i,j]=np.sum(self.img_sel*(self.r[:,i]-self.c[i])
            *(self.r[:,j]-self.c[j]))
    Q/=self.flux
    return Q

def ellipticity(self):
    """
    Ellitticità dai momenti di quadrupolo
    """
    a,b=self.axes()
    Q=self.Q
    e1=(Q[0,0]-Q[1,1])/(Q[0,0]+Q[1,1]+2*np.sqrt(Q[0,0]*Q[1,1]-Q[0,1]))
    e2=2*Q[0,1]/(Q[0,0]+Q[1,1]+2*np.sqrt(Q[0,0]*Q[1,1]-Q[0,1]))
    if (a>b):
        return e1,e2
    else:
        return -e1, -e2

def axes(self):
    """
    Assi dell'ellisse
    """
    l1=0.5*(self.Q[0,0]+self.Q[1,1]+np.sqrt((self.Q[0,0]-
```

```python
        self.Q[1,1])**2+4.0*self.Q[0,1]**2))
    l2=0.5*(self.Q[0,0]+self.Q[1,1]-np.sqrt((self.Q[0,0]-
        self.Q[1,1])**2+4.0*self.Q[0,1]**2))
    return 1.0/sqrt(l1),1.0/sqrt(l2)
```

Supponiamo che le immagini di ciascuna sorgente distorta siano memorizzate in una lista `image_list` di immagini di dimensioni (N_{pix}, N_{pix}). In ogni immagine è presente una singola sorgente. Processiamo tutte le immagini per ottenere le misure delle componenti dell'ellitticità (ϵ_1, ϵ_2), nonché le coordinate del centroide di ciascuna sorgente lensata:

```python
e1_=[]
e2_=[]
c1_=[]
c2_=[]
phi_=[]
f = 0.05 # soglia di brillanza
for image in image_list:
    imafit=image_fit(image,ith=f)
    if (len(imafit.img_sel)>0):
        # se la sorgente ha pixel sopra la soglia,
        # misura l'ellitticità
        e1, e2 = imafit.ellipticity()
        e1_.append(e1)
        e2_.append(e2)
        # il centroide:
        center = imafit.c
        c1_.append(center[0])
        c2_.append(center[1])
```

Le componenti dell'ellitticità (ϵ_1, ϵ_2), memorizzate nelle liste `e1_` e `e2_`, possono essere convertite nelle componenti tangenziale e trasversale dell'ellitticità utilizzando le Eq. 6.50 e 6.51:

```python
varphi=np.arctan2(c2_,c1_)
et_=-(e1_*np.cos(2*varphi)+e2_*np.sin(2*varphi))
ex_=(e2_*np.cos(2*varphi)-e1_*np.sin(2*varphi))
```

Questi valori sono mostrati come cerchi blu e croci verdi in Fig. 6.8, dove sono anche confrontati con i valori reali delle componenti tangenziale e trasversale dello shear ridotto nella posizione di ciascuna sorgente distorta. I valori sono rappresentati in funzione della distanza dal centro dell'ammasso, θ. In questo esempio, assumiamo che l'errore su ciascuna misura di ellitticità `sigma_et` sia costante. In casi più realistici, gli errori sulle misure delle componenti dell'ellitticità ϵ_1 e ϵ_2 possono essere espressi in termini degli errori sui momenti di quadrupolo Q_{ij}, che dipendono dalla brillanza del cielo e dal rumore di conteggio della sorgente (vedi ad esempio il'Appendice A di Hoekstra et al. 2000).

Fit del profilo di shear tangenziale

Per stimare la massa della lente, possiamo fittare il profilo di shear tangenziale utilizzando un modello parametrico. Ad esempio, se assumiamo che un profilo di densità NFW descriva bene la distribuzione di massa dell'ammasso, allora, sotto l'assunzione di simmetria circolare, possiamo usare le Eq. 5.20, 5.116, e 5.115 per scrivere una funzione di fit per lo shear ridotto. Il codice seguente mostra l'implementazione della classe nfwcirc:

```python
class nfwcirc(object):
    """
    Classe per una lente NFW circolare
    """

    def __init__(self,co,zl=0.3,zs=2.0,c200=4.0,m200=1e15):
        """
        Inizializza l'oggetto nfwcirc
        """
        self.co = co # modello cosmologico
        self.zl = zl # redshift della lente
        self.zs = zs # redshift della sorgente
        self.m200 = m200 # Massa della lente
        self.c200 = c200 # concentrazione della lente

        # calcola rhos
        self.rhos = 200./3. * \
                (self.co.critical_density(self.zl).to('Msun/Mpc3')) * \
                self.c200**3 / \
                (np.log(1.+self.c200)-self.c200 / \
                (1.0+self.c200))

        # calcola r200 e rs
        f200=4./3.*np.pi*200. * \
            self.co.critical_density(self.zl).to('Msun/Mpc3').value
        self.r200 = (self.m200/f200)**(1./3.)
        self.rs=self.r200/self.c200

        # calcola le distanze angolari:
        self.dl=self.co.angular_diameter_distance(self.zl)
        self.ds=self.co.angular_diameter_distance(self.zs)
        self.dls=self.co.angular_diameter_distance_z1z2(self.zl,self.zs)

        # densità supericiale critica:
        self.sc = self.sigma_crit()

        # scala di convergenza:
        self.ks = self.rhos.value * self.rs / self.sc

    def sigma_crit(self):
        """
        Funzione per calcolare la densità critica
        """
        c2G = (const.c ** 2 / const.G).to(units.Msun / units.Mpc)
        factor = c2G / (4 * np.pi)
        return (factor * (self.ds / (self.dl * self.dls))).value

    def kappap(self,r):
        """
        Convergenza al raggio r [Mpc].
        """
        x = r/self.rs
        fx = np.piecewise(x, [x > 1., x < 1., x==1.],
                        [lambda x: (1 - (2.0 / np.sqrt(x * x - 1.) *
                                    np.arctan(np.sqrt((x - 1.) /
                                    (x + 1.)))))  /
                                    (x**2 - 1),
```

```python
                              lambda x: (1 - (2.0 / np.sqrt(1. - x * x) *
                                        np.arctanh(np.sqrt((1.- x) /
                                        (1. + x)))))) /
                                        (x**2 - 1),
                   0.])
        kappa = 2.0 * self.ks * fx
        return kappa

    def massp(self,r):
        """
        Massa adimensionale al raggio r [Mpc]
        """
        x = r/self.rs
        fx = np.piecewise(x, [x > 1., x < 1., x==1.],
                     [lambda x:  (2.0 / np.sqrt(x * x - 1.) *
                                 np.arctan(np.sqrt((x - 1.) /
                                 (x + 1.)))),
                      lambda x:  (2.0 / np.sqrt(1. - x * x) *
                                 np.arctanh(np.sqrt((1.- x) /
                                 (1. + x)))),
                   0])
        massp = 4.0 * self.ks * (np.log(x / 2.) + fx)
        return massp

    def shearp(self,r):
        """
        Shear al raggio r [Mpc]
        """
        kp = self.kappap(r)
        mp = self.massp(r)
        x = r/self.rs
        gammap = -(kp-mp/x**2)
        return gammap

    def redshearp(self,r):
        """
        Shear ridotto al raggio r [Mpc]
        """
        redgammap = np.abs(self.shearp(r) / (1. - self.kappap(r)))
        return redgammap
```

La funzione `redshearp` è stata utilizzata per fittare i punti dati in blu nella
Fig. 6.8 (impiegando lo stesso metodo utilizzato negli esempi precedenti). I parametri di input sono il logaritmo della massa M_{200} (cioè la massa entro una sfera che
racchiude una sovradensità media pari a 200 volte la densità critica dell'universo) e
la concentrazione c_{200}.

```python
def residuals(p,co,zl,zs,r_as,e,err):
    """
    La funzione di costo da minimizzare: restituisce le differenze
    tra le ellitticità delle sorgenti misurate e quelle previste dal modello.
    """
    # Dato un insieme di parametri (c200 e logm200),
    # crea un'istanza della classe nfwcirc
    nc=nfwcirc(co,zl=zl,zs=zs,c200=p['c200'],m200=10**p['logm200'])
    # Converte gli arcosecondi in Mpc
    r = r_as/180.0/3600.0*np.pi*nc.dl.value
```

```
# Calcola lo shear ridotto alle distanze di ciascuna
# sorgente dal centro della lente
gmodel = nc.redshearp(r)
# Calcola la differenza tra dati e modello
res = (e - gmodel)/err
return res

import lmfit

# Valori iniziali
p = lmfit.Parameters()
p.add_many(('c200', 4.0,True, 0.01,30.0), ('logm200', 15, True, 14, 16))

# Redshift della lente e della sorgente
zl = 0.5
zs = 1.0
# Trova il miglior fit: i dati sono memorizzati in tre array:
# r: distanze delle sorgenti lente dal centro dell'ammasso
# et: componente tangenziale dell'ellitticità
# sigma_et: errore sulla misura dell'ellitticità
mi = lmfit.minimize(residuals,p,args=(co,zl,zs,r,et,sigma_et))
```

La linea blu tratteggiata rappresenta il miglior fit del profilo di shear ridotto in Fig. 6.8. I parametri migliori ottenuti dal fit sono $\log_{10}(M_{200}) \sim 15$ e $c_{200} \sim 5.2$. Per confronto, la massa reale della lente è $\log_{10}(M_{200,true}) = 15.04$. Non è sorprendente che il fit non sia perfetto. Infatti, per simulare le distorsioni da lente, abbiamo utilizzato un modello dPIE, e non un profilo NFW. È importante notare che, anche in casi realistici, la forma esatta del profilo di densità della lente è sconosciuta! Inoltre, la lente non è perfettamente circolare, motivo per cui i punti dati non sono perfettamente allineati.

In casi più realistici, i dati da fittare sono molto più rumorosi rispetto a quanto mostrato in Fig. 6.8. Infatti, come discusso nelle Sez. 6.2.6, le galassie non sono intrinsecamente circolari e non si trovano tutte allo stesso redshift. Sono generalmente oggetti deboli, con morfologie irregolari, immersi in un fondo rumoroso. Inoltre, le loro immagini sono sfocate e distorte dalla PSF.

6.4.3 L'algoritmo di inversione di Kaiser-Squires

In questo esempio, discutiamo l'implementazione dell'algoritmo di inversione di Kaiser e Squires (1993) descritto nella Sez. 6.2.5.

Consideriamo una lente più complessa rispetto agli esempi precedenti. È composta da due ammassi descritti da modelli dPIE. Il primo rappresenta un ammasso di galassie massiccio con dispersione di velocità $\sigma_v = 1200\,\mathrm{km/s}$ posizionato al centro del campo di vista; il secondo è un ammasso con $\sigma_v = 800\,\mathrm{km/s}$ situato a circa 300 arcsec dal primo ammasso. Il loro redshift è $z_L = 0.5$. Le mappe della convergenza e delle due componenti di shear per un redshift della sorgente $z_S = 1$ sono mostrate in Fig. 6.14. Le mappe hanno una risoluzione di 128×128 pixel e coprono un campo visivo di 1800×1800 arcsec.

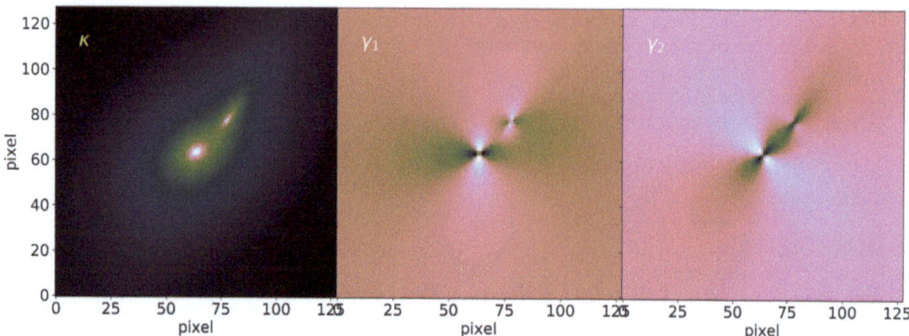

Figura 6.14 Mappe di convergenza e shear della lente utilizzata nell'esempio in Sez. 6.4.3. Il campo di vista è di 1800×1800 arcsec

L'algoritmo si sviluppa nei seguenti passi:

- Calcoliamo le trasformate di Fourier delle due componenti di shear, $\tilde{\gamma}_1$ e $\tilde{\gamma}_2$. Per limitare gli artefatti dovuti alle condizioni periodiche al contorno, utilizziamo il padding con zeri;
- Moltiplichiamo $\tilde{\gamma}_1$ e $\tilde{\gamma}_2$ per le funzioni

$$\tilde{D}_1 = \frac{k_1^2 - k_2^2}{k^2} \tag{6.89}$$

$$\tilde{D}_2 = \frac{2k_1 k_2}{k^2}, \tag{6.90}$$

secondo quanto previsto dall'Eq. 6.70. Otteniamo così la trasformata di Fourier della convergenza, $\tilde{\kappa}$;

- Infine, calcoliamo la trasformata di Fourier inversa di $\tilde{\kappa}$ per ottenere la mappa della convergenza κ.

Le trasformate di Fourier vengono calcolate utilizzando il pacchetto `scipy.fftpack`. Le funzioni per il padding con zeri e il ritaglio delle mappe sono state introdotte in Sez. 2.5.2:

```python
import scipy.fftpack as fftengine
def KS93(g1,g2):
    """

    Implementazione dell'algoritmo KS93:
    :parametri: g1, g2 - mappe delle componenti di shear
    :ritorna: kappa - mappa della convergenza
    """
    # Padding con zeri delle mappe di shear
    g1_pad=gpad(g1)
    g2_pad=gpad(g2)

    # calcolo del kernel sulla griglia
    D1,D2=kernel(g1_pad.shape[0])

    # Trasformate di Fourier delle componenti di shear
    g1ft = fftengine.fftn(g1_pad)
    g2ft = fftengine.fftn(g2_pad)
```

```python
# calcolo della FT della convergenza
kappaft=D1*g1ft+D2*g2ft

# Trasformata inversa per ottenere la mappa della convergenza
kappa=fftengine.ifftn(kappaft)

# Restituisce la mappa ritagliando la regione zero-padded
return mapcrop(kappa.real,g1.shape[0])

def kernel(n):
    """
    Implementa la funzione kernel D:
    :parametri: n - dimensione della griglia
    (assumiamo una griglia quadrata di dimensione n x n)
    :ritorna: D1, D2
    """
    kx,ky = np.meshgrid(fftengine.fftfreq(n),fftengine.fftfreq(n))
    norm=(kx**2+ky**2+1e-12)
    D1=(kx**2-ky**2)/norm
    D2=2*kx*ky/norm
    return(D1,D2)

def gpad(gmap):
    """
    Esegue il padding con zeri della mappa di input
    :ritorna: mappa della convergenza zero-padded
    """
    def padwithzeros(vector, pad_width, iaxis, kwargs):
        vector[:pad_width[0]] = 0
        vector[-pad_width[1]:] = 0
        return vector
    return np.lib.pad(gmap, 2*gmap.shape[0], padwithzeros)

def mapcrop(inmap,n):
    """
    Ritaglia la mappa rimuovendo la regione aggiunta per il padding con zeri
    :param inmap: mappa di input da ritagliare
    :ritorna: outmap - mappa ritagliata
    """
    xmin=int(inmap.shape[0]/2-n/2)
    ymin=int(inmap.shape[1]/2-n/2)
    xmax=int(xmin+n)
    ymax=int(ymin+n)
    outmap=inmap[xmin:xmax,ymin:ymax]
    return(outmap)
```

Per calcolare la mappa della convergenza, chiamiamo la funzione KS93, passando le componenti dello shear γ_1 e γ_2:

```python
kappa=KS93(gamma1,gamma2)
```

Purtroppo, non possiamo misurare direttamente γ_1 e γ_2, ma possiamo stimare le componenti dello shear ridotto, g_1 e g_2, dalle ellitticità delle galassie.

Kaiser (1995) e Seitz e Schneider (1996) hanno generalizzato l'inversione di Kaiser & Squires, risolvendo l'equazione integrale ottenuta sostituendo γ con $(1 - \kappa)g$ nell'Eq. 6.71:

$$\kappa(\vec{\theta}) = \frac{1}{\pi} \int \left[D_1(\vec{\theta} - \vec{\theta}')g_1(\vec{\theta}')[1 - \kappa(\vec{\theta}')] + D_2(\vec{\theta} - \vec{\theta}')g_2(\vec{\theta}')[1 - \kappa(\vec{\theta}')] \right] d^2\theta' ,$$

$$(6.91)$$

L'integrale può essere risolto iterativamente. Iniziamo ponendo $\kappa = 0$ e otteniamo una prima mappa di convergenza. Alla successiva iterazione, questa mappa viene inserita nell'integrale e si trova una nuova soluzione. Dopo alcune iterazioni, il risultato diventa stabile e la procedura restituisce la mappa finale della convergenza:

```python
# Calcolo delle mappe di shear ridotto da passare a KS93:
g1=gamma1/(1.0-kappa)
g2=gamma2/(1.0-kappa)

# Stima iniziale per la convergenza: kappa=0
kiter=np.zeros((npix,npix))

# Visualizzazione delle mappe a ogni iterazione
fig,ax=plt.subplots(1,5,figsize=(20,10),sharey=True,
                    gridspec_kw={'wspace': 0})

# Eseguiamo 5 iterazioni
for iteray in range(5):
    k_new=KS93(g1*(1.-kiter),g2*(1.-kiter))
    # assumiamo k_new > 0
    kiter=k_new-k_new.min()

    # visualizziamo la mappa
    ax[iteray].imshow(np.sqrt(kiter),origin='low',vmax=kiter.max()*0.7,
                      cmap='cubehelix')

    ax[iteray].set_xlabel('pixel',fontsize=20)
    if iteray==0:
        ax[iteray].set_ylabel('pixel',fontsize=20)
    ax[iteray].text(20,110,'Iter.'+str(iteray+1),color='yellow',
                    fontsize=20)
    ax[iteray].xaxis.set_tick_params(labelsize=20)
    ax[iteray].yaxis.set_tick_params(labelsize=20)
```

I risultati dopo cinque iterazioni sono mostrati in Fig. 6.15. Da sinistra a destra, si può notare come la ricostruzione migliori progressivamente fino a ottenere una mappa che appare molto simile a quella mostrata nel pannello sinistro della Fig. 6.14. Si noti che la mappa di convergenza restituita dalla funzione KS93 viene riscalata a ogni iterazione, spostando il suo valore minimo a zero. Questo evita valori non fisici di convergenza negativa. Poiché la convergenza diminuisce verso i

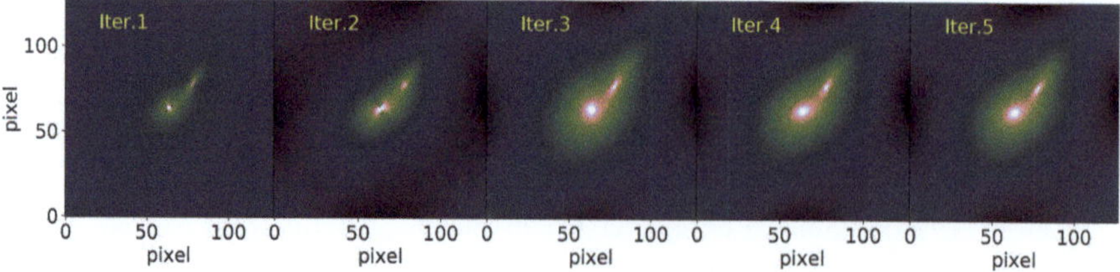

Figura 6.15 Mappe di convergenza ottenute risolvendo iterativamente l'Eq. 6.91. Sono state eseguite cinque iterazioni. Le mappe di ciascuna iterazione (da 1 a 5) sono mostrate in sequenza da sinistra a destra

bordi del campo di vista, questa operazione equivale ad assumere che la convergenza sia zero a grandi distanze dal centro della lente. Questo è un possibile metodo per rompere la mass sheet degeneracy.

Riferimenti bibliografici

Abbott, T. M. C., Aguena, M., Alarcon, A., Allam, S., Allen, S., Annis, J., ... DES Collaboration. (2020). Dark energy survey year 1 results: Cosmological constraints from cluster abundances and weak lensing. *Physics Review, 102*(2), 023509. https://doi.org/10.1103/PhysRevD.102.023509. arXiv: 2002.11124 [astro-ph.CO]

Alard, C. (2006). Automated detection of gravitational arcs. arXiv e-prints, astro-ph/0606757. arXiv: astro-ph/0606757 [astro-ph]

Atek, H., Richard, J., Jauzac, M., Kneib, J.-P., Natarajan, P., Limousin, M., ... Clement, B. (2015). Are ultra-faint galaxies at z = 6–8 responsible for cosmic reionization? Combined constraints from the hubble frontier fields clusters and parallels. *ApJ, 814*(1), 69. https://doi.org/10.1088/0004-637X/814/1/69. arXiv: 1509.06764 [astro-ph.GA]

Auger, M. W., Treu, T., Bolton, A. S., Gavazzi, R., Koopmans, L. V. E., Marshall, P. J., ... Moustakas, L. A. (2009). The Sloan lens ACS survey. IX. Colors, lensing, and stellar masses of early-type galaxies. *ApJ, 705*(2), 1099–1115. https://doi.org/10.1088/0004-637X/705/2/1099. arXiv: 0911.2471 [astro-ph.CO]

Bacon, R., Accardo, M., Adjali, L., Anwand, H., Bauer, S., Biswas, I., ... Yerle, N. (2010). The MUSE second-generation VLT instrument. In *Ground-based and airborne instrumentation for astronomy III* (Vol. 7735, pp. 773508). Society of Photo-Optical Instrumentation Engineers (SPIE) Conference Series. https://doi.org/10.1117/12.856027

Becker, M. R., & Kravtsov, A. V. (2011). On the accuracy of weak-lensing cluster mass reconstructions. *ApJ, 740*(1), 25. https://doi.org/10.1088/0004-637X/740/1/25. arXiv: 1011.1681 [astro-ph.CO]

Bender, R., Burstein, D., & Faber, S. M. (1992). Dynamically hot galaxies. I. Structural properties. *ApJ, 399*, 462. https://doi.org/10.1086/171940

Bergamini, P., Rosati, P., Mercurio, A., Grillo, C., Caminha, G. B., Meneghetti, M., ... Vanzella, E. (2019). Enhanced cluster lensing models with measured galaxy kinematics. *A&A, 631*, A130. https://doi.org/10.1051/0004-6361/201935974

Binney, J., & Tremaine, S. (2008). *Galactic dynamics* (2d ed.).

Birrer, S., & Amara, A. (2018). Lenstronomy: Multi-purpose gravitational lens modelling software package. *Physics of the Dark Universe, 22*, 189–201. https://doi.org/10.1016/j.dark.2018.11.002. arXiv: 1803.09746 [astro-ph.CO]

Birrer, S., Amara, A., & Refregier, A. (2015). Gravitational lens modeling with basis sets. *ApJ, 813*(2), 102. https://doi.org/10.1088/0004-637X/813/2/102. arXiv: 1504.07629 [astro-ph.CO]

Blandford, R. D., Surpi, G., & Kundić, T. (2001). Modeling galaxy lenses. In T. G. Brainerd & C. S. Kochanek (Eds.), *Gravitational lensing: Recent progress and future go* (Vol. 237, p. 65). Astronomical Society of the Pacific Conference Series. arXiv: astro-ph/0001496 [astro-ph]

Bolton, A. S., Burles, S., Koopmans, L. V. E., Treu, T., & Moustakas, L. A. (2006). The Sloan lens ACS survey. I. A large spectroscopically selected sample of massive early-type lens galaxies. *ApJ, 638*(2), 703–724. https://doi.org/10.1086/498884. arXiv: astro-ph/0511453 [astro-ph]

Bonamigo, M., Despali, G., Limousin, M., Angulo, R., Giocoli, C., & Soucail, G. (2015). Universality of dark matter haloes shape over six decades in mass: Insights from the Millennium XXL and SBARBINE simulations. *MNRAS, 449*(3), 3171–3182. https://doi.org/10.1093/mnras/stv417. arXiv: 1410.0015 [astro-ph.CO]

Bonamigo, M., Grillo, C., Ettori, S., Caminha, G. B., Rosati, P., Mercurio, A., ... Lombardi, M. (2018). Dissection of the collisional and collisionless mass components in a mini sample of

CLASH and HFF massive galaxy clusters at z $\approx$ 0.4. *ApJ, 864*, 98. https://doi.org/10.3847/
  1538-4357/aad4a7. arXiv: 1807.10286 [astro-ph.GA]

Bonvin, V., Millon, M., Chan, J. H.-H., Courbin, F., Rusu, C. E., Sluse, D., ... Meylan, G. (2019).
  COSMOGRAIL. XVIII. Time delays of the quadruply lensed quasar WFI2033-4723. *A & A,
  629*, A97. https://doi.org/10.1051/0004-6361/201935921. arXiv: 1905.08260 [astro-ph.CO]

Bradač, M., Erben, T., Schneider, P., Hildebrand t, H., Lombardi, M., Schirmer, M., ... Schindler,
  S. (2005). Strong and weak lensing united. II. The cluster mass distribution of the most X-ray
  luminous cluster RX J1347.5-1145. *A & A, 437*(1), 49–60. https://doi.org/10.1051/0004-6361:
  20042234

Bradley, L. D., Zitrin, A., Coe, D., Bouwens, R., Postman, M., Balestra, I., ... Molino, A. (2014).
  CLASH: A census of magnified star-forming galaxies at z $\sim$ 6–8. *ApJ, 792*(1), 76. https://doi.
  org/10.1088/0004-637X/792/1/76. arXiv: 1308.1692 [astro-ph.CO]

Brainerd, T. G., Blandford, R. D., & Smail, I. (1996). Weak gravitational lensing by galaxies. *ApJ,
  466*, 623. https://doi.org/10.1086/177537. arXiv: astro-ph/9503073 [astro-ph]

Brewer, B. J., Dutton, A. A., Treu, T., Auger, M. W., Marshall, P. J., Barnabè, M., ... Koopmans, L.
  V. E. (2012). The SWELLS survey—III. Disfavouring 'heavy' initial mass functions for spiral
  lens galaxies. *MNRAS, 422*(4), 3574–3590. https://doi.org/10.1111/j.1365-2966.2012.20870.x.
  arXiv: 1201.1677 [astro-ph.CO]

Brownstein, J. R., Bolton, A. S., Schlegel, D. J., Eisenstein, D. J., Kochanek, C. S., Connolly, N.,
  ... Weaver, B. A. (2012). The BOSS emission-line lens survey (BELLS). I. A large spectroscopically selected sample of lens galaxies at redshift $\sim$0.5. *ApJ, 744*(1), 41. https://doi.org/10.
  1088/0004-637X/744/1/41. arXiv: 1112.3683 [astro-ph.CO]

Bullock, J. S., Kolatt, T. S., Sigad, Y., Somerville, R. S., Kravtsov, A. V., Klypin, A. A., ... Dekel,
  A. (2001). Profiles of dark haloes: evolution, scatter and environment. *MNRAS, 321*(3), 559–
  575. https://doi.org/10.1046/j.1365-8711.2001.04068.x. arXiv: astro-ph/9908159 [astro-ph]

Cabanac, R. A., Alard, C., Dantel-Fort, M., Fort, B., Gavazzi, R., Gomez, P., ... Valls-Gabaud,
  D. (2007). The CFHTLS strong lensing legacy survey. I. Survey overview and T0002 release sample. *A&A, 461*(3), 813–821. https://doi.org/10.1051/0004-6361:20065810. arXiv:
  astro-ph/0610362 [astro-ph]

Caminha, G. B., Grillo, C., Rosati, P., Balestra, I., Karman,W., Lombardi, M., ... Ziegler, B.
  (2016). CLASH-VLT: A highly precise strong lensing model of the galaxy cluster RXC
  J2248.7-4431 (Abell S1063) and prospects for cosmography. *A & A, 587*, A80. https://doi.
  org/10.1051/0004-6361/201527670. arXiv: 1512.04555 [astro-ph.CO]

Caminha, G. B., Grillo, C., Rosati, P., Meneghetti, M., Mercurio, A., Ettori, S., ... Zitrin, A.
  (2017). Mass distribution in the core of MACS J1206. Robust modeling from an exceptionally
  large sample of central multiple images. *A&A, 607*, A93. https://doi.org/10.1051/0004-6361/
  201731498. arXiv: 1707.00690

Canameras, R., Schuldt, S., Suyu, S. H., Taubenberger, S., Meinhardt, T., Leal-Taixe, L., ... Sa-
  vary, E. (2020). HOLISMOKES—II. Identifying galaxy-scale strong gravitational lenses in
  Pan-STARRS using convolutional neural networks. arXiv e-prints, arXiv:2004.13048. arXiv:
  2004.13048 [astro-ph.GA]

Carrasco, M., Zitrin, A., & Seidel, G. (2020). MIFAL: Fully automated multiple-image finder
  algorithm for strong-lens modelling—proof of concept. *MNRAS, 491*(3), 3778–3792. https://
  doi.org/10.1093/mnras/stz3040. arXiv: 1905.09802 [astro-ph.CO]

Casey, C. M., Narayanan, D., & Cooray, A. (2014). Dusty star-forming galaxies at high redshift.
  Biophysical Reports, 541(2), 45–161. https://doi.org/10.1016/j.physrep.2014.02.009. arXiv:
  1402.1456 [astro-ph.CO]

Chen, G. C.-F., Suyu, S. H., Wong, K. C., Fassnacht, C. D., Chiueh, T., Halkola, A., ... Vegetti, S.
  (2016). SHARP - III. First use of adaptive-optics imaging to constrain cosmology with gravitational lens time delays. *MNRAS, 462*(4), 3457–3475. https://doi.org/10.1093/mnras/stw991.
  arXiv: 1601.01321 [astro-ph.CO]

Chen, G. C.-F., Fassnacht, C. D., Suyu, S. H., Rusu, C. E., Chan, J. H. H., Wong, K. C., ... Treu, T.
  (2019). A SHARP view of H0LiCOW: H0 from three time-delay gravitational lens systems with

adaptive optics imaging. *MNRAS, 490*(2), 1743–1773. https://doi.org/10.1093/mnras/stz2547. arXiv: 1907.02533 [astro-ph.CO]

Ciardi, B., & Ferrara, A. (2005). The first cosmic structures and their effects. *Space Science Reviews, 16*(3–4), 625–705. https://doi.org/10.1007/s11214-005-3592-0. arXiv: astro-ph/0409018 [astro-ph]

Clowe, D., Luppino, G. A., Kaiser, N., Henry, J. P., & Gioia, I. M. (1998). Weak lensing by two z approximately 0.8 clusters of galaxies. *ApJL, 497*(2), L61–L64. https://doi.org/10.1086/311285

Coe, D., Fuselier, E., Benítez, N., Broadhurst, T., Frye, B., & Ford, H. (2008). LensPerfect: Gravitational lens mass map reconstructions yielding exact reproduction of all multiple images. *ApJ, 681*(2), 814–830. https://doi.org/10.1086/588250. arXiv: 0803.1199 [astro-ph]

Coe, D., Zitrin, A., Carrasco, M., Shu, X., Zheng, W., Postman, M., ... Rosati, P. (2013). CLASH: Three strongly lensed images of a candidate z ≈ 11 galaxy. *ApJ, 762*(1), 32. https://doi.org/10.1088/0004-637X/762/1/32. arXiv: 1211.3663 [astro-ph.CO]

Coles, J. P., Read, J. I., & Saha, P. (2014). Gravitational lens recovery with GLASS: Measuring the mass profile and shape of a lens. *MNRAS, 445*(3), 2181–2197. https://doi.org/10.1093/mnras/stu1781. arXiv: 1401.7990 [astro-ph.CO]

Courbin, F., Chantry, V., Revaz, Y., Sluse, D., Faure, C., Tewes, M., ... Meylan, G. (2011). COSMOGRAIL: The cosmological monitoring of gravitational lenses. IX. Time delays, lens dynamics and Baryonic fraction in HE 0435-1223. *A & A, 536*, A53. https://doi.org/10.1051/0004-6361/201015709. arXiv: 1009.1473 [astro-ph.CO]

D'Aloisio, A., & Natarajan, P. (2011). Cosmography with cluster strong lenses: The influence of substructure and line-of-sight haloes. *MNRAS, 411*(3), 1628–1640. https://doi.org/10.1111/j.1365-2966.2010.17795.x. arXiv: 1010.0004 [astro-ph.CO]

Dahle, H., Aghanim, N., Guennou, L., Hudelot, P., Kneissl, R., Pointecouteau, E., ... Sunyaev, R. (2016). Discovery of an exceptionally bright giant arc at z = 2.369, gravitationally lensed by the Planck cluster PSZ1 G311.65-18.48. *A & A, 590*, L4. https://doi.org/10.1051/0004-6361/201628297

de Jong, J. T. A., Verdoes Kleijn, G. A., Erben, T., Hildebrandt, H., Kuijken, K., Sikkema, G., ... Viola, M. (2017). The third data release of the Kilo-Degree Survey and associated data products. *A & A, 604*, A134. https://doi.org/10.1051/0004-6361/201730747. arXiv: 1703.02991 [astro-ph.GA]

Despali, G., & Vegetti, S. (2017). The impact of baryonic physics on the subhalo mass function and implications for gravitational lensing. *MNRAS, 469*(2), 1997–2010. https://doi.org/10.1093/mnras/stx966. arXiv: 1608.06938 [astro-ph.GA]

Despali, G., Giocoli, C., Bonamigo, M., Limousin, M., & Tormen, G. (2017). A look into the inside of haloes: A characterization of the halo shape as a function of overdensity in the Planck cosmology. *MNRAS, 466*(1), 181–193. https://doi.org/10.1093/mnras/stw3129. arXiv: 1605.04319 [astro-ph.CO]

Diego, J. M., Protopapas, P., Sandvik, H. B., & Tegmark, M. (2005). Non-parametric inversion of strong lensing systems. *MNRAS, 360*(2), 477–491. https://doi.org/10.1111/j.1365-2966.2005.09021.x. arXiv: astro-ph/0408418 [astro-ph]

Diego, J. M., Tegmark, M., Protopapas, P., & Sand vik, H. B. (2007). Combined reconstruction of weak and strong lensing data with WSLAP. *MNRAS, 375*(3), 958–970. https://doi.org/10.1111/j.1365-2966.2007.11380.x. arXiv: astro-ph/0509103 [astro-ph]

Dietrich, J. P., Werner, N., Clowe, D., Finoguenov, A., Kitching, T., Miller, L., & Simionescu, A. (2012). A filament of dark matter between two clusters of galaxies. *Nature, 487*(7406), 202–204. https://doi.org/10.1038/nature11224. arXiv: 1207.0809 [astro-ph.CO]

Dijkstra, M. (2014). Lya Emitting Galaxies as a Probe of Reionisation. *PASA, 31*, e040. https://doi.org/10.1017/pasa.2014.33. arXiv: 1406.7292 [astro-ph.CO]

Djorgovski, S., & Davis, M. (1987). Fundamental Properties of Elliptical Galaxies. *ApJ, 313*, 59. https://doi.org/10.1086/164948

Dolag, K., Bartelmann, M., Perrotta, F., Baccigalupi, C., Moscardini, L., Meneghetti, M., & Tormen, G. (2004). Numerical study of halo concentrations in dark-energy cosmologies. *A*

& A, 416, 853–864. https://doi.org/10.1051/0004-6361:20031757. arXiv: astro-ph/0309771 [astro-ph]

Eales, S., Dunne, L., Clements, D., Cooray, A., De Zotti, G., Dye, S., … White, G. J. (2010). The Herschel ATLAS. *Proc. ASP, 122*(891), 499. https://doi.org/10.1086/653086. arXiv: 0910.4279. [astro-ph.CO]

Eigenbrod, A., Courbin, F., Vuissoz, C., Meylan, G., Saha, P., & Dye, S. (2005). COSMOGRAIL: The cosmological monitoring of gravitational lenses. I. How to sample the light curves of gravitationally lensed quasars to measure accurate time delays. *A & A, 436*(1), 25–35. https://doi.org/10.1051/0004-6361:20042422. arXiv: astro-ph/0503019 [astro-ph]

Eke, V. R., Navarro, J. F., & Steinmetz, M. (2001). The power spectrum dependence of dark matter halo concentrations. *ApJ, 554*(1), 114–125. https://doi.org/10.1086/321345. arXiv: astro-ph/0012337 [astro-ph]

Eliasdóttir, À., Limousin, M., Richard, J., Hjorth, J., Kneib, J.-P., Natarajan, P., … Paraficz, D. (2007). Where is the matter in the Merging Cluster Abell 2218? ArXiv e-prints. arXiv: 0710.5636

Ettori, S., Donnarumma, A., Pointecouteau, E., Reiprich, T. H., Giodini, S., Lovisari, L., & Schmidt, R. W. (2013). Mass profiles of galaxy clusters from X-ray analysis. *SpaceScienceReview,177*(1–4), 119–154. https://doi.org/10.1007/s11214-013-9976-7. arXiv: 1303.3530 [astro-ph.CO]

Faber, S. M., Dressler, A., Davies, R. L., Burstein, D., Lynden Bell, D., Terlevich, R., & Wegner, G. (1987). Global scaling relations for elliptical galaxies and implications for formation. In S. M. Faber (Ed.), *Nearly normal galaxies. From the Planck time to the present* (p. 175).

Foreman-Mackey, D. (2016). Corner.py: Scatterplot matrices in python. *The Journal of Open Source Software, 1*(2), 24. https://doi.org/10.21105/joss.00024

Formicola, I., Radovich, M., Meneghetti, M., Mazzotta, P., Grado, A., & Giocoli, C. (2016). Selecting background galaxies in weak-lensing analysis of galaxy clusters. *MNRAS, 458*(3), 2776–2792. https://doi.org/10.1093/mnras/stw493. arXiv: 1603.05690 [astro-ph.CO]

Fornberg, B. (1988). Generation of finite difference formulas on arbitrarily spaced grids. *Mathematics of Computation, 51*(184), 699–699. https://doi.org/10.1090/S0025-5718-1988-0935077-0

Freedman, W. L., Madore, B. F., Scowcroft, V., Burns, C., Monson, A., Persson, S. E., … Rigby, J. (2012). Carnegie hubble program: A mid-infrared calibration of the hubble constant. *ApJ, 58*(1), 24. https://doi.org/10.1088/0004-637X/758/1/24. arXiv: 1208.3281 [astro-ph.CO]

Gavazzi, R., Treu, T., Koopmans, L. V. E., Bolton, A. S., Moustakas, L. A., Burles, S., & Marshall, P. J. (2008). The sloan lens ACS survey. VI. Discovery and analysis of a double Einstein ring. *ApJ, 677*(2), 1046–1059. https://doi.org/10.1086/529541. arXiv: 0801.1555 [astro-ph]

Gavazzi, R., Marshall, P. J., Treu, T., & Sonnenfeld, A. (2014). RINGFINDER: Automated detection of galaxy-scale gravitational lenses in ground-based multi-filter imaging data. *ApJ, 785*(2), 144. https://doi.org/10.1088/0004-637X/785/2/144. arXiv: 1403.1041 [astro-ph.CO]

Giocoli, C., Tormen, G., Sheth, R. K., & van den Bosch, F. C. (2010). The substructure hierarchy in dark matter haloes. *MNRAS, 404*(1), 502–517. https://doi.org/10.1111/j.1365-2966.2010.16311.x. arXiv: 0911.0436 [astro-ph.CO]

Giocoli, C., Meneghetti, M., Metcalf, R. B., Ettori, S., & Moscardini, L. (2014). Mass and concentration estimates from weak and strong gravitational lensing: A systematic study. *MNRAS, 440*(2), 1899–1915. https://doi.org/10.1093/mnras/stu303. arXiv: 1311.1205 [astro-ph.CO]

Glenn, J., Conley, A., Béthermin, M., Altieri, B., Amblard, A., Arumugam, V., … Zemcov, M. (2010). HerMES: Deep galaxy number counts from a P(D) fluctuation analysis of SPIRE Science Demonstration Phase observations. *MNRAS, 409*(1), 109–121. https://doi.org/10.1111/j.1365-2966.2010.17781.x. arXiv: 1009.5675 [astro-ph.CO]

Grillo, C., Suyu, S. H., Rosati, P., Mercurio, A., Balestra, I., Munari, E., … Frye, B. (2015). CLASHVLT: Insights on the mass substructures in the frontier fields cluster MACS J0416.1-2403 through accurate strong lens modeling. *ApJ, 800*(1), 38. https://doi.org/10.1088/0004-637X/800/1/38. arXiv: 1407.7866 [astro-ph.CO]

Grillo, C., Rosati, P., Suyu, S. H., Balestra, I., Caminha, G. B., Halkola, A., … Treu, T. (2018). Measuring the value of the hubble constant "à la Refsdal". *ApJ, 860*(2), 94. https://doi.org/10.3847/1538-4357/aac2c9. arXiv: 1802.01584 [astro-ph.CO]

Gunn, J. E., & Peterson, B. A. (1965). On the density of neutral hydrogen in intergalactic space. *ApJ, 142*, 1633–1636. https://doi.org/10.1086/148444

Hezaveh, Y. D., Dalal, N., Marrone, D. P., Mao, Y.-Y., Morningstar, W., Wen, D., … Wechsler, R. H. (2016). Detection of lensing substructure using ALMA observations of the dusty galaxy SDP.81. *ApJ, 823*(1), 37. https://doi.org/10.3847/0004-637X/823/1/37. arXiv: 1601.01388 [astro-ph.CO]

Hilton, M., Hasselfield, M., Sifón, C., Battaglia, N., Aiola, S., Bharadwaj, V., … Wollack, E. J. (2018). The Atacama Cosmology Telescope: The Two-season ACTPol Sunyaev-Zel'dovich effect selected cluster catalog. *ApJS, 235*(1), 20. https://doi.org/10.3847/1538-4365/aaa6cb. arXiv: 1709.05600 [astro-ph.CO]

Hoekstra, H., Franx, M., Kuijken, K., & Squires, G. (1998).Weak lensing analysis of CL 1358+ 62 using hubble space telescope observations. *ApJ, 504*(2), 636–660. https://doi.org/10.1086/306102

Hoekstra, H., Franx, M., & Kuijken, K. (2000). Hubble space telescope weak-lensing study of the $z = 0.83$ cluster MS 1054-03. *ApJ, 532*(1), 88–108. https://doi.org/10.1086/308556. arXiv: astro-ph/9910487 [astro-ph]

Hoekstra, H., Yee, H. K. C., & Gladders, M. D. (2004). Properties of galaxy dark matter halos from weak lensing. *ApJ, 606*(1), 67–77. https://doi.org/10.1086/382726. arXiv: astro-ph/0306515 [astro-ph]

Hoekstra, H., Herbonnet, R., Muzzin, A., Babul, A., Mahdavi, A., Viola, M., & Cacciato, M. (2015). The Canadian Cluster Comparison Project: Detailed study of systematics and updated weak lensing masses. *MNRAS, 449*(1), 685–714. https://doi.org/10.1093/mnras/stv275. arXiv: 1502.01883 [astro-ph.CO]

Huang, X., Storfer, C., Ravi, V., Pilon, A., Domingo, M., Schlegel, D. J., … Yèche, C. (2020). Finding strong gravitational lenses in the DESI DECam legacy survey. *ApJ, 894*(1), 78. https://doi.org/10.3847/1538-4357/ab7ffb. arXiv: 1906.00970 [astro-ph.GA]

Ilbert, O., Capak, P., Salvato, M., Aussel, H., McCracken, H. J., Sanders, D. B., … Zucca, E. (2009). Cosmos photometric redshifts with 30-bands for 2-deg^2. *ApJ, 690*(2), 1236–1249. https://doi.org/10.1088/0004-637X/690/2/1236. arXiv: 0809.2101 [astro-ph]

Ivezić, Ž., Kahn, S. M., Tyson, J. A., Abel, B., Acosta, E., Allsman, R., … et al. (2019). LSST: From science drivers to reference design and anticipated data products. *ApJ, 873*, 111. https://doi.org/10.3847/1538-4357/ab042c. arXiv: 0805.2366

Jacobs, C., Glazebrook, K., Collett, T., More, A., & McCarthy, C. (2017). Finding strong lenses in CFHTLS using convolutional neural networks. *MNRAS, 471*(1), 167–181. https://doi.org/10.1093/mnras/stx1492. arXiv: 1704.02744 [astro-ph.IM]

Jacobs, C., Collett, T., Glazebrook, K., McCarthy, C., Qin, A. K., Abbott, T. M. C., … DES Collaboration. (2019). Finding high-redshift strong lenses in DES using convolutional neural networks. *MNRAS, 484*(4), 5330–5349. https://doi.org/10.1093/mnras/stz272. arXiv: 1811.03786 [astro-ph.GA]

Jauzac, M., Eckert, D., Schwinn, J., Harvey, D., Baugh, C. M., Robertson, A., … Tchernin, C. (2016). The extraordinary amount of substructure in the Hubble Frontier Fields cluster Abell 2744. *MNRAS, 463*(4), 3876–3893. https://doi.org/10.1093/mnras/stw2251. arXiv: 1606.04527 [astro-ph.CO]

Jee, M. J., Ford, H. C., Illingworth, G. D., White, R. L., Broadhurst, T. J., Coe, D. A., … Mei, S. (2007). Discovery of a ringlike dark matter structure in the core of the galaxy cluster Cl 0024+ 17. *ApJ, 661*(2), 728–749. https://doi.org/10.1086/517498. arXiv: 0705.2171 [astro-ph]

Jiang, G., & Kochanek, C. S. (2007). The Baryon fractions and mass-to-light ratios of early-type galaxies. *ApJ, 671*(2), 1568–1578. https://doi.org/10.1086/522580. arXiv: 0705.3647 [astro-ph]

Jing, Y. P., & Suto, Y. (2002). Triaxial modeling of halo density profiles with high-resolution N-body simulations. *ApJ, 574*(2), 538–553. https://doi.org/10.1086/341065. arXiv: astro-ph/0202064 [astro-ph]

Johnston, D. E., Sheldon, E. S., Wechsler, R. H., Rozo, E., Koester, B. P., Frieman, J. A., ... Annis, J. (2007). Cross-correlation weak lensing of SDSS galaxy Clusters II: Cluster density profiles and the mass-richness relation. arXiv e-prints, arXiv:0709.1159. arXiv: 0709.1159 [astro-ph]

Jullo, E., Natarajan, P., Kneib, J.-P., D'Aloisio, A., Limousin, M., Richard, J., & Schimd, C. (2010). Cosmological constraints from strong gravitational lensing in clusters of galaxies. *Science, 329*, 924–927. https://doi.org/10.1126/science.1185759. arXiv: 1008.4802 [astro-ph.CO]

Kaiser, N. (1995). Nonlinear cluster lens reconstruction. *ApJL, 439*, L1. https://doi.org/10.1086/187730. arXiv: astro-ph/9408092 [astro-ph]

Kaiser, N., & Squires, G. (1993). Mapping the dark matter with weak gravitational lensing. *ApJ, 404*, 441. https://doi.org/10.1086/172297

Kaiser, N., Squires, G., & Broadhurst, T. (1995). A method for weak lensing observations. *ApJ, 449*, 460. https://doi.org/10.1086/176071. arXiv: astro-ph/9411005 [astro-ph]

Kelly, P. L., Rodney, S. A., Treu, T., Foley, R. J., Brammer, G., Schmidt, K. B., ... Tucker, B. E. (2015). Multiple images of a highly magnified supernova formed by an early-type cluster galaxy lens. *Science, 347*(6226), 1123–1126. https://doi.org/10.1126/science.aaa3350. arXiv: 1411.6009 [astro-ph.CO]

Kelly, P. L., Rodney, S. A., Treu, T., Strolger, L.-G., Foley, R. J., Jha, S. W., ... Zitrin, A. (2016). Deja Vu all over again: The reappearance of supernova Refsdal. *ApJL, 819*(1), L8. https://doi.org/10.3847/2041-8205/819/1/L8. arXiv: 1512.04654 [astro-ph.CO]

Kneib, J.-P., & Natarajan, P. (2011). Cluster lenses. *The Astronomy and Astrophysics Review, 19*, 47. https://doi.org/10.1007/s00159-011-0047-3. arXiv: 1202.0185 [astro-ph.CO]

Kochanek, C. S., Morgan, N. D., Falco, E. E., McLeod, B. A., Winn, J. N., Dembicky, J., & Ketzeback, B. (2006). The time delays of gravitational lens HE 0435-1223: An early-type galaxy with a rising rotation curve. *ApJ, 640*(1), 47–61. https://doi.org/10.1086/499766. arXiv: astro-ph/0508070 [astro-ph]

Kondo, H., Miyatake, H., Shirasaki, M., Sugiyama, N., & Nishizawa, A. J. (2020). Weak lensing measurement of filamentary structure with the SDSS BOSS and Subaru Hyper Suprime-Cam data. *MNRAS, 495*(4), 3695–3704. https://doi.org/10.1093/mnras/staa1390. arXiv: 1905.08991 [astro-ph.CO]

Koopmans, L. V. E. (2005). Gravitational imaging of cold dark matter substructures. *MNRAS, 363*(4), 1136–1144. https://doi.org/10.1111/j.1365-2966.2005.09523.x. arXiv: astro-ph/0501324 [astro-ph](4), 1136

Koopmans, L. V. E., Bolton, A., Treu, T., Czoske, O., Auger, M. W., Barnabè, M., ... Burles, S. (2009). The structure and dynamics of massive early-type galaxies: On homology, isothermality, and isotropy inside one effective radius. *ApJl, 703*, L51–L54. https://doi.org/10.1088/0004-637X/703/1/L51. arXiv: 0906.1349 [astro-ph.CO]

Kuijken, K. (1999). Weak weak lensing: correcting weak shear measurements accurately for PSF anisotropy. *A & A, 352*, 355–362. arXiv: astro-ph/9904418 [astro-ph]

Lanusse, F., Ma, Q., Li, N., Collett, T. E., Li, C.-L., Ravanbakhsh, S., ... Póczos, B. (2018). CMU DeepLens: Deep learning for automatic image-based galaxy-galaxy strong lens finding. *MNRAS, 473*(3), 3895–3906. https://doi.org/10.1093/mnras/stx1665. arXiv: 1703.02642 [astro-ph.IM]

Laureijs, R., Amiaux, J., Arduini, S., Auguères, J.-L., Brinchmann, J., Cole, R., ... Zucca, E. (2011). Euclid definition study report. arXiv e-prints, arXiv:1110.3193. arXiv: 1110.3193 [astro-ph.CO]

Lecun, Y., Bengio, Y., & Hinton, G. (2015). Deep learning. *Nature, 521*(7553), 436–444. https://doi.org/10.1038/nature14539

Liesenborgs, J., De Rijcke, S., & Dejonghe, H. (2006). A genetic algorithm for the non-parametric inversion of strong lensing systems. *MNRAS, 367*(3), 1209–1216. https://doi.org/10.1111/j.1365-2966.2006.10040.x. arXiv: astro-ph/0601124 [astro-ph]

Limousin, M., Kneib, J.-P., & Natarajan, P. (2005). Constraining mass distribution of galaxies using galaxy-galaxy lensing in clusters and in the field. *MNRAS, 356*, 309–322. https://doi.org/10.1111/j.1365-2966.2004.08449.x. eprint: astro-ph/0405607

Limousin, M., Kneib, J.-P., Bardeau, S., Natarajan, P., Czoske, O., Smail, I., ... Smith, G. P. (2007). Truncation of galaxy dark matter halos in high density environments. *A & A, 461*(3), 881–891. https://doi.org/10.1051/0004-6361:20065543. arXiv: astro-ph/0609782 [astro-ph]

Limousin, M., Ebeling, H., Richard, J., Swinbank, A. M., Smith, G. P., Jauzac, M., ... Kneib, J.-P. (2012). Strong lensing by a node of the cosmic web. The core of MACS J0717.5+3745 at z = 0.55. *A & A, 544*, A71. https://doi.org/10.1051/0004-6361/201117921. arXiv: 1109.3301 [astro-ph.CO]

Limousin, M., Morandi, A., Sereno, M., Meneghetti, M., Ettori, S., Bartelmann, M., & Verdugo, T. (2013). The three-dimensional shapes of galaxy clusters. *Space Science Reviews, 177*(1–4), 155–194. https://doi.org/10.1007/s11214-013-9980-y. arXiv: 1210.3067 [astro-ph.CO]

Lovell, M. R., Eke, V., Frenk, C. S., Gao, L., Jenkins, A., Theuns, T., ... Ruchayskiy, O. (2012). The haloes of bright satellite galaxies in a warm dark matter universe. *MNRAS, 420*(3), 2318–2324. https://doi.org/10.1111/j.1365-2966.2011.20200.x. arXiv: 1104.2929 [astro-ph.CO]

LSST Science Collaboration, Abell, P. A., Allison, J., Anderson, S. F., Andrew, J. R., Angel, J. R. P., ... Zhan, H. (2009). LSST science book, version 2.0. arXiv e-prints, arXiv:0912.0201. arXiv: 0912.0201 [astro-ph.IM]

Luppino, G. A., & Kaiser, N. (1997). Detection of Weak Lensing by a Cluster of Galaxies at z = 0.83. *ApJ, 475*(1), 20–28. https://doi.org/10.1086/303508. arXiv: astro-ph/9601194 [astro-ph]

Madau, P., Meiksin, A., & Rees, M. J. (1997). 21 Centimeter Tomography of the Intergalactic Medium at High Redshift. *ApJ, 475*(2), 429–444. doi:10.1086/303549. arXiv: astro-ph/9608010 [astro-ph]

Masters, D., Capak, P., Stern, D., Ilbert, O., Salvato, M., Schmidt, S., ... Cavuoti, S. (2015). Mapping the galaxy color-redshift relation: Optimal photometric redshift calibration strategies for cosmology surveys. *ApJ, 813*(1), 53. https://doi.org/10.1088/0004-637X/813/1/53. arXiv: 1509.03318 [astro-ph.CO]

Maturi, M., Mizera, S., & Seidel, G. (2014). Multi-colour detection of gravitational arcs. *A & A, 567*, A111. https://doi.org/10.1051/0004-6361/201321634. arXiv: 1305.3608 [astro-ph.CO]

McClintock, T., Varga, T. N., Gruen, D., Rozo, E., Rykoff, E. S., Shin, T., ... DES Collaboration. (2019). Dark energy survey year 1 results: Weak lensing mass calibration of redMaPPer galaxy clusters. *MNRAS, 482*(1), 1352–1378. https://doi.org/10.1093/mnras/sty2711. arXiv: 1805.00039 [astro-ph.CO]

Medezinski, E., Oguri, M., Nishizawa, A. J., Speagle, J. S., Miyatake, H., Umetsu, K., ... Komiyama, Y. (2018). Source selection for cluster weak lensing measurements in the Hyper Suprime-Cam survey. *Publications of the Astronomical Society of Japan, 70*(2), 30. https://doi.org/10.1093/pasj/psy009. arXiv: 1706.00427 [astro-ph.CO]

Meneghetti, M., Rasia, E., Merten, J., Bellagamba, F., Ettori, S., Mazzotta, P., ... Marri, S. (2010). Weighing simulated galaxy clusters using lensing and X-ray. *A & A, 514*, A93. https://doi.org/10.1051/0004-6361/200913222. arXiv: 0912.1343

Meneghetti, M., Bartelmann, M., Dahle, H., & Limousin, M. (2013). Arc Statistics. *Space Science Reviews, 177*(1–4), 31–74. https://doi.org/10.1007/s11214-013-9981-x. arXiv: 1303.3363 [astro-ph.CO]

Meneghetti, M., Rasia, E., Vega, J., Merten, J., Postman, M., Yepes, G., ... Zitrin, A. (2014). The MUSIC of CLASH: Predictions on the concentration-mass relation. *ApJ, 797*(1), 34. https://doi.org/10.1088/0004-637X/797/1/34. arXiv: 1404.1384 [astro-ph.CO]

Meneghetti, M., Davoli, G., Bergamini, P., Rosati, P., Natarajan, P., Giocoli, C., ... Vanzella, E. (2020). An excess of small-scale gravitational lenses observed in galaxy clusters. arXiv e-prints, arXiv:2009.04471. arXiv: 2009.04471 [astro-ph.GA]

Merloni, A., Predehl, P., Becker, W., Böhringer, H., Boller, T., Brunner, H., ... German eROSITA Consortium, t. (2012). eROSITA science book: Mapping the structure of the energetic universe. arXiv e-prints, arXiv:1209.3114. arXiv: 1209.3114 [astro-ph.HE]

Merten, J. (2016). Mesh-free free-form lensing—I. Methodology and application to mass reconstruction. *MNRAS, 461*(3), 2328–2345. https://doi.org/10.1093/mnras/stw1413. arXiv: 1412.5186 [astro-ph.CO]

Merten, J., Cacciato, M., Meneghetti, M., Mignone, C., & Bartelmann, M. (2009). Combining weak and strong cluster lensing: Applications to simulations and MS 2137. *A & A, 500*(2), 681–691. https://doi.org/10.1051/0004-6361/200810372. arXiv: 0806.1967 [astro-ph]

Merten, J., Coe, D., Dupke, R., Massey, R., Zitrin, A., Cypriano, E. S., ... Bregman, J. N. (2011). Creation of cosmic structure in the complex galaxy cluster merger Abell 2744. *MNRAS, 417*(1), 333–347. https://doi.org/10.1111/j.1365-2966.2011.19266.x. arXiv: 1103.2772 [astro-ph.CO]

Merten, J., Meneghetti, M., Postman, M., Umetsu, K., Zitrin, A., Medezinski, E., ... Zheng, W. (2015). CLASH: The concentration-mass relation of galaxy clusters. *ApJ, 806*(1), 4. https://doi.org/10.1088/0004-637X/806/1/4. arXiv: 1404.1376 [astro-ph.CO]

Metcalf, R. B., Meneghetti, M., Avestruz, C., Bellagamba, F., Bom, C. R., Bertin, E., ... Vernardos, G. (2019). The strong gravitational lens finding challenge. *A & A, 625*, A119. https://doi.org/10.1051/0004-6361/201832797. arXiv: 1802.03609 [astro-ph.GA]

Miller, L., Heymans, C., Kitching, T. D., vanWaerbeke, L., Erben, T., Hildebrandt, H., ... Velander, M. (2013). Bayesian galaxy shape measurement for weak lensing surveys—III. Application to the Canada-France-Hawaii Telescope Lensing Survey. *MNRAS, 429*(4), 2858–2880. https://doi.org/10.1093/mnras/sts454. arXiv: 1210.8201 [astro-ph.CO]

Millon, M., Courbin, F., Bonvin, V., Paic, E., Meylan, G., Tewes, M., ... Wyttenbach, A. (2020). COSMOGRAIL. XIX. Time delays in 18 strongly lensed quasars from 15 years of optical monitoring. *A & A, 640*, A105. https://doi.org/10.1051/0004-6361/202037740. arXiv: 2002.05736 [astro-ph.CO]

Miyatake, H., Battaglia, N., Hilton, M., Medezinski, E., Nishizawa, A. J., More, S., ... Wollack, E. J. (2019). Weak-lensing mass calibration of ACTPol Sunyaev-Zel'dovich clusters with the hyper suprime-cam survey. *ApJ, 875*(1), 63. https://doi.org/10.3847/1538-4357/ab0af0. arXiv: 1804.05873 [astro-ph.CO]

Myers, S. T., Jackson, N. J., Browne, I.W. A., de Bruyn, A. G., Pearson, T. J., Readhead, A. C. S., ... Sykes, C. M. (2003). The cosmic lens all-sky survey—I. Source selection and observations. *MNRAS, 341*(1), 1–12. https://doi.org/10.1046/j.1365-8711.2003.06256.x. arXiv: astro-ph/0211073 [astro-ph]

Narayanan, D., Turk, M., Feldmann, R., Robitaille, T., Hopkins, P., Thompson, R., ... Kereš, D. (2015). The formation of submillimetre-bright galaxies from gas infall over a billion years. *Nature, 525*(7570), 496–499. https://doi.org/10.1038/nature15383. arXiv: 1509.06377 [astro-ph.GA]

Natarajan, P., & Kneib, J.-P. (1997). Lensing by galaxy haloes in clusters of galaxies. *MNRAS, 287*(4), 833–847. https://doi.org/10.1093/mnras/287.4.833. arXiv: astro-ph/9609008 [astro-ph]

Natarajan, P., & Springel, V. (2004). Abundance of substructure in clusters of galaxies. *ApJL, 617*(1), L13–L16. https://doi.org/10.1086/427079. arXiv: astro-ph/0411515 [astro-ph]

Natarajan, P., Chadayammuri, U., Jauzac, M., Richard, J., Kneib, J.-P., Ebeling, H., ... Vogelsberger, M. (2017). Mapping substructure in the HST Frontier Fields cluster lenses and in cosmological simulations. *MNRAS, 468*(2), 1962–1980. https://doi.org/10.1093/mnras/stw3385. arXiv: 1702.04348 [astro-ph.GA]

Natarajan, P., Kneib, J.-P., & Smail, I. (2002). Evidence for tidal stripping of dark matter halos in massive cluster lenses. *ApJL, 580*(1), L11–L15. https://doi.org/10.1086/345399. arXiv: astroph/0207049 [astro-ph]

Navarro, J. F., Frenk, C. S., & White, S. D. M. (1997). A universal density profile from hierarchical clustering. *ApJ, 490*(2), 493–508. https://doi.org/10.1086/304888. arXiv: astro-ph/9611107 [astro-ph]

Negrello, M., Hopwood, R., De Zotti, G., Cooray, A., Verma, A., Bock, J., ... Zmuidzinas, J. (2010). The detection of a population of submillimeter-bright, strongly lensed galaxies. *Science, 330*(6005), 800. https://doi.org/10.1126/science.1193420. arXiv: 1011.1255 [astro-ph.CO]

Negrello, M., Amber, S., Amvrosiadis, A., Cai, Z. -Y., Lapi, A., Gonzalez-Nuevo, J., ... van der Werf, P. (2017). The Herschel-ATLAS: A sample of 500 mm-selected lensed galaxies over 600 deg^2. *MNRAS, 465*(3), 3558–3580. https://doi.org/10.1093/mnras/stw2911. arXiv: 1611.03922 [astro-ph.GA]

Newman, A. B., Treu, T., Ellis, R. S., Sand, D. J., Nipoti, C., Richard, J., & Jullo, E. (2013). The density profiles of massive, relaxed galaxy clusters. I. The total density over three decades in radius. *ApJ, 765*(1), 24. https://doi.org/10.1088/0004-637X/765/1/24. arXiv: 1209.1391 [astro-ph.CO]

Newman, A. B., Ellis, R. S., & Treu, T. (2015). Luminous and dark matter profiles from galaxies to clusters: Bridging the gap with group-scale lenses. *ApJ, 814*(1), 26. https://doi.org/10.1088/0004-637X/814/1/26. arXiv: 1503.05282 [astro-ph.GA]

Nierenberg, A. M., Gilman, D., Treu, T., Brammer, G., Birrer, S., Moustakas, L., ... Sluse, D. (2020). Double dark matter vision: Twice the number of compact-source lenses with narrow-line lensing and the WFC3 grism. *MNRAS, 492*(4), 5314–5335. https://doi.org/10.1093/mnras/stz3588. arXiv: 1908.06344 [astro-ph.GA]

Penna-Lima, M., Bartlett, J. G., Rozo, E., Melin, J.-B., Merten, J., Evrard, A. E., ... Rykoff, E. (2017). Calibrating the Planck cluster mass scale with CLASH. *A & A, 604*, A89. https://doi.org/10.1051/0004-6361/201629971. arXiv: 1608.05356 [astro-ph.CO]

Petrillo, C. E., Tortora, C., Chatterjee, S., Vernardos, G., Koopmans, L. V. E., Verdoes Kleijn, G., ... McFarland, J. (2017). Finding strong gravitational lenses in the Kilo Degree Survey with Convolutional Neural Networks. *MNRAS, 472*(1), 1129–1150. https://doi.org/10.1093/mnras/stx2052. arXiv: 1702.07675 [astro-ph.GA]

Pillepich, A., Porciani, C., & Reiprich, T. H. (2012). The X-ray cluster survey with eRosita: forecasts for cosmology, cluster physics and primordial non-Gaussianity. *MNRAS, 422*(1), 44–69. https://doi.org/10.1111/j.1365-2966.2012.20443.x. arXiv: 1111.6587 [astro-ph.CO]

Planck Collaboration, Ade, P. A. R., Aghanim, N., Armitage-Caplan, C., Arnaud, M., Ashdown, M., ... Zonca, A. (2014). Planck 2013 results. XX. Cosmology from Sunyaev-Zeldovich cluster counts. *A & A, 571*, A20. https://doi.org/10.1051/0004-6361/201321521. arXiv: 1303.5080 [astro-ph.CO]

Planck Collaboration, Aghanim, N., Akrami, Y., Ashdown, M., Aumont, J., Baccigalupi, C., ... Zonca, A. (2020). Planck 2018 results. VI. Cosmological parameters. *A & A, 641*, A6. https://doi.org/10.1051/0004-6361/201833910. arXiv: 1807.06209 [astro-ph.CO]

Postman, M., Coe, D., Benítez, N., Bradley, L., Broadhurst, T., Donahue, M., ... Van der Wel, A. (2012). The cluster lensing and supernova survey with hubble: An overview. *ApJS, 199*(2), 25. https://doi.org/10.1088/0067-0049/199/2/25. arXiv: 1106.3328 [astro-ph.CO]

Pourrahmani, M., Nayyeri, H., & Cooray, A. (2018). LensFlow: A convolutional neural network in search of strong gravitational lenses. *ApJ, 856*(1), 68. https://doi.org/10.3847/1538-4357/aaae6a. arXiv: 1705.05857 [astro-ph.IM]

Powell, D., Vegetti, S., McKean, J. P., & Spingola, C. (2020). A novel approach to visibility-space modelling of interferometric gravitational lens observations at high angular resolution. arXiv e-prints, arXiv:2005.03609. arXiv: 2005.03609 [astro-ph.IM]

Refregier, A., & Bacon, D. (2003). Shapelets—II. A method for weak lensing measurements. *MNRAS, 338*(1), 48–56. https://doi.org/10.1046/j.1365-8711.2003.05902.x. arXiv: astro-ph/0105179 [astro-ph]

Refsdal, S. (1964). On the possibility of determining Hubble's parameter and the masses of galaxies from the gravitational lens effect. *MNRAS, 128*, 307. https://doi.org/10.1093/mnras/128.4.307

Ribli, D., Dobos, L., & Csabai, I. (2019). Galaxy shape measurement with convolutional neural networks. *MNRAS, 489*(4), 4847–4859. https://doi.org/10.1093/mnras/stz2374. arXiv: 1902.08161 [astro-ph.CO]

Riess, A. G., Macri, L. M., Hoffmann, S. L., Scolnic, D., Casertano, S., Filippenko, A. V., ... Foley, R. J. (2016). A 2.4% determination of the local value of the hubble constant. *ApJ, 826*(1), 56. https://doi.org/10.3847/0004-637X/826/1/56. arXiv: 1604.01424 [astro-ph.CO]

Riess, A. G., Casertano, S., Yuan, W., Macri, L., Bucciarelli, B., Lattanzi, M. G., ... Anderson, R. I. (2018). Milky way cepheid standards for measuring cosmic distances and application to Gaia DR2: Implications for the hubble constant. *ApJ, 861*(2), 126. https://doi.org/10.3847/1538-4357/aac82e. arXiv: 1804.10655 [astro-ph.CO]

Riess, A. G., Casertano, S., Yuan, W., Macri, L. M., & Scolnic, D. (2019). Large magellanic cloud cepheid standards provide a 1% foundation for the determination of the hubble constant and stronger evidence for physics beyond LCDM. *ApJ, 876*(1), 85. https://doi.org/10.3847/1538-4357/ab1422. arXiv: 1903.07603 [astro-ph.CO]

Rigaut, F., & Neichel, B. (2020). Multiconjugate adaptive optics for astronomy. arXiv e-prints, arXiv:2003.03097. arXiv: 2003.03097 [astro-ph.IM]

Rivera-Thorsen, T. E., Dahle, H., Chisholm, J., Florian, M. K., Gronke, M., Rigby, J. R., … Bayliss, M. (2019). Gravitational lensing reveals ionizing ultraviolet photons escaping from a distant galaxy. *Science, 366*(6466), 738–741. https://doi.org/10.1126/science.aaw0978. arXiv: 1904.08186 [astro-ph.GA]

Rosati, P., Borgani, S., & Norman, C. (2002). The evolution of X-ray clusters of galaxies. *Annual Review of Astronomy and Astrophysics, 40*, 539–577. https://doi.org/10.1146/annurev.astro.40.120401.150547. arXiv: astro-ph/0209035 [astro-ph]

Rousset, G., Fontanella, J. C., Kern, P., Gigan, P., & Rigaut, F. (1990). First diffraction-limited astronomical images with adaptive optics. *A & A, 230*(2), L29–L32.

Rozo, E., Wechsler, R. H., Rykoff, E. S., Annis, J. T., Becker, M. R., Evrard, A. E., … Weinberg, D. H. (2010). Cosmological constraints from the Sloan digital sky survey maxBCG cluster catalog. *ApJ, 708*(1), 645–660. https://doi.org/10.1088/0004-637X/708/1/645. arXiv: 0902.3702 [astro-ph.CO]

Saha, P., & Williams, L. L. R. (2004). A portable modeler of lensed quasars. *AJ, 127*(5), 2604–2616. https://doi.org/10.1086/383544. arXiv: astro-ph/0402135 [astro-ph]

Sand, D. J., Treu, T., Ellis, R. S., Smith, G. P., & Kneib, J.-P. (2008). Separating Baryons and dark matter in cluster cores: A full two-dimensional lensing and dynamic analysis of Abell 383 and MS 2137-23. *ApJ, 674*(2), 711–727. https://doi.org/10.1086/524652. arXiv: 0710.1069 [astro-ph]

Sandage, A., Tammann, G. A., Saha, A., Reindl, B., Macchetto, F. D., & Panagia, N. (2006). The hubble constant: A summary of the hubble space telescope program for the luminosity calibration of type Ia supernovae by means of cepheids. *ApJ, 653*(2), 843–860. https://doi.org/10.1086/508853. arXiv: astro-ph/0603647 [astro-ph]

Sarazin, C. L. (1988). *X-ray emission from clusters of galaxies.*

Schneider, P. (2006). Part 3: Weak gravitational lensing. In G. Meylan, P. Jetzer, P. North, P. Schneider, C. S. Kochanek, & J. Wambsganss (Eds.), *Saas-fee advanced course 33: Gravitational lensing: Strong, weak and micro* (pp. 269–451).

Schneider, P., & Seitz, C. (1995). Steps towards nonlinear cluster inversion through gravitational distortions. I. Basic considerations and circular clusters. *A & A, 294*, 411–431. arXiv: astroph/9407032 [astro-ph]

Sebesta, K., Williams, L. L. R., Mohammed, I., Saha, P., & Liesenborgs, J. (2016). Testing lighttraces-mass in Hubble Frontier Fields Cluster MACS-J0416.1-2403. *MNRAS, 461*(2), 2126–2134. https://doi.org/10.1093/mnras/stw1433. arXiv: 1507.08960 [astro-ph.CO]

Seidel, G., & Bartelmann, M. (2007). Arcfinder: an algorithm for the automatic detection of gravitational arcs. *A & A, 472*(1), 341–352. https://doi.org/10.1051/0004-6361:20066097. arXiv: astro-ph/0607547 [astro-ph]

Seitz, S., & Schneider, P. (1996). Cluster lens reconstruction using only observed local data: An improved finite-field inversion technique. *A & A, 305*, 383. arXiv: astro-ph/9503096 [astro-ph]

Sereno, M., Covone, G., Izzo, L., Ettori, S., Coupon, J., & Lieu, M. (2017). PSZ2LenS. Weak lensing analysis of the Planck clusters in the CFHTLenS and in the RCSLenS. *MNRAS, 472*(2), 1946–1971. https://doi.org/10.1093/mnras/stx2085. arXiv: 1703.06886 [astro-ph.CO]

Shu, Y., Brownstein, J. R., Bolton, A. S., Koopmans, L. V. E., Treu, T., Montero-Dorta, A. D., … Moustakas, L. A. (2017). The Sloan lens ACS survey. XIII. Discovery of 40 new galaxyscale strong lenses. *ApJ, 851*(1), 48. https://doi.org/10.3847/1538-4357/aa9794. arXiv: 1711.00072 [astro-ph.GA]

Smith, G. P., Mazzotta, P., Okabe, N., Ziparo, F., Mulroy, S. L., Babul, A., … Umetsu, K. (2016). LoCuSS: Testing hydrostatic equilibrium in galaxy clusters. *MNRAS, 456*(1), L74–L78. https://doi.org/10.1093/mnrasl/slv175. arXiv: 1511.01919 [astro-ph.CO]

Sonnenfeld, A., Chan, J. H. H., Shu, Y., More, A., Oguri, M., Suyu, S. H., … Komiyama, Y. (2018). Survey of gravitationally-lensed objects in HSC imaging (SuGOHI). I. Automatic search for galaxy-scale strong lenses. *Publications of the ASJ, 70*, S29. https://doi.org/10.1093/pasj/psx062. arXiv: 1704.01585 [astro-ph.GA]

Spergel, D., Gehrels, N., Baltay, C., Bennett, D., Breckinridge, J., Donahue, M., … Zhao, F. (2015). Wide-field infrared survey telescope-astrophysics focused telescope assets WFIRST AFTA 2015 report. arXiv e-prints, arXiv:1503.03757. arXiv: 1503.03757 [astro-ph.IM]

Spilker, J. S., Marrone, D. P., Aravena, M., Béthermin, M., Bothwell, M. S., Carlstrom, J. E., … Welikala, N. (2016). ALMA imaging and gravitational lens models of south pole telescope-selected dusty, star-forming galaxies at high redshifts. *ApJ, 826*(2), 112. https://doi.org/10.3847/0004-637X/826/2/112. arXiv: 1604.05723 [astro-ph.GA]

Spingola, C., McKean, J. P., Auger, M. W., Fassnacht, C. D., Koopmans, L. V. E., Lagattuta, D. J., & Vegetti, S. (2018). SHARP—V. Modelling gravitationally lensed radio arcs imaged with global VLBI observations. *MNRAS, 478*(4), 4816–4829. https://doi.org/10.1093/mnras/sty1326. arXiv: 1807.05566 [astro-ph.GA]

Stapelberg, S., Carrasco, M., & Maturi, M. (2019). EasyCritics—I. Efficient detection of strongly lensing galaxy groups and clusters in wide-field surveys. *MNRAS, 482*(2), 1824–1839. https://doi.org/10.1093/mnras/sty2784. arXiv: 1709.09758 [astro-ph.CO]

Suyu, S. H., & Blandford, R. D. (2006). The anatomy of a quadruply imaged gravitational lens system. *MNRAS, 366*(1), 39–48. https://doi.org/10.1111/j.1365-2966.2005.09854.x. arXiv: astroph/0506629 [astro-ph]

Suyu, S. H., Marshall, P. J., Hobson, M. P., & Blandford, R. D. (2006). A Bayesian analysis of regularized source inversions in gravitational lensing. *MNRAS, 371*(2), 983–998. https://doi.org/10.1111/j.1365-2966.2006.10733.x. arXiv: astro-ph/0601493 [astro-ph]

Suyu, S. H., Marshall, P. J., Blandford, R. D., Fassnacht, C. D., Koopmans, L. V. E., McKean, J. P., & Treu, T. (2009). Dissecting the gravitational lens B1608+656. I. Lens potential reconstruction. *ApJ, 691*(1), 277–298. https://doi.org/10.1088/0004-637X/691/1/277. arXiv: 0804.2827 [astro-ph]

Tewes, M., Courbin, F., & Meylan, G. (2013). COSMOGRAIL: The cosmological monitoring of gravitational lenses. XI. Techniques for time delay measurement in presence of microlensing. *A & A, 553*, A120. https://doi.org/10.1051/0004-6361/201220123. arXiv: 1208.5598 [astro-ph.CO]

The Dark Energy Survey Collaboration. (2005). The dark energy survey. arXiv e-prints, astro-ph/0510346. arXiv: astro-ph/0510346 [astro-ph]

Treu, T. (2010). Strong lensing by galaxies. *Annual Review of Astronomy and Astrophysics, 48*, 87–125. https://doi.org/10.1146/annurev-astro-081309-130924. arXiv: 1003.5567 [astro-ph.CO]

Treu, T., & Marshall, P. J. (2016). Time delay cosmography. *The Astronomy and Astrophysics Review, 24*(1), 11. https://doi.org/10.1007/s00159-016-0096-8. arXiv: 1605.05333 [astro-ph.CO]

Treu, T., Dutton, A. A., Auger, M. W., Marshall, P. J., Bolton, A. S., Brewer, B. J., … Koopmans, L. V. E. (2011). The SWELLS survey—I. A large spectroscopically selected sample of edge-on late-type lens galaxies. *MNRAS, 417*(3), 1601–1620. https://doi.org/10.1111/j.1365-2966.2011.19378.x. arXiv: 1104.5663 [astro-ph.CO]

Treu, T., Brammer, G., Diego, J. M., Grillo, C., Kelly, P. L., Oguri, M., … Patel, B. (2016). "Refsdal" meets popper: comparing predictions of the re-appearance of the multiply imaged supernova behind MACSJ1149.5+2223. *ApJ, 817*(1), 60. https://doi.org/10.3847/0004-637X/817/1/60. arXiv: 1510.05750 [astro-ph.CO]

Umetsu, K. (2020). Cluster-galaxy weak lensing. *The Astronomy and Astrophysics Review, 28*(1), 7. https://doi.org/10.1007/s00159-020-00129-w. arXiv: 2007.00506 [astro-ph.CO]

Umetsu, K., Medezinski, E., Nonino, M., Merten, J., Postman, M., Meneghetti, M., … Zitrin, A. (2014). CLASH: Weak-lensing Shear-and-magnification analysis of 20 galaxy clusters. *ApJ, 795*(2), 163. https://doi.org/10.1088/0004-637X/795/2/163. arXiv: 1404.1375 [astro-ph.CO]

Vanzella, E., Calura, F., Meneghetti, M., Mercurio, A., Castellano, M., Caminha, G. B., … Coe, D. (2017a). Paving the way for the JWST: Witnessing globular cluster formation at z > 3. *MNRAS, 467*(4), 4304–4321. https://doi.org/10.1093/mnras/stx351. arXiv: 1612.01526 [astro-ph.GA]

Vanzella, E., Castellano, M., Meneghetti, M., Mercurio, A., Caminha, G. B., Cupani, G., … Tozzi, P. (2017b). Magnifying the early episodes of star formation: Super star clusters at cosmological distances. *ApJ, 842*(1), 47. https://doi.org/10.3847/1538-4357/aa74ae. arXiv: 1703.02044 [astro-ph.GA]

Vanzella, E., Meneghetti, M., Caminha, G. B., Castellano, M., Calura, F., Rosati, P., … Balestra, I. (2020). Candidate population III stellar complex at z = 6.629 in the MUSE deep lensed field. *MNRAS, 494*(1), L81–L85. https://doi.org/10.1093/mnrasl/slaa041. arXiv: 2001.03619 [astro-ph.GA]

Vegetti, S., & Koopmans, L. V. E. (2009). Bayesian strong gravitational-lens modelling on adaptive grids: Objective detection of mass substructure in Galaxies. *MNRAS, 392*(3), 945–963. https://doi.org/10.1111/j.1365-2966.2008.14005.x. arXiv: 0805.0201 [astro-ph]

Vegetti, S., Koopmans, L. V. E., Bolton, A., Treu, T., & Gavazzi, R. (2010). Detection of a dark substructure through gravitational imaging. *MNRAS, 408*(4), 1969–1981. https://doi.org/10.1111/j.1365-2966.2010.16865.x. arXiv: 0910.0760 [astro-ph.CO]

Vegetti, S., Lagattuta, D. J., McKean, J. P., Auger, M. W., Fassnacht, C. D., & Koopmans, L. V. E. (2012). Gravitational detection of a low-mass dark satellite galaxy at cosmological distance. *Nature, 481*(7381), 341–343. https://doi.org/10.1038/nature10669. arXiv: 1201.3643 [astro-ph.CO]

Vieira, J. D., Crawford, T. M., Switzer, E. R., Ade, P. A. R., Aird, K. A., Ashby, M. L. N., … Zenteno, A. (2010). Extragalactic millimeter-wave sources in south pole telescope survey data: Source counts, catalog, and statistics for an 87 square-degree field. *ApJ, 719*(1), 763–783. https://doi.org/10.1088/0004-637X/719/1/763. arXiv: 0912.2338 [astro-ph.CO]

Vikhlinin, A., Kravtsov, A. V., Burenin, R. A., Ebeling, H., Forman, W. R., Hornstrup, A., … Voevodkin, A. (2009). Chandra cluster cosmology project III: Cosmological parameter constraints. *ApJ, 692*(2), 1060–1074. https://doi.org/10.1088/0004-637X/692/2/1060. arXiv: 0812.2720 [astro-ph]

von der Linden, A., Mantz, A., Allen, S. W., Applegate, D. E., Kelly, P. L., Morris, R. G., … Ebeling, H. (2014). Robust weak-lensing mass calibration of Planck galaxy clusters. *MNRAS, 443*(3), 1973–1978. https://doi.org/10.1093/mnras/stu1423. arXiv: 1402.2670 [astro-ph.CO]

Wang, J., Bose, S., Frenk, C. S., Gao, L., Jenkins, A., Springel, V., & White, S. D. M. (2020). Universal structure of dark matter haloes over a mass range of 20 orders of magnitude. *Nature, 585*(7823), 39–42. https://doi.org/10.1038/s41586-020-2642-9

Warren, S. J., & Dye, S. (2003). Semilinear gravitational lens inversion. *ApJ, 590*(2), 673–682. https://doi.org/10.1086/375132. arXiv: astro-ph/0302587 [astro-ph]

Wong, K. C., Suyu, S. H., Chen, G. C.-F., Rusu, C. E., Millon, M., Sluse, D., … Meylan, G. (2020). H0LiCOW XIII. A 2.4% measurement of H0 from lensed quasars: 5.3s tension between early and late-Universe probes. *MNRAS*. https://doi.org/10.1093/mnras/stz3094. arXiv: 1907.04869 [astro-ph.CO]

Xu, B., Postman, M., Meneghetti, M., Seitz, S., Zitrin, A., Merten, J., … Koekemoer, A. (2016). The detection and statistics of giant arcs behind CLASH clusters. *ApJ, 817*(2), 85. https://doi.org/10.3847/0004-637X/817/2/85. arXiv: 1511.04002 [astro-ph.CO]

Zaroubi, S. (2013). The epoch of reionization. In T. Wiklind, B. Mobasher, & V. Bromm (Eds.), *The first galaxies* (Vol. 396, p. 45). Astrophysics and Space Science Library. https://doi.org/10.1007/978-3-642-32362-1_2

Zheng, W., Postman, M., Zitrin, A., Moustakas, J., Shu, X., Jouvel, S., … van derWel, A. (2012). A magnified young galaxy from about 500 million years after the Big Bang. *Nature, 489*(7416), 406–408. https://doi.org/10.1038/nature11446. arXiv: 1204.2305 [astro-ph.CO]

Capitolo 7
Lensing dovuto alle strutture a grande scala

In un universo dominato dalla materia oscura fredda (CDM), la formazione delle strutture avviene in maniera gerarchica. Gli oggetti collassati crescono attraverso la fusione di oggetti più piccoli fino alla formazione degli ammassi di galassie più massicci. Le simulazioni cosmologiche mostrano che questi ammassi si trovano alle intersezioni di filamenti, che formano una struttura a rete nota come "Cosmic Web". Questa rete di filamenti agisce come un'enorme lente gravitazionale, inducendo piccole distorsioni nelle forme delle galassie lontane e provocando molteplici deflessioni dei fotoni emessi dalla superficie di ultimo scattering, costituenti la Radiazione Cosmica di Fondo (CMB).

In questo capitolo analizzeremo la propagazione della luce in un universo non omogeneo. Introdurremo il concetto di shear cosmico e illustreremo il suo utilizzo come strumento di indagine cosmologica. Infine, discuteremo gli effetti del lensing gravitazionale su grande scala sulla distribuzione della temperatura e sulla polarizzazione della CMB.

7.1 Propagazione della luce in un universo non omogeneo

7.1.1 Deflessione della luce

In uno spazio-tempo non perturbato, la luce si propaga lungo geodetiche nulle dello spazio-tempo di Friedmann-Lemaître-Robertson-Walker (FLRW), caratterizzato da simmetria, omogeneità e isotropia (vedi Sez. 9.1).

Tuttavia, a differenza del caso trattato in precedenza, ora dobbiamo considerare che le strutture di grande scala che agiscono come lenti possono avere dimensioni confrontabili con la scala di curvatura dell'universo. Per questo motivo, il modello della lente sottile, che assume una deflessione istantanea lungo traiettorie rettilinee, non è più adeguato e deve essere generalizzato per includere effetti su scala cosmologica.

M. Meneghetti, *Introduzione al lensing gravitazionale*,
https://doi.org/10.1007/978-3-031-96504-3_7

L'equazione di propagazione dei raggi luminosi in uno spazio-tempo arbitrario
può essere derivata utilizzando la teoria dell'ottica geometrica nella Relatività Generale. Una derivazione rigorosa di tale equazione può essere trovata altrove (e.g.
Misner et al. 1973; Schneider et al. 1992). Qui partiamo dal seguente risultato: come mostrato da Bartelmann e Schneider (2001), in assenza di perturbazioni, i raggi
luminosi si propagano nello spazio-tempo FLRW seguendo la relazione

$$\frac{\mathrm{d}^2 \vec{x}}{\mathrm{d}w^2} + K\vec{x} = 0 \,, \tag{7.1}$$

dove $K = (H_0/c)^2(\Omega_{m,0} + \Omega_{\Lambda,0} - 1)$ rappresenta il parametro di curvatura
dell'universo. La separazione fisica $\vec{r}$ tra i raggi luminosi è legata alla separazione
comovente $\vec{x}$ dal fattore di scala a secondo la relazione:

$$\vec{x} = \frac{\vec{r}}{a} \,. \tag{7.2}$$

L'equazione sopra riportata ha la forma dell'equazione dell'oscillatore armonico.
Essa descrive la propagazione dei raggi luminosi lungo la distanza comovente w,
che funge da 'tempo' nel problema dell'oscillatore armonico. Le sue soluzioni sono
funzioni trigonometriche o iperboliche a seconda del segno di K. Ad esempio, per
un universo chiuso ($K > 0$), la soluzione generale è

$$\vec{x}(w) = \vec{A} \cos \sqrt{K}w + \vec{B} \sin \sqrt{K}w \,. \tag{7.3}$$

Applicando le condizioni al contorno $\vec{x}(w = 0) = 0$ e $\mathrm{d}\vec{x}/\mathrm{d}w|_{w=0} = \vec{\theta}$, dove $\vec{\theta}$
rappresenta l'angolo tra i due raggi nella posizione dell'osservatore, si ottiene:

$$\vec{x}(w) = \vec{\theta}\frac{1}{\sqrt{K}} \sin \sqrt{K}w \,. \tag{7.4}$$

In generale, per un valore arbitrario di K, possiamo scrivere:

$$\vec{x}(w) = \vec{\theta} f_K(w) \,. \tag{7.5}$$

Questa espressione mostra che in uno spazio piatto ($K = 0$) si ha semplicemente
$\vec{x} = \vec{\theta}w$, coerentemente con quanto atteso in uno spazio euclideo. Se la curvatura è
positiva o negativa, i raggi di luce convergono o divergono rispetto al caso piatto.

L'introduzione di perturbazioni gravitazionali modifica il cammino della luce.
Poiché le masse che fungono da lente sono tipicamente molto più piccole rispetto
al raggio di Hubble, possiamo trattare il loro effetto considerando lo spazio-tempo
piatto nelle loro vicinanze. In questo scenario, possiamo utilizzare il nostro precedente risultato per l'angolo di deflessione (cfr. Sez. 2.2) e scrivere l'equazione di
propagazione nella forma:

$$\frac{\mathrm{d}^2 \vec{x}}{\mathrm{d}w^2} = -\frac{2}{c^2}\vec{\nabla}_\perp \Phi \,, \tag{7.6}$$

dove Φ è il potenziale gravitazionale e il termine $\vec{\nabla}_{\perp}\Phi$ rappresenta il gradiente trasversale di Φ, calcolato rispetto alle coordinate comoventi. La relazione tra il gradiente nelle coordinate comoventi e quello nelle coordinate angolari è data da:

$$\vec{\nabla}_{\perp}\phi = \frac{1}{f_K(w)}\vec{\nabla}_{\vec{\theta}}\Phi \ . \tag{7.7}$$

L'equazione (7.6) descrive come la traiettoria effettiva della luce si discosta dal cammino rettilineo atteso in uno spazio di Minkowski non perturbato. Tuttavia, in un universo in espansione, la propagazione della luce è influenzata sia dalla curvatura dello spazio-tempo sia dalle perturbazioni locali dovute alle distribuzioni di massa. Questo porta a una modifica dell'equazione di propagazione, che assume la forma:

$$\frac{d^2\vec{x}}{dw^2} + K\vec{x} = -\frac{2}{c^2}\vec{\nabla}_{\perp}\Phi \ . \tag{7.8}$$

Questa equazione descrive quindi la combinazione di due effetti: la deviazione dovuta alla curvatura globale dell'universo e quella dovuta alla distribuzione non omogenea di materia lungo il cammino ottico.

L'equazione dell'oscillatore non omogeneo può essere risolta costruendo una funzione di Green $G(w, w')$. Questa funzione è definita nel dominio quadrato $0 \leq w \leq w_s, 0 \leq w' \leq w_s$, dove w_s rappresenta la distanza della sorgente (vedi figura a lato). Valgono le condizioni al contorno $\vec{x}(w = 0) = 0$ e $d\vec{x}/dw_{w=0} = \vec{\theta}$.

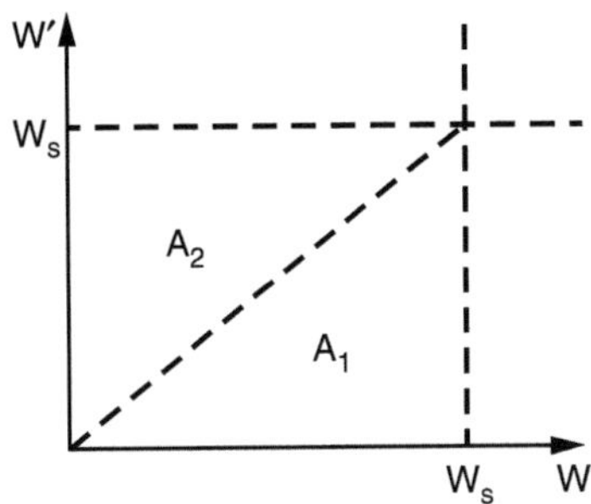

Secondo la definizione di funzione di Green, $G(w, w')$ deve soddisfare le seguenti condizioni:

- È una funzione differenziabile in modo continuo nei due triangoli A_1 e A_2, e soddisfa l'equazione differenziale omogenea:

$$\frac{d^2}{dw^2}G(w, w') + KG(w, w') = 0 \tag{7.9}$$

per $w \neq w'$;
- È continua in tutto il dominio quadrato;

- La sua derivata rispetto a w presenta un salto unitario lungo il confine tra A_1 e A_2;
- Come funzione di w, soddisfa le condizioni al contorno omogenee sulla soluzione.

Costruiamo quindi la funzione nella forma:

$$G(w, w') = \begin{cases} A(w') \cos \sqrt{K}w + B(w') \sin \sqrt{K}w & \text{in } A_1 \\ C(w') \cos \sqrt{K}w + D(w') \sin \sqrt{K}w & \text{in } A_2 \end{cases}. \qquad (7.10)$$

Le condizioni al contorno omogenee impongono $A = B = 0$. Imporre la continuità in $w = w'$ fornisce la relazione:

$$C \cos \sqrt{K}w' + D \sin \sqrt{K}w' = 0 \,, \qquad (7.11)$$

mentre la condizione sul salto della derivata porta a:

$$-C \sin \sqrt{K}w' + D \cos \sqrt{K}w' = \frac{1}{\sqrt{K}} \,. \qquad (7.12)$$

Da cui si ottiene:

$$C = -\frac{1}{\sqrt{K}} \sin \sqrt{K}w' \qquad (7.13)$$

$$D = \frac{1}{\sqrt{K}} \cos \sqrt{K}w' \,. \qquad (7.14)$$

La funzione di Green assume dunque la forma:

$$G(w, w') = \begin{cases} 0 & (w < w') \\ \frac{1}{\sqrt{K}} \sin \sqrt{K}(w - w') & (w > w') \end{cases}. \qquad (7.15)$$

Più in generale, per un valore arbitrario di K, possiamo scrivere:

$$G(w, w') = \begin{cases} 0 & (w < w') \\ f_K(w - w') & (w > w') \end{cases}. \qquad (7.16)$$

La soluzione generale dell'equazione di propagazione è quindi data da:

$$\vec{x} = f_K(w)\vec{\theta} - \frac{2}{c^2} \int_0^w \mathrm{d}w' \, f_K(w - w')\vec{\nabla}_\perp \Phi \,. \qquad (7.17)$$

Analogamente all'approccio a singolo piano di lente, valutiamo questo integrale lungo il cammino non perturbato, ossia $f_K(w)\vec{\theta}$.

L'angolo di deflessione è definito come la differenza tra il cammino perturbato e quello non perturbato:

$$\vec{\alpha}(\vec{\theta}, w) = \frac{f_K(w)\vec{\theta} - \vec{x}}{f_K(w)} = \frac{2}{c^2} \int_0^w dw' \frac{f_K(w - w')}{f_K(w)} \vec{\nabla}_\perp \Phi[f_K(w')\vec{\theta}, w'] \,. \quad (7.18)$$

Questa espressione rappresenta l'angolo di deflessione accumulato lungo un percorso luminoso che si propaga nella direzione $\vec{\theta}$ fino alla distanza w. Per questo motivo, lo denotiamo come $\vec{\alpha}(\vec{\theta}, w)$.

Nel caso di un universo piatto, dove $K = 0$ e $f_K(w) = w$, l'angolo di deflessione si riduce a:

$$\vec{\alpha}(\vec{\theta}, w) = \frac{2}{c^2} \int_0^w dw' \left(1 - \frac{w'}{w}\right) \vec{\nabla}_\perp \Phi(w'\vec{\theta}, w')$$

$$= \frac{2w}{c^2} \int_0^1 dy(1 - y)\vec{\nabla}_\perp \Phi(wy\vec{\theta}, wy) \,. \quad (7.19)$$

7.1.2 *Convergenza efficace*

Nel caso di una singola lente sottile, la convergenza κ è definita come la metà della divergenza dell'angolo di deflessione $\vec{\alpha}$:

$$\kappa = \frac{1}{2}\nabla \cdot \vec{\alpha} \,. \quad (7.20)$$

Estendendo questo concetto al lensing gravitazionale prodotto dalle strutture a grande scala, definiamo la *convergenza efficace* $\kappa_{\text{eff}}(\vec{\theta}, w)$ come:

$$[v]\kappa_{\text{eff}}(\vec{\theta}, w) = \frac{1}{2}\vec{\nabla}_{\vec{\theta}}\vec{\alpha}(\vec{\theta}, w)$$

$$= \frac{1}{c^2} \int dw' \frac{f_K(w') f_K(w - w')}{f_K(w)} \Delta^{(2)} \phi[f_K(w')\vec{\theta}', w'] \,, \quad (7.21)$$

dove $\Delta^{(2)}$ è il laplaciano bidimensionale calcolato rispetto alle coordinate comoventi,

$$\Delta^{(2)} = \vec{\nabla}_\perp^2 = \frac{\partial^2}{\partial x^2} + \frac{\partial^2}{\partial y^2} \,. \quad (7.22)$$

Poiché la gravità agisce in tre dimensioni, possiamo sostituire il laplaciano bidimensionale con il laplaciano tridimensionale:

$$\Delta^{(2)} \to \Delta = \frac{\partial^2}{\partial x^2} + \frac{\partial^2}{\partial y^2} + \frac{\partial^2}{\partial z^2} \,. \quad (7.23)$$

Assumendo che $\partial\phi/\partial z = 0$ ai limiti delle regioni perturbate, possiamo riscrivere la convergenza efficace come:

$$\kappa_{\text{eff}} = \frac{1}{c^2}\int_0^w \mathrm{d}w' \frac{f_K(w')f_K(w-w')}{f_K(w)}\Delta\Phi(f_K(w')\vec{\theta},w') \, . \tag{7.24}$$

Sostituendo l'equazione di Poisson:

$$\Delta\Phi = \frac{3}{2}H_0^2\Omega_{m,0}\frac{\delta}{a} \, . \tag{7.25}$$

nell'integrale sopra, otteniamo:

$$\kappa_{\text{eff}}(\vec{\theta},w) = \frac{3\Omega_{m,0}}{2}\left(\frac{H_0}{c}\right)^2\int_0^w \mathrm{d}w'\frac{f_K(w')f_K(w-w')}{f_K(w)}\frac{\delta[f_K(w')\vec{\theta},w']}{a(w')} \, . \tag{7.26}$$

Se le sorgenti si distribuiscono in redshift, la convergenza efficace media fino alla distanza dell'orizzonte w_H è data da:

$$\langle\kappa_{\text{eff}}\rangle(\vec{\theta}) = \int_0^{w_H} \mathrm{d}w\,G(w)\kappa_{\text{eff}}(\vec{\theta},w) \, , \tag{7.27}$$

dove $G(w)\mathrm{d}w$ rappresenta la probabilità di trovare una sorgente nell'intervallo $\mathrm{d}w$ attorno a w. Possiamo quindi riscrivere:

$$\langle\kappa_{\text{eff}}\rangle(\vec{\theta}) = \frac{3H_0^2\Omega_{m,0}}{2c^2}\int_0^{w_H} \mathrm{d}w\,W(w)f_K(w)\frac{\delta[f_K(w)\vec{\theta},w]}{a(w)} \, , \tag{7.28}$$

dove la funzione peso è definita come:

$$W(w) = \int_w^{w_H} \mathrm{d}w'\,G(w')\frac{f_K(w'-w)}{f_K(w')} \, . \tag{7.29}$$

La funzione peso $W(w)$ descrive come le sorgenti siano distribuite lungo la direzione radiale e tiene conto del contributo di tutte le strutture lungo la linea di vista.

7.1.3 L'equazione di Limber e la funzione di correlazione della convergenza

Per descrivere la distribuzione spaziale della convergenza efficace, consideriamo la sua funzione di correlazione,

$$\langle\kappa(\vec{\theta})\kappa(\vec{\theta}+\vec{\phi})\rangle_{\vec{\theta}} = \xi_\kappa(\phi) \, , \tag{7.30}$$

dove il valore medio è calcolato su tutte le posizioni $\vec{\theta}$ nel cielo e sulle direzioni del vettore di separazione $\vec{\phi}$. La funzione di correlazione descrive come le variazioni della convergenza siano correlate su scale angolari diverse. In uno spazio isotropo, essa dipende solo dal modulo della separazione angolare ϕ, e il suo spettro di potenza è ottenuto come la trasformata di Fourier della funzione di correlazione bidimensionale.

È possibile dimostrare che la funzione di correlazione della convergenza è collegata alla funzione di correlazione tridimensionale del contrasto di densità attraverso la cosiddetta *equazione di Limber*. Esiste inoltre una relazione tra lo spettro di potenza della convergenza efficace e quello del contrasto di densità. Per derivare queste relazioni, seguiamo Bartelmann e Schneider (2001) e utilizziamo l'approssimazione del cielo piatto.

Consideriamo un campo casuale omogeneo e isotropo generico $g(\vec{x})$, definito in uno spazio n-dimensionale. La sua funzione di correlazione a due punti è:

$$\xi_{gg}(|\vec{x} - \vec{y}|) = \langle g(\vec{x})g^*(\vec{y})) \rangle . \tag{7.31}$$

La trasformata di Fourier di $g(\vec{x})$ è data da:

$$\hat{g}(\vec{k}) = \int d^n x\, g(\vec{x}) \exp(i\vec{k} \cdot \vec{x}) . \tag{7.32}$$

Quindi, la funzione di correlazione in spazio di Fourier è:

$$\langle \hat{g}(\vec{k})\hat{g}^*(\vec{k}') \rangle = \left\langle \int d^n x\, g(x) \exp(i\vec{k} \cdot \vec{x}) \int d^n x'\, g(\vec{x}') \exp(-i\vec{k}' \cdot \vec{x}') \right\rangle$$

$$= \int d^n x \exp(i\vec{k} \cdot \vec{x}) \int d^n x' \exp(-i\vec{k}' \cdot \vec{x}') \langle g(\vec{x})g(\vec{x}') \rangle . \tag{7.33}$$

Sostituendo $\vec{y} + \vec{x} = \vec{x}'$ e utilizzando Eq. 7.31, otteniamo:

$$\langle \hat{g}(\vec{k})\hat{g}^*(\vec{k}') \rangle = \int d^n x \exp[i(\vec{k} - \vec{k}') \cdot \vec{x}] \int d^n y \exp(-i\vec{k}' \cdot \vec{y})\xi_{gg}(y)$$

$$= (2\pi)^n \delta_D^{(n)}(\vec{k} - \vec{k}')P_g(k) , \tag{7.34}$$

dove $P_g(k)$ è lo spettro di potenza, definito come la trasformata di Fourier della funzione di correlazione:

$$P_g(k) \equiv \int d^n y \exp(-i\vec{k} \cdot \vec{y})\xi_{gg}(y) \tag{7.35}$$

e $\delta_D^{(n)}$ è la delta di Dirac in n dimensioni.

Passiamo ora al campo casuale tridimensionale omogeneo e isotropo $\delta(\vec{u})$, dove $\vec{u}$ rappresenta il vettore di posizione nello spazio comovente e $\delta(\vec{u})$ è il contrasto di densità, definito nella Sez. 9.8.3. Il vettore $\vec{u}$ può essere decomposto nelle componenti parallele e perpendicolari alla linea di vista:

$$\vec{u} = (f_K(w)\vec{\theta}, w) \, . \tag{7.36}$$

Definiamo ora due proiezioni di δ, pesate lungo w:

$$g_i(\vec{\theta}) = \int_0^{w_H} \mathrm{d}w q_i(w)\delta[f_K(w)\vec{\theta}, w] \, , \tag{7.37}$$

dove $q_i(w)$ è una funzione peso e $i \in [1, 2]$. L'integrale si estende fino alla distanza dell'orizzonte w_H.

Per $\vec{\theta} - \vec{\theta}' = \vec{\phi}$, possiamo definire la funzione di correlazione tra le proiezioni:

$$\begin{aligned}
\xi_{12}(\phi) &= \langle g_1(\vec{\theta})g_2^*(\vec{\theta}')\rangle \\
&= \int q_1(w)\mathrm{d}w \int q_2(w')\mathrm{d}w' \langle \delta[f_K(w)\vec{\theta}, w]\delta[f_K(w')\vec{\theta}', w']\rangle \, .
\end{aligned} \tag{7.38}$$

Nell'approssimazione di Limber, assumiamo che la funzione di correlazione ξ_{12} sia trascurabile quando la differenza tra le distanze comoventi, $|w - w'|$, supera una lunghezza di coerenza w_c, con $w_c \ll w_H$. Inoltre, supponiamo che le funzioni peso $q_i(w)$ varino poco su scale inferiori a w_c.

Di conseguenza, nelle regioni in cui ξ_{12} è significativa, possiamo approssimare $q_2(w') \approx q_2(w)$ e $f_K(w') \approx f_K(w)$. Questa approssimazione ci permette di riscrivere l'equazione precedente nella forma:

$$\xi_{12}(\phi) = \int \mathrm{d}w \, q_1(w)q_2(w) \int \mathrm{d}\Delta w \, \xi_{\delta\delta}(\sqrt{f_K^2(w)\theta^2 + \Delta w^2}, w) \, , \tag{7.39}$$

dove $\Delta w = |w - w'|$.

Questa espressione, nota come *equazione di Limber*, stabilisce la relazione tra la funzione di correlazione bidimensionale del campo proiettato e la funzione di correlazione tridimensionale del contrasto di densità (Limber 1953). L'approssimazione di Limber assume che le fluttuazioni del contrasto di densità siano fortemente correlate solo su piccole separazioni lungo la linea di vista, il che permette di semplificare l'integrale tridimensionale in un integrale bidimensionale, riducendo così la complessità del calcolo.

Possiamo ora derivare la relazione tra gli spettri di potenza corrispondenti. Sostituendo l'espressione di $\delta(\vec{u})$ e $\delta(\vec{u}')$ in termini delle loro trasformate di Fourier $\hat{\delta}(\vec{k})$ e $\hat{\delta}(\vec{k}')$ nell'Eq. 7.38, otteniamo:

$$\begin{aligned}
\xi_{12}(\phi) = \int q_1(w)\mathrm{d}w \int q_2(w')\mathrm{d}w' \int \frac{\mathrm{d}^3k}{(2\pi)^3} \int \frac{\mathrm{d}^3k'}{(2\pi)^3} \langle \hat{\delta}(\vec{k})\hat{\delta}^*(\vec{k}')\rangle \\
\times \exp(-if_K(w)\vec{\theta} \cdot \vec{k}_\perp) \exp(if_K(w')\vec{\theta}' \cdot \vec{k}'_\perp) \exp(-ik_s w) \exp(ik'_s w') \, ,
\end{aligned} \tag{7.40}$$

dove il vettore d'onda $\vec{k}$ è stato decomposto nelle componenti perpendicolari e parallele alla linea di vista, rispettivamente $\vec{k}_\perp$ e k_s.

Applicando l'approssimazione di Limber e sostituendo

$$\langle \hat{\delta}(\vec{k})\hat{\delta}^*(\vec{k}')\rangle = (2\pi)^3 \delta_D(\vec{k}-\vec{k}')P_\delta(k,w) \tag{7.41}$$

(come mostrato in Eq. 7.34), possiamo integrare su $\vec{k}'$ e ottenere:

$$\xi_{12}(\phi) = \int dw q_1(w)q_2(w) \int \frac{d^3k}{(2\pi)^3} P_\delta(k,w)$$
$$\times \exp\left[-if_K(w)\vec{k}_\perp \cdot (\vec{\theta}-\vec{\theta}')\right]\exp\left(-ik_s w\right)\int dw' \exp\left(ik_s w'\right). \tag{7.42}$$

Poiché

$$\int dw' \exp\left(ik_s w'\right) = 2\pi\delta_D(k_s), \tag{7.43}$$

l'unico contributo alla funzione di correlazione proviene dalle componenti del vettore d'onda perpendicolari alla linea di vista, ovvero $\vec{k} = (\vec{k}_\perp, 0)$. Quindi possiamo scrivere:

$$\xi_{12}(\phi) = \int dw q_1(w)q_2(w) \int \frac{d^2k_\perp}{(2\pi)^2} P_\delta(k_\perp,w)\exp\left[-if_K(w)\vec{k}_\perp \cdot \vec{\phi}\right]. \tag{7.44}$$

Usando Eq. 7.35, possiamo calcolare lo spettro di potenza dalla funzione di correlazione:

$$P_{12}(l) = \int d^2\phi\, \xi_{12}(\phi)\exp\left(i\vec{l}\cdot\vec{\phi}\right)$$
$$= \int dw q_1(w)q_2(w) \int \frac{d^2k_\perp}{(2\pi)^2} P_\delta(k_\perp,w)\delta_D[\vec{l}-f_K(w)\vec{k}_\perp]. \tag{7.45}$$

La funzione δ_D permette di integrare su $\vec{k}_\perp$, ottenendo:

$$P_{12}(l) = \int dw \frac{q_1(w)q_2(w)}{f_K^2(w)} P_\delta\left(\frac{l}{f_K(w)}, w\right). \tag{7.46}$$

Questa è l'*equazione di Limber in spazio di Fourier* (Kaiser 1992, 1998).

Applichiamo ora questa equazione alla convergenza efficace di Eq. 7.28. Confrontando le espressioni di Eq. 7.37 ed Eq. 7.28, troviamo:

$$q_1(w) = q_2(w) = \frac{3H_0^2\Omega_{m,0}}{2c^2}W(w)\frac{f_K(w)}{a(w)}. \tag{7.47}$$

Inserendo questa relazione nell'equazione per lo spettro di potenza, otteniamo l'espressione finale per lo spettro di potenza della convergenza efficace:

$$P_\kappa(l) = \frac{9H_0^4 \Omega_{m,0}^2}{4c^4} \int_0^{w_H} \frac{W^2(w)}{a^2(w)} P_\delta\left(\frac{l}{f_K(w)}, w\right) dw \; . \tag{7.48}$$

Il pannello A della Fig. 7.1 mostra gli spettri di potenza della convergenza efficace per diverse scelte dei parametri cosmologici e delle distribuzioni di redshift delle sorgenti. Le curve $l^2 P_\kappa(l)$ sono ottenute utilizzando la funzione di fit di $P_\delta(l, w)$ fornita da Peacock (1996), che include l'evoluzione non lineare. Si osserva un picco attorno a $l \sim 10^4$, corrispondente a una scala angolare di ~ 1 arcmin. L'evoluzione non lineare dello spettro di potenza del contrasto di densità diventa significativa per $l \gtrsim 200$ (vedi ad esempio Fig. 32 di Schneider 2006).

7.1.4 Potenziale, Jacobiana e shear efficaci

Analogamente al caso di un singolo piano di lente, possiamo definire un *potenziale efficace di lensing*, $\Psi(\vec\theta, w)$, che è legato alla convergenza efficace dalla relazione:

$$\kappa_{\text{eff}}(\vec\theta, w) = \frac{1}{2}\Delta\Psi(\vec\theta, w) \; . \tag{7.49}$$

Possiamo inoltre introdurre la *Matrice Jacobiana efficace* del lensing:

$$A(\vec\theta, w) = I - \frac{\partial\vec\alpha(\vec\theta, w)}{\partial\theta} = \frac{1}{f_K(w)}\frac{\partial\vec{x}(\vec\theta, w)}{\partial\vec\theta} \; . \tag{7.50}$$

Questa matrice rimane approssimativamente simmetrica, salvo nei casi in cui il raggio luminoso incontri più deflettori compatti lungo il cammino verso l'osservatore (Jain et al. 2000). In generale, tuttavia, possiamo ancora descrivere le distorsioni anisotrope delle sorgenti dovute al lensing gravitazionale delle strutture a grande scala dell'universo tramite la parte senza traccia di questa matrice, ovvero mediante lo *shear efficace*, definito come:

$$\gamma(\vec\theta, w) = \gamma_1(\vec\theta, w) + i\gamma_2(\vec\theta, w) \; . \tag{7.51}$$

Come visto nel Capitolo 3, una sorgente di forma circolare viene trasformata in un'immagine ellittica. Poiché in questo regime di lensing gravitazionale la convergenza efficace è molto piccola, $\kappa_{\text{eff}} \ll 1$, l'ellitticità osservata può essere utilizzata per stimare lo shear.

Essendo sia la convergenza efficace κ_{eff} che lo shear efficace γ legati al potenziale efficace di lensing Ψ, i loro spettri di potenza sono correlati. Ad esempio, applicando la trasformata di Fourier a entrambi i membri dell'Eq. 7.49, si ottiene:

$$\tilde{\kappa}_{\text{eff}}(\vec{l}) = -\frac{l^2}{2}\tilde{\Psi}(\vec{l}) \, . \tag{7.52}$$

Di conseguenza, gli spettri di potenza della convergenza efficace κ_{eff} e del potenziale efficace di lensing Ψ sono legati dalla relazione:

$$P_\kappa(l) = \frac{l^4}{4}P_\Psi(l) \, . \tag{7.53}$$

Un ragionamento simile si applica allo shear efficace. Dalle relazioni:

$$\tilde{\gamma}_1 = -\frac{1}{2}(l_1^2 - l_2^2)\tilde{\Psi} \, , \tag{7.54}$$

$$\tilde{\gamma}_2 = -l_1 l_2 \tilde{\Psi} \, , \tag{7.55}$$

segue che lo spettro di potenza dello shear efficace è:

$$P_\gamma(l) = \frac{l^4}{4}P_\Psi(l) = P_\kappa(l) \, . \tag{7.56}$$

Questo risultato mostra che gli spettri di potenza della convergenza efficace e dello shear efficace sono identici. Ciò implica che lo spettro di potenza della distribuzione di densità proiettata può essere stimato analizzando le correlazioni di ellitticità delle sorgenti. Lo shear prodotto dalle strutture a grande scala dell'universo è noto come *shear cosmico*.

7.2 Shear cosmico

7.2.1 Funzioni di correlazione dello shear

Consideriamo una coppia di galassie situate rispettivamente nelle posizioni $\vec{\theta}$ e $\vec{\theta}+\vec{\phi}$. Possiamo utilizzare l'angolo polare φ del vettore di separazione $\vec{\phi}$ per definire le componenti tangenziale e cross dello shear (cfr. Sez. 6.2.3) come:

$$\gamma_t = \gamma \cos(2\varphi) \, , \tag{7.57}$$

$$\gamma_\times = \gamma \sin(2\varphi) \, . \tag{7.58}$$

A partire da queste due componenti dello shear, possiamo definire le funzioni di correlazione:

- $\xi_{tt}(\phi) = \langle \gamma_t(\vec{\theta})\gamma_t(\vec{\theta} + \vec{\phi}) \rangle$, che rappresenta la correlazione tra le componenti tangenziali;

- $\xi_{\times\times}(\phi) = \langle \gamma_\times(\vec{\theta})\gamma_\times(\vec{\theta}+\vec{\phi})\rangle$, che descrive la correlazione tra le componenti cross;
- $\xi_{t\times}(\phi) = \langle \gamma_t(\vec{\theta})\gamma_\times(\vec{\theta}+\vec{\phi})\rangle = \xi_{\times t}(\phi)$, il correlatore misto.

Iniziamo considerando la funzione di correlazione dello shear tangenziale, che può essere espressa in termini dello spettro di potenza dello shear tangenziale come:

$$\xi_{tt}(\phi) = \int \frac{\mathrm{d}^2 l}{(2\pi)^2}\, P_{\gamma_t}(l) \exp\left(-i\vec{l}\cdot\vec{\phi}\right) . \tag{7.59}$$

Poiché la trasformata di Fourier dello shear tangenziale è

$$\tilde{\gamma}_t = -\frac{l^2}{2}(\cos^2\varphi - \sin^2\varphi)\tilde{\Psi} , \tag{7.60}$$

lo spettro di potenza associato è dato da:

$$P_{\gamma_t}(l) = \frac{l^4}{4}(\cos^2\varphi - \sin^2\varphi)^2 P_\Psi(l) = (\cos^2\varphi - \sin^2\varphi)^2 P_\kappa(l) . \tag{7.61}$$

Inserendo questa espressione nell'Eq. 7.59, otteniamo che la funzione di correlazione $\xi_{tt}(\phi)$ può essere scritta come:

$$\xi_{tt}(\phi) = \int \frac{l\,\mathrm{d}l}{2\pi}\, P_\kappa(l)[J_0(l\phi) + J_4(l\phi)] , \tag{7.62}$$

dove $J_n(x)$ sono le funzioni di Bessel del primo tipo e ordine n[1].

Un ragionamento analogo per la funzione di correlazione $\xi_{\times\times}$ porta al risultato:

$$\xi_{\times\times}(\phi) = \int \frac{l\,\mathrm{d}l}{2\pi}\, P_\kappa(l)[J_0(l\phi) - J_4(l\phi)] , \tag{7.64}$$

dato che lo spettro di potenza della componente cross dello shear è

$$P_{\gamma_\times}(l) = 4\cos^2\varphi \sin^2\varphi P_\kappa(l) . \tag{7.65}$$

Per quanto riguarda le funzioni di correlazione miste, a causa della simmetria di parità troviamo che:

$$\xi_\times(\phi) = \xi_{t\times}(\phi) = \xi_{\times t}(\phi) = 0 . \tag{7.66}$$

Nell'analisi dello shear cosmico, la condizione $\xi_\times(\phi) = 0$ rappresenta un test fondamentale per verificare l'assenza di errori sistematici. Un valore non nullo di $\xi_\times(\phi)$ indicherebbe la presenza di contaminazioni sistematiche nei dati.

---

[1] La rappresentazione integrale delle funzioni di Bessel del primo tipo è data da

$$J_n(x) = \frac{1}{\pi}\int_0^\pi \cos(n\varphi - x\sin\varphi)\mathrm{d}\varphi = \frac{(-i)^n}{\pi}\int_0^\pi e^{ix\varphi}\cos(n\varphi)\mathrm{d}\varphi . \tag{7.63}$$

Definiamo ora le combinazioni:

$$\xi_{\pm}(\phi) \equiv \langle \gamma_t \gamma_t' \rangle \pm \langle \gamma_x \gamma_x' \rangle \,, \tag{7.67}$$

e

$$\xi_{\times}(\phi) \equiv \langle \gamma_t \gamma_x' \rangle \,. \tag{7.68}$$

che portano alle relazioni:

$$\xi_{+}(\phi) = \int \frac{l\,\mathrm{d}l}{2\pi} P_\kappa(l) J_0(l\phi) \,, \tag{7.69}$$

$$\xi_{-}(\phi) = \int \frac{l\,\mathrm{d}l}{2\pi} P_\kappa(l) J_4(l\phi) \,. \tag{7.70}$$

Misurando ξ_+ e ξ_-, possiamo così vincolare lo spettro di potenza $P_\kappa(l)$.

Si noti che la relazione di ortonormalità delle funzioni di Bessel implica:

$$P_\kappa(l) = 2\pi \int_0^\infty \mathrm{d}\phi\,\phi\,\xi_+(\phi) J_0(l\phi) = 2\pi \int_0^\infty \mathrm{d}\phi\,\phi\,\xi_-(\phi) J_4(l\phi) \,, \tag{7.71}$$

ossia possiamo esprimere lo spettro di potenza in termini delle funzioni di correlazione osservabili.

Tuttavia, queste equazioni non possono essere applicate direttamente per misurare $P_\kappa(l)$, poiché richiederebbero la conoscenza delle funzioni di correlazione per ogni valore dell'angolo ϕ. Questo non è possibile a causa della risoluzione spaziale limitata nelle misure dello shear e del campo visivo finito delle osservazioni. Di conseguenza, le funzioni di correlazione possono essere misurate solo in un intervallo ristretto di separazioni angolari.

Le funzioni di correlazione $\xi_{\pm}(\phi)$, calcolate per gli stessi modelli cosmologici e distribuzioni di redshift delle sorgenti utilizzati nel pannello A della Fig. 7.1, sono mostrate nel pannello B della stessa figura.

7.2.2   *Shear in apertura e massa in apertura*

Una descrizione alternativa delle statistiche di secondo ordine dello shear è fornita dalla dispersione dello shear e dalla massa in apertura.

Lo shear medio all'interno di un'apertura circolare di raggio θ è definito come:

$$\gamma_{\mathrm{av}}(\theta) = \int_0^\theta \frac{\mathrm{d}^2\Theta}{\pi\Theta^2} \gamma(\vec{\Theta}) \,. \tag{7.72}$$

La sua dispersione è legata alla funzione di correlazione della convergenza e, di conseguenza, allo spettro di potenza della convergenza:

$$
\begin{aligned}
\langle |\gamma_{\mathrm{av}}|^2\rangle(\theta) &= \left\langle \int_0^\theta \frac{\mathrm{d}^2\Theta}{\pi\Theta^2}\int_0^\theta \frac{\mathrm{d}^2\Theta'}{\pi\Theta'^2}[\gamma_1(\vec\Theta)\gamma_1(\vec\Theta') + \gamma_2(\vec\Theta)\gamma_2(\vec\Theta')]\right\rangle \\
&= \int_0^\theta \frac{\mathrm{d}^2\Theta}{\pi\Theta^2}\int_0^\theta \frac{\mathrm{d}^2\Theta'}{\pi\Theta'^2}\xi_\kappa(|\vec\Theta' - \vec\Theta|) \\
&= \int_0^\theta \frac{\mathrm{d}^2\Theta}{\pi\Theta^2}\int_0^\theta \frac{\mathrm{d}^2\Theta'}{\pi\Theta'^2}\int \frac{\mathrm{d}^2l}{(2\pi)^2}P_\kappa(l)\exp[-i\vec l(\vec\Theta - \vec\Theta')] \\
&= 4\pi^2 \int \frac{l\,\mathrm{d}l}{2\pi}P_\kappa(l)\left[\frac{J_1(l\theta)}{\pi l\theta}\right]^2 \\
&= \frac{1}{2\pi}\int l\,\mathrm{d}l\,P_\kappa(l)W_{\mathrm{TH}}(l\theta)\,,
\end{aligned}
\tag{7.73}
$$

dove

$$
W_{\mathrm{TH}}(x) = \frac{4J_1^2(x)}{x^2}
\tag{7.74}
$$

è una funzione filtro a top-hat[2].

La massa in apertura è una misura integrale della convergenza efficace all'interno di un'apertura circolare:

$$
M_{\mathrm{ap}}(\theta) = \int \mathrm{d}^2\Theta\, U(\vec\Theta)\kappa_{\mathrm{eff}}(\vec\Theta)\,.
\tag{7.75}
$$

Se la funzione peso $U(\Theta)$ soddisfa la condizione

$$
\int_0^\theta \Theta\mathrm{d}\Theta\, U(\Theta) = 0\,,
\tag{7.76}
$$

la massa in apertura può essere riscritta in termini dello shear tangenziale:

$$
M_{\mathrm{ap}}(\theta) = \int \mathrm{d}^2\Theta\, Q(\Theta)\gamma_t(\vec\Theta)\,,
\tag{7.77}
$$

dove γ_t è la componente tangenziale dello shear rispetto al centro dell'apertura, e la funzione Q è legata a U dalla relazione:

$$
Q(x) = \frac{2}{x^2}\int_0^x \mathrm{d}x'x'U(x') - U(x)\,.
\tag{7.78}
$$

---

[2] Nell'Eq. 7.73, abbiamo utilizzato $\int_0^1 x\mathrm{d}x J_0(ax) = \frac{1}{a}J_1(a)$.

Una scelta comune (sebbene non obbligatoria) per la funzione peso è:

$$U(\Theta) = \frac{9}{\pi \Theta^2}(1 - x^2)\left(\frac{1}{3} - x^2\right),\qquad(7.79)$$

con $x \equiv \theta/\Theta$. Questa scelta implica che la funzione $Q(\Theta)$ assume la forma:

$$Q(\Theta) = \frac{6}{\pi \Theta^2} x^2 (1 - x^2).\qquad(7.80)$$

Con questa definizione, la varianza della massa in apertura è:

$$\begin{aligned}
\langle M_{\mathrm{ap}}^2(\theta)\rangle &= \left\langle \int_0^\theta \mathrm{d}^2\Theta \int_0^\theta \mathrm{d}^2\Theta' U(\Theta) U(\Theta') \kappa_{\mathrm{eff}}(\vec{\Theta}) \kappa_{\mathrm{eff}}(\vec{\Theta}') \right\rangle \\
&= \int \mathrm{d}^2\Theta \int \mathrm{d}^2\Theta' U(\Theta) U(\Theta') \xi_\kappa(|\vec{\Theta}' - \vec{\Theta}|) \\
&= \int \mathrm{d}^2\Theta \int \mathrm{d}^2\Theta' U(\Theta) U(\Theta') \int \frac{\mathrm{d}^2 l}{(2\pi)^2} P_\kappa(l) \exp[-i\vec{l}(\vec{\Theta} - \vec{\Theta}')] \\
&= 4 \int \frac{l\,\mathrm{d}l}{2\pi} P_\kappa(l) J^2(l\theta),
\end{aligned}\qquad(7.81)$$

dove

$$J(l\theta) \equiv \frac{12}{(l\theta)^2} J_4(l\theta).\qquad(7.82)$$

Le statistiche di shear in apertura e massa in apertura sono strumenti utili per la caratterizzazione delle strutture cosmiche a grande scala. In particolare, la varianza della massa in apertura è sensibile alla distribuzione della materia oscura e fornisce vincoli diretti sui parametri cosmologici.

Esempi di $\langle |\gamma_{\mathrm{av}}|^2\rangle(\theta)$ e $\langle M_{\mathrm{ap}}^2\rangle(\theta)$, calcolati per diversi modelli cosmologici e distribuzioni di redshift delle sorgenti, sono mostrati nei pannelli C e D della Fig. 7.1.

7.2.3 Modi E e B

Come discusso in precedenza, lo shear è legato alla convergenza tramite una convoluzione (cfr. Sez. 6.2.5). Ciò implica che le componenti dello shear derivano da un unico campo scalare, κ, e quindi non sono indipendenti. Di conseguenza, non tutte le combinazioni di γ_1 e γ_2 sono consentite. Ad esempio, un eccesso di massa può generare solo allineamenti dello shear di tipo tangenziale o radiale, mentre non può produrre distorsioni con orientazioni arbitrarie. Le componenti dello shear che rispettano queste condizioni fisiche sono chiamate *modi E*, mentre le componenti non consentite sono dette *modi B*.

I modi E e B possono essere separati utilizzando misure in apertura. Ad esempio, la varianza della massa in apertura, $\langle M_{\rm ap}^2\rangle(\theta)$, è sensibile esclusivamente ai modi E. Si può definire una quantità analoga per i modi B:

$$M_\perp(\theta) = \int \mathrm{d}^2\Theta\, Q(\Theta)\gamma_\times(\vec{\Theta})\,, \tag{7.83}$$

la cui varianza, $\langle M_\perp^2\rangle(\theta)$, è sensibile unicamente ai modi B. In presenza di un segnale puramente E-mode, ci si aspetta che $M_\perp = 0$.

In generale, il campo di shear osservato non è costituito esclusivamente da modi E. I modi B possono emergere per diversi motivi, tra cui:

- Rumore strumentale o errori sistematici nelle misure.
- Approssimazione di Born, utilizzata nella derivazione delle equazioni, che potrebbe non essere rigorosamente valida (Jain et al. 2000).
- Clustering delle galassie, che può introdurre correlazioni spurie nello shear osservato (Schneider et al. 2002b).
- Le interazioni mareali tra le galassie durante la formazione delle strutture cosmiche possono indurre correlazioni tra le loro ellitticità, generando un segnale spurio di shear gravitazionale (vedi, ad esempio, Crittenden et al. 2001; Troxel e Ishak 2015).

Pertanto, la rilevazione di un segnale B-mode è un indicatore della presenza di contaminazioni sistematiche nei dati.

Possiamo descrivere i modi E e B introducendo due potenziali distinti, Ψ^E e Ψ^B, e definire il potenziale complesso:

$$\Psi(\vec{\theta}) = \Psi^E(\vec{\theta}) + i\,\Psi^B(\vec{\theta})\,. \tag{7.84}$$

Da questo potenziale, possiamo definire la convergenza complessa:

$$\kappa(\vec{\theta}) = \kappa^E(\vec{\theta}) + i\kappa^B(\vec{\theta})\,, \tag{7.85}$$

e lo shear complesso:

$$\gamma(\vec{\theta}) = \left[\frac{1}{2}(\Psi_{11}^E - \Psi_{22}^E) - \Psi_{12}^B\right] + i\left[\Psi_{12}^E + \frac{1}{2}(\Psi_{11}^B - \Psi_{22}^B)\right]\,. \tag{7.86}$$

Gli spettri di potenza delle componenti E e B della convergenza sono definiti come:

$$\langle\hat{\kappa}^E(\vec{l})\hat{\kappa}^{E*}(\vec{l})\rangle = (2\pi)^2\delta_D(\vec{l}-\vec{l}')P_E(l)\,, \tag{7.87}$$

$$\langle\hat{\kappa}^B(\vec{l})\hat{\kappa}^{B*}(\vec{l})\rangle = (2\pi)^2\delta_D(\vec{l}-\vec{l}')P_B(l)\,. \tag{7.88}$$

Infine, dall'Eq. 7.81, otteniamo:

$$\langle M_{\mathrm{ap}}^2 \rangle(\theta) = 4 \int \frac{l\,\mathrm{d}l}{2\pi} P_E(l)\,J^2(l\theta)\,, \tag{7.89}$$

e

$$\langle M_\perp^2 \rangle(\theta) = 4 \int \frac{l\,\mathrm{d}l}{2\pi} P_B(l)\,J^2(l\theta)\,. \tag{7.90}$$

7.2.4   *Shear cosmico come strumento per la cosmologia*

L'Eq. 7.48 ha implicazioni fondamentali. Essa mostra che lo spettro di potenza della convergenza (come, più in generale, tutte le statistiche di secondo ordine definite in precedenza) dipende in modo significativo dai parametri cosmologici. In particolare:

- È sensibile alla crescita delle strutture cosmiche, descritta dallo spettro di potenza del contrasto di densità.
- È proporzionale al quadrato della densità di materia, $\Omega_{m,0}$.
- Dipende dalla geometria dell'universo, attraverso i termini di distanza comovente che compaiono nel fattore $f_K(w')\,f_K(w - w')/f_K(w)$.

Questa dipendenza spiega perché, dopo la sua prima rilevazione nei primi anni 2000 (Bacon et al. 2000; Van Waerbeke et al. 2000; Wittman et al. 2000), lo *shear cosmico*, ovvero il lensing gravitazionale indotto dalla struttura a grande scala dell'universo, è diventato uno degli strumenti più importanti per lo studio della cosmologia. Esperimenti come il *Dark Energy Survey* (DES; Abbott et al. 2020), il *Kilo-Degree Survey* (KiDS; de Jong et al. 2017) e il *Hyper-Suprime-Cam Subaru Strategic Program* (HSC-SSP; Aihara et al. 2018) stanno misurando il shear cosmico su migliaia di gradi quadrati di cielo. Nei prossimi anni, queste misurazioni saranno estese a quasi l'intero cielo grazie ai dati provenienti dal *Vera Rubin Observatory* (*The Legacy Survey of Space and Time* LSST; Ivezić et al. 2019) e dalle missioni spaziali *Euclid* (Laureijs et al. 2011) e *Nancy Grace Roman Space Telescope* (Akeson et al. 2019).

L'influenza dei parametri cosmologici e del redshift delle sorgenti sullo spettro di potenza della convergenza efficace e sulle statistiche di secondo ordine è illustrata nei quattro pannelli della Fig. 7.1. Le linee solide rappresentano il modello di riferimento, un universo piatto ΛCDM con $\Omega_{m,0} = 0.3$ e $\sigma_8 = 0.8$, e con sorgenti poste a redshift $z_S = 1$. Le altre curve mostrano come i risultati variano aumentando σ_8 e il redshift delle sorgenti (linee tratteggiate e tratto-punto, rispettivamente) oppure riducendo $\Omega_{m,0}$. Come si osserva, lo spettro di potenza della convergenza efficace aumenta con σ_8, $\Omega_{m,0}$ e z_s, così come le statistiche di secondo ordine $\xi_\pm$, $\langle |\gamma_{\mathrm{av}}| \rangle$ e M_{ap}^2.

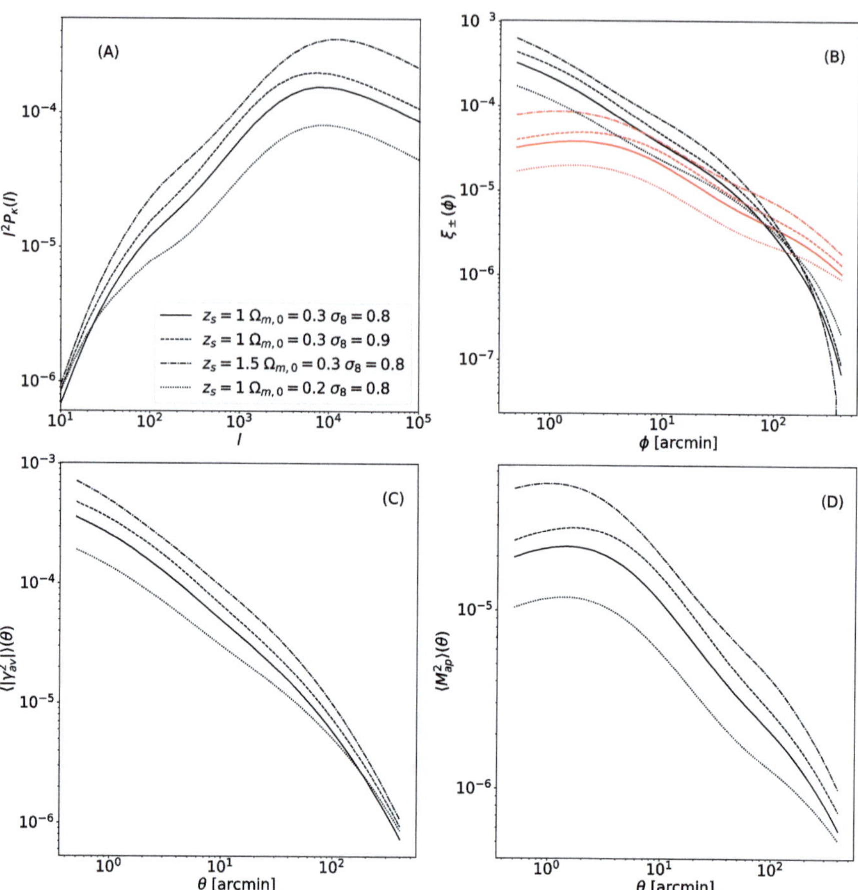

Figura 7.1 **Pannello A**: Spettri di potenza della convergenza efficace. **Pannello B**: Funzioni di correlazione dello shear, $\xi_+(\phi)$ e $\xi_-(\phi)$ (curve nera e rossa, rispettivamente). **Pannello C**: Varianza dello shear in aperture di diverse dimensioni. **Pannello D**: Varianza della massa in apertura per diverse scale angolari. In ciascun pannello sono mostrate le curve corrispondenti a modelli cosmologici con parametri differenti. Le linee solide rappresentano il modello di riferimento: un universo piatto ΛCDM con $\Omega_{m,0} = 0.3$ e $\sigma_8 = 0.8$, con sorgenti situate su un piano a $z_S = 1$. Le linee tratteggiate indicano il caso con $\sigma_8 = 0.9$, mentre le linee punteggiate rappresentano un modello con $\Omega_{m,0} = 0.2$. Infine, le linee tratto-punto mostrano come i risultati cambiano se il redshift delle sorgenti aumenta fino a 1.5

I parametri cosmologici possono essere stimati nel modo seguente. Supponiamo di aver misurato le funzioni di correlazione dello shear (o un'altra statistica di secondo ordine) in n intervalli angolari. Queste misurazioni costituiscono il nostro vettore dei dati, $\vec{\xi}_{obs}$. Definiamo la funzione di verosimiglianza dei dati, dato un insieme di parametri cosmologici $\vec{p}$, come $\mathcal{L}(\vec{\xi}_{obs}|\vec{p})$.

Se assumiamo che la funzione di verosimiglianza segua una distribuzione gaussiana multivariata nello spazio dei parametri, essa è espressa dalla relazione:

$$\mathcal{L}(\vec{\xi}_{obs}|\vec{p}) = \frac{1}{(2\pi)^{n/2}|\mathbf{S}|^{1/2}} \exp\left[-\frac{1}{2}(\vec{\xi}_{obs} - \vec{\xi}_{model})^T \mathbf{S}^{-1}(\vec{\xi}_{obs} - \vec{\xi}_{model})\right], \quad (7.91)$$

dove:

- $\vec{\xi}_{model}$ è il vettore delle previsioni teoriche per la funzione di correlazione dello shear, calcolato per gli stessi intervalli angolari e per un dato insieme di parametri cosmologici $\vec{p}$;
- $\mathbf{S}$ è la matrice di covarianza, che quantifica le incertezze e le correlazioni tra le misurazioni, ed è definita come:

$$\mathbf{S} = \langle (\vec{\xi}_{obs} - \langle \vec{\xi}_{obs}\rangle)(\vec{\xi}_{obs} - \langle \vec{\xi}_{obs}\rangle)^T \rangle. \quad (7.92)$$

La media è calcolata su più realizzazioni della survey di shear cosmico, ottenute tramite simulazioni numeriche o modelli analitici. Questa funzione di verosimiglianza viene quindi utilizzata per vincolare i parametri cosmologici, massimizzando $\mathcal{L}(\vec{\xi}_{obs}|\vec{p})$ all'interno di un framework di inferenza statistica.

7.2.5 *Tomografia del lensing e sfide nella stima dei parametri cosmologici*

È fondamentale notare che il segnale di shear dipende dalla distribuzione in redshift (o distanza) delle sorgenti, descritta dalla funzione $G(w)$. Se dividiamo le sorgenti in due gruppi, separando quelle più vicine da quelle più lontane di una certa distanza comovente, il primo gruppo sarà influenzato solo dalle strutture cosmiche più prossime, mentre il secondo gruppo subirà distorsioni anche da distribuzioni di materia più distanti. Misurando il segnale di lensing in diversi intervalli di redshift, possiamo quindi tracciare l'evoluzione della crescita delle strutture cosmiche. Questa metodologia, nota come *tomografia del lensing* (Hu 1999), è particolarmente utile per vincolare l'energia oscura, il cui effetto è quello di accelerare l'espansione dell'universo e, di conseguenza, sopprimere la crescita delle strutture cosmiche a redshift più bassi.

L'estrazione dei parametri cosmologici dal segnale di lensing gravitazionale presenta diverse difficoltà:

1. Bassa ampiezza del segnale: il shear cosmico è un effetto estremamente debole, con un'ampiezza tipicamente dell'ordine di ~ 0.01.
2. Degenerazione tra i parametri cosmologici: diverse combinazioni di parametri possono produrre segnali simili, rendendo necessaria un'accurata modellizzazione teorica.

3. Effetti sistematici nelle misurazioni: errori nella stima della forma delle galassie, allineamenti intrinseci e altre contaminazioni devono essere adeguatamente
   corretti per evitare distorsioni nei risultati (Hildebrandt et al. 2017; Troxel et al.
   2018).
4. Calcolo dello spettro di potenza della convergenza: per confrontare i dati osservativi con le previsioni teoriche, è necessaria una conoscenza estremamente
   precisa dello spettro di potenza del contrasto di densità P_δ. Tuttavia, non esistono metodi analitici che descrivano in modo esatto l'evoluzione non lineare di P_δ,
   che deve quindi essere stimata empiricamente attraverso simulazioni numeriche.
   Sebbene siano state proposte diverse formule di fitting (Peacock 1996; Smith et
   al. 2003; Takahashi et al. 2012), la loro accuratezza è limitata.

Un altro aspetto cruciale è la stima dell'inversa della matrice di covarianza $\mathbf{S}^{-1}$,
necessaria per determinare gli errori sui parametri cosmologici. Questa può essere
calcolata con tre approcci principali:

1. Simulazioni numeriche: valutare $\mathbf{S}$ attraverso un ampio set di simulazioni cosmologiche ad alta risoluzione (vedi, ad esempio, Harnois-Déraps et al. 2018).
2. Analisi diretta dei dati: stimare $\mathbf{S}$ suddividendo l'area del survey in sotto-regioni
   indipendenti (Norberg et al. 2009; Friedrich et al. 2016).
3. Modellizzazione analitica: derivare $\mathbf{S}$ utilizzando metodi teorici e metodi analitici (Schneider et al. 2002a; Joachimi et al. 2008; Takada e Jain 2009; Krause e
   Eifler 2017).

Ognuno di questi metodi presenta vantaggi e svantaggi. Le analisi più recenti del
shear cosmico tendono a preferire il metodo analitico per il calcolo della matrice
di covarianza, grazie al suo ridotto costo computazionale e all'assenza di rumore
numerico (Krause et al. 2017; Hildebrandt et al. 2017; Barreira et al. 2018; Troxel
et al. 2018). Tuttavia, la sua accuratezza non è ancora del tutto consolidata: confronti
con l'approccio basato su simulazioni numeriche mostrano discrepanze fino a 0.5σ
nella stima dei parametri cosmologici.

7.3 Lensing gravitazionale della Radiazione Cosmica di Fondo

Per concludere questo capitolo, esaminiamo gli effetti del lensing gravitazionale
prodotto dalla struttura a grande scala sulla Radiazione Cosmica di Fondo (CMB).
   La CMB è una radiazione fossile osservabile in tutte le direzioni, caratterizzata
da uno spettro di corpo nero quasi perfetto con una temperatura di circa 2,7 Kelvin.
Secondo la teoria del Big Bang, nelle prime fasi dell'universo la temperatura era
estremamente elevata, e materia e radiazione si trovavano in equilibrio termico. In
queste condizioni, la materia ordinaria era completamente ionizzata e i fotoni venivano diffusi in modo estremamente efficiente tramite scattering Thomson. Quando
l'universo raggiunse un redshift di $z \approx 1100$, la temperatura scese a circa 3000 Kelvin, permettendo ai protoni e agli elettroni di ricombinarsi e formare atomi neutri

di idrogeno. Questo processo, noto come *ricombinazione*, segnò il momento in cui i fotoni cessarono di essere diffusi e iniziarono a propagarsi liberamente nello spazio. L'espansione dell'universo ha poi redshiftato questa radiazione verso lunghezze d'onda maggiori, rendendola osservabile oggi come radiazione cosmica di fondo.

Le osservazioni mostrano che la temperatura della CMB non è perfettamente uniforme, ma presenta anisotropie dell'ordine di $\mathcal{O}(10^{-5})$. Queste anisotropie derivano dalle oscillazioni acustiche nel fluido primordiale di barioni e fotoni, che rimangono impresse sulla superficie di ultimo scattering. Tali fluttuazioni possono essere modellizzate e previste con grande accuratezza utilizzando la teoria delle perturbazioni lineari.

Durante la ricombinazione, la diffusione Thomson dei fotoni dovrebbe generare una polarizzazione nella radiazione della CMB. Si prevede che questa polarizzazione sia di tipo lineare, con un grado direttamente proporzionale all'anisotropia quadrupolare dei fotoni sulla superficie di ultimo scattering.

Lo spettro di potenza delle fluttuazioni di temperatura della CMB e le sue proprietà di polarizzazione forniscono vincoli fondamentali sui parametri cosmologici e sulla formazione della struttura a grande scala dell'universo. Nelle sezioni seguenti mostreremo come il lensing gravitazionale influenzi sia le fluttuazioni di temperatura della CMB sia la sua polarizzazione.

7.3.1 Lensing della temperatura della CMB

Rispetto agli effetti di lensing analizzati nella prima parte di questo capitolo, la CMB può essere considerata come una sorgente unica che copre l'intero cielo al redshift della superficie di ultimo scattering.

Definiamo la fluttuazione relativa di temperatura $\tau(\vec{\theta})$ come:

$$\tau(\vec{\theta}) = \frac{T(\vec{\theta}) - \overline{T}}{\overline{T}} = \frac{\Delta T}{\overline{T}} . \tag{7.93}$$

Il lensing gravitazionale altera la direzione apparente delle fluttuazioni di temperatura della CMB. In particolare, la fluttuazione osservata τ_{obs} in una direzione $\vec{\theta}$ corrisponde alla fluttuazione intrinseca τ nella direzione $\vec{\theta} - \vec{\alpha}(\vec{\theta})$, dove $\vec{\alpha}(\vec{\theta})$ è l'angolo di deflessione:

$$\tau_{obs}(\vec{\theta}) = \tau[\vec{\theta} - \vec{\alpha}(\vec{\theta})] . \tag{7.94}$$

La Fig. 7.2 illustra questo effetto mostrando una porzione della mappa di temperatura della CMB. Il pannello di sinistra rappresenta la mappa senza lensing, caratterizzata da fluttuazioni di temperatura con un gradiente naturale. Il pannello di destra mostra invece la stessa mappa dopo il lensing gravitazionale, dove l'influenza di una sovradensità di massa ha distorto la distribuzione apparente delle fluttuazioni. È importante notare che il lensing non altera la temperatura della CMB, ma solo

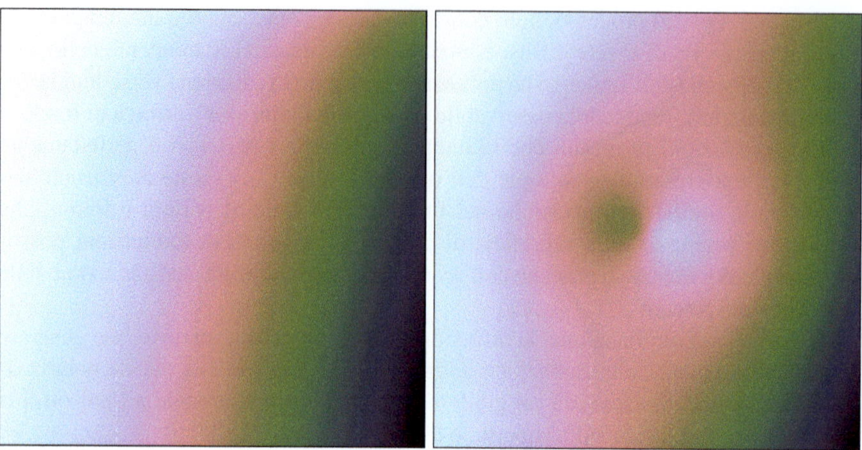

Figura 7.2 Simulazione degli effetti del lensing prodotto da una sovradensità di massa sulla temperatura della CMB. Il pannello di sinistra mostra una mappa simulata della temperatura della CMB senza lensing, con regioni più fredde in blu e più calde in bianco. Il pannello di destra mostra la stessa mappa dopo il lensing, dove la distribuzione delle fluttuazioni è distorta dalla presenza di una sovradensità. Il lensing non modifica la temperatura assoluta (la scala dei colori è la stessa in entrambe le immagini), ma altera la direzione apparente delle fluttuazioni

la direzione apparente delle fluttuazioni. Se la CMB fosse perfettamente uniforme, l'effetto non sarebbe osservabile.

Il nostro obiettivo è determinare come il lensing influenzi le proprietà statistiche della temperatura della CMB, in particolare il suo spettro di potenza. Per questo, utilizziamo l'approssimazione del cielo piatto per calcolare come il lensing gravitazionale modifica lo spettro di potenza delle fluttuazioni di temperatura della CMB.

Osservazione 7.1 I calcoli vengono effettuati nell'approssimazione del cielo piatto, valida per regioni del cielo limitate ($\theta \lesssim 60°$), dove le trasformate di Fourier possono sostituire l'analisi in armoniche sferiche. Per una trattazione più generale nel cielo curvo, si rimanda alla review sul lensing della CMB di Lewis e Challinor (2006).

Poiché la temperatura della CMB varia su scale molto più grandi rispetto alle variazioni dell'angolo di deflessione, possiamo espandere in serie di Taylor l'Eq. 7.94:

$$\tau_{obs}(\vec{\theta}) \simeq \tau(\vec{\theta}) - \vec{\alpha}(\vec{\theta}) \cdot \vec{\nabla}\tau(\vec{\theta}) + \frac{1}{2}\frac{\partial \tau(\vec{\theta})}{\partial \theta_i \partial \theta_j}\alpha_i \alpha_j \qquad (7.95)$$

Poiché il nostro obiettivo è calcolare lo spettro di potenza di τ_{obs}, prendiamo la trasformata di Fourier dell'Eq. 7.95. Dato che l'angolo di deflessione è legato al potenziale del lensing Ψ dalla relazione $\vec{\alpha}(\vec{\theta}) = \vec{\nabla}\Psi(\vec{\theta})$, la sua trasformata di

Fourier è:

$$\vec{\alpha}(\vec{\theta}) = \int \frac{\mathrm{d}^2 l}{(2\pi)^2} [i\vec{l}\,\hat{\Psi}(\vec{l})] \exp\left(i\vec{l}\cdot\vec{\theta}\right) . \tag{7.96}$$

Analogamente, il gradiente della fluttuazione di temperatura può essere scritto in termini della sua trasformata di Fourier:

$$\vec{\nabla}\tau(\vec{\theta}) = \int \frac{\mathrm{d}^2 l}{(2\pi)^2} [i\vec{l}\,\hat{\tau}(\vec{l})] \exp\left(i\vec{l}\cdot\vec{\theta}\right) . \tag{7.97}$$

Sostituendo questi risultati, il secondo termine dell'Eq. 7.95 diventa:

$$-\vec{\alpha}(\vec{\theta}) \cdot \vec{\nabla}\tau(\vec{\theta}) = \int \frac{\mathrm{d}^2 l_1}{(2\pi)^2} \int \frac{\mathrm{d}^2 l_2}{(2\pi)^2} \vec{l}_1 \cdot \vec{l}_2 \hat{\Psi}(\vec{l}_1)\hat{\tau}(\vec{l}_2) \exp\left[i(\vec{l}_1 + \vec{l}_2)\cdot\vec{\theta}\right] . \tag{7.98}$$

Seguendo lo stesso procedimento per il termine di secondo ordine, otteniamo l'espressione finale per la trasformata di Fourier di τ_{obs}:

$$\hat{\tau}_{obs}(\vec{l}) = \hat{\tau}(\vec{l}) + \hat{T}_1(\vec{l}) + \hat{T}_2(\vec{l}) . \tag{7.99}$$

Lo spettro di potenza della fluttuazione di temperatura osservata segue direttamente dall'Eq. 7.99:

$$\langle \hat{\tau}_{obs}(\vec{l})\hat{\tau}_{obs}(\vec{l}')\rangle = (2\pi)^2 \delta_D(\vec{l} - \vec{l}') P_{\tau_{obs}}(l) . \tag{7.100}$$

Considerando solo i termini di primo ordine in P_Ψ, otteniamo:

$$P_{\tau_{obs}}(l) = P_\tau(l)(1 - l^2 R_\Psi) + \int \frac{\mathrm{d}^2 l_1}{(2\pi)^2} [\vec{l}_1 \cdot (\vec{l} - \vec{l}_1)]^2 P_\Psi(l_1) P_\tau(|\vec{l} - \vec{l}_1|) , \tag{7.101}$$

dove

$$R_\Psi = \frac{1}{4\pi} \int l_1^3 \mathrm{d}l_1 \, P_\Psi(l_1) . \tag{7.102}$$

Il lensing gravitazionale altera lo spettro di potenza della temperatura della CMB in tre modi principali:

1. Riduce l'ampiezza dei picchi acustici.
2. Allarga la loro forma.
3. Trasferisce potenza dalle grandi alle piccole scale angolari (multipoli elevati).

7.3.2 *Lensing della polarizzazione della CMB*

Poiché lo scattering Thomson non genera polarizzazione circolare, la polarizzazione della CMB può essere descritta come un campo tensoriale simmetrico, senza traccia e di rango 2. Le componenti osservabili di questo campo, in un dato sistema di coordinate, sono i parametri di Stokes Q e U:

$$\mathcal{P} = \frac{1}{2}\begin{pmatrix} Q & U \\ U & -Q \end{pmatrix} \tag{7.103}$$

Un modo utile per rappresentare la polarizzazione è attraverso la sua forma complessa:

$$\mathcal{P}_\pm = Q \pm iU \ . \tag{7.104}$$

Qualsiasi distribuzione di polarizzazione può essere scomposta in due modi: una componente "elettrica" ($\mathcal{E}$), che conserva la parità, e una componente "magnetica" ($\mathcal{B}$), che la inverte. Nell'approssimazione del cielo piatto, questa decomposizione nello spazio di Fourier è espressa da:

$$\hat{\mathcal{E}} \pm i\hat{\mathcal{B}} = \exp\left(\pm 2i\varphi\right)(\hat{Q} \pm i\hat{U}) \ . \tag{7.105}$$

Nel caso senza lensing, poiché la polarizzazione della CMB alla superficie di ultimo scattering è prevista essere puramente di tipo E-mode (eccetto per eventuali contributi da onde gravitazionali primordiali), si ha:

$$\hat{Q} \pm i\hat{U} = \exp\left(\mp 2i\varphi\right)\hat{\mathcal{E}} \ . \tag{7.106}$$

Queste quantità consentono di calcolare gli spettri di potenza della polarizzazione:

$$\langle(\hat{\mathcal{E}} + i\hat{\mathcal{B}})(\hat{\mathcal{E}} + i\hat{\mathcal{B}})\rangle = P_E(l) + P_B(l) \ , \tag{7.107}$$

e

$$\langle(\hat{\mathcal{E}} + i\hat{\mathcal{B}})(\hat{\mathcal{E}} - i\hat{\mathcal{B}})\rangle = P_E(l) - P_B(l) \ . \tag{7.108}$$

Gli spettri di potenza della polarizzazione E-mode e B-mode con lensing sono mostrati nei pannelli inferiori della Fig. 7.3, dove vengono confrontati con quelli della polarizzazione senza lensing. L'effetto del lensing sulla forma dello spettro di potenza della polarizzazione E-mode è simile a quello osservato nello spettro delle fluttuazioni di temperatura.

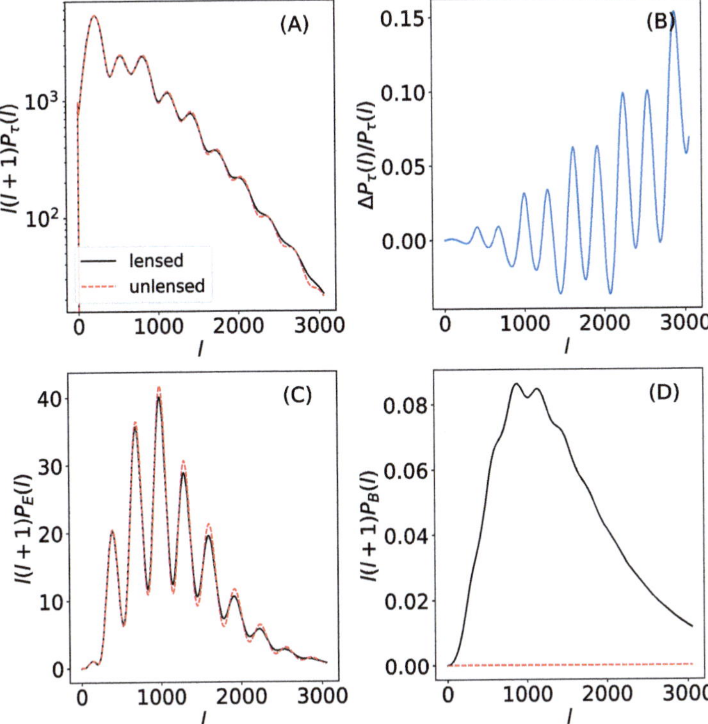

Figura 7.3 Pannello A: Le curve continua nera e tratteggiata rossa mostrano rispettivamente gli spettri di potenza lensed e unlensed delle fluttuazioni di temperatura della CMB. Pannello B: La curva blu continua rappresenta la differenza relativa tra gli spettri lensed e unlensed del Pannello A. Pannello C: Stesso confronto del Pannello A, ma per gli spettri di potenza della polarizzazione E-mode. Pannello D: Stesso confronto del Pannello C, ma per gli spettri di potenza della polarizzazione B-mode

7.3.3   Ricostruzione del potenziale del lensing

Una sovradensità di massa imprime un pattern caratteristico nelle fluttuazioni di temperatura della CMB (vedi Fig. 7.2). Questo pattern può essere utilizzato per rilevare la presenza della sovradensità stessa. L'idea di base è che, a causa del lensing gravitazionale, la distribuzione osservata della temperatura attorno alla sovradensità non sarà isotropa, come invece accadrebbe se la CMB non fosse affetta da lensing. Invece, le correlazioni tra le anisotropie di temperatura forniscono informazioni sul potenziale del lensing della sovradensità, consentendone la ricostruzione.

Uno dei metodi più efficaci per ricostruire il potenziale del lensing è l'uso di uno *stimatore quadratico* del campo di temperatura (Hu 2001). Come discusso nelle sezioni precedenti, il lensing gravitazionale mescola le componenti di Fourier della CMB, introducendo correlazioni tra modi che in origine erano indipendenti, come $\hat{\tau}(\vec{l})$ e $\hat{\tau}(\vec{l} - \vec{L})$. Considerando solo i termini del primo ordine in $\hat{\Psi}$ nell'Eq. 7.99, otteniamo:

$$\hat{\tau}_{obs}(\vec{l}) = \hat{\tau}(\vec{l}) + \int \frac{d^2 l_1}{(2\pi)^2} \vec{l}_1 \cdot (\vec{l} - \vec{l}_1) \hat{\Psi}(\vec{l}_1) \hat{\tau}(\vec{l} - \vec{l}_1) \ . \tag{7.109}$$

Di conseguenza, la correlazione tra i modi osservati è data da:

$$\langle \hat{\tau}_{obs}(\vec{l}) \hat{\tau}^*_{obs}(\vec{l} - \vec{L}) \rangle = (2\pi)^2 \delta_D(\vec{L}) P_\tau(l)$$
$$- \left[\vec{L} \cdot (\vec{L} - \vec{l}) P_\tau(|\vec{l} - \vec{L}|) + \vec{L} \cdot \vec{l} P_\tau(l) \right] \hat{\Psi}(\vec{L}) \ . \tag{7.110}$$

Definiamo ora un filtro $w(\vec{l}, \vec{L})$ tale che:

$$N(\vec{L}) \int \frac{d^2 l}{(2\pi)^2} \left[\hat{\tau}_{obs}(\vec{l}) \hat{\tau}^*_{obs}(\vec{l} - \vec{L}) \right] w(\vec{l}, \vec{L}) = \hat{\Psi}_{est}(\vec{L}) \ . \tag{7.111}$$

Il termine a destra dell'equazione rappresenta la stima della trasformata di Fourier del potenziale del lensing. Affinché lo stimatore sia corretto, imponiamo la condizione di non distorsione:

$$\langle \hat{\Psi}_{est} \rangle = \hat{\Psi} \ . \tag{7.112}$$

L'applicazione di questo filtro al campo di temperatura al quadrato fornisce quindi una stima non distorta del potenziale del lensing. Tuttavia, è importante sottolineare che questo stimatore è valido solo al primo ordine nel potenziale del lensing. Esso può essere affetto da un bias dovuto alla presenza di contributi di ordine superiore. Inoltre, questo è solo uno dei metodi disponibili per ricostruire $\hat{\Psi}$ dalla CMB (Lewis e Challinor 2006). Stimatori quadratici possono essere costruiti anche per la polarizzazione della CMB (Hu e Okamoto 2002).

7.4 Applicazioni in Python

7.4.1 Shear efficace e potenziale del lensing

Consideriamo una mappa della convergenza efficace ottenuta mediante *ray tracing* attraverso la distribuzione di materia in una simulazione cosmologica. Nello specifico, la mappa utilizzata in questi esempi è stata generata con il codice MAPSIM (Giocoli et al. 2015), effettuando un *ray tracing* attraverso 32 piani di lente estratti da una simulazione N-body rappresentativa di un universo piatto con parametri cosmologici $\Omega_{m,0} = 0.32$, $\Omega_{b,0} = 0.049$, $\sigma_8 = 0.83$, $n_s = 0.96$, e $H_0 = 67$ km s^{-1} Mpc^{-1}. La stessa simulazione è stata analizzata da Hilbert et al. (2020) per testare l'accuratezza di diversi codici di simulazione del lensing debole, incluso MAPSIM. La mappa della convergenza efficace è calcolata per sorgenti a redshift $z_s = 1$ e copre un'area di 10 gradi per lato. La mappa è mostrata nel pannello in alto a sinistra della Fig. 7.4.

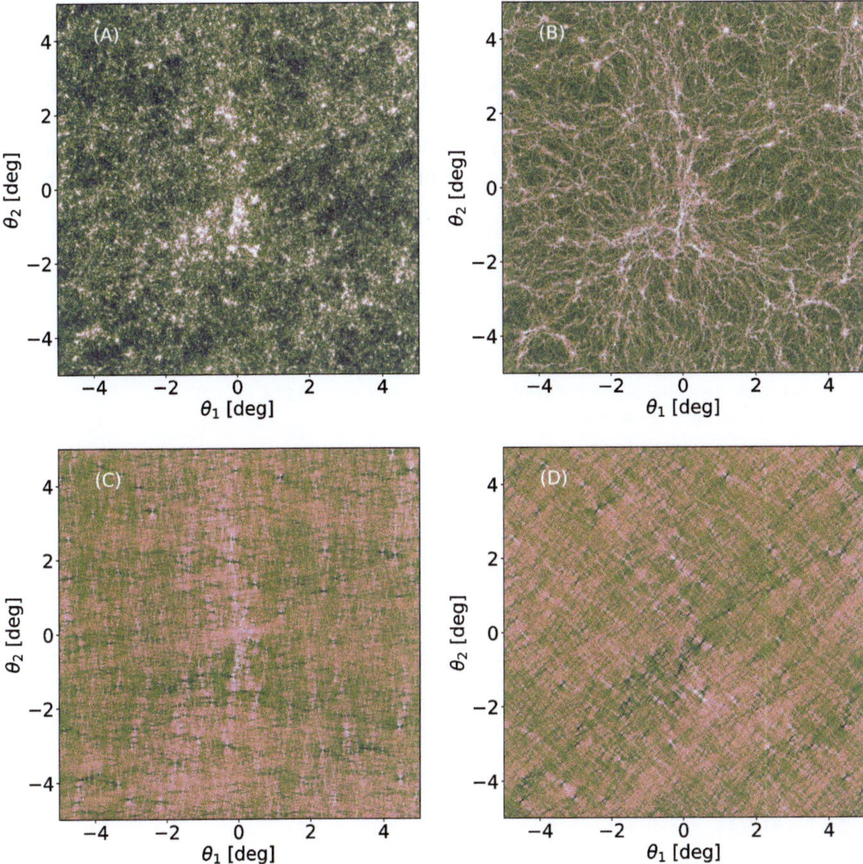

Figura 7.4 Pannello A: mappa della convergenza efficace. Pannello B: modulo dello shear $\gamma = \sqrt{\gamma_1^2 + \gamma_2^2}$. Pannelli C e D: componenti dello shear γ_1 e γ_2

In questo esempio, utilizziamo la mappa della convergenza efficace per calcolare le mappe dello shear efficace e del potenziale del lensing. Come fatto in precedenza, sfruttiamo le relazioni tra queste quantità nello spazio di Fourier (vedi, ad esempio, Sez. 6.2.5).

Per prima cosa, calcoliamo la trasformata di Fourier della mappa di convergenza $\hat{\kappa}$. Le due componenti dello shear nello spazio di Fourier sono date da:

$$\hat{\gamma}_1 = \frac{k_1^2 - k_2^2}{k^2}\hat{\kappa} \, ,$$

$$\hat{\gamma}_2 = \frac{2k_1 k_2}{k^2}\hat{\kappa} \, , \tag{7.113}$$

dove $\vec{k} = (k_1, k_2)$ è il vettore d'onda e $k^2 = k_1^2 + k_2^2$ è il suo modulo quadrato. La trasformata inversa di Fourier di $\hat{\gamma}_1$ e $\hat{\gamma}_2$ fornisce le mappe delle componenti γ_1 e γ_2. Questo procedimento è implementato nella funzione `shearFromConvergence` qui sotto.

In questa implementazione non applichiamo *zero-padding*, poiché la mappa della convergenza efficace è sufficientemente grande da consentire l'assunzione di condizioni periodiche al contorno.

```python
import scipy.fftpack as fftengine
import numpy as np
import astropy.io.fits as pyfits


def shearFromConvergence(kappa):
    """
    Calcola le componenti dello shear a partire dalla
    mappa della convergenza efficace in input.

    :param kappa: mappa della convergenza efficace (array n x n)
    :return: shear1 e shear2 - mappe delle due componenti dello shear
    """
    npix = kappa.shape[0]
    kfreq = fftengine.fftfreq(npix, 1.0/npix) * 2.0 * np.pi
    kx, ky = np.meshgrid(kfreq, kfreq, indexing="ij")

    k2 = kx**2 + ky**2
    k2[0, 0] = np.inf   # Evita la divisione per zero

    # Trasformata di Fourier della mappa di convergenza
    fourier_kappa = fftengine.fftn(kappa)

    # Calcolo delle componenti dello shear nello spazio di Fourier
    shear1_ft = (kx**2 - ky**2) * fourier_kappa / k2
    shear2_ft = 2.0 * kx * ky * fourier_kappa / k2

    # Trasformata inversa di Fourier per ottenere le mappe nello spazio
    # reale
    shear1 = fftengine.ifftn(shear1_ft).real
    shear2 = fftengine.ifftn(shear2_ft).real

    return shear1, shear2

# Lettura della mappa di convergenza da file
hdl = pyfits.open('test_kappaBApp_2.fits')
kappa = hdl[0].data

shear1, shear2 = shearFromConvergence(kappa)
```

Le mappe risultanti delle componenti dello shear γ_1 e γ_2 sono mostrate nei pannelli C e D della Fig. 7.4. La mappa del modulo dello shear, definito come $\gamma = \sqrt{\gamma_1^2 + \gamma_2^2}$, è mostrata nel pannello B.

Passiamo ora al calcolo del potenziale del lensing efficace associato alla convergenza efficace κ_{eff}. Come visto in Sez. 3.7.2, anche questo calcolo viene eseguito nello spazio di Fourier:

```python
def PotentialFromConvergence(kappa):
    """
    Calcola il potenziale del lensing efficace dalla mappa di convergenza in
    input.
    :param kappa: mappa della convergenza efficace (array n x n)
    :return: mappa del potenziale
    """
    npix = kappa.shape[0]

    # Calcolo delle frequenze di Fourier
    kfreq = fftengine.fftfreq(npix, 1.0/npix) * 2.0 * np.pi
    kx, ky = np.meshgrid(kfreq, kfreq, indexing="ij")

    k2 = kx**2 + ky**2
    k2[0, 0] = np.inf  # Evita la divisione per zero

    # Trasformata di Fourier della mappa di convergenza
    fourier_kappa = fftengine.fftn(kappa)

    # Calcolo del potenziale nello spazio di Fourier tramite l'equazione di
    # Poisson
    fourier_pot = -fourier_kappa * 2.0 / k2

    # Trasformata inversa di Fourier per ottenere la mappa del potenziale
    # nello spazio reale
    pot = fftengine.ifftn(fourier_pot).real / (2.0 * np.pi)

    return pot
```

Il potenziale del lensing efficace, calcolato a partire dalla mappa di convergenza
in Fig. 7.4, è mostrato in Fig. 7.5.

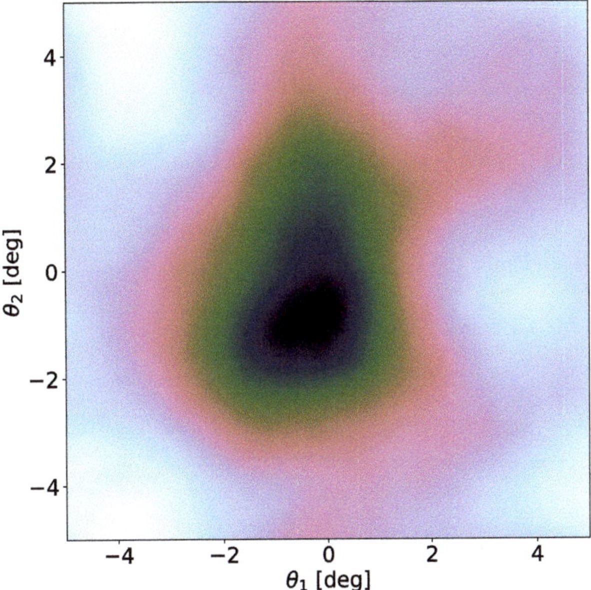

Figura 7.5 Il potenziale del lensing efficace, calcolato dalla mappa di convergenza in Fig. 7.4

7.4.2 Spettro di Potenza

In questo esempio, illustriamo il calcolo dello spettro di potenza di una mappa bidimensionale. Supponiamo di lavorare nell'approssimazione del cielo piatto e calcoliamo gli spettri di potenza della convergenza efficace e dello shear.

La procedura è la seguente. Per prima cosa, calcoliamo la trasformata di Fourier della mappa di input. Supponiamo che la mappa sia un array quadrato di numpy:

```python
# Imposta il numero di pixel e il fattore di conversione delle unità
npix = input_map.shape[0]
factor = 2.0*np.pi / (BoxSize * np.pi / 180.0)

# Calcola la trasformata di Fourier della mappa di input:
fourier_map = fftengine.fftn(input_map) / npix**2
```

Successivamente, calcoliamo le ampiezze di Fourier e le archiviamo in un array monodimensionale:

```python
# Calcola le ampiezze di Fourier
fourier_amplitudes = np.abs(fourier_map)**2
fourier_amplitudes = fourier_amplitudes.flatten()
```

Ora associamo un numero d'onda a ciascuna ampiezza di Fourier:

```python
# Calcola i vettori d'onda
kfreq = fftengine.fftfreq(input_map.shape[0]) * 2.0 * np.pi
kx, ky = np.meshgrid(kfreq, kfreq, indexing="ij")

# Calcola il modulo dei vettori d'onda
knrm = np.sqrt(kx**2 + ky**2).flatten()
```

Creiamo quindi bin di k nei quali calcoleremo lo spettro di potenza:

```python
# Definisci i bin per k
half = npix / 2
rbins = int(np.sqrt(2 * half**2)) + 1
kbins = np.linspace(0.0, rbins, rbins+1)

# Usa il punto medio di ciascun bin come valore di riferimento per k
kvals = 0.5 * (kbins[1:] + kbins[:-1]) * factor
```

Infine, calcoliamo lo spettro di potenza raggruppando i valori di k e mediando le corrispondenti ampiezze di Fourier:

```python
# Calcola lo spettro di potenza raggruppando le ampiezze di Fourier
Pbins, _, _ = stats.binned_statistic(knrm, fourier_amplitudes,
                                     statistic="mean",
                                     bins=kbins)
```

Tutti questi passaggi sono implementati nella funzione compute_PS:

```python
def compute_PS(input_map, FieldSize):
    """

    Calcola lo spettro di potenza angolare di una mappa di input.

    :param input_map: mappa di input (array numpy n x n)
    :param FieldSize: lunghezza del lato della mappa in gradi

    :return: l, Pl - lo spettro di potenza ai multipoli l
    """
```

```python
npix = input_map.shape[0]
factor = 2.0*np.pi / (FieldSize * np.pi/180.0)

# Trasformata di Fourier della mappa di input
fourier_map = fftengine.fftn(input_map) / npix**2

# Calcola le ampiezze di Fourier
fourier_amplitudes = np.abs(fourier_map)**2
fourier_amplitudes = fourier_amplitudes.flatten()

# Calcola i vettori d'onda
kfreq = fftengine.fftfreq(npix) * 2.0 * np.pi
kx, ky = np.meshgrid(kfreq, kfreq, indexing="ij")

# Calcola il modulo dei vettori d'onda
knrm = np.sqrt(kx**2 + ky**2).flatten()

# Definizione dei bin per k
half = npix / 2
rbins = int(np.sqrt(2 * half**2)) + 1
kbins = np.linspace(0.0, rbins, rbins+1)

# Punti medi dei bin per i valori di k
kvals = 0.5 * (kbins[1:] + kbins[:-1]) * factor

# Calcola lo spettro di potenza
Pbins, _, _ = stats.binned_statistic(knrm, fourier_amplitudes,
                                     statistic="mean",
                                     bins=kbins)

# Restituisce i multipoli e lo spettro di potenza
l = kvals[1:]
Pl = Pbins[1:] / factor**2

return l, Pl
```

Ora applichiamo la funzione `compute_PS` per determinare gli spettri di potenza della convergenza efficace e dello shear:

```python
FieldSize = 10

# Calcola gli spettri di potenza della convergenza e delle componenti dello
# shear
lk, Plk = compute_PS(kappa, FieldSize)
lg, Pg1k = compute_PS(shear1, FieldSize)
lg, Pg2k = compute_PS(shear2, FieldSize)

# Lo spettro di potenza dello shear è la somma degli spettri delle due
# componenti
Pgk = Pg1k + Pg2k
```

Gli spettri di potenza della convergenza e dello shear sono mostrati in Fig. 7.6 (rispettivamente in blu tratteggiato e rosso punteggiato). Come previsto, i due spettri risultano (quasi) identici (vedi Eq. 7.56)! Mostriamo anche lo spettro di potenza della convergenza calcolato per lo stesso modello cosmologico utilizzando l'Eq. 7.48 con lo spettro di potenza non lineare $P_\delta(l)$, ottenuto tramite le formule di adattamento di Peacock (1996) (linea nera continua). Come si può vedere, gli spettri misurati dalle mappe concordano bene con le previsioni teoriche, tranne per i valori

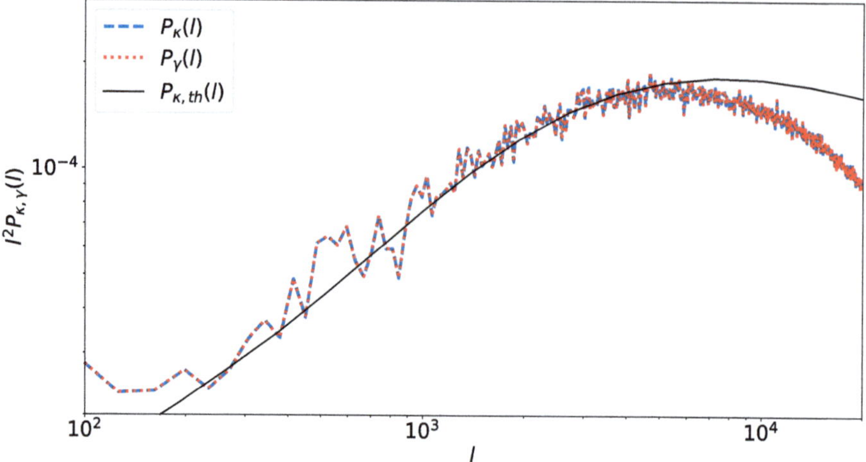

Figura 7.6 Spettri di potenza della convergenza efficace (linea blu tratteggiata) e dello shear efficace (linea rossa punteggiata) misurati dalle mappe nei pannelli A, C e D della Fig. 7.4. La linea nera continua rappresenta lo spettro di potenza calcolato con l'Eq. 7.48

elevati di l. Su queste scale angolari ridotte, ci avviciniamo al limite di risoluzione delle mappe di input, motivo per cui misuriamo una potenza inferiore alle aspettative.

7.4.3 *Funzioni di correlazione*

Utilizziamo le mappe ottenute negli esempi precedenti per generare un catalogo di misure dello shear ridotto. Con questo catalogo, calcoliamo statistiche di shear di secondo ordine. In questo esempio, ignoriamo importanti fonti di rumore che influenzano le misure dello shear, come il rumore intrinseco dovuto alle forme delle galassie.

Supponiamo di avere una distribuzione casuale di 6 000 000 sorgenti in un campo visivo di 100 gradi quadrati (ossia circa 17 sorgenti per minuto d'arco quadrato). Generiamo le loro posizioni casuali x e y utilizzando la funzione `rand` del modulo `numpy.random`:

```python
import numpy as np

# Generazione casuale delle posizioni delle sorgenti
num_sources = 6000000
x = np.random.rand(num_sources) * kappa.shape[0]
y = np.random.rand(num_sources) * kappa.shape[0]

# Conversione delle coordinate in gradi
x_deg = (x / kappa.shape[0] * 10.0 - 5.0)
y_deg = (y / kappa.shape[0] * 10.0 - 5.0)
```

Utilizziamo l'interpolazione bilineare delle mappe dello shear e della convergenza nei punti (x, y) per assegnare un'ellitticità da lensing a ciascuna sorgente. A tale scopo, usiamo la funzione `map_coordinates` della libreria `scipy.ndimage`:

```python
from scipy.ndimage import map_coordinates

# Interpolazione delle mappe di convergenza e shear
kappa_ = map_coordinates(kappa, [y, x], order=1, prefilter=True)
shear1_ = map_coordinates(shear1, [y, x], order=1, prefilter=True)
shear2_ = map_coordinates(shear2, [y, x], order=1, prefilter=True)

# Calcolo dello shear ridotto come stima dell'ellitticità
e1 = shear1_ / (1.0 - kappa_)
e2 = shear2_ / (1.0 - kappa_)
```

Dopo aver assegnato l'ellitticità $\epsilon = \epsilon_1 + i\epsilon_2$ a ciascuna sorgente, procediamo al calcolo delle funzioni di correlazione $\xi_+(\phi)$ e $\xi_-(\phi)$. Selezioniamo tutte le coppie di sorgenti con una separazione angolare nell'intervallo $[\phi - \Delta\phi, \phi + \Delta\phi]$. Per ciascuna coppia, calcoliamo le componenti tangenziale e cross dell'ellitticità, ϵ_t e $\epsilon_\times$ (cfr. Eq. 7.58). Infine, calcoliamo le medie $\langle \epsilon_{ti}\epsilon_{tj} \rangle$ e $\langle \epsilon_{\times i}\epsilon_{\times j} \rangle$ su tutte le coppie. Definiamo gli stimatori:

$$\xi_{tt}(\phi) = \frac{\sum_{ij} w_i w_j \epsilon_{ti}(\vec{\theta}_i)\epsilon_{tj}(\vec{\theta}_j)}{\sum_{ij} w_i w_j} \ , \tag{7.114}$$

$$\xi_{\times\times}(\phi) = \frac{\sum_{ij} w_i w_j \epsilon_{\times i}(\vec{\theta}_i)\epsilon_{\times j}(\vec{\theta}_j)}{\sum_{ij} w_i w_j} \ , \tag{7.115}$$

dove $\phi = |\vec{\theta}_i - \vec{\theta}_j|$ e w_i sono i pesi assegnati a ciascuna sorgente. Le funzioni di correlazione $\xi_+(\phi)$ e $\xi_-(\phi)$ sono poi ottenute dalle Eq. 7.67 e 7.68.

Questo calcolo può essere computazionalmente oneroso. Per migliorare l'efficienza, è possibile utilizzare strutture dati di partizionamento dello spazio come k-d tree o ball tree (Friedman et al. 1977; Orthogonal Range Searching 2008; Omohundro 1989). Per il nostro caso, utilizziamo il pacchetto TREECORR (Jarvis et al. 2004) per calcolare in modo efficiente le funzioni di correlazione:

Per prima cosa, archiviamo le posizioni delle sorgenti e le loro ellitticità in un catalogo di TREECORR:

```python
import treecorr

# Creazione del catalogo di Treecorr
mycat = treecorr.Catalog(x=x_deg, y=y_deg, g1=e1, g2=e2,
                         x_units='deg', y_units='deg')
```

Successivamente, definiamo le scale angolari e il numero di bin per il calcolo delle funzioni di correlazione:

```python
# Calcolo delle funzioni di correlazione in 50 bin tra 0.4 e 100 arcmin
corrf = treecorr.GGCorrelation(min_sep=0.4, max_sep=100,
                               nbins=50, sep_units='arcmin')
corrf.process(mycat)
```

Figura 7.7 Funzioni di correlazione dello shear a due punti, misurate a partire dalle mappe in Fig. 7.4. Le linee blu e verdi continue rappresentano le funzioni di correlazione misurate ξ_+ e ξ_-, rispettivamente. Le linee tratteggiate indicano le previsioni teoriche basate sui parametri cosmologici utilizzati nella simulazione

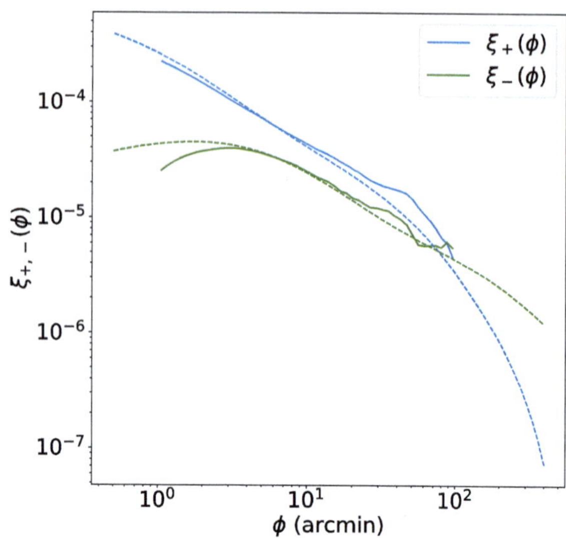

I valori delle funzioni di correlazione possono essere estratti come segue:

```python
import numpy as np

# Estrazione dei dati della funzione di correlazione
phi = np.exp(corrf.meanlogr)   # Separazioni angolari alle quali sono
                               # calcolate le correlazioni
xip = corrf.xip                # La funzione xi_+
xim = corrf.xim                # La funzione xi_-
```

I risultati sono mostrati in Fig. 7.7. Le funzioni di correlazione misurate $\xi_+(\phi)$ e $\xi_-(\phi)$ sono rappresentate rispettivamente dalle linee blu e verdi continue. I modelli teorici basati sui parametri cosmologici della simulazione sono mostrati come linee tratteggiate.

TREECORR può anche calcolare altre statistiche di shear di secondo ordine introdotte in questo capitolo.

Riferimenti bibliografici

Abbott, T. M. C., Aguena, M., Alarcon, A., Allam, S., Allen, S., Annis, J., … DES Collaboration. (2020). Dark energy survey year 1 results: cosmological constraints from cluster abundances and weak lensing. *Physical Review, 102*(2), 023509. https://doi.org/10.1103/PhysRevD.102.023509. arXiv: 2002.11124 [astro-ph.CO]

Aihara, H., Arimoto, N., Armstrong, R., Arnouts, S., Bahcall, N. A., Bickerton, S., … Yuma, S. (2018). The hyper suprime-cam SSP survey: overview and survey design. *Publications of the ASJ, 70*, S4. https://doi.org/10.1093/pasj/psx066. arXiv: 1704.05858 [astro-ph.IM]

Akeson, R., Armus, L., Bachelet, E., Bailey, V., Bartusek, L., Bellini, A., … Zimmerman, N. (2019). The wide field infrared survey telescope: 100 hubbles for the 2020s. arXiv e-prints, arXiv:1902.05569. arXiv: 1902.05569 [astro-ph.IM]

Bacon, D. J., Refregier, A. R., & Ellis, R. S. (2000). Detection of weak gravitational lensing by large-scale structure. *MNRAS, 318*(2), 625–640. https://doi.org/10.1046/j.1365-8711.2000.03851.x. arXiv: astro-ph/0003008 [astro-ph]

Barreira, A., Krause, E., & Schmidt, F. (2018). Accurate cosmic shear errors: Do we need ensembles of simulations? *JCAP, 2018*(10), 053. https://doi.org/10.1088/1475-7516/2018/10/053. arXiv: 1807.04266 [astro-ph.CO]

Bartelmann, M., & Schneider, P. (2001). Weak gravitational lensing. *Physics Reports, 340*, 291–472. https://doi.org/10.1016/S0370-1573(00)00082-X. eprint: astro-ph/9912508

Crittenden, R. G., Natarajan, P., Pen, U.-L., & Theuns, T. (2001). Spin-induced galaxy alignments and their implications for weak-lensing measurements. *ApJ, 559*(2), 552–571. https://doi.org/10.1086/322370. arXiv: astro-ph/0009052 [astro-ph]

de Jong, J. T. A., Verdoes Kleijn, G. A., Erben, T., Hildebrandt, H., Kuijken, K., Sikkema, G., ... Viola, M. (2017). The third data release of the Kilo-Degree Survey and associated data products. *A & A, 604*, A134. https://doi.org/10.1051/0004-6361/201730747. arXiv: 1703.02991 [astro-ph.GA]

Friedman, J. H., Bentley, J. L., & Finkel, R. A. (1977). An algorithm for finding best matches in logarithmic expected time. *ACM Transactions on Mathematical Software, 3*(3), 209–226. https://doi.org/10.1145/355744.355745

Friedrich, O., Seitz, S., Eifler, T. F., & Gruen, D. (2016). Performance of internal covariance estimators for cosmic shear correlation functions. *MNRAS, 456*(3), 2662–2680. https://doi.org/10.1093/mnras/stv2833. arXiv: 1508.00895 [astro-ph.CO]

Giocoli, C., Metcalf, R. B., Baldi, M., Meneghetti, M., Moscardini, L., & Petkova, M. (2015). Disentangling dark sector models using weak lensing statistics. *MNRAS, 452*(3), 2757–2772. https://doi.org/10.1093/mnras/stv1473. arXiv: 1502.03442 [astro-ph.CO]

Harnois-Déraps, J., Amon, A., Choi, A., Demchenko, V., Heymans, C., Kannawadi, A., ... Tröster, T. (2018). Cosmological simulations for combined-probe analyses: Covariance and neighbourexclusion bias. *MNRAS, 481*(1), 1337–1367. https://doi.org/10.1093/mnras/sty2319. arXiv: 1805.04511 [astro-ph.CO]

Hilbert, S., Barreira, A., Fabbian, G., Fosalba, P., Giocoli, C., Bose, S., ... Monaco, P. (2020). The accuracy of weak lensing simulations. *Monthly Notices of the Royal Astronomical Society, 493*(1), 305–319. https://doi.org/10.1093/mnras/staa281. eprint: https://academic.oup.com/mnras/articlepdf/493/1/305/32468457/staa281.pdf

Hildebrandt, H., Viola, M., Heymans, C., Joudaki, S., Kuijken, K., Blake, C., ... Van Waerbeke, L. (2017). KiDS-450: Cosmological parameter constraints from tomographic weak gravitational lensing. *MNRAS, 465*(2), 1454–1498. https://doi.org/10.1093/mnras/stw2805. arXiv: 1606.05338 [astro-ph.CO]

Hu, W. (1999). Power spectrum tomography with weak lensing. *ApJL, 522*(1), L21–L24. https://doi.org/10.1086/312210. arXiv: astro-ph/9904153 [astro-ph]

Hu, W. (2001). Mapping the dark matter through the cosmic microwave background damping tail. *ApJL, 557*(2), L79–L83. https://doi.org/10.1086/323253. arXiv: astro-ph/0105424 [astro-ph]

Hu, W., & Okamoto, T. (2002). Mass reconstruction with cosmic microwave background polarization. *ApJ, 574*(2), 566–574. https://doi.org/10.1086/341110. arXiv: astro-ph/0111606 [astro-ph]

Ivezić, Ž., Kahn, S. M., Tyson, J. A., Abel, B., Acosta, E., Allsman, R., ... et al. (2019). LSST: From science drivers to reference design and anticipated data products. *ApJ, 873*, 111. https://doi.org/10.3847/1538-4357/ab042c. arXiv: 0805.2366

Jain, B., Seljak, U., & White, S. (2000). Ray-tracing simulations of weak lensing by large-scale structure. *ApJ, 530*(2), 547–577. https://doi.org/10.1086/308384. arXiv: astro-ph/9901191 [astro-ph]

Jarvis, M., Bernstein, G., & Jain, B. (2004). The skewness of the aperture mass statistic. *MNRAS, 352*(1), 338–352. https://doi.org/10.1111/j.1365-2966.2004.07926.x. arXiv: astro-ph/0307393 [astro-ph]

Joachimi, B., Schneider, P., & Eifler, T. (2008). Analysis of two-point statistics of cosmic shear. III. Covariances of shear measures made easy. *A & A, 477*(1), 43–54. https://doi.org/10.1051/0004-6361:20078400. arXiv: 0708.0387 [astro-ph]

Kaiser, N. (1992). Weak gravitational lensing of distant galaxies. *ApJ, 388,* 272. https://doi.org/10.1086/171151

Kaiser, N. (1998). Weak lensing and cosmology. *ApJ, 498*(1), 26–42. https://doi.org/10.1086/305515. arXiv: astro-ph/9610120 [astro-ph]

Krause, E., & Eifler, T. (2017). cosmolike—cosmological likelihood analyses for photometric galaxy surveys. *MNRAS, 470*(2), 2100–2112. https://doi.org/10.1093/mnras/stx1261. arXiv: 1601.05779 [astro-ph.CO]

Krause, E., Eifler, T. F., Zuntz, J., Friedrich, O., Troxel, M. A., Dodelson, S., ... Weller, J. (2017). Dark energy survey year 1 results: Multi-probe methodology and simulated likelihood analyses. arXiv e-prints, arXiv:1706.09359. arXiv: 1706.09359 [astro-ph.CO]

Laureijs, R., Amiaux, J., Arduini, S., Auguères, J.-L., Brinchmann, J., Cole, R., ... Zucca, E. (2011). Euclid definition study report. arXiv e-prints, arXiv:1110.3193. arXiv: 1110.3193 [astro-ph.CO]

Lewis, A., & Challinor, A. (2006). Weak gravitational lensing of the CMB. *Physics Reports, 429*(1), 1–65. https://doi.org/10.1016/j.physrep.2006.03.002

Limber, D. N. (1953). The analysis of counts of the extragalactic nebulae in terms of a fluctuating density field. *ApJ, 117,* 134. https://doi.org/10.1086/145672

Misner, C. W., Thorne, K. S., & Wheeler, J. A. (1973). *Gravitation.*

Norberg, P., Baugh, C. M., Gaztañaga, E., & Croton, D. J. (2009). Statistical analysis of galaxy surveys—I. Robust error estimation for two-point clustering statistics. *MNRAS, 396*(1), 19–38. https://doi.org/10.1111/j.1365-2966.2009.14389.x. arXiv: 0810.1885 [astro-ph]

Omohundro, S. M. (1989). *Five balltree construction algorithms.*

Orthogonal Range Searching. (2008). In *Computational geometry: Algorithms and applications* (pp. 95–120). https://doi.org/10.1007/978-3-540-77974-2_5

Peacock, J. A., & Dodds, S. J. (1996). Non-linear evolution of cosmological power spectra. *MNRAS, 280*(3), L19–L26. https://doi.org/10.1093/mnras/280.3.L19. arXiv: astro-ph/9603031 [astro-ph]

Schneider, P. (2006). Part 3: Weak gravitational lensing. In G. Meylan, P. Jetzer, P. North, P. Schneider, C. S. Kochanek, & J. Wambsganss (Eds.), *Saas-fee advanced course 33: Gravitational lensing: Strong, weak and micro* (pp. 269–451).

Schneider, P., Ehlers, J., & Falco, E. E. (1992). Gravitational lenses. https://doi.org/10.1007/978-3-662-03758-4

Schneider, P., van Waerbeke, L., Kilbinger, M., & Mellier, Y. (2002a). Analysis of two-point statistics of cosmic shear. I. Estimators and covariances. *A & A, 396,* 1–19. https://doi.org/10.1051/0004-6361:20021341. arXiv: astro-ph/0206182 [astro-ph]

Schneider, P., van Waerbeke, L., & Mellier, Y. (2002b). B-modes in cosmic shear from source redshift clustering. *A & A, 389,* 729–741. https://doi.org/10.1051/0004-6361:20020626. arXiv: astroph/0112441 [astro-ph]

Smith, R. E., Peacock, J. A., Jenkins, A., White, S. D. M., Frenk, C. S., Pearce, F. R., ... Couchman, H. M. P. (2003). Stable clustering, the halo model and non-linear cosmological power spectra. *MNRAS, 341*(4), 1311–1332. https://doi.org/10.1046/j.1365-8711.2003.06503.x. arXiv: astro-ph/0207664 [astro-ph]

Takada, M., & Jain, B. (2009). The impact of non-Gaussian errors on weak lensing surveys. *MNRAS, 395*(4), 2065–2086. https://doi.org/10.1111/j.1365-2966.2009.14504.x. arXiv: 0810.4170 [astro-ph]

Takahashi, R., Sato, M., Nishimichi, T., Taruya, A., & Oguri, M. (2012). Revising the halofit model for the nonlinear matter power spectrum. *ApJ, 761*(2), 152. https://doi.org/10.1088/0004-637X/761/2/152. arXiv: 1208.2701 [astro-ph.CO]

Troxel, M. A., & Ishak, M. (2015). The intrinsic alignment of galaxies and its impact on weak gravitational lensing in an era of precision cosmology. *Physics Reports, 558,* 1–59. https://doi.org/10.1016/j.physrep.2014.11.001. arXiv: 1407.6990 [astro-ph.CO]

Troxel, M. A., MacCrann, N., Zuntz, J., Eifler, T. F., Krause, E., Dodelson, S., … DES Collaboration. (2018). Dark energy survey year 1 results: Cosmological constraints from cosmic shear. *Physical Review, 98*(4), 043528. https://doi.org/10.1103/PhysRevD.98.043528. arXiv: 1708.01538 [astro-ph.CO]

Van Waerbeke, L., Mellier, Y., Erben, T., Cuilland re, J. C., Bernardeau, F., Maoli, R., … Schneider, P. (2000). Detection of correlated galaxy ellipticities from CFHT data: First evidence for gravitational lensing by large-scale structures. *A & A, 358*, 30–44. arXiv: astro-ph/0002500 [astro-ph]

Wittman, D. M., Tyson, J. A., Kirkman, D., Dell'Antonio, I., & Bernstein, G. (2000). Detection of weak gravitational lensing distortions of distant galaxies by cosmic dark matter at large scales. *Nature, 405*(6783), 143–148. https://doi.org/10.1038/35012001. arXiv: astro-ph/0003014 [astro-ph]

Parte III
Appendici

Capitolo 8
Mini-Tutorial Python

8.1 Installazione

Per gli esempi Python presenti in questo libro, abbiamo utilizzato Anaconda Python 3.x. Ci aspettiamo che qualsiasi distribuzione recente di Python funzioni altrettanto bene.

Se il lettore sceglie di utilizzare Anaconda Python, può scaricare l'installer, disponibile per Windows, macOS e Linux, dal sito https://www.anaconda.com.

Seguendo le istruzioni di installazione, Python sarà pronto per l'uso in pochi minuti.

8.2 Documentazione

Esistono numerose risorse online per imparare Python. Di seguito forniamo un elenco non esaustivo:

- **Documentazione ufficiale**: http://www.python.org/doc
- **Corsi online**:
    - Codecademy (https://www.codecademy.com/catalog/language/python)
    - DataCamp (https://learn.datacamp.com/)
    - Coursera (https://www.coursera.org/)
- **Google Python Class**: Google Developers – Python Class (https://developers.google.com/edu/python/)
- **Libri online gratuiti**:
    - A Byte of Python (https://python.swaroopch.com/)

© The Editor(s) (if applicable) and The Author(s), under exclusive license to Springer Nature Switzerland AG 2025
M. Meneghetti, *Introduzione al lensing gravitazionale*,
https://doi.org/10.1007/978-3-031-96504-3_8

8.3 Eseguire Python

È possibile eseguire programmi Python in diversi modi:

- Avviare l'interprete interattivo digitando "python" in un terminale. Una volta nel prompt di Python, inserire i comandi desiderati. Per uscire, utilizzare Ctrl+D o digitare "exit()".
- Creare uno script con estensione ".py" ed eseguirlo dal terminale con il comando "python <nome_script>.py".
- Usare un ambiente di sviluppo integrato (IDE) per una migliore esperienza di programmazione. Alcune opzioni popolari includono:
  - **IDE generici**: VS Code (https://code.visualstudio.com/), PyCharm (https://www.jetbrains.com/pycharm/)
  - **IDE per Data Science**: Spyder (https://www.spyder-ide.org/)
  - **Ambienti Web-based**: Jupyter Notebook (https://jupyter.org/) e Jupyter Lab (https://jupyter.org/) (per Python 3.x)

8.4 Il tuo primo codice in Python

Prova a eseguire il seguente codice:

```python
# Il tuo primo programma Python -- questo è un commento
print("Hello World!")
```

Congratulazioni! Hai eseguito il tuo primo codice Python!

8.5 Variabili

In Python, le variabili non richiedono una dichiarazione esplicita del tipo. Il tipo viene determinato automaticamente a runtime:

```python
int_var = 4              # Numero intero
float_var = 7.89778      # Numero in virgola mobile
boolean_var = True       # Booleano (True/False)
string_var = "Mi chiamo Python"  # Stringa
obj_var = some_class_name(par1, par2)  # Istanza di un oggetto
```

8.6 Stringhe

Le costanti stringa possono essere definite in tre modi:

```python
single_quotes = 'mi chiamo Python'
double_quotes = "mi chiamo Python"
triple_quotes = """mi chiamo Python
e questa è una stringa multilinea.""" # Può contenere interruzioni di riga!
```

Le stringhe multilinea sono utili per la documentazione all'interno di funzioni e classi:

```python
def mia_funzione():
    """Questa è una docstring.
    Descrive cosa fa la funzione."""
    pass
```

Si possono mescolare apici singoli e doppi per evitare caratteri di escape:

```python
double_quotes1 = 'mi chiamo "Python"'
double_quotes2 = "don't"  # invece di "don\'t"
```

Altrimenti, bisogna usare il carattere di escape '\':

```python
double_quotes3 = 'don\'t'
```

8.6.1   Slicing e Operazioni sulle Stringhe

Le stringhe possono essere suddivise (slicing) come segue:

```python
mio_nome = 'Massimo Meneghetti'
nome = mio_nome[:7]        # "Massimo"
cognome = mio_nome[8:]     # "Meneghetti"
parte_del_nome = mio_nome[4:7]  # "sim"
```

È possibile concatenare stringhe con l'operatore '+':

```python
nome_completo = nome + " " + cognome  # "Massimo Meneghetti"
```

Oppure usando un f-string (consigliato da Python 3.6+):

```python
nome_completo = f"{nome} {cognome}"
```

8.6.2   Metodi delle Stringhe

Le stringhe hanno molti metodi integrati. Vedi l'elenco completo su: https://docs.python.org/3/library/stdtypes.html

- Conversione in maiuscolo:

  ```python
  nome_maiuscolo = nome_completo.upper()   # "MASSIMO MENEGHETTI"
  ```

- Conversione di numeri in stringhe:

  ```python
  mio_intero = 2
  mio_float = 2.0
  str_intero = str(mio_intero)      # "2"
  str_float = str(mio_float)        # "2.0"
  ```

- Formattazione delle stringhe:

```
mio_intero = 2
mio_float = 67.3
stringa_formattata = f"{mio_intero} + {mio_float:.1f}
                     = {mio_intero + mio_float:.1f}"
# "2 + 67.3 = 69.3"
```

- Rimozione degli spazi all'inizio e alla fine:

```
una_stringa = " Ciao Python! "
senza_spazi = una_stringa.strip()   # " Ciao Python! "
```

- Sostituzione di una parte di stringa:

```
nuova_stringa = una_stringa.replace('Ciao', 'Salve')   # " Salve Python! "
```

8.6.3   Conversione di Stringhe in Numeri

È possibile convertire una stringa in un intero o un numero decimale:

```
s = '23'
i = int(s)     # 23
f = float(s)   # 23.0
```

8.6.4   Note Importanti

Le stringhe in Python sono **immutabili**. Ciò significa che non possono essere modificate direttamente: ogni operazione che sembra modificare una stringa crea in realtà una nuova stringa.

8.7   Liste

Una lista è un array dinamico che può contenere oggetti di qualsiasi tipo. Le liste si dichiarano utilizzando le parentesi quadre:

```
una_lista = [1, 2, 3, 'abc', 'def']
```

Le liste possono anche contenere altre liste:

```
lista_nidata = [una_lista, 'abc', una_lista, [1, 2, 3]]
```

Nota che 'una_lista' non viene copiato, ma solo referenziato. Qualsiasi modifica a 'una_lista' all'interno di 'lista_nidata' influenzerà anche la lista originale.

8.7.1   Accesso agli Elementi

Gli elementi di una lista si accedono tramite indici (a partire da zero):

```
elem = una_lista[2]      # 3
elem_nidato = lista_nidata[3][1]   # 2
```

È possibile verificare se un elemento è presente in una lista:

```
if 'abc' in una_lista:
    print('bingo!')
```

8.7.2   Slicing delle Liste

L'operazione di estrazione di una parte di una lista si chiama **slicing**:

```
lista2 = una_lista[2:4]   # Restituisce [3, 'abc']
```

Altri esempi:

```
una_lista[:3]     # Primi tre elementi [1, 2, 3]
una_lista[1:]     # Tutti gli elementi dall'indice 1 in poi
                  # ['2', 3, 'abc', 'def']
una_lista[-2:]    # Ultimi due elementi ['abc', 'def']
una_lista[::-1]   # Lista invertita ['def', 'abc', 3, 2, 1]
```

8.7.3   Modifica delle Liste

Le liste possono essere modificate aggiungendo o rimuovendo elementi:

```
una_lista.append('ghi')    # Aggiunge 'ghi' alla fine della lista
una_lista.remove('abc')    # Rimuove la prima occorrenza di 'abc'
```

Altri metodi utili per le liste:

```
una_lista.insert(1, 'xyz')    # Inserisce 'xyz' all'indice 1
una_lista.pop()               # Rimuove e restituisce l'ultimo elemento
una_lista.pop(2)              # Rimuove l'elemento all'indice 2
una_lista.sort()              # Ordina la lista (solo se gli elementi sono
                              # confrontabili)
una_lista.reverse()          # Inverte l'ordine della lista
```

Puoi approfondire il funzionamento delle liste qui: https://docs.python.org/3/tutorial/datastructures.html

8.8   Tuple

Una **tupla** è un tipo di dato simile a una lista, ma ha una dimensione fissa ed è *immutabile*. Una volta creata, i suoi elementi non possono essere modificati, rimossi, aggiunti o inseriti.

È possibile definire una tupla utilizzando le parentesi tonde e separando i valori con una virgola:

```
una_tupla = (1, 2, 3, 'abc', 'def')
```

Tuttavia, le parentesi sono opzionali:

```
un_altra_tupla = 1, 2, 3, 'abc', 'def'
```

8.8.1 Tuple con un solo elemento

Una tupla contenente un solo elemento deve includere una virgola alla fine, altrimenti verrà riconosciuta come un altro tipo di dato:

```
tupla_singolo_elemento = ('un valore',)  # Corretto
non_una_tupla = ('un valore')            # Errato, è una stringa
```

8.8.2 Tuple vs Liste

Osservazione 8.1   Un errore comune è pensare che le tuple siano semplicemente liste costanti. Tuttavia, le liste vengono generalmente utilizzate per contenere sequenze omogenee di elementi (es. una lista di numeri), mentre le tuple vengono spesso usate per rappresentare dati eterogenei (es. dettagli di una persona: `(nome, cognome, età, altezza, peso)`).

Essendo **immutabili**, le tuple non possono essere modificate dopo la loro creazione. Questo le rende utili per collezioni di dati fisse, mentre le liste sono più adatte per dati dinamici.

8.8.3 Tuple con elementi mutabili

Sebbene le tuple siano immutabili, possono contenere oggetti mutabili, come le liste:

```
tupla_mutabile = (1, 2, [3, 4, 5])
tupla_mutabile[2].append(6)  # Consentito, perché la lista all'interno è
                             # mutabile
print(tupla_mutabile)  # Output: (1, 2, [3, 4, 5, 6])
```

Tuttavia, non è possibile sostituire direttamente un elemento di una tupla:

```
una_tupla = (1, 2, 3)
una_tupla[1] = 4  # TypeError: 'tuple' object does not support item
                  # assignment
```

8.9   Dizionari

Un **dizionario** (o `dict`) è una struttura dati che memorizza coppie chiave-valore, simile a una lista, ma con indici nominati invece di numerici. I dizionari si definiscono utilizzando le parentesi graffe:

```python
persona = {'nome': 'Massimo', 'cognome': 'Meneghetti'}
```

È possibile accedere agli elementi di un dizionario utilizzando le chiavi:

```python
print(persona['nome'])   # Output: Massimo
```

Le chiavi di un dizionario possono essere di qualsiasi tipo immutabile, inclusi numeri e tuple:

```python
dati = {'nome': 'Massimo', 'età': 40, (1, 2): 'coordinate'}
print(dati[1, 2])   # Output: coordinate
```

8.10   Blocchi e indentazione

Python utilizza l'**indentazione** per definire i blocchi di codice. Ogni blocco deve avere lo stesso livello di indentazione, utilizzando spazi o tabulazioni.

Osservazione 8.2 **Suggerimento:** *Non mescolare mai tabulazioni e spazi* nello stesso script, poiché ciò può causare errori difficili da individuare.

8.11   Istruzioni IF / ELIF / ELSE

Ecco un esempio di implementazione di una struttura IF/ELIF/ELSE:

```python
a = 3

if a == 3:
    print('Il valore di a è:')
    print('a = 3')

if a == 'test':  # Attenzione ai confronti tra stringhe e numeri!
    print('Il valore di a è:')
    print('a = "test"')
    modalita_test = True
else:
    print('a != "test"')
    modalita_test = False
    esegui_altro()

if a == 1 or a == 2:
    pass # Non fa nulla
elif a == 3 and b > 1:
    pass
elif a == 3 and not b > 1:
    pass
else:
    pass
```

Osservazione 8.3   **Nota:** L'istruzione `pass` viene utilizzata quando un blocco di codice è *necessario sintatticamente* ma non deve eseguire alcuna operazione.

8.12   Cicli `while`

Un ciclo `while` esegue un blocco di codice finché una condizione è `True`:

```
a = 1
while a < 10:
    print(a)
    a += 1
```

8.13   Cicli `for`

Di seguito alcuni esempi di cicli `for`. Per far scorrere l'indice a tra 0 e 9, si può usare:

```
for a in range(10):
    print(a)
```

Per iterare sugli elementi di una lista:

```
mia_lista = [2, 4, 8, 16, 32]
for a in mia_lista:
    print(a)
```

8.14   Funzioni

Le funzioni in Python si definiscono con la parola chiave `def`. Esempio:

```
def somma(arg1, arg2):
    # Funzione che calcola la somma di due numeri
    res = arg1 + arg2
    return res
```

La dichiarazione di una funzione inizia con `def`, seguita dal nome della funzione e dagli argomenti tra parentesi. Gli argomenti possono avere valori predefiniti:

```
def somma(arg1=1, arg2=1):
    res = arg1 + arg2
    return res
```

Gli argomenti possono essere di qualsiasi tipo (es. interi, float, liste, tuple, ecc.). Per chiamare una funzione:

```
risultato = somma(3.0, 7.0)
```

8.15 Variabili Globali e Locali

Le variabili create all'interno di una funzione sono **locali**, quindi non possono essere accessibili al di fuori della funzione.

Le variabili **globali**, invece, possono essere utilizzate ovunque:

```python
c = 3  # Variabile globale

def usa_variabile_globale(val):
    # Questa funzione utilizza una variabile globale
    print(val + c)

usa_variabile_globale(5)  # Output: 8
```

Se una funzione deve modificare una variabile globale, bisogna usare la parola chiave `global`:

```python
c = 3  # Variabile globale

def modifica_variabile_globale(val):
    global c
    c = val

modifica_variabile_globale(10)
print(c)  # Output: 10
```

Osservazione 8.4 **Nota:** L'uso di `global` è generalmente sconsigliato, poiché può portare a effetti collaterali indesiderati. È preferibile passare le variabili esplicitamente come parametri delle funzioni.

8.16 Classi

Python è un linguaggio di programmazione orientato agli oggetti. Quasi tutto in Python è un oggetto con proprietà e metodi.

Le classi raggruppano un insieme di funzioni e metodi dedicati a specifici oggetti. Ad esempio, possiamo definire una classe chiamata 'Quadrato', contenente metodi per calcolare proprietà come il perimetro e l'area. L'oggetto viene creato tramite una funzione costruttore, chiamata __init__, che viene sempre eseguita quando la classe viene istanziata:

```python
class Quadrato:
    # Costruttore
    def __init__(self, lato):
        self.lato = lato

    # Area del quadrato
    def area(self):
        return self.lato * self.lato

    # Perimetro del quadrato
    def perimetro(self):
        return 4.0 * self.lato
```

Il parametro `self` è un riferimento all'istanza corrente della classe ed è usato per accedere alle variabili della classe. Deve essere sempre il primo parametro di ogni funzione all'interno della classe.

Possiamo usare la classe per creare un oggetto 'Quadrato':

```python
q = Quadrato(3.0)   # Un quadrato con lato di lunghezza 3
```

Per utilizzare i metodi dell'oggetto (o qualsiasi attributo come `lato`), si usa l'operatore '.':

```python
print(q.area())
print(q.perimetro())
print(q.lato)

# Modificare un attributo
q.lato += 2
```

8.17   Ereditarietà

Python supporta l'ereditarietà, permettendo di definire una classe che eredita metodi e proprietà da un'altra classe. La classe da cui si eredita è detta **classe genitore** o **classe base**, mentre la classe derivata è chiamata **classe figlia**.

Esempio:

```python
class FiguraGeometrica:
    def __init__(self, nome):
        self.nome = nome

    def get_name(self):
        print(f"Questa è una {self.nome}")

class Quadrato(FiguraGeometrica):
    # Costruttore
    def __init__(self, lato):
        super().__init__('Quadrato')   # Richiamo il costruttore della classe
                                       # padre
        self.lato = lato

    # Area del quadrato
    def area(self):
        return self.lato * self.lato

    # Perimetro del quadrato
    def perimetro(self):
        return 4.0 * self.lato

class Cerchio(FiguraGeometrica):
    # Costruttore
    def __init__(self, raggio):
        super().__init__('Cerchio')
        self.raggio = raggio
```

```python
        # Area del cerchio
        def area(self):
            return 3.141592653 * self.raggio**2

        # Perimetro del cerchio
        def perimetro(self):
            return 2.0 * self.raggio * 3.141592653

q = Quadrato(3.0)
c = Cerchio(3.0)
q.get_name()
c.get_name()
```

In questo esempio, 'Quadrato' e 'Cerchio' ereditano dalla classe base 'FiguraGeometrica'. Entrambe le classi hanno metodi specifici per calcolare area e perimetro, ma possono accedere al metodo 'get_name()' ereditato da 'FiguraGeometrica'.

8.18 Moduli

Un modulo è un file Python con estensione .py riutilizzabile che contiene definizioni (costanti, funzioni, classi, ecc.).

I moduli possono essere importati in un altro script con il comando import:

```python
import nome_modulo
```

Per usare funzioni, classi o variabili di un modulo:

```python
nome_modulo.una_funzione()
```

Un modulo può importare altri moduli. Per convenzione, le istruzioni import vengono scritte all'inizio dello script. Un altro modo per importare specifici elementi di un modulo è:

```python
from nome_modulo import una_funzione
```

8.19 Importare Pacchetti

I pacchetti possono essere installati tramite 'pip', 'easy_install' o 'conda' (per utenti Anaconda). Per maggiori informazioni, vedere: https://packaging.python.org/installing/

Ecco alcuni pacchetti di uso comune:

- NumPy (http://www.numpy.org): pacchetto fondamentale per il calcolo scientifico (array N-dimensionali, algebra lineare, trasformata di Fourier, numeri casuali).
- SciPy (https://www.scipy.org/): libreria numerica avanzata (integrazione, ottimizzazione).

- Matplotlib (http://matplotlib.org): libreria di grafici 2D per creare figure di qualità da pubblicazione.
- Astropy (http://www.astropy.org): pacchetto principale per l'astronomia in Python.

Altri pacchetti sono introdotti negli esempi contenuti in questo libro.

Capitolo 9
Introduzione alla Cosmologia

In questa appendice, rivediamo gli aspetti fondamentali del modello cosmologico standard che sono rilevanti per comprendere il lensing gravitazionale e le sue applicazioni.

9.1 La Metrica di Friedmann-Lemaître-Robertson-Walker

Il modello cosmologico standard si basa sull'ipotesi del **Principio Cosmologico**. Questo principio afferma che, su scale sufficientemente grandi (oltre quelle tracciate dalla distribuzione delle strutture su larga scala delle galassie), l'Universo è **omogeneo e isotropo**.

Originariamente introdotto come un'ipotesi semplificativa dai primi cosmologi relativistici, oggi è fortemente supportato da dati osservativi: osservazioni di radiogalassie, ammassi di galassie, quasar e della radiazione cosmica di fondo (CMB) mostrano che le deviazioni dall'omogeneità e isotropia, su scale molto grandi, sono al massimo dell'ordine di 10^{-5}.

Le proprietà geometriche dello spaziotempo sono descritte da una **metrica**.

Ogni evento nello spaziotempo è caratterizzato da una coordinata temporale $x^0 = ct$ (dove c è la velocità della luce e t il tempo proprio) e da tre coordinate spaziali x^1, x^2, x^3. L'intervallo tra due eventi nello spaziotempo è dato da:

$$ds^2 = g_{ij}\,dx^i dx^j \,, \tag{9.1}$$

dove la somma sugli indici ripetuti è sottintesa e i, j variano da 0 a 3. Il tensore g_{ij} è il **tensore metrico**, che definisce la geometria dello spaziotempo.

L'unica metrica che soddisfa il Principio Cosmologico è la **metrica di Friedmann-Lemaître-Robertson-Walker** (FLRW). Questa è espressa da:

$$ds^2 = (cdt)^2 - a(t)^2\big[dw^2 + f_K(w)^2(d\theta^2 + \sin^2\theta d\phi^2)\big]. \tag{9.2}$$

Qui θ e ϕ sono coordinate sferiche e w è la coordinata radiale comovente.

© The Editor(s) (if applicable) and The Author(s), under exclusive license to Springer Nature Switzerland AG 2025
M. Meneghetti, *Introduzione al lensing gravitazionale*,
https://doi.org/10.1007/978-3-031-96504-3_9

Il parametro K determina la **curvatura spaziale** dell'universo: è una costante che può assumere i valori $K = 1, 0, -1$, corrispondenti a:

- $K = 0$: Universo piatto (Euclideo).
- $K = 1$: Universo chiuso e positivamente curvo (ipersfera).
- $K = -1$: Universo aperto e negativamente curvo (spazio iperbolico).

La funzione $f_K(w)$ dipende dalla curvatura K ed è definita come:

$$
f_K(w) = \begin{cases} \frac{1}{\sqrt{K}} \sin(\sqrt{K}w), & \text{se } K > 0 \\ w, & \text{se } K = 0 \\ \frac{1}{\sqrt{-K}} \sinh(\sqrt{-K}w), & \text{se } K < 0 \end{cases} \tag{9.3}
$$

Nel caso di un universo piatto ($K = 0$), la coordinata radiale comovente è semplicemente proporzionale alla distanza propria. In un universo chiuso ($K > 0$), le distanze sono distorte dalla curvatura, facendo sì che linee parallele finiscano per convergere. Al contrario, in un universo aperto ($K < 0$), linee parallele divergono nel tempo.

Poiché l'universo è isotropo, le ipersuperfici spaziali a tempo proprio costante devono essere **superfici sferiche** centrate in un'origine arbitraria. Definendo il **raggio comovente** come $r = f_K(w)$, la metrica FLRW può essere riscritta come:

$$
ds^2 = (c dt)^2 - a(t)^2 \left[\frac{dr^2}{1 - Kr^2} + r^2(d\theta^2 + \sin^2\theta d\phi^2) \right]. \tag{9.4}
$$

Come si nota nell'Eq. (9.4), l'unico termine dipendente dal tempo è il **fattore di scala** $a(t)$, che governa l'espansione dell'universo.

9.2　Coordinate Comoventi

Le coordinate (r, θ, ϕ) sono chiamate **coordinate comoventi**, poiché rimangono fisse per oggetti che si muovono con il flusso di Hubble. Al contrario, le distanze fisiche tra oggetti variano nel tempo a causa dell'espansione dell'universo.

La distanza propria a un dato tempo t è collegata alla coordinata comovente r dalla relazione:

$$
d_{\text{proprio}}(t) = a(t)r. \tag{9.5}
$$

Questo consente di separare chiaramente la geometria dell'universo dalla sua evoluzione dinamica.

9.3 Redshift

Poiché il fattore di scala $a(t)$ evolve nel tempo, l'universo subisce un'espansione o una contrazione. Questo influenza le lunghezze d'onda dei fotoni che viaggiano nello spazio: se l'universo si espande, le lunghezze d'onda dei fotoni emessi aumentano, portando a un redshift. Al contrario, se l'universo fosse in contrazione, le lunghezze d'onda diminuirebbero, causando un blueshift.

Consideriamo una sorgente luminosa a distanza comovente r, che emette fotoni con lunghezza d'onda λ_e al tempo t_e, e un osservatore all'origine del sistema di coordinate ($r = 0$). Il *redshift* z della sorgente è definito come:

$$z = \frac{\lambda_o - \lambda_e}{\lambda_e} \tag{9.6}$$

dove λ_o è la lunghezza d'onda della radiazione misurata dall'osservatore al tempo t_o.

Poiché la luce si propaga lungo geodetiche nulle ($ds^2 = 0$) nello spaziotempo, utilizzando la metrica FLRW (Eq. 9.2), otteniamo:

$$\int_{t_e}^{t_o} \frac{c\,dt}{a(t)} = \int_0^r \frac{dr'}{\sqrt{1 - Kr'^2}} \equiv f(r) \tag{9.7}$$

La stessa relazione vale per un fotone emesso in un istante leggermente successivo $t_e' = t_e + \delta t_e$ e ricevuto in $t_o' = t_o + \delta t_o$:

$$\int_{t_e'}^{t_o'} \frac{c\,dt}{a(t)} = f(r) \tag{9.8}$$

Sottraendo l'Eq. (9.7) dall'Eq. (9.8), e assumendo che δt_e e δt_o siano piccoli, otteniamo:

$$\frac{\delta t_o}{a_o} = \frac{\delta t_e}{a_e} \tag{9.9}$$

dove $a_o = a(t_o)$ e $a_e = a(t_e)$.

Poiché la frequenza della luce è inversamente proporzionale all'intervallo di tempo tra le creste d'onda successive, possiamo riscrivere l'Eq. (9.9) in termini di frequenze:

$$\nu_e a_e = \nu_o a_o \tag{9.10}$$

che equivale a

$$\frac{a_e}{\lambda_e} = \frac{a_o}{\lambda_o} \tag{9.11}$$

Da qui, ricaviamo la relazione fondamentale tra il redshift z e il fattore di scala $a(t)$:

$$1 + z = \frac{a_{\mathrm{o}}}{a_{\mathrm{e}}} \tag{9.12}$$

Questa equazione mostra che, se l'universo è in espansione ($a_{\mathrm{o}} > a_{\mathrm{e}}$), la luce ricevuta da sorgenti distanti è redshiftata ($z > 0$).

9.4 Le Equazioni di Friedmann

La geometria dello spaziotempo, descritta dal tensore metrico g_{ij}, è legata al contenuto di materia dell'universo, espresso tramite il tensore energia-impulso T_{ij}, dalle *equazioni di campo di Einstein*,

$$R_{ij} - \frac{1}{2}Rg_{ij} - \Lambda g_{ij} = \frac{8\pi G}{c^4}T_{ij} \,, \tag{9.13}$$

dove R_{ij} e R sono rispettivamente il tensore e lo scalare di Ricci. Il termine Λ è noto come *costante cosmologica*.

Il termine Λg_{ij} fu originariamente introdotto da Einstein per permettere un universo statico. Tuttavia, anche dopo la scoperta osservativa dell'espansione dell'universo, la costante cosmologica è rimasta rilevante, poiché può essere interpretata come un contributo dell'energia del vuoto.

Per illustrare questo, consideriamo l'equazione (9.13) nello spazio vuoto, dove il tensore energia-impulso T_{ij} si annulla. In tal caso, possiamo riscrivere l'equazione come

$$T_{ij}^{vac} = -\frac{c^4 \Lambda}{8\pi G}g_{ij} \,. \tag{9.14}$$

Questo suggerisce che un Λ diverso da zero agisce come una sorgente di energia e pressione, contribuendo effettivamente al tensore energia-impulso come un fluido perfetto con equazione di stato $p = -\rho c^2$, dove $\rho = \Lambda c^2/(8\pi G)$.

Per un universo omogeneo e isotropo, il tensore energia-impulso assume la forma di un fluido perfetto, completamente descritto dalla sua densità $\rho(t)$ e pressione $p(t)$. Sostituendo la metrica di Robertson-Walker nell'equazione (9.13), le equazioni di campo si riducono alle *equazioni di Friedmann*,

$$\left(\frac{\dot{a}}{a}\right)^2 = \frac{8\pi G}{3}\rho - \frac{Kc^2}{a^2} + \frac{\Lambda c^2}{3} \tag{9.15}$$

$$\frac{\ddot{a}}{a} = -\frac{4}{3}\pi G\left(\rho + \frac{3p}{c^2}\right) + \frac{\Lambda c^2}{3} \,. \tag{9.16}$$

dove:

- $a(t)$ è il fattore di scala;
- ρ è la densità di energia dell'universo;
- p è la pressione;
- K è il parametro di curvatura spaziale ($K = 0$ per un universo piatto, $K > 0$ per un universo chiuso, $K < 0$ per un universo aperto);
- Λ rappresenta la densità di energia del vuoto.

La prima equazione (9.15) esprime il tasso di espansione dell'universo in funzione della densità di energia totale. La seconda equazione (9.16) descrive l'accelerazione o la decelerazione dell'espansione, a seconda della forma di energia dominante.

Queste due equazioni non sono indipendenti: la seconda può essere ricavata dalla prima considerando l'espansione adiabatica dell'universo, che segue dalla prima legge della termodinamica applicata a un elemento di volume comovente. Supponendo che il cambiamento di energia interna sia uguale al lavoro svolto dalla pressione, otteniamo:

$$\frac{d}{dt}\left[a^3(t)\rho(t)c^2\right] = -p\frac{da^3(t)}{dt} \,. \tag{9.17}$$

Questa equazione garantisce la conservazione dell'energia in un universo in espansione.

L'evoluzione temporale del fattore di scala $a(t)$ può essere determinata integrando queste equazioni differenziali, a condizione di specificare una condizione iniziale. Per convenzione, normalizziamo il fattore di scala a 1 nell'epoca attuale, ovvero $a(t_0) = 1$.

9.5 Parametri Cosmologici

In questa sezione riassumiamo i principali parametri cosmologici.

Il tasso relativo di espansione dell'universo è quantificato dal *parametro di Hubble*,

$$H(t) \equiv \frac{\dot{a}(t)}{a(t)} \,, \tag{9.18}$$

che descrive la velocità con cui il fattore di scala $a(t)$ cambia nel tempo. Il suo valore attuale, $H_0 = H(t_0)$, è noto come *costante di Hubble*. Le misure attuali indicano:

- $H_0 = 67.4 \pm 0.5\,\mathrm{km\,s^{-1}\,Mpc^{-1}}$ (Collaborazione Planck, Planck Collaboration et al. (2020)),
- $H_0 = 73.2 \pm 1.3\,\mathrm{km\,s^{-1}\,Mpc^{-1}}$ (Collaborazione SHOES, Riess et al. (2016)).

Questa discrepanza, nota come tensione di Hubble, suggerisce l'esistenza di errori sistematici in uno o entrambi i metodi o la necessità di una nuova fisica oltre il modello standard.

Il contenuto energetico totale dell'universo è spesso espresso in termini di *densità critica*,

$$\rho_{0,\mathrm{cr}} \equiv \frac{3H_0^2}{8\pi G} \approx 1.9 \times 10^{-29}h^2\,\mathrm{g\,cm^{-3}}\,, \tag{9.19}$$

che rappresenta la densità richiesta per un universo spazialmente piatto ($K = 0$).

Il parametro di densità è definito come

$$\Omega_0 \equiv \frac{\rho_0}{\rho_{0,\mathrm{cr}}}\,. \tag{9.20}$$

Il valore di Ω_0 determina la geometria dell'universo:

- $\Omega_0 < 1$: Universo aperto ($K < 0$), infinito e iperbolico.
- $\Omega_0 = 1$: Universo piatto ($K = 0$), come suggerito dalle osservazioni della CMB.
- $\Omega_0 > 1$: Universo chiuso ($K > 0$), finito e sferico.

Diverse componenti contribuiscono alla densità totale:

- Materia: Baryonica ($\Omega_{b,0}$) e materia oscura ($\Omega_{DM,0}$).
- Radiazione: Fotoni ($\Omega_{\gamma,0}$) e neutrini ($\Omega_{\nu,0}$).
- Energia Oscura: $\Omega_{\Lambda,0}$ (se è una costante cosmologica) o $\Omega_{DE,0}$ in generale.

Le osservazioni della missione Planck e di altri esperimenti cosmologici suggeriscono:

$$\Omega_0 \approx 1,\quad \Omega_{m,0} \approx 0.31,\quad \Omega_{b,0} \approx 0.049,\quad \Omega_{\Lambda,0} \approx 0.69\,. \tag{9.21}$$

Questi valori indicano che la materia oscura domina il contenuto di materia e che l'energia oscura è la componente più grande della densità energetica totale.

La materia oscura è ipotizzata essere *fredda* (*Cold Dark Matter*, CDM), cioè si muove a velocità non relativistiche e interagisce solo gravitazionalmente. È necessaria per spiegare:

- Le curve di rotazione delle galassie.
- La formazione delle strutture su grande scala.
- Le fluttuazioni della radiazione cosmica di fondo.

L'energia oscura, invece, è responsabile dell'accelerazione dell'espansione dell'universo. Se la sua equazione di stato è esattamente $w_{DE} = -1$, corrisponde a una costante cosmologica Λ. Tuttavia, se $w_{DE} \neq -1$ o evolve nel tempo, ciò suggerisce la presenza di fisica esotica, come la quintessenza o modifiche alla Relatività Generale.

Usando le definizioni precedenti, la prima equazione di Friedmann (Eq. 9.15) valutata oggi ($a = 1$) può essere riscritta come

$$H_0^2(1 - \Omega_{m,0} - \Omega_{\Lambda,0}) = -Kc^2\,. \tag{9.22}$$

Da questa equazione, vediamo che:

- Se $K = 0$, allora $\Omega_0 = \Omega_{m,0} + \Omega_{\Lambda,0} = 1$.
- Se $K > 0$, allora $\Omega_0 > 1$ (universo chiuso).
- Se $K < 0$, allora $\Omega_0 < 1$ (universo aperto).

Infine, definiamo il *parametro di decelerazione*,

$$q_0 = -\frac{\ddot{a}a}{\dot{a}^2} \tag{9.23}$$

che descrive l'accelerazione o la decelerazione dell'universo. Se $q_0 < 0$, l'espansione è accelerata, come osservato oggi.

9.6   Distanze cosmologiche

In cosmologia, si utilizzano diverse definizioni di distanza a seconda del metodo di misurazione. A differenza dello spazio euclideo, dove le distanze sono univocamente definite, lo spazio-tempo potenzialmente curvo e in espansione introduce molteplici concetti di distanza.

9.6.1   *Distanze proprie e comoventi*

La *distanza propria* tra una sorgente P e un osservatore in P_0 (situato all'origine del sistema di coordinate) è la separazione fisica tra essi a un dato tempo cosmico t. Dall'Eq. (9.2), si definisce:

$$D_{\mathrm{pr}} = \int_0^r \frac{a\,dr'}{(1 - Kr'^2)^{1/2}} = af(r)\,, \tag{9.24}$$

dove $a(t)$ è il fattore di scala al tempo t e la funzione $f(r)$ è definita come:

$$f(r) = \begin{cases} \arcsin r & K = 1 \\ r & K = 0 \\ \mathrm{arsinh}\, r & K = -1 \end{cases} . \tag{9.25}$$

Poiché l'universo è in espansione, la distanza propria dipende dal tempo. La velocità radiale della sorgente rispetto all'osservatore è:

$$v_{\mathrm{r}} = \dot{a}f(r) = H(t)D_{\mathrm{pr}}\,. \tag{9.26}$$

Questa è la Legge di Hubble, che afferma che le galassie si allontanano da noi con una velocità proporzionale alla loro distanza propria.

La *distanza comovente* è definita come la distanza propria misurata nell'epoca attuale t_0:

$$D_c = f(r) = a^{-1} D_{\mathrm{pr}} .\tag{9.27}$$

Questa distanza rappresenta la separazione spaziale tra P e P_0 in un sistema di riferimento che si espande con l'universo.

La *distanza angolare* è il rapporto tra la dimensione fisica di un oggetto e la dimensione angolare sottesa:

$$D_A = \frac{d_{pr}}{\Delta\theta} = af(r) .\tag{9.28}$$

La *distanza di luminosità* è definita in modo che il flusso osservato l da una sorgente con luminosità L segua la legge dell'inverso del quadrato:

$$D_L = \left(\frac{L}{4\pi l}\right)^{1/2} .\tag{9.29}$$

A causa dell'espansione dell'universo:

- L'area di una sfera centrata sulla sorgente al tempo t_0 è $4\pi D_c^2$.
- L'energia di ciascun fotone è ridotta di un fattore $(1 + z)$ a causa del redshift.
- La frequenza di arrivo dei fotoni è ridotta di un altro fattore $(1 + z)$.

Combinando questi effetti, il flusso osservato è:

$$l = \frac{L}{4\pi r^2}(1 + z)^{-2} ,\tag{9.30}$$

che porta alla relazione:

$$D_L = (1 + z)^2 D_A .\tag{9.31}$$

Questo spiega perché le distanze di luminosità a redshift elevati sono molto maggiori delle distanze angolari.

9.6.2 *Confronto tra le diverse misure di distanza*

In Fig. 9.1, confrontiamo le diverse distanze cosmologiche in funzione del redshift. Il comportamento di queste distanze dipende dai parametri cosmologici $\Omega_{m,0}$ e $\Omega_{\Lambda,0}$. Per redshift elevati, le differenze tra i modelli diventano significative: una minore densità di materia e un maggiore contributo dell'energia oscura aumentano le distanze.

A bassi redshift, tutte le distanze seguono la legge di Hubble:

$$\text{distanza} = \frac{cz}{H_0}\left(1 + \frac{1 - q_0}{2}z + O(z^2)\right).\tag{9.32}$$

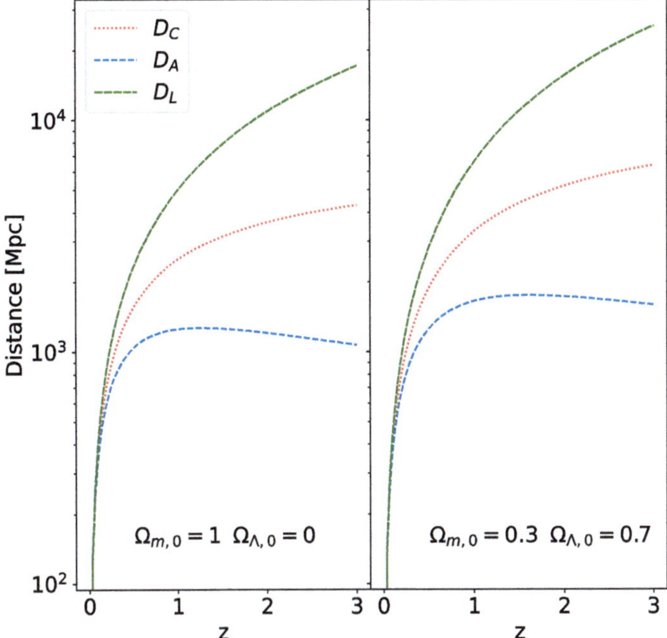

Figura 9.1 Distanze cosmologiche in funzione del redshift per due modelli: un universo dominato dalla materia con $\Omega_{m,0} = 1$ e $\Omega_{\Lambda,0} = 0$ (pannello sinistro), e un universo ΛCDM con $\Omega_{m,0} = 0.3$, $\Omega_{\Lambda,0} = 0.7$ (pannello destro). Sono mostrate la distanza comovente D_c (linea tratteggiata rossa), la distanza angolare D_A (linea blu tratteggiata) e la distanza di luminosità D_L (linea verde tratteggiata)

9.7   I modelli di Friedmann

I modelli cosmologici standard descritti dalle Eq. (9.15) e (9.16) sono noti come *modelli di Friedmann*, dal nome di A. Friedmann, che li derivò nel 1922. Questi modelli descrivono l'evoluzione dell'universo sotto le ipotesi di omogeneità e isotropia.

Le principali assunzioni su cui si basano questi modelli sono:

- L'universo può essere approssimato come un *fluido perfetto* con densità ρ e pressione p.
- L'equazione di stato del fluido può essere scritta come:

$$p = w\rho c^2 \,, \tag{9.33}$$

dove w è un parametro adimensionale che descrive la natura del fluido cosmico.

Questa formulazione è valida in molti casi fisici. Quando la scala delle interazioni tra particelle è molto più piccola rispetto alle scale cosmologiche di interesse, il fluido può essere trattato come perfetto. Anche l'equazione di stato in Eq. (9.33) è una buona approssimazione per diverse componenti cosmiche.

- *Materia non relativistica* (ad esempio, materia oscura e barioni) può essere trattata come un fluido senza pressione ($p = 0$), comunemente chiamato *polvere*, che corrisponde a $w = 0$.
- *Materia relativistica e radiazione* (ad esempio, fotoni, neutrini) soddisfa l'equazione di stato $p = \frac{1}{3}\rho c^2$, corrispondente a $w = \frac{1}{3}$.

Sostituendo questi valori nell'Eq. (9.17) (che esprime la conservazione dell'energia in un universo in espansione), otteniamo l'evoluzione della densità di energia per ciascuna componente:

$$\rho(a) = \begin{cases} \rho_0 a^{-3} = \rho_0(1+z)^3 & \text{per la materia non relativistica (polvere), } p = 0 \\ \rho_0 a^{-4} = \rho_0(1+z)^4 & \text{per la materia relativistica, } p = \frac{1}{3}\rho c^2 \end{cases}$$

$$(9.34)$$

Questa equazione mostra che la densità di energia della radiazione diminuisce più velocemente di quella della materia a causa di un effetto aggiuntivo: in un universo in espansione, non solo la densità numerica delle particelle relativistiche diminuisce come a^{-3}, ma anche l'energia di ciascun fotone diminuisce a causa del redshift cosmologico, portando a una dipendenza complessiva di a^{-4}.

L'epoca in cui la densità di energia della radiazione era uguale a quella della materia è chiamata *epoca dell'equivalenza*. Il fattore di scala in questa epoca è dato da:

$$a_{\text{eq}} = \frac{\Omega_{r,0}}{\Omega_{m,0}} \approx 3.2 \times 10^{-5} \Omega_{m,0}^{-1} h^{-2} \, . \tag{9.35}$$

Per $a \ll a_{\text{eq}}$, l'universo era *dominato dalla radiazione*; per $a \gg a_{\text{eq}}$, divenne *dominato dalla materia*.

Una proprietà importante dei modelli di Friedmann senza costante cosmologica ($\Lambda = 0$) è che, se $w > -1/3$, essi contengono una singolarità iniziale in $a = 0$, comunemente nota come *Big Bang*.

Inserendo l'equazione di stato $p = w\rho c^2$ nell'Eq. (9.15), otteniamo:

$$H^2(t) = \left(\frac{\dot{a}}{a}\right)^2 = H_0^2 a^{-2} \left[\Omega_{0w} a^{-(1+3w)} + (1 - \Omega_{0w})\right], \tag{9.36}$$

dove $\Omega_{0w} = \rho_{0w}/\rho_{\text{cr}}$ è il parametro di densità del fluido cosmico.

Se l'universo è attualmente in espansione ($\dot{a} > 0$), allora per $w > -1/3$ abbiamo $\ddot{a} < 0$, il che significa che l'espansione rallenta nel tempo. La funzione $a(t)$ è concava, il che implica che in un certo momento passato $t = 0$, il fattore di scala era zero, portando a una singolarità nella densità.

Se l'universo contiene una componente con $w < -1/3$, come l'energia oscura, allora l'Eq. (9.16) mostra che l'espansione può accelerare ($\ddot{a} > 0$). Il caso più semplice è una costante cosmologica ($w = -1$), in cui l'espansione segue una legge esponenziale, corrispondente a un universo di de Sitter.

Le osservazioni indicano che l'universo attuale si trova in una fase di espansione accelerata, suggerendo che l'energia oscura oggi domina sulla materia.

9.7.1 Modelli a singola componente

In questa sezione, discutiamo le soluzioni dell'Eq. (9.15) per modelli piatti, aperti e chiusi nel caso semplice di un universo a singola componente.

Universo di Einstein-de Sitter (Piatto, senza costante cosmologica)

La soluzione per un universo piatto ($\Omega_{0w} = 1$), senza costante cosmologica, è nota come *universo di Einstein-de Sitter*. Integrando l'Eq. (9.15), otteniamo:

$$a(t) = \begin{cases} \left(\frac{t}{t_0}\right)^{2/3} & \text{(dominato dalla materia, } w = 0) \\ \left(\frac{t}{t_0}\right)^{1/2} & \text{(dominato dalla radiazione, } w = \frac{1}{3}) \end{cases} \tag{9.37}$$

Dove t_0 è legato al parametro di Hubble attuale come $t_0 \sim \frac{2}{3H_0}$ per un universo dominato dalla materia.

Una proprietà generale di questi modelli è che il parametro di espansione $a(t)$ cresce indefinitamente nel tempo. Il parametro di decelerazione è costante e positivo sia nell'universo dominato dalla materia che in quello dominato dalla radiazione:

$$q = \frac{1}{2}(1 + 3w) > 0 . \tag{9.38}$$

Ciò significa che l'espansione in questi modelli è *sempre decelerata*.

Universi Curvi (Modelli Aperti e Chiusi)

Per modelli con curvatura ($\Omega_{0w} \neq 1$), le soluzioni sono più complesse. Tuttavia, ai tempi iniziali, si comportano in modo simile al modello di Einstein-de Sitter, e le sue soluzioni possono essere utilizzate come approssimazione.

La divergenza dal caso piatto diventa significativa quando $a(t) \gg a^\star$, dove

$$a^\star = \left| \frac{\Omega_{0w}}{1 - \Omega_{0w}} \right|^{1/(1+3w)} . \tag{9.39}$$

Questo fattore di scala segna la transizione verso un'evoluzione dominata dalla curvatura.

Universo Aperto ($\Omega_{0w} < 1$)
Per un universo *aperto* ($\Omega_{0w} < 1$), ai tempi tardivi ($t \gg t^{\star}$), il fattore di scala evolve come:

$$a(t) \simeq a^{\star} \frac{t}{t^{\star}}. \tag{9.40}$$

In questa fase, l'espansione **si avvicina asintoticamente a un'evoluzione lineare** ($a(t) \propto t$), il che significa che il parametro di decelerazione tende a zero:

$$q \to 0 \quad \text{quando } t \to \infty. \tag{9.41}$$

Dunque, un universo aperto si espande per sempre, ma a una velocità sempre più lenta.

Universo Chiuso ($\Omega_{0w} > 1$) e il Big Crunch
Per un universo *chiuso* ($\Omega_{0w} > 1$), l'espansione raggiunge un massimo a $t = t^{\star}$, quando il fattore di scala assume il suo valore più grande:

$$a_{\mathrm{m}} = a^{\star}. \tag{9.42}$$

Dopo questo punto, l'universo inizia a contrarsi simmetricamente attorno a a_{m}, portando a una seconda singolarità a $t = 2t^{\star}$. Questo segna l'insorgere del *Big Crunch*.

Soluzioni Esatte
Soluzioni analitiche esistono per universi curvi dominati sia dalla materia che dalla radiazione e possono essere trovate in Coles e Lucchin (2002).

9.7.2 Modelli con più componenti

Consideriamo un modello cosmologico che include materia, radiazione e una costante cosmologica (che per il momento trattiamo come una forma di energia oscura). L'equazione di Friedmann (Eq. 9.15) assume la forma:

$$H^2(t) = H_0^2 \left[\frac{\Omega_{r,0}}{a^4} + \frac{\Omega_{m,0}}{a^3} + \frac{1 - \Omega_{m,0} - \Omega_{\Lambda,0}}{a^2} + \Omega_{\Lambda,0} \right]. \tag{9.43}$$

Questa equazione non ammette una soluzione analitica generale. Tuttavia, possiamo trarre alcune conclusioni qualitative sul comportamento dell'evoluzione cosmologica:

- Nei primi istanti dell'universo, il termine della radiazione domina e il modello può essere approssimato come un universo dominato dalla radiazione con curvatura trascurabile.

- Dopo l'epoca di equivalenza materia-radiazione, il contributo della materia diventa dominante.
- Con il passare del tempo, il termine della costante cosmologica acquisisce un ruolo sempre più rilevante, determinando un'accelerazione dell'espansione.

Utilizzando l'equazione (9.43), possiamo derivare l'evoluzione dei parametri di densità Ω_m e Ω_Λ in funzione del fattore di scala a:

$$\Omega_m(a) = \frac{\Omega_{m,0}}{a + \Omega_{m,0}(1-a) + \Omega_{\Lambda,0}(a^3 - a)}, \tag{9.44}$$

$$\Omega_\Lambda(a) = \frac{\Omega_{\Lambda,0} a^3}{a + \Omega_{m,0}(1-a) + \Omega_{\Lambda,0}(a^3 - a)}. \tag{9.45}$$

Dall'analisi di queste equazioni possiamo dedurre che:

- Per $a \to 0$, si ha $\Omega_m \to 1$ e $\Omega_\Lambda \to 0$, indipendentemente dai valori attuali di $\Omega_{m,0}$ e $\Omega_{\Lambda,0}$. Questo conferma che l'universo primordiale era dominato dalla materia.
- Per $a \to \infty$, se $\Omega_{m,0} + \Omega_{\Lambda,0} \leq 1$, allora $\Omega_m \to 0$ e $\Omega_\Lambda \to 1$, indicando che l'universo diventerà dominato dall'energia oscura.

A questo proposito, possiamo definire un'epoca caratteristica t_Λ, corrispondente a un fattore di scala a_Λ, in cui il termine della costante cosmologica inizia a dominare l'espansione:

$$a(t) \propto \exp\left[\left(\frac{\Lambda}{3}\right)^{1/2} ct\right]. \tag{9.46}$$

Questo descrive il comportamento tipico di un universo di de Sitter, in cui l'espansione accelera esponenzialmente. L'interpretazione fisica di questa accelerazione si basa sull'equazione di stato del vuoto (Eq. 9.14):

$$p_{\text{vac}} = -\rho_{\text{vac}} c^2. \tag{9.47}$$

Questa equazione implica che la pressione del vuoto agisce come una forza repulsiva, contrastando la gravità e accelerando l'espansione dell'universo.

Espansione accelerata e modelli con energia oscura
Nei modelli in cui l'energia oscura differisce da una semplice costante cosmologica ($w \neq -1$), l'evoluzione di $\Omega_\Lambda(a)$ può essere più complessa. Tuttavia, il comportamento generale rimane lo stesso: in epoche più recenti, l'energia oscura diventa dominante e determina un'espansione accelerata dell'universo.

9.8   Formazione delle strutture

9.8.1   Crescita lineare delle perturbazioni di densità

Il modello standard della cosmologia prevede che le strutture dell'universo si siano formate per collasso gravitazionale a partire da fluttuazioni iniziali di densità. L'origine di queste fluttuazioni non è ancora del tutto chiara, ma si ritiene che siano state generate da fluttuazioni quantistiche durante un'epoca inflazionaria. Queste perturbazioni sono considerate non correlate e la distribuzione delle loro ampiezze è generalmente assunta come gaussiana.

Le perturbazioni di densità sono descritte dal *contrasto di densità*:

$$\delta(\vec{r},a) = \frac{\rho(\vec{r},a) - \overline{\rho}(a)}{\overline{\rho}(a)} \,, \qquad (9.48)$$

dove $\overline{\rho}$ è la densità media cosmica e ρ è la densità locale alla posizione $\vec{r}$.

Finché $\delta \ll 1$, è possibile studiare l'evoluzione delle perturbazioni di densità con un approccio lineare. Consideriamo un universo dominato da materia barionica, modellata come un gas con pressione p. L'evoluzione temporale di una piccola perturbazione δ è determinata da due forze contrapposte: la pressione, che tende a ridurre la fluttuazione, e la gravità, che invece tende ad amplificarla.

Se la fluttuazione è contenuta in una regione di raggio R, la forza di pressione per unità di massa è data da:

$$F_p \approx \frac{pR^2}{M} = \frac{v_s^2}{R} \,, \qquad (9.49)$$

dove $M = \rho R^3$ è la massa della fluttuazione e $v_s \sim \sqrt{p/\rho}$ è la velocità del suono nel fluido. D'altra parte, la forza gravitazionale per unità di massa è:

$$F_g \approx \frac{GM}{R^2} = G\rho R \,. \qquad (9.50)$$

La perturbazione di densità può crescere solo se $F_g \geq F_p$. Uguagliando le equazioni (9.49) e (9.50), otteniamo che questa condizione è soddisfatta solo se la dimensione della regione in cui si verifica la fluttuazione è maggiore del *raggio di Jeans*:

$$R_J = \left(\frac{v_s^2}{G\rho} \right)^{1/2} \,. \qquad (9.51)$$

Pertanto, le perturbazioni di densità su scale $\lambda \geq R_J$ possono crescere e collassare gravitazionalmente, mentre quelle su scale più piccole ($\lambda < R_J$) non crescono e si propagano sotto forma di onde acustiche.

La teoria lineare mostra che le perturbazioni su scale maggiori del raggio di Jeans crescono secondo la relazione:

$$\delta(a) \propto \begin{cases} a^2 & \text{prima di } a_{\text{eq}} \\ a & \text{dopo } a_{\text{eq}} \end{cases}, \tag{9.52}$$

fintanto che l'approssimazione dell'universo di Einstein-de Sitter rimane valida. Tuttavia, se $\Omega_{m,0} \neq 1$ e $\Omega_{\Lambda,0} \neq 0$, questa approssimazione non è più applicabile per $a \gg a_{\text{eq}}$. In tal caso, la crescita lineare delle perturbazioni di densità segue la relazione:

$$\delta(a) = \delta_0 a \frac{g'(a)}{g'(1)} \equiv \delta_0 a g(a) \,, \tag{9.53}$$

dove δ_0 rappresenta il contrasto di densità estrapolato linearmente all'epoca attuale e $g'(a)$ è la funzione di crescita lineare, la cui dipendenza da $\Omega_m(a)$ e $\Omega_\Lambda(a)$ è descritta dalla seguente espressione approssimata:

$$g'(a; \Omega_{m,0}, \Omega_{\Lambda,0})$$
$$= \frac{5}{2}\Omega_m(a)\left[\Omega_m^{4/7}(a) - \Omega_\Lambda(a) + \left(1 + \frac{\Omega_m(a)}{2}\right)\left(1 + \frac{\Omega_\Lambda(a)}{70}\right)\right]^{-1}. \tag{9.54}$$

In Fig. 9.2 è mostrata la funzione di crescita $ag(a)$ per diversi valori di $\Omega_{m,0}$ e $\Omega_{\Lambda,0}$. Nel caso dell'universo di Einstein-de Sitter ($\Omega_{m,0} = 1$, $\Omega_{\Lambda,0} = 0$), il tasso di crescita rimane costante. Nei modelli con bassa densità di materia ($\Omega_{m,0} < 1$), la crescita è più rapida per $a \ll 1$ e più lenta per $a \approx 1$. Questo significa che la formazione delle strutture avviene prima nei modelli con bassa densità di materia rispetto a quelli con alta densità.

Invece di considerare le perturbazioni in termini di dimensioni, possiamo esprimerle in termini di massa. Per una perturbazione con densità ρ e raggio R, la massa è definita come:

$$M = \frac{4}{3}\pi R^3 \rho \,. \tag{9.55}$$

Da questa definizione, possiamo derivare la *massa di Jeans*, data da:

$$M_J \equiv M(R_J) = \frac{4}{3}\pi R_J^3 \rho. \tag{9.56}$$

Solo le perturbazioni con massa $M \geq M_J$ possono collassare gravitazionalmente e dar luogo alla formazione di strutture cosmiche.

Prima dell'epoca dell'equivalenza, la massa di Jeans cresce come $M_J \propto a^3$. Successivamente, mentre la materia rimane accoppiata alla radiazione, M_J si mantiene costante con un valore tipico di:

$$M_J(a_{\text{eq}}) \sim 10^{16} M_\odot / h. \tag{9.57}$$

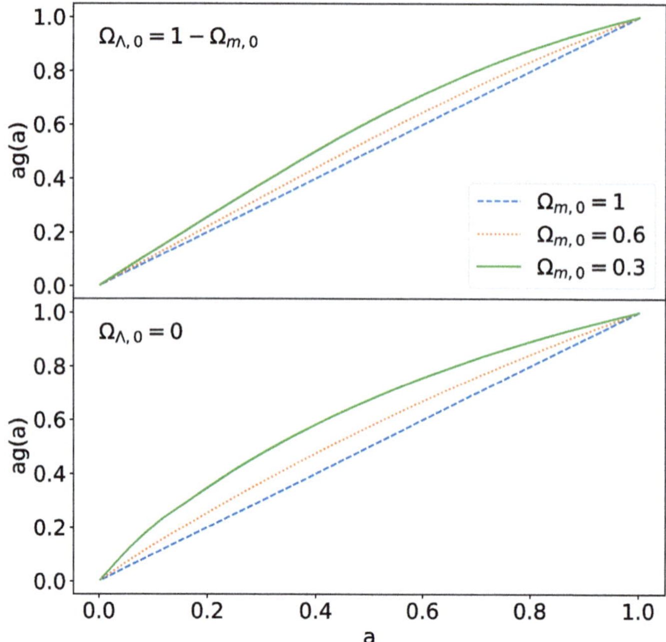

Figura 9.2 La funzione di crescita $ag(a)$, definita nelle equazioni (9.53) e (9.54), per diversi valori di $\Omega_{m,0}$ tra $\Omega_{m,0} = 0.3$ e $\Omega_{m,0} = 1.0$. Le linee continua, tratteggiata e puntinata corrispondono a $\Omega_{m,0} = 0.3, 0.1$ e 1, rispettivamente. Le curve sono mostrate per modelli piatti con $\Omega_{\Lambda,0} = 1 - \Omega_{m,0}$ (pannello superiore) e per modelli aperti con $\Omega_{\Lambda,0} = 0$ (pannello inferiore)

Dopo il disaccoppiamento tra radiazione e materia, la massa di Jeans subisce una brusca riduzione fino a circa:

$$M_J \sim 10^5 M_\odot / h. \tag{9.58}$$

Questo fenomeno è di grande rilevanza: le perturbazioni inizialmente caratterizzate da $M < M_J$, che fino a quel momento oscillavano senza possibilità di crescita gravitazionale, possono ora iniziare a collassare e formare strutture cosmiche.

Le fluttuazioni di densità possono manifestarsi su scale più grandi della regione causalmente connessa nell'universo. La dimensione massima di questa regione è definita come *orizzonte cosmologico*, ed è determinata dalla distanza percorsa dalla luce in un tempo t a partire dal Big Bang. Poiché la scala temporale caratteristica è data dall'inverso del parametro di Hubble $H^{-1}(a)$, la dimensione dell'orizzonte è:

$$R_H = cH^{-1}(a). \tag{9.59}$$

La massa contenuta all'interno di una sfera di raggio R_H è detta *massa dell'orizzonte*:

$$M_H = \frac{4}{3}\pi R_H^3 \rho. \tag{9.60}$$

Se consideriamo solo il contributo della materia alla densità ρ, la massa dell'orizzonte cresce come $M_H \propto a^3$ prima dell'epoca di equivalenza, raggiungendo il valore $M_H(a_{\rm eq}) \sim 10^{15} M_\odot / h$, e successivamente cresce come $M_H \propto a^{3/2}$. Le perturbazioni con massa $M \leq M_H$ possono subire tutti i processi fisici caratteristici dell'universo in espansione, inclusa la dissipazione.

Prima della ricombinazione ($a_{\rm rec}$), quando la materia e la radiazione erano ancora accoppiate, la materia barionica nell'universo esisteva sotto forma di un plasma di fotoni, elettroni e protoni. In questo plasma si verificano effetti dissipativi, dovuti principalmente alla diffusione dei fotoni. La regione influenzata da questi effetti cresce nel tempo secondo:

$$R_S \propto (c^2 \tau_{\gamma e} t)^{1/2}, \tag{9.61}$$

dove $\tau_{\gamma e}$ è la scala temporale delle collisioni tra fotoni e coppie elettrone-protone. La *massa di dissipazione* (o *massa di Silk*) è definita come:

$$M_S = \frac{4}{3}\pi R_S^3 \rho. \tag{9.62}$$

Prima dell'equivalenza, la massa di Silk cresce come $M_S \propto a^{9/2}$, raggiungendo il valore $M_S(a_{\rm eq}) \sim 10^{11} M_\odot / h$. Dopo equivalenza, la crescita segue $M_S \propto a^{15/4}$, fino a ricombinazione, dove si riduce a zero.

Questo implica che le perturbazioni con massa inferiore alla massa di Silk vengono rapidamente cancellate. Nei fluidi collisionali, quindi, non possono formarsi strutture su scale inferiori alla massa di Silk alla ricombinazione, $M_S(a_{\rm rec}) \sim 10^{14} M_\odot / h$. Le strutture più piccole possono emergere solo per frammentazione di strutture più grandi.

Le osservazioni della radiazione cosmica di fondo mostrano fluttuazioni di temperatura relative dell'ordine di 10^{-5} su grande scala. Tramite l'effetto Sachs-Wolfe Sachs e Wolfe (1967), queste fluttuazioni di temperatura riflettono variazioni della densità barionica di entità simile al tempo della ricombinazione. Poiché la ricombinazione avviene a $a \sim 10^3$, dalla Eq. (9.52) ci aspettiamo che le fluttuazioni di densità oggi raggiungano solo $\delta \sim 10^{-2}$, mentre osserviamo strutture come galassie con $\delta \gg 1$.

Questo rappresenta una delle prove più forti dell'esistenza della *materia oscura*, una componente che interagisce debolmente con la radiazione elettromagnetica. Se questa componente esiste, le sue fluttuazioni possono crescere prima del disaccoppiamento della radiazione dai barioni, facilitando la formazione precoce delle strutture.

La materia oscura può essere trattata come un fluido non collisionale. In questo contesto, le definizioni di massa di Jeans, massa dell'orizzonte e massa di dissipazione possono essere estese alla materia oscura sostituendo la velocità del suono con la velocità media $v_\star$ delle particelle non collisionali. Le fluttuazioni con massa inferiore alla massa di Jeans non si propagano come onde acustiche, ma vengono smorzate dalla dispersione di velocità delle particelle. Questo processo dissipativo è noto come *free streaming*. Le perturbazioni vengono completamente cancellate quando la loro massa è uguale alla *massa di free streaming*:

$$M_{FS} = \frac{4}{3}\pi R_{FS}^3 \rho_{DM}, \tag{9.63}$$

dove R_{FS} è la lunghezza di free streaming,

$$R_{FS} = a \int_0^t \frac{v(t')}{a(t')}\mathrm{d}t'. \tag{9.64}$$

Se la materia oscura si è disaccoppiata dal plasma cosmico quando era già non relativistica (CDM), la massa di Jeans e la massa di free streaming risultano quasi identiche e molto inferiori alle scale cosmologicamente rilevanti, con un valore $M_J(a_{\mathrm{rec}}) \simeq M_{FS}(a_{\mathrm{rec}}) \sim 10^5 M_\odot/h$. Questo implica che le strutture possono formarsi già a scale molto piccole. I barioni, una volta disaccoppiati dalla radiazione, possono poi collassare nei potenziali gravitazionali generati dalla materia oscura.

9.8.2   *Soppressione della crescita nelle epoche primordiali*

Le fluttuazioni con massa $M \le M_J(a_{\mathrm{rec}})$ che entrano nell'orizzonte a $a \le a_{\mathrm{eq}}$ non possono crescere fino a quando la radiazione non cessa di dominare l'espansione dell'universo. Infatti, prima dell'equivalenza, la scala temporale dell'espansione, $t_{\mathrm{exp}} \sim (G\rho_{\mathrm{R}})^{-1/2}$, è più breve della scala temporale del collasso delle fluttuazioni della materia oscura, $t_{DM} \sim (G\rho_{\mathrm{DM}})^{-1/2}$. In altre parole, l'espansione dell'universo, guidata dalla radiazione, impedisce il collasso delle perturbazioni di materia oscura.

Poiché prima dell'equivalenza l'evoluzione delle perturbazioni segue $\delta \propto a^2$, le fluttuazioni con massa $M < M_H(a_{\mathrm{eq}})$ che entrano nell'orizzonte a a_{enter} subiscono una soppressione all'equivalenza pari a:

$$f_{\mathrm{sup}} = \left(\frac{a_{\mathrm{enter}}}{a_{\mathrm{eq}}}\right)^2. \tag{9.65}$$

Questo effetto è cruciale per determinare l'abbondanza e la distribuzione delle strutture su grande scala nell'universo.

9.8.3   *Spettro di potenza delle perturbazioni di densità*

Nel regime lineare, le perturbazioni di densità possono essere descritte come una sovrapposizione di onde piane che evolvono indipendentemente. Ciò consente di decomporre il contrasto di densità in modi di Fourier. Sebbene questa decomposizione sia rigorosamente valida solo in uno spazio piatto, si applica con ottima approssimazione a tutti i modelli cosmologici per due motivi principali:

- Ai tempi primordiali, l'universo è effettivamente piatto per tutte le cosmologie.
- Successivamente, le scale rilevanti per la formazione delle strutture sono molto più piccole del raggio di curvatura dell'universo.

Possiamo quindi scrivere il contrasto di densità come:

$$\delta(\vec{r}) = \int \frac{d^3k}{(2\pi)^3} \, \hat{\delta}(\vec{k}) e^{-i\vec{k}\cdot\vec{r}} \, , \tag{9.66}$$

dove $\vec{k}$ è il vettore d'onda e $\hat{\delta}(\vec{k})$ è la trasformata di Fourier di $\delta(\vec{r})$, definita come:

$$\hat{\delta}(\vec{k}) = \int d^3r \, \delta(\vec{r}) e^{i\vec{k}\cdot\vec{r}} \, . \tag{9.67}$$

Lo spettro di potenza delle perturbazioni di densità è definito come:

$$P(k) \equiv \langle |\hat{\delta}(\vec{k})|^2 \rangle \, . \tag{9.68}$$

Spettro di potenza primordiale e invarianza di scala
Si assume comunemente che lo spettro di potenza primordiale segua una legge di potenza:

$$P_i(k) = A_i k^{n_i} \, . \tag{9.69}$$

Per uno spettro invariante di scala, ossia con ampiezza delle fluttuazioni del potenziale gravitazionale indipendente dalla scala, l'indice spettrale deve essere $n_i = 1$. Questo corrisponde al *modello di Harrison-Zel'dovich*, che è coerente con le previsioni dei modelli inflazionari, anche se le osservazioni moderne indicano $n_i \lesssim 1$, tipicamente $n_i \approx 0.96$.

Evoluzione dello spettro di potenza: funzione di trasferimento
Lo spettro di potenza primordiale viene modificato da vari processi fisici che influenzano la crescita delle perturbazioni di densità. In particolare, le perturbazioni che entrano nell'orizzonte prima dell'equivalenza materia-radiazione subiscono una soppressione dovuta alla pressione della radiazione. Questo effetto è descritto dalla funzione di trasferimento $T(k)$, che quantifica la soppressione dei modi su piccola scala.

La funzione di trasferimento dipende dal momento di ingresso nell'orizzonte. Per perturbazioni con lunghezza d'onda comovente λ (o numero d'onda $k = 2\pi/\lambda$), il tempo di ingresso nell'orizzonte è $a_{\text{enter}} \propto k^{-1}$. Il fattore di soppressione, dato in Eq. (9.65), può quindi essere riscritto come:

$$f_{\text{sup}} = \left(\frac{k_0}{k} \right)^2 , \tag{9.70}$$

dove k_0 è il numero d'onda della perturbazione che entra nell'orizzonte all'equivalenza materia-radiazione.

Lo spettro di potenza della materia a tempi successivi è quindi dato da:

$$P(k) = P_i(k)T^2(k) \, . \tag{9.71}$$

Un'approssimazione per la forma dello spettro di potenza è:

$$P(k) \propto \begin{cases} k^{n_i} & \text{per } k \ll k_0 \\ k^{n_i - 4} & \text{per } k \gg k_0 \end{cases} . \tag{9.72}$$

Nel caso di Harrison-Zel'dovich ($n_i = 1$), si ottiene:

$$P(k) \propto \begin{cases} k & \text{per } k \ll k_0 \\ k^{-3} & \text{per } k \gg k_0 \end{cases} \tag{9.73}$$

Normalizzazione dello spettro di potenza della materia

Per confrontare lo spettro di potenza con le osservazioni, si utilizza la varianza della densità di massa su scale di $8\,h^{-1}$ Mpc, indicata con σ_8:

$$\sigma_8^2 = \int_0^\infty \frac{k^2 dk}{2\pi^2} P(k) W^2(8h^{-1}\text{Mpc} \cdot k) \, , \tag{9.74}$$

dove $W(x)$ è una funzione finestra che attenua le fluttuazioni su una determinata scala.

I vincoli osservativi su σ_8 provengono da diverse fonti:

- Abbondanza di ammassi di galassie, che traccia la distribuzione della materia su larga scala.
- Lensing gravitazionale debole, che misura direttamente la distribuzione di materia oscura.
- Anisotropie della radiazione cosmica di fondo (CMB), che forniscono informazioni sulle perturbazioni primordiali.

Le misure più recenti della missione **Planck** indicano:

$$\sigma_8 \approx 0.81 \, . \tag{9.75}$$

9.8.4 *Evoluzione non lineare*

Quando le perturbazioni di densità raggiungono il regime non lineare, la loro evoluzione si disaccoppia dall'espansione dell'universo e iniziano a collassare formando strutture virializzate. La descrizione precisa di questo processo è complessa e richiede ipotesi semplificative.

Un modello semplificato per descrivere il collasso gravitazionale è il *modello del collasso sferico*. In assenza di costante cosmologica, il raggio R di un guscio di materia all'interno di una perturbazione sferica evolve secondo l'equazione:

$$\frac{d^2 R}{dt^2} = -\frac{GM}{R^2} \,, \tag{9.76}$$

dove M è la massa contenuta nel guscio. Integrando questa equazione si ottiene l'equazione dell'energia:

$$\frac{1}{2}\left(\frac{dR}{dt}\right)^2 - \frac{GM}{R} = E \,. \tag{9.77}$$

Se l'energia totale è negativa ($E < 0$), il guscio si espande fino a un massimo prima di collassare. La soluzione di questa equazione prevede due fasi fondamentali:

- **Massima espansione**: la perturbazione raggiunge il raggio massimo R_{max} al tempo t_{max}, quando la densità della perturbazione è

$$\rho_{\mathrm{p}}(t_{\mathrm{max}}) = \left(\frac{3\pi}{4}\right)^2 \overline{\rho}(t_{\mathrm{max}}) \approx 5.5\,\overline{\rho}(t_{\mathrm{max}}) \,, \tag{9.78}$$

  dove $\overline{\rho}$ è la densità media dell'universo.
- **Collasso gravitazionale**: al tempo $t_{\mathrm{c}} = 2t_{\mathrm{max}}$, la perturbazione collassa idealmente fino a $R = 0$, portando la densità a valori infiniti.

In realtà, durante il collasso, piccole deviazioni dalla simmetria sferica generano onde d'urto e gradienti di pressione significativi. L'energia cinetica del collasso viene dissipata sotto forma di calore, portando la struttura a uno stato di equilibrio virializzato con un raggio finale:

$$R_{\mathrm{vir}} = \frac{R_{\mathrm{max}}}{2} \,. \tag{9.79}$$

Nel caso di un universo di Einstein-de Sitter ($\Omega_m = 1$), la densità della perturbazione al tempo del collasso, espressa in unità della densità critica, è:

$$\Delta_{\mathrm{c}} \equiv \frac{\rho_{\mathrm{p}}(t_{\mathrm{c}})}{\rho_{\mathrm{cr}}(t_{\mathrm{c}})} = 18\pi^2 \approx 178 \,. \tag{9.80}$$

L'approssimazione lineare delle perturbazioni prevede invece un contrasto di densità critico al collasso pari a:

$$\delta_{\mathrm{c}} = 3\left(\frac{12\pi}{20}\right)^{2/3} \approx 1.687 \,. \tag{9.81}$$

La Figura 9.3 mostra la variazione di Δ_{c} e δ_{c} per diversi valori di $\Omega_{m,0}$ e $\Omega_{\Lambda,0}$. Il contrasto critico di densità δ_{c} dipende debolmente da $\Omega_{m,0}$ sia nei modelli aperti ($\Omega_{\Lambda,0} = 0$) sia nei modelli piatti ($\Omega_{m,0} + \Omega_{\Lambda,0} = 1$), mentre la sovradensità virializzata Δ_{c} presenta una dipendenza più marcata dai parametri cosmologici.

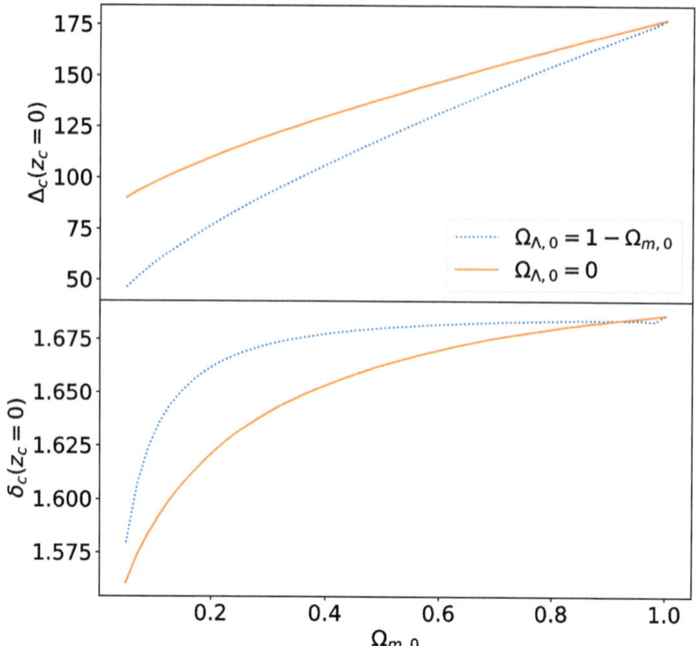

Figura 9.3 Densità virializzata delle strutture collassate in funzione di Ω_0. Il pannello superiore mostra la sovradensità in unità della densità critica per modelli aperti con $\Omega_{\Lambda,0} = 0$ (linea continua) e modelli piatti con $\Omega_{m,0} + \Omega_{\Lambda,0} = 1$ (linea tratteggiata). Il pannello inferiore mostra l'extrapolazione lineare del contrasto di densità al tempo del collasso t_c

9.8.5 *Effetti sulla funzione di potenza*

Il passaggio al regime non lineare modifica la forma dello spettro di potenza $P(k)$ in modo complesso. Per ottenere previsioni accurate, è necessario ricorrere a simulazioni numeriche, sebbene esistano approssimazioni analitiche. Un metodo comune si basa sulla relazione:

$$\xi_{\text{NL}}(r) = f(\xi_{\text{L}}(r')), \tag{9.82}$$

dove ξ_{L} e ξ_{NL} sono le funzioni di correlazione nel regime lineare e non lineare, mentre r' è una scala modificata (Hamilton et al. 1991). Estendendo questa relazione allo spettro di potenza, (Jain et al. 1995; Peacock e Dodds 1996) hanno derivato formule analitiche per la sua evoluzione non lineare.

La Figura 9.4 mostra lo spettro di potenza per un modello ΛCDM con $\Omega_{m,0} = 0.3$, $\Omega_{\Lambda,0} = 0.7$ e $h = 0.7$. La linea continua rappresenta lo spettro ottenuto assumendo un indice spettrale primordiale di Harrison-Zel'dovich e un'evoluzione lineare delle perturbazioni. La curva tratteggiata mostra invece gli effetti della crescita non lineare, che modifica principalmente le strutture su piccole scale (alti valori di k), poiché queste entrano nel regime non lineare prima delle scale maggiori.

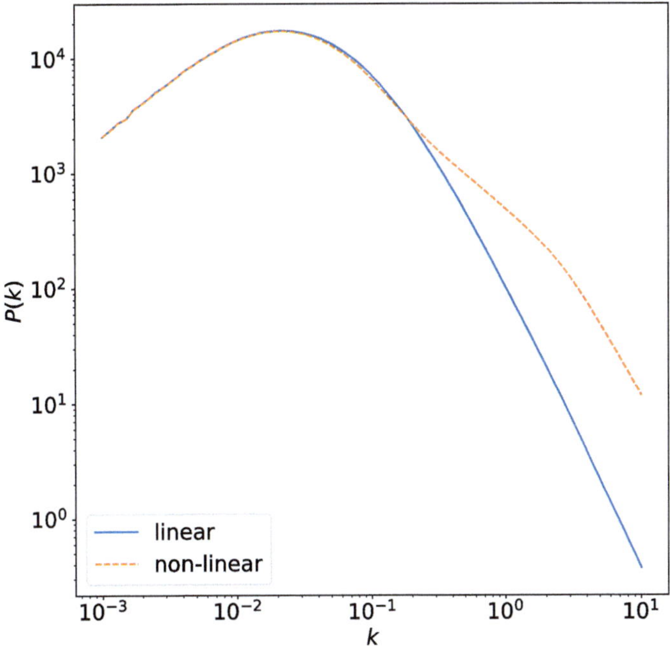

Figura 9.4 Spettro di potenza della materia oscura per un modello ΛCDM con $\Omega_{m,0} = 0.3$, $\Omega_{\Lambda,0} = 0.7$ e $h = 0.7$. La curva continua rappresenta lo spettro lineare extrapolato a $z = 0$, mentre la linea tratteggiata mostra l'evoluzione non lineare

9.9 Funzione di massa

La distribuzione delle masse degli aloni di materia oscura che collassano gravitazionalmente nei modelli di materia oscura fredda (CDM) è descritta dalla funzione di Press & Schechter Press e Schechter (1974). La densità numerica di oggetti collassati al redshift z con massa compresa nell'intervallo $[M, M + dM]$ è data da:

$$n(M,z)dM = \frac{\overline{\rho}}{M} f(\nu) \frac{d\nu}{dM} dM \,, \tag{9.83}$$

dove $\overline{\rho}$ è la densità media dell'universo al redshift z.

La funzione $f(\nu)$ dipende solo dalla variabile $\nu = \delta_{\mathrm{c}}(z)/\sigma_M$ ed è normalizzata in modo tale che $\int f(\nu)d\nu = 1$. Qui, $\delta_{\mathrm{c}}(z)$ rappresenta il contrasto di densità lineare estrapolato per aloni collassati a redshift z, mentre σ_M è la dispersione quadratica media delle fluttuazioni di densità alla scala di massa M, definita come:

$$\sigma_M = \left(\frac{1}{2\pi^2} \int_0^\infty dk \, k^2 P(k) W^2(kR) \right)^{1/2} \,, \tag{9.84}$$

dove $W(kR)$ è la trasformata di Fourier della funzione finestra, che descrive la regione dalla quale l'oggetto in collasso sta accrescendo materia. Il parametro R rappresenta la dimensione comovente della fluttuazione corrispondente alla massa M.

Nella formulazione originale della funzione di massa, Press & Schechter trovarono:

$$f(\nu) = \frac{1}{\sqrt{2\pi}} \exp\left(-\frac{\nu^2}{2}\right). \tag{9.85}$$

Sebbene questa funzione sia stata ampiamente utilizzata, confronti con simulazioni numeriche hanno rivelato significative discrepanze nella distribuzione degli aloni di materia oscura. Per migliorare l'approccio di Press & Schechter e includere gli effetti del collasso non sferico, Sheth & Tormen Sheth e Tormen (1999) hanno proposto la seguente modifica:

$$f(\nu) = \sqrt{\frac{2A}{\pi}} C \left(1 + \frac{1}{(A\nu^2)^q}\right) \exp\left(-\frac{A\nu^2}{2}\right), \tag{9.86}$$

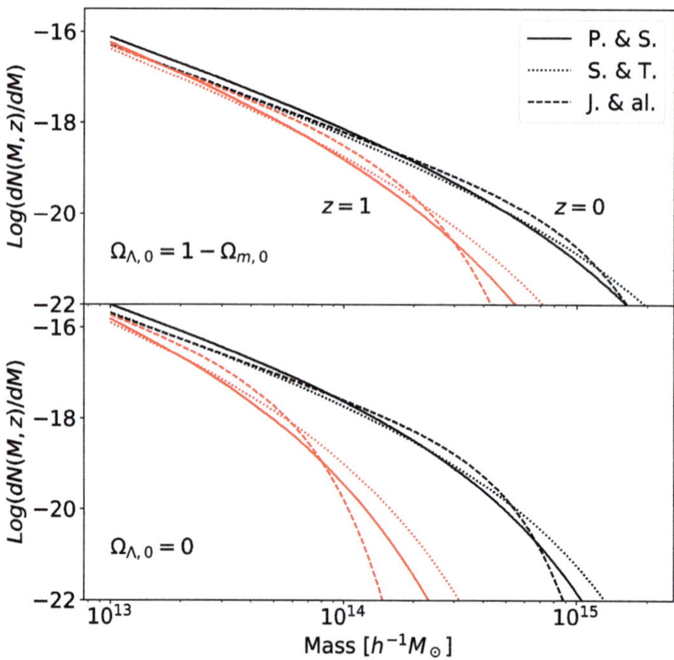

Figura 9.5 Funzione di massa differenziale degli aloni di materia oscura. Sono mostrate tre diverse funzioni di massa: la funzione originale di Press & Schechter (linee continue), la correzione per il collasso non sferico di Sheth & Tormen (linee tratteggiate) e la funzione ottenuta da simulazioni numeriche da Jenkins et al. (linee tratteggiate e punteggiate). Le curve sono calcolate per un modello piatto con $\Omega_{m,0} = 0.3$, $\Omega_{\Lambda,0} = 0.7$ e per un modello Einstein-de Sitter con $\Omega_{m,0} = 1$, $\Omega_{\Lambda,0} = 0$. Le linee nere e rosse indicano le funzioni di massa a redshift $z = 0$ e $z = 1$, rispettivamente

dove $A = 0.707$, $C = 0.3222$ e $q = 0.3$. Questa equazione si riduce alla forma di Press & Schechter nel caso in cui $A = 1$, $C = 0.5$ e $q = 0$.

Ulteriori miglioramenti basati su simulazioni numeriche N-body hanno portato alla formulazione empirica di Jenkins et al. Jenkins et al. (2001), che è risultata statisticamente indistinguibile dalla funzione di Sheth & Tormen con $A = 0.75$ (vedi anche Tinker et al. 2008).

La Figura 9.5 confronta queste tre funzioni di massa. La funzione di Press & Schechter tende a sottostimare l'abbondanza di aloni molto massicci rispetto alle funzioni di Sheth & Tormen e Jenkins et al., le quali risultano in migliore accordo con le simulazioni numeriche. Le differenze tra queste ultime due funzioni sono minime, soprattutto nella coda ad alte masse. Questo suggerisce che l'assunzione del collasso puramente sferico è una semplificazione che necessita di essere corretta per ottenere una descrizione accurata della funzione di massa degli aloni nel regime non lineare.

9.10 Modelli di energia oscura

Negli ultimi decenni, numerose osservazioni hanno indicato che l'espansione dell'universo sta accelerando. La spiegazione più semplice di questo fenomeno è l'introduzione della *costante cosmologica* Λ, interpretata come densità di energia del vuoto. Tuttavia, questa ipotesi presenta due problemi fondamentali:

- *Il problema della gerarchia*: la densità di energia osservata associata alla costante cosmologica è $\rho_\Lambda \sim (10^{-3}\ \mathrm{eV})^4$, un valore estremamente ridotto rispetto alla scala naturale di energia definita dalla massa di Planck, $M_p = 1.22 \times 10^{19}$ GeV. Le previsioni teoriche della densità del vuoto, basate sulla fisica quantistica, risultano superiori all'osservazione di oltre 120 ordini di grandezza.
- *Il problema della coincidenza*: perché proprio oggi la densità di energia oscura e quella della materia risultano dello stesso ordine di grandezza? In altre epoche cosmologiche, l'energia oscura sarebbe dovuta essere trascurabile o dominante rispetto alla materia.

Una possibile soluzione a questi problemi è considerare un'energia oscura *dinamica*, con densità variabile nel tempo. Tra le ipotesi proposte vi è la *quintessenza*, che postula l'esistenza di un campo scalare dinamico Φ con un potenziale autointeragente $V(\Phi)$ in grado di evolversi nel tempo.

9.10.1   Equazione del campo di quintessenza

Nel contesto della relatività generale, assumendo una curvatura spaziale trascurabile, l'evoluzione del campo scalare Φ è descritta dall'equazione differenziale:

$$\ddot{\Phi} + 3H\dot{\Phi} + \frac{dV}{d\Phi} = 0 \,, \tag{9.87}$$

dove il secondo termine rappresenta l'attrito dovuto all'espansione cosmica e $V(\Phi)$ è il potenziale autointeragente del campo.

L'energia-momento associata a Φ può essere descritta come un fluido perfetto con densità di energia e pressione definite da:

$$\rho_\Phi = \frac{1}{2}\dot{\Phi}^2 + V(\Phi) \,, \tag{9.88}$$

$$p_\Phi = \frac{1}{2}\dot{\Phi}^2 - V(\Phi) \,. \tag{9.89}$$

L'equazione di stato corrispondente è:

$$p_\Phi = w_\Phi \rho_\Phi c^2 \,, \tag{9.90}$$

dove il parametro w_Φ è dato da:

$$w_\Phi = \frac{\frac{1}{2}\dot{\Phi}^2 - V(\Phi)}{\frac{1}{2}\dot{\Phi}^2 + V(\Phi)} \,. \tag{9.91}$$

Se il potenziale domina ($\dot{\Phi}^2 \ll V$), si ottiene $w_\Phi \approx -1$, con un comportamento indistinguibile dalla costante cosmologica. Tuttavia, in generale w_Φ può variare nel tempo.

9.10.2   Soluzioni della quintessenza

Le soluzioni della quintessenza dipendono dalla forma del potenziale $V(\Phi)$. Alcuni esempi comuni includono:

- **Potenziale esponenziale**: $V(\Phi) = V_0 e^{-\lambda\Phi/M_p}$. Questo modello consente soluzioni *tracker*, in cui l'energia del campo scala con quella della materia o della radiazione per lunghi periodi prima di diventare dominante (Ratra e Peebles 1988).
- **Potenziale a potenza inversa**: $V(\Phi) = Q/\Phi^\alpha$, con Q una costante adatta. In questo caso, il rapporto tra densità del campo scalare e densità della materia cresce lentamente nel tempo:

$$\frac{\rho_\Phi}{\rho} \propto t^{4/(2+\alpha)} \,. \tag{9.92}$$

- **Modelli di tipo "freezing" e "thawing"**: in alcuni scenari il campo rallenta progressivamente (*freezing*), mentre in altri accelera nel tempo (*thawing*). Questi modelli sono stati studiati per spiegare meglio le osservazioni (Caldwell e Linder 2005).

9.10.3 Differenze rispetto alla costante cosmologica

I modelli di quintessenza si distinguono dalla costante cosmologica per alcuni aspetti fondamentali:

- Il parametro di stato w_Φ non è costante e può variare nel tempo.
- L'energia oscura dinamica può influenzare la formazione delle strutture cosmiche, modificando la crescita delle perturbazioni di densità (Alam et al. 2017).
- A differenza della costante cosmologica, la quintessenza può evolversi in modo naturale, riducendo la necessità di una fine messa a punto (*fine-tuning*) dei parametri iniziali.

9.10.4 Altri modelli di energia oscura

Oltre alla quintessenza, sono stati proposti diversi altri modelli di energia oscura:

- **K-essence**: un campo scalare con una lagrangiana modificata, contenente termini cinetici non standard, che può generare accelerazione cosmica senza un potenziale esplicito (Amendola e Tsujikawa 2010).
- **Energia fantasma**: un modello con $w < -1$, che implica un'espansione accelerata instabile nel tempo (Big Rip) (Caldwell 2002).
- **Modifiche alla gravità**: invece di introdurre un nuovo campo, si possono modificare le equazioni di Einstein, come nelle teorie $f(R)$, nella gravità di Brans-Dicke o nel modello di Dvali-Gabadadze-Porrati (DGP) (Dvali et al. 2000).

9.10.5 Conclusioni

La natura dell'energia oscura rappresenta una delle sfide principali della cosmologia moderna. Sebbene i dati attuali supportino un valore di w prossimo a -1, coerente con la costante cosmologica, future osservazioni potranno testare eventuali variazioni temporali e discriminare tra i diversi modelli proposti.

Riferimenti bibliografici

Alam, S., Ata, M., Bailey, S., Beutler, F., Bizyaev, D., Blazek, J. A., … Zhao, G.-B. (2017). The clustering of galaxies in the completed SDSS-III Baryon Oscillation Spectroscopic Survey: cosmological analysis of the DR12 galaxy sample. *MNRAS, 470*(3), 2617–2652. https://doi.org/10.1093/mnras/stx721. arXiv: 1607.03155 [astro-ph.CO]

Amendola, L., & Tsujikawa, S. (2010). *Dark energy: Theory and observations.*

Caldwell, R. R. (2002). A phantom menace? Cosmological consequences of a dark energy component with super-negative equation of state. *Physics Letters B, 545*(1-2), 23–29. https://doi.org/10.1016/S0370-2693(02)02589-3

Caldwell, R. R., & Linder, E. V. (2005). Limits of Quintessence. *Phys. Review Letters, 95*(14), 141301. https://doi.org/10.1103/PhysRevLett.95.141301

Coles, P., & Lucchin, F. (2002). *Cosmology: The origin and evolution of cosmic structure* (2nd ed.).

Dvali, G., Gabadadze, G., & Porrati, M. (2000). A comment on brane bending and ghosts in theories with infinite extra dimensions. *Physics Letters B, 484*(1-2), 129–132. https://doi.org/10.1016/S0370-2693(00)00632-8

Hamilton, A. J. S., Kumar, P., Lu, E., & Matthews, A. (1991). Reconstructing the primordial spectrum of fluctuations of the universe from the observed nonlinear clustering of galaxies. *ApJL, 374*, L1. https://doi.org/10.1086/186057

Jain, B., Mo, H. J., & White, S. D. M. (1995). The evolution of correlation functions and power spectra in gravitational clustering. *MNRAS, 276*(1), L25–L29. https://doi.org/10.1093/mnras/276.1.L25. arXiv: astro-ph/9501047 [astro-ph]

Jenkins, A., Frenk, C. S., White, S. D. M., Colberg, J. M., Cole, S., Evrard, A. E., … Yoshida, N. (2001). The mass function of dark matter haloes. *MNRAS, 321*(2), 372–384. https://doi.org/10.1046/j.1365-8711.2001.04029.x. arXiv: astro-ph/0005260 [astro-ph]

Peacock, J. A., & Dodds, S. J. (1996). Non-linear evolution of cosmological power spectra. *MNRAS, 280*(3), L19–L26. https://doi.org/10.1093/mnras/280.3.L19. arXiv: astro-ph/9603031 [astro-ph]

Planck Collaboration, Aghanim, N., Akrami, Y., Ashdown, M., Aumont, J., Baccigalupi, C., … Zonca, A. (2020). Planck 2018 results. VI. Cosmological parameters. *A & A, 641*, A6. https://doi.org/10.1051/0004-6361/201833910. arXiv: 1807.06209 [astro-ph.CO]

Press, W. H., & Schechter, P. (1974). Formation of galaxies and clusters of galaxies by self-similar gravitational condensation. *ApJ, 187*, 425–438. https://doi.org/10.1086/152650

Ratra, B., & Peebles, P. J. E. (1988). Cosmological consequences of a rolling homogeneous scalar field. *Physical Review, 37*(12), 3406–3427. https://doi.org/10.1103/PhysRevD.37.3406

Riess, A. G., Macri, L. M., Hoffmann, S. L., Scolnic, D., Casertano, S., Filippenko, A. V., … Foley, R. J. (2016). A 2.4% determination of the local value of the hubble constant. *ApJ, 826*(1), 56. https://doi.org/10.3847/0004-637X/826/1/56. arXiv: 1604.01424 [astro-ph.CO]

Sachs, R. K., & Wolfe, A. M. (1967). Perturbations of a cosmological model and angular variations of the microwave background. *ApJ, 147*, 73. https://doi.org/10.1086/148982

Sheth, R. K., & Tormen, G. (1999). Large-scale bias and the peak background split. *MNRAS, 308*(1), 119–126. https://doi.org/10.1046/j.1365-8711.1999.02692.x. arXiv: astro-ph/9901122 [astro-ph]

Tinker, J., Kravtsov, A. V., Klypin, A., Abazajian, K., Warren, M., Yepes, G., … Holz, D. E. (2008). Toward a halo mass function for precision cosmology: The limits of universality. *ApJ, 688*(2), 709–728. https://doi.org/10.1086/591439. arXiv: 0803.2706 [astro-ph]

Indice analitico

© The Editor(s) (if applicable) and The Author(s), under exclusive license to Springer Nature Switzerland AG 2025
M. Meneghetti, *Introduzione al lensing gravitazionale*,
https://doi.org/10.1007/978-3-031-96504-3